JN137145

生態学者・伊藤嘉昭伝

もっとも基礎的なことが もっとも役に立つ

辻 和希［編集］

海游舎

まえがき

本書は二〇一五年に亡くなった生態学者で昆虫学者の伊藤嘉昭博士の功績と人柄を偲んだ、生前親交があった関係者らによる寄稿集である。しかし編者の意図は、単なる追悼本出版ではない。日本における科学史、とくに戦後の生態学史を研究する上で必読となる資料とすべく上梓したのである。

伊藤嘉昭は戦後の日本における生態学と昆虫学の両分野において最大級の影響力を誇った巨人であった。日本では、伝統的に生態学は理学という基礎研究領域に分類され、昆虫学は農学という応用研究領域に分類されている。基礎と応用の両方の領域で計り知れない業績を残したことは、現在の日本のアカデミアをとりまく社会状況において真剣に議論すべき含蓄に富んでいる。それは本書のタイトルにもなった「もっとも基礎的なことがもっとも役に立つ」という伊藤の言葉に集約されるだろう。現在の人類の繁栄と日本社会の物質的成熟は、目先の利益とは直接関係がない純粋学問的探究の過去の集積が礎にあるからこそ達成され、今後のその持続性も基礎からの研究の益々の積み上げにより保証されるものであると、一研究者の私は信じる。ニュートンはそれを巨人の肩に乗るとたとえた。考えてみればよい。狩猟採集時代のヒトにたとえば数学が何の役に立つか想像できただろうか。現代においては日常生活でその効用がすぐには想像がつかないような学術研究、科学者個人の好奇心に駆動された基礎的学術探究、それにまさに邁進すべきなのが大学である。これは農学や工学のような応用を視野に入れた大学部局とて同じであろう。ところが、社会貢献、地域貢献などの目先のミッションをたてることが、主として財政難を理由に大学でも推奨される現在の傾向は、実は役に立つどころか長期的にみれば我が国の持続的繁栄を脅かす危険を少なからずはらむだろう。自虐的にいえば、遠い未来に向けた投資としての基礎科学に対する昨今の軽視傾向は、我が国はそのような余裕がもはやない発展途上国へと衰退したのかと思わせる。

本書の構成を説明する。まず、第一部から第三部では、伊藤の経歴を一九五〇年から一九七二年までの農研時代（第一部）、一九七八年までの沖縄県農業試験場時代（第二部）、一九七八年に名古屋大学に移って以降（第三部）の三つの時代に分け活動を振り返った。この部では冒頭に、その時代の伊藤の活動を概観する総説をおき、続いてその時代の伊藤を知る関係者の寄稿を載せる構成とした。冒頭の総説は第一部が中村和雄氏、第二部は小山重郎氏、第三部は粕谷英一氏と辻が担当した。

伊藤は多数の弟子を育て教育者としても成功したが、その秘訣がこの三つの部から読みとれよう。伊藤の指導方針は、研究者の主戦場は世界であるから英語で一流雑誌に論文を発表し続けよ、というシンプルなものだった。今となっては当たり前の、これだけを聞くと身も蓋もない単純すぎるようにも映る教えだが、これが当時の日本ではいかに難しく、そして今でも解決できていない問題を多数はらんでいるのか、本書の節々でわかるだろう。研究者志望の若者には本書を読み、自分の研究戦略を立てるための他山の石としてほしい。

伊藤の活動は、研究教育だけでなく、膨大な数の著書にみられる啓蒙普及活動や、思想・社会運動など多岐に渡る。そこで残りの部ではこれらのテーマに関連する寄稿を収録した。しかし多くの寄稿がひとつの時代やテーマには収まり切らない内容を扱っており、各部への寄稿の振り分けは便宜上のものであることをご留意頂きたい。

戦後の日本の生態学と昆虫学は潮流が幾度も変わる激動を経験した。それは、ときに思想や政治とも絡みながら、日本社会そのものの変化と複雑に協奏している。数量化された近代科学としての個体群生態学、非殺虫剤依存の害虫根絶防除技術、社会生物学、これらの導入と普及において伊藤嘉昭は日本における最大のリーダーであった。したがって、伊藤の個人史は戦後日本のこれら科学領域の歴史を照らす鏡でもある。すなわち本書を読むことで、戦後の日本の生態学と昆虫学の歴史社会学の一断面、それも重要な一断面を、概観できると編者は確信している。

歴史記録としての本書の企てがとくに成功したと考える部分は、一九七〇年代末から起こった日本の生態学界の進化生物学に対する姿勢変化、いわゆる社会生物学へのパラダイムシフトに関してであろう。伊藤自身を含む多くの研究者のなかで、これがいかに進んだのか証言が多数得られたことである。実際、ご寄稿頂いた方の多くがすでに定年を迎えられているが、記憶が薄れる前に生の声を記録することができたのは、ひとえに寄稿者のご厚意の賜物である。たとえば伊藤の農研時代を知る中村和雄氏、ミバエ根絶事業で伊藤と共労された小山重郎氏、社会生物学の本邦最初の導入者である岸由二氏や、社会生物学導入期にアシナガバチ研究で伊藤とともに研鑽を積まれた山根爽一氏と山根正気氏のご寄稿などは、今本書を企画しなければ今後残せない可能性もある。

伊藤嘉昭博士の足跡に関しては、個体群生態学会誌会報 No. 72（二〇一五）、雑誌『生物科学』68巻2号（二〇一六）でも追悼特集が組まれている。追悼文は *Population Ecology* 57 (4): 545-550 (2015)、日本応用動物昆虫学会誌 59 (3): 151-153 (2015) などにも掲載がある。歴史資料として本書を読まれたい方はこれらも併読されたい。そして無論、『一生態学徒の農学遍歴』、『楽しき挑戦』、『生態学の危機』などの伊藤自身による著作も是非ご覧頂きたい。本書に示さなかった伊藤の履歴の詳細に関しては自伝『楽しき挑戦』を参照されたい。

私は、一九九三年春に東京霞ヶ関で開かれた伊藤の退官記念出版（『社会性昆虫の進化生態学』）パーティでの挨拶で、伊藤に関する以下のような印象を語った。これは酒の入った文字通りの洒落だったが、いま思い出すと的を射ていたようにも思える。

伊藤さんはいつも、それまでの常識や分野の境界を飛び越え事件を起こすトリックスターだった。水木しげるの漫画のねずみ男や、宇宙家族ロビンソンのドクタースミスのような、少し意地悪だが憎めない性格の怪人のようにも私には見えた。嫌いな人もいるが、いつもそこから何かが始まったのだ。

最後に、本書出版のきっかけを与えて頂いた、沖縄での伊藤さんを偲ぶ会（二〇一五年十月十七日）の参加者の皆さんと、会の運営をお引き受けいただいた安田慶二さん、佐渡山安常さんら沖縄県の昆虫学関係者の皆さん、そして伊藤さんの孫弟子である琉球大学昆虫学研究室卒業生の佐々木健志さん、宮竹貴久さんに心より感謝申し上げる。沖縄の熱意の後押しがなければ本書は始まらなかった。名古屋での伊藤さんお別れの会（二〇一五年十一月二十八日）の参加者の皆さんと、会運営のお世話を頂いた名古屋大学農学部旧害虫学研究室の元事務官三谷三恵子さん、そして中牟田潔さん、村瀬香さん、本多健一郎さんはじめ齋藤哲夫先生、宮田正先生、椿宜高先生、中筋房夫先生ならびに多数の同窓生と現役スタッフの皆さんには、本書の具体的な計画を錬る上で大きなお世話になり、会の基金から本書の出版援助もいただいた。厚くお礼申し上げる。

最後に、不躾な情報収集に喜んで協力いただいた伊藤家のご遺族の皆さん、そして採算度外視で本書刊行を決断いただいた海游舎と本間陽子さんには、本書刊行が英断だったと後に語られることが私からの謝辞と故人の供養になればと希望します。

二〇一七年一月

辻　和希

目次

第四部　著作活動

第五部　比較生態学とその周辺

第六部　ハチ研究

第七部　伊藤さんの思想

第一部　農研時代

上高地の明神岳。伊藤さんによる版画（撮影：村瀬 香）

1　農業技術研究所時代の伊藤さん

中村　和雄　農林水産省農業技術研究所および農業研究センターにおいて、害虫に対する捕食および性フェロモンの役割、作物の鳥害防除の基礎研究に携わった後、沖縄大学において鳥個体群の島間の比較を行ってきた。

私は、一九六〇年三月に大学を卒業して、四月に農林省農業技術研究所昆虫科（東京都北区西ヶ原）に入った。初めは、園芸部果樹科（神奈川県平塚市）に置かれていた昆虫科の分室に配属されたが、一九六一年十月に昆虫科第二研究室（以下、2研とする）に異動した。当時、昆虫科には六研究室が置かれていたが、私の人事異動に伴って研究室間で研究員の配置換えが行われ、2研は昆虫の生態学研究に特化することになった。ここでは、すでに伊藤嘉昭さん、宮下和喜さんの二人がいて、昆虫（害虫）の個体群生態学研究に取り組んでいた。そこに私が加わって、三人による研究が始まった。この体制は、伊藤さんが沖縄県農業試験場へ転出する一九七二年十月まで続いた。

ここでは、この間、私が経験したことを基に、伊藤さんを中心として実施された2研での研究活動を概括したいと思う。

昆虫の個体群生態学研究への着手

Natural historyとして誕生した生態学は、二十世紀の初め頃から、それまでの記載学から生物と環境との間の関係を分析する学問へと変わっていった。そのうちの一つとして生物の個体群の動態に注目する分野が発達してきた。個体群生態学の誕生である。

ここでは、野外個体群の変動の実態が明らかにされ、実験室内では変動のメカニズムが解析されてきた。一九五〇～六〇年代の個体群動態に関して、最大関心事の一つは個体群の変動をもたらしているものが天敵などの密度依存要因によるのか、気象などの密度非依存要因によるかであった。いいかえると、個体群が絶滅しないように安定的に保たれているのは、生物内に内包するシステムによるのか、単なる偶然の結果なのかということである。

個体群動態の理論と解析のために確立してきた手法は、戦後になって生物の自然個体群の解析に応用されるようになった。その一つは、カナダの森林害虫 Spruce budworm（トウヒノシントメハマキ）*Chorostoneura fumiferana* を対象にした Green River Project である。この害虫は、広範囲で同時的に大発生を繰り返すことで知られているが、このプロジェクトは個体群の変動のメカニズムを知って個体群の管理を目指そうとしたものである。

　個体群動態を解析するための有力な手法として広く用いられてきたものの一つは、生命表である。これは、人口学 demography で発展してきたヒトの生命表を、生物に応用したものであるが、世代間の増殖率を知るために欠かせない手法である。動物個体群における生命表研究では、動物の各齢 age（あるいは、発育ステージ）における死亡率と死亡要因が注目されてきた。これは、個体群サイズの変動をもたらす要因を知るためのものであるが、Spruce budworm のような害虫個体群を管理する際には、個体群を減少させるための減少要因（防除手段）を、どのステージに導入するのが効果的であるかを知ることができるという期待があった。

　伊藤・宮下の両名が昆虫科に入った一九五〇年は、終戦直後の食糧難の時代であった。当時、戦争で疲弊した農林地を回復させ、日本人の飢えを満たすことが、農林省に課せられた至上命令であった。作物の病害虫を研究対象とする作物保護分野に与えられた課題は、いかにして病害虫を防除して増産に寄与するかであった。その手段として、戦後間もなく登場して画期的な成果をもたらしつつあったＤＤＴ、ＢＨＣ、パラチオンなどの有機合成殺虫剤が与えられた。このため、病害虫防除の研究課題は、大半が殺虫剤防除に向けられていた。

　そうした時代にあって、伊藤さんは研究対象を野外個体群の変動の実態の解明とその要因の解析に置いた。この目的のもと、昆虫ばかりでなく魚類、鳥類、哺乳類などを対象にし、これらの動物種の繁殖率と生存率を手に入る限りの論文から算出した。これらの比較検討から、動物の生存戦略の進化が論じられた。この比較検討は、一九五九年に『比較生態学[1]』として結実した。

　このときすでに、伊藤さん、宮下さんは、都立大学理学部の中村方子さんとの共同で、クリタマバチ *Dryocosmus kuriphilus* の生命表研究と、数年前に茨城県の小貝川岸のススキ草原で大発生したツマグロイナゴ *Mecostethus magister* の個体群動態の研究に取り組んでいた。これらの昆虫のうち、クリタマバチは果樹の害虫ではあったが、ツマグロイナゴは害虫にはなりえないか、害虫になっても局地的なものであった。殺虫剤万能の時代にあって、農作物の害虫でない昆虫を対象にした生命表研究に対して、「そんな研究をして何になる。米一粒でも増やせないではないか?」という批判にさらされながら、伊藤さんは害虫の個体群管理を行うためには、絶対に必要な研究であると確信して、これらの研究を指導し、遂行していった。国の施策に沿った研究を強要され、しかもすぐに目に見える成果を要求する現代の官庁の研究機関では、考えられないことであったが、基礎研究を行うことが実用のために必須であり、近道なのだという伊藤さんの信念が、そうさせたのである。また、そうした研究を許して、周囲からの圧力をはねのけてきた昆虫科の上司・同僚の存在も大きい。

個体群生態学の学び

伊藤さんは、中村が2研の研究に加わる前から、東京周辺の数少ない個体群生態学の研究者を集めて、海外の論文を批判的に読むゼミを開催していた。そのメンバーの中には、Oxford Universityを経てカナダに渡った蝋山朋雄さんや、オーストラリアに渡ってオーストラリア生態学会会長にもなった橘川次郎さんなど、世界の生態学のリーダーとなった者たちもいた。

また、研究室内でも定期的に生態学の教科書の読み合わせや新着の論文の紹介、クリタマバチの生命表研究などで得られた成果の評価などが行われていた。これには、農業技術研究所数理統計研究室の塩見正衛さんも参加していたほか、2研で研修中の県の職員や卒業論文などの研究を行っていた学生なども参加した。また、2研は、東京に位置していたこともあって、海外から伊藤さんを訪ねてくる研究者が多くあり、これらを囲んでのディスカッションも行われていた

ゼミは、世界で進行中の研究を知ると同時に、それらを批判的に捉える能力を養うために重要であった。特に私のような研究グループに参加したばかりの者にとっては、必要な場であった。

個体群生態学研究会の発足

伊藤さんは宮下さんの力も借りながら、京都大学農学部昆虫学研究室の内田俊郎教授その他の研究者たちと連携して、一九六〇年までに「個体群生態学研究会」を設立した。一九六一年九月に、『個体群生態学研究会会報』No.1が発行されている。

研究会の活動は、会報を発行することと、既存の学会の大会時に研究会をもつこと、宿泊を伴ったシンポジウムを開催することであった。研究会は、日本応用動物昆虫学会(応動昆)大会の折にもたれていた(当時の応動昆大会は、毎年三月末〜四月初めに東京本郷の東京大学農学部で開かれていた)。

第一回シンポジウムは、一九六三年四月に神奈川県片瀬において開催された。これは、「数日間、宿をともにして学問上の討論と懇親を行う」ためで、二泊三日の日程であった(『個体群研究会会報』No. 4, 1963)。出席者は三十名。

第二回シンポジウムは、一九六五年六月に北海道仁伏において二泊三日の日程で開催された。講演7題、自由発表5題、出席者三十五名であった(『個体群研究会会報』No. 8, 1965)。引き続いて、第三回シンポジウムが一九六六年四月に和歌山県白浜で開催され、第四回シンポジウムが一九六八年四月に東京都八王子で開催されるというように、二年ごとの開催が定着した。

個体群生態学研究会の活動でシンポジウム以上に重要なものは、*Researches on Population Ecology* (*Res. Popul. Ecol.*) の発刊である。これは、京都大学農学部昆虫学研究室から発行されていた『個体群生態学の研究』I～IIIを引き継ぐ英文誌として企画されたもので、一九六二年十二月に *Res. Popul. Ecol.* IV が発行された。発行元は、The Society of Population Ecology である。この年は1号だけの発行であったが、翌一九六三年からは年間2号が発行されるようになった。

本誌IVは、ある団体から伊藤さんに与えられた研究費の大半を注ぎ込んで発行されたものである。*Res. Popul. Ecol.* の発行とシンポジウムの開催は、わが国における個体群生態学研究のレベルを高めるために大きく貢献した。研究会を組織して、その活動を推進するために中心的な役割を担った伊藤さんの功績は、計り知れないものといえよう。

必要な手法の開発

a　動物の分布型の解析

野外個体群の動態解析には、個体数の把握が基本となる。生命表研究でも、個体数の把握の重要性は変わらない。個体数推定のために最も一般的なものは、サンプリング理論に基づいて、標本から母集団を推定するものであろう。このため、統計学の理論が必要になる。伊藤さんは、早くからこのことを認識していて、統計学の基礎を学ぶことに努めていた。

植物の草丈などの形質の分布は、正規分布をするのが普通で、R. A. Fisher などによって確立されてきた統計学は、正規分布を前提としている。しかし、単位面積あたりの生物の個体数などの分布は、正規分布には従わないことが多い。このため、畑の中に設置した枠（コドラート）当たりの標本から個体数を推定しようとする場合は、その生物の分布型を知る必要がある。コドラート当たりの個体数がランダムであったときは、ポアソン分布になるが、昆虫などでは多くの場合、負の二項分布などの集中分布であることが一般的である。

生態学における生物の分布型の解析は、その種の生息空間の中での分布様式を知るためにも必要なものであった。すなわち、分布型の解析によって、その種が均一に（すなわち排他的に）分布しているか、個体同士が機会的に分布するか、あるいは集中しているかを知ることができる。

それゆえ、個体数の推定にはサンプリングから得られた個体数の分布型を特定することから始まる。このための計算は、相当複雑であるため、一九六〇年代前半では研究室に導入された卓上計算機によっていたが、大型計算機が使えるようになった六〇年代半ば以降は、分布型を計算するプログラミングを用いて計算するようになった。

研究室内では、伊藤さんの指導の下、統計学の塩見さんも加えて、分布型の議論が行われていた。特に、大型計算機の利用については、塩見さんによるところが大きかった。

b　標識再捕法

サンプリングに基づかないで昆虫の個体数を推定する方法として広く用いられていたのは、捕獲した個体にマークを施した後、個体群に戻し、一定期間の後に再度捕獲し、その中に含まれていたマーク虫の割合を基にして個体数を推定する方法（標識再捕法 release-and- recapture method）である。

この方法によって、個体数（個体群サイズ）ばかりでなく、個体群への加入率（孵化・羽化などによる加入＋移入による率）と消失率（死亡＋移出による率）も推定することができる。また、捕獲・放出場所を適切にデザインすることで、移動率の推定も可能である。

この方法は、ススキ草原におけるツマグロイナゴの個体数推定と移動距離の推定や、田植前の水田におけるツマグロヨコバイ *Nehotettix cincticeps* の個体数推定、放牧地のススキ草原におけるイナゴモドキ *Parapleurus alliaceus* の発育ステージごとの個体数の変動の解明などに適用された。

標識再捕法を適用するためには、フィールドにおけるサンプリング・エアリアの設定、対象昆虫に適したマーキング法などを編み出す必要がある。ツマグロヨコバイでは、補虫網で捕獲した成虫をポリエチレンの袋に移して CO_2 で麻酔させてマーキングする方法がとられた。

これら野外における調査手法の実際や、標識再捕法のモデルの紹介とそれらへの適用などは、『動物生態学入門』[2]にまとめられている。

生命表研究

こうしていくつかの種について生命表の解析が開始され、

データが蓄積されていった。まず、一九六〇年から十年間、クリタマバチについての生命表研究が行われ、一九六六年からはアメリカシロヒトリ *Hyphantria cunea* の研究が行われた。後者は、伊藤さんが中心となっていくつかの大学の研究者から成るグループによって行われたものである。このほか、水田における害虫個体群の変動、ススキ草原で大発生したツマグロイナゴ個体群の動態、放牧地内のススキ草原におけるイナゴモドキ個体群サイズの推定とイナゴ類のススキの生産量に与える影響の評価などの研究が行われた。この研究は、一九六四〜一九七四年に行われた国際生物学事業計画（ＩＢＰ）の中で、２研と東京都立大学理学部の中村方子さん、松本忠夫さんによって行われたものである。

クリタマバチでの生命表の作成

ここでは、クリタマバチで行われた研究の実際を見てみたい。この研究は、伊藤さん、宮下さんと中村方子さんによってスタートし、途中から中村が加わった。

クリタマバチは中国から侵入（移入）したタマバチで、戦後のわが国のクリ栽培に深刻な被害を与えていた。クリタマバチの成虫は雌しか見つかっておらず、単為生殖をすると考えられるが、六〜七月頃、クリに作られたゴール（虫こぶ）から羽化してきた成虫は、伸び出したクリの芽に産卵する。孵化した幼虫はあまり成長しないで翌年の春まで、芽の中で過ごす。四月頃、芽が伸び出すと、産卵された芽はゴールを形成し、この中の幼虫は成長し、蛹化し、羽化した成虫がゴールから脱出する。1ゴール内には、数匹の幼虫が生息する。これらは、卵から幼虫期間を通して、多くの寄生蜂の寄生を受ける。寄生蜂はクリタマバチの羽化前後にゴールから脱出する。

この生活サイクルのため、クリタマバチは生命表の作成には適していると考えられた。産卵後に芽を回収してくれば、卵数ないし孵化幼虫数が分かるし、羽化前にゴールを採集することでゴール内の生存幼虫数が分かり、ゴールから羽化してくる成虫と寄生蜂から、羽化率と寄生率が推定できる。

そこで、千葉県、神奈川県の2地点のクリ林にステーションが設置され、春にこの中のクリに形成されたゴールをサンプリングして持ち帰り、ゴールごとに別の試験管に入れて、羽化してくるクリタマバチ成虫と寄生蜂の成虫を数えた。羽化が終わった後に、ゴールを割いて、羽化した成虫数と寄生その他による死亡数を数え、成虫の羽化後にステーション内のクリからサンプリングしてきた芽を割いて、産卵された卵数を数えた。これらのデータから、各ステーション内のクリに産卵された卵数、翌年の羽化数、死亡数、死亡要因などの生命表の構成要素が推定された。

これによって、クリタマバチの生命表が作られ、毎年における成虫個体数の変動や死亡要因が明らかにされた。すなわち、死亡率は、羽化して産卵したであろう成虫と若齢幼虫期間のものが大きく、寄生蜂による死亡がこれに次いだ。寄生蜂はクリタマバチの密度が高くなるほど寄生率をあげる密度効果的な働きをしていた。

中村方子さんと中村がステーション周辺で採集したクモ類にクリタマバチの抗血清反応を調べたところ、クモ類8~20%の個体が反応を示した。これから、成虫の死亡率の相当部分がクモによる捕食であることが推定された。

クリタマバチの生命表研究から与えられた課題

クリタマバチへの寄生蜂は、クリタマバチのわが国への侵入以前には、クヌギなどにゴールを形成するタマバチ類に寄生していたものである。このため、これらの寄生蜂の動態を知るためには、クヌギなどのタマバチへの寄生率も知る必要がある。そこで、タマバチ類のゴールの採集を始めたが、寄主-寄生者の複雑な関係を解明するまでには至らなかった。

クリは、林の周辺部に見られ、林の生態遷移の初期に見られるが、遷移が進むにつれて姿を消していく。このため、この研究が行われた十年間にはクリの木の樹高も樹勢も変化したばかりでなく、ステーションの環境も変化した。このことは、クリタマバチ個体群に大きな影響を与えたはずであるが、こうした変動要因は研究開始時には見落とされていた。遷移による林の環境の変化は、人為的にほぼ一定の環境が保たれている水田や畑などとは違って、見落とすことのできない重要な要因である。

寄主-寄生者のような種間関係や、遷移のようにダイナミックに変化する環境の中にある種個体群の動態を解析することは、個体群から生物群集の分析へと進まざるを得ないことを示していたと思う。

伊藤さんの研究者としてのいくつかの面

伊藤さんは、主として野外における昆虫の自然個体群を対象とした研究者であった。それと同時に、『比較生態学』(1)を出版して、独自の理論も提出した理論家でもあった。戦前に誕生した個体群生態学の研究が絶頂期に向かいつつあった一九五〇~六〇年代の日本にあって、何種かの昆虫の生命表研究に挑むために、研究グループを組織し、指導する指導者でもあった。

しかし、実際の研究は、非常に実際的な方法を編み出すことから始まった。クリタマバチをはじめとする生命表研究では、ステーションを設置することから始まる。その中を同じ大きさのコドラートに区切るには、伊藤さんは巻き尺を使わないで歩幅によることを勧めた（ちなみに、中村の場合は、3歩が2mである）。樹木が生い茂り、水平とは限らない野外の実験地では、このほうが実際的である。

個体数推定のために用いられた標識再捕法は、大きな威力を発揮したが、この適用のためには、個体にマーキングする具体的手法を考えることや、個体数推定のために提案されているモデルへの適用条件の検討などを必要とした（マーキングした虫を放して捕獲する方法は、中村がのちに行った野外におけるフェロモン源からのフェロモンの拡散と、フェロモン源の有効範囲の推定のための基本的な方法となった）。

伊藤さんが動物の生態学研究の入門書として著した『動物生態学入門』(2)は、それぞれの手法の理論とともに、実際的な手法もまとめられているが、これは自らの経験から生まれたものである。

グループ研究によって得られた成果は、その都度まとめられ、研究の担当者全員で検討して、論文にまとめられた。論文は、英文で書くのが原則であった。論文をまとめるために、東京近郊の保養所などに一泊したこともあった。今と違ってパソコンなどない時代であったから、タイプライターや卓上計算機も持ち込んで、夕食の後、成果の検討を行い、原稿を書いていった。もちろんその場で完成原稿ができ上がるわけではないが、こうした時間を持ち、議論を共有することは、論文の完成に大いに寄与した。

伊藤さんの優れた点の一つは、最新の論文をいち早く読み、その論点と問題点を把握できることである。これは研究室内のゼミなどで紹介され、議論を深め、論文の著者とコンタクトする。出版された論文の別刷を内外の多くの研究者に送る。それは、学会などに出席することを除けば、郵便物のやり取りしか情報手段がなかった当時では、欠かすことのできないものであった。

伊藤さんは、研究室に突然、現れると、こうした研究課題がおもしろいといくつもの課題を羅列して、去って行く。伊藤さんの示した課題のうち一つでも着手して結果が得られれば喜んでもらえるが、まったく着手しなかったとしても、とがめることはなかった（これは、すでに見捨てていることを示すものだったかもしれないが）。

伊藤さんは、研究以外のことでも、多くの活動をしていた。ベトナム戦争における枯葉剤使用の危険性をだれよりも早く認識し、世界に訴えたのはその一つである。単に研究だけに留まらないで、研究者の立場から社会に対して発言し、警告を発してきた。

七〇年安保に向けて社会が騒然としていた一九六〇年代後半、伊藤さんと議論をたたかわすために京都からやってきた学生たちを迎え、真剣に受け答えしていた姿は印象的であった。面と向かって辛口をたたくのに、後には何も残さないのが伊藤さんのよい性質で、だれにも慕われた人であった。

伊藤さんは、一九五二年五月のメーデー事件で逮捕・起訴されて以来、農林省では休職の処置に置かれたが、この状態は一九六九年に農林省が復職させるまで続いた。この間の生活は、奥さんの収入にたよっていた。私は、午後五時以降も研究室にいて、論文を読んだりしているのが普通であったが、伊藤さんは子どもさんを保育所に迎えに行くため、五時前には研究室から姿を消していた。こうした状態の下で、伊藤さんの研究活動はなされたのである（これらのことについては、『楽しき挑戦』[3]に詳しい）。

おわりに

一九六二年、Rachel Carson によって *Silent Spring* が発表されると、それまでの殺虫剤一辺倒による害虫防除が見直されるようになっていった（日本では、ＤＤＴ、ＢＨＣ、パラチオンなどの使用規制は、一九七〇年以降になって実施されたのだが）。そうした流れの中で、一九六五年十月にローマにおいて、ＦＡＯによる総合防除 integrated pest control（現在では integrated pest management, ＩＰＭと呼ばれる）のシンポジウムが開かれた。ここでいう総合防除とは、殺虫剤の使用を減らすため、殺虫剤以外の防除手段を総合的に組み合わせて害虫の発生を抑圧しようというものであった。

これを契機に、全国の害虫分野において、総合防除が広く取り上げられるようになった。そこで、昆虫科の有志によって総合防除の勉強会が始まった。そこで取り上げられたものは、主として殺虫剤以外の防除手段に関するものであったが、2研ではこうした取り組みの中から不妊化虫の放飼による害虫の根絶技術を注目して、集中的な学びが行われた。

ちょうどその頃、本土に復帰した沖縄県において、ウリミバエの根絶防除事業が開始されようとしていたが、その計画を立てるにあたって2研から、不妊化法についての基礎情報を与えることができた。伊藤さんはこの事業を指導・推進するために、沖縄県農業試験場へ異動することになり、伊藤さん、宮下さん、中村による生態学研究は終わりを迎えた。

伊藤さんが去ったのち、2研では宮下さんを室長とする新体制の下で、性フェロモン利用による害虫防除への生態・行動学的研究が開始された。

2 伊藤嘉昭さんの思い出

正木 進三 一九九三年まで弘前大学教授、以後名誉教授。昆虫の季節適応を研究してきた。日本昆虫学会および日本応用動物昆虫学会の名誉会員、ロシア昆虫学会の外国人名誉会員。

もう人々の記憶から消え去ろうとしている一九五二年のメーデー事件が、伊藤さんと私がめぐり合うきっかけになった。皇居前広場に集結したデモ隊と警官隊が衝突し、多数の負傷者が出た。警察はその後も執拗に各所にはりこんで、デモ参加者と疑われる人々を拘束した。その一人が伊藤さんだった。

その頃、春の応動昆大会は毎年東大で開かれていた。伊藤さんは西ヶ原にあった農業技術研究所に勤めていたので、同僚の湯嶋さんや宮下さんが世話人になって、巣鴨に拘束をされている彼を支援する会を、本郷のそば屋の二階で開いていた。私はいつもこの集まりに参加していた。

何年かたってから、東京農工大学の前身の東京農林専門学校で、伊藤さんの同期生であった梅谷献二さんから、獄中の伊藤さんの様子を聞くことができた。劣悪な境遇にありながら、伊藤さんが差し入れを頼りにして膨大な生態学の文献を読破し、生物には小卵（子）多産と大卵（子）少産への進化の道筋があることを認識し、増殖戦略についての広範なデータをまとめて考察していることを知らされた。これが後に『比較生態学』として出版され英訳もされて、高く評価される本になった。

私の研究テーマは「昆虫の季節適応」であって、伊藤さんとは視野がまったく違っていた。しかし、彼が無罪判決を克ちとって学会に復帰し、毎年会えるようになると、いつしか心おきなく話し合える友人になっていた。

研究分野が離れていた伊藤さんと私とが共同研究するきっかけになったのは、戦後（一九四五年）間もなく侵入し、定着したアメリカシロヒトリだった。最近この昆虫が話題になることは少なくなったが、侵入後しばらくの間はどんどん分布を広げ、街路樹の大害虫になっていた。多くの研究者がこの外来種の研究に取り組むようになった一九六六年ごろ、伊藤さんを中心として三十人ばかりの研究者が集まって、「アメリカシロヒトリ研究会」が発足した。伊藤さんには統率の才能があり、このような研究グループをまとめるのがたくみであった。この会の成果は「アメリカシロヒトリの生物学的研究」と題して応動昆大会での35題の講演、*Japanese Journal of Entomology and Zoology* に14篇の英語論文として次々に発表された。このグループの研究目標は、原産地アメリカとは異なった日本にやってきたこの種が、これからどのように新たな環境に適応していくのかを見極めるための基礎的なデータを集積することだった。これはもちろん、進化や種の分化につながる基本的な問題なので、広く読まれる形で出版しておこう、ということになった。そこで伊藤さん、日高さん、梅谷さん、私の四人が弘前と十和田湖の中間に位置する渓流沿いのランプの宿、青荷温泉に合宿し、本の構想をねることになった。気心の知れた四人である。討論に疲れると湯を浴びた後、盃を傾け、徹夜の討論となる。後日、平井剛夫さんにも加わっていただいて出来上がったのが伊藤嘉昭編『アメリカシロヒトリ―種の歴史の断面』（中公新書）である。初版の発行からもう四十年以上たってしまって、研究の手法も視点も今とは違っているが、私は若い研究者たちにもこの本を読んでいただきたいと思っている。研究するとはどういうことなのか、どのような気がまえが必要なのかを、この本から感じとっていただけるのではないか、と思うからである。

この本の中で伊藤さんはアメリカ南部の頭が赤いアメリカシロヒトリ（?）と、日本に来たのと同じ頭が黒いアメリカシロヒトリの種の分化の問題を解決すべく、現地に出向いて旅行しながら、両者間の交配を続けたことを記録している。ビニール袋の中で飼育している幼虫コロニーを毎日持ち歩き、餌を替え糞をホテルの水洗便所に流すなどの作業をやりながらの旅がどれほど辛いか容易に想像できよう。それをやりとげた伊藤さんの情熱と努力には敬服せざるを得ない。

伊藤さんと私にはもうひとつ、共著があった。それは一九九〇年に *Science* 誌上に発表された Another opinion と題する一文である。一九九二年の国際昆虫学会議（ＩＣＥ）についてのコメントだ。アメリカの昆虫学者数十人が、中国における研究者に対する政府の干渉と弾圧に抗議するために、中国におけるＩＣＥをボイコットしようという声明を出した。しかしＩＣＥも世界中の昆虫研究者たちも中国政府とは無関係なのだ。むしろ研究者たちの参加による自由な討論を見せることに大きい意味があるのでＩＣＥの中国開催に賛成しよう、という小文を伊藤さんと私の連名で投書した。もちろん私たちの投書がなくてもＩＣＥは予定道りに開かれ無事終了したに違いない。当時私はＩＣＥの評議員だったが、誰からも *Science* 誌上での論争についての意見は聞かされなかった。伊藤さんは奥さん同伴で、楽しそうにこの大会に出席しておられた。

伊藤さんは何事についても、決断の速い人だった。間違っていると思ったことにはきっぱりと反対し、正しいことにはただちに賛成する人だった。未知への探究心は人一倍強かった。権力を恐れず、弱者をかばう江戸っ子的な気質があった。このような人柄が、絶え間ない努力に裏打ちされて、同僚や後輩をはげます力になっていた。不妊化法によるウリミバエの根絶という大事業の成功に貢献した彼の役割は、そのひとつの例に過ぎないだろう。

いつも最先端を目指して突き進んできた伊藤さんだが、昆虫研究者によくあるように、彼にもやはり昆虫少年の時代があったようだ。まだ専門学校の学生であった時代に、小西正泰さん、梅谷献二さんと共に伊豆七島を調査し、島々の昆虫相の成立過程を考察した報文を、日本生物地理学会報に寄稿している。その頃の自然観察者の心が、数十年後によみがえったのだろうか、伊藤さんは自宅の附近を飛び回るツマグロヒョウモンにひきつけられた。標式再捕法による個体数推定などをやって、『琉球の蝶ツマグロヒョウモンの北上と擬態の謎にせまる』を書いた。この本を謹呈するというはがきの文頭には「小生はインシュリン注射をしつつも……酒を飲みつつ何とかすごしています。（中略）一生の最後になるかも知れない本を出しておこうか」と書かれていた。

亡くなる前年、伊藤さんから手書きのはがきが届いた。それはインターネットをやめるから、要件があったらはがきにしてくれ、という知らせだった。その時、私には伊藤さんの体調がどうなのか、全く分かっていなかった。今思えば伊藤さんはそろそろ身辺の整理をしておこう、という気持ちだったのだろう。ひとこと何か言ってあげればよかった、とくやんでいる。二〇一五年の年賀状は「昨年末に思わぬ体調不良で入院することになりました。……今年は体調に気をつけようと思っていますが、皆様も健康には十分気をつけて下さい。」と、私たちを気づかうやさしいことばで結ばれていた。

研究生活に入ったばかりの頃、思わぬ災難にまきこまれた伊藤さん。だが研究への情熱と不断の努力によってそれを克服してきた伊藤さん。そして多くの研究成果を積み重ね、有能な研究者を育て上げてきた伊藤さん。あなたが歩んで来られた道を眺めると、三年も先んじて生まれていながら、まともな仕事をしてこなかった私は、赤面せざるを得ないのだ。しかし私は一度たりとも伊藤さんから批判めいた言葉を聞かされたことはなかった。それはやはり、伊藤さんのやさしさのせいだと、今になってしきりに思っている。

編者注　正木進三さんは、ご寄稿をいただいたあと二〇一七年一月二十八日に逝去されました。正木先生のご冥福を心よりお祈りします。

3　昆虫個体数の空間分布と生態システムの管理

塩見 正衛　茨城大学名誉教授。農業技術研究所、草地試験場、農業環境技術研究所などに勤務。元日本学術会議会員。統計学的実験計画法、統計生態学、システム生態学、草本植生の統計学的モデルの研究。

はじめに

わたしが一九六一年農業技術研究所に就職して、統計学の一分野である実験計画法の研究室に入ってからすぐ、伊藤嘉昭さんに会ったはずである。今計算すると、伊藤さんは三十一歳か三十二歳だっただろう。その時の場面や、彼から話された内容を今は全く思い出すことができない。伊藤さんはその後、わたしに常に「農学出は机に座って統計をやるだけではだめだ。何か実験ができなければ」と言っていたから、はじめて会ったときにも、おそらくそういうことを聞いたのだと思う。そういうわけで、わたしの半身は伊藤さんの門下生になった。

生態学の勉強

個体群生態学の文献を輪読するために、わたしは彼の研究室をたびたび訪問していた。伊藤さんの他に、宮下和喜さん、中村和雄さん、研究所内の昆虫や植物病理の研究者、若い大学生が参加していた。今では思い出せない文献が多いけれども、人口論の本や、動物生態学の原典を読んだ。その中に、C. Elton 著の *Animal Ecology* や G. F. Gause の *The Struggle for Existence* などの古典もあった。たいていは章ごとに分担して輪読した。予習はいつも楽ではなかった。

一九七〇年ごろ、伊藤さんはシステム分析法を使って害虫を制御することを考えていた。その頃、K.E.F. Watt の著書 *Ecology and Resource Management* が出た(1)。システム分析の方法が生物・農学研究に利用できることを見抜いていた伊藤さんは、研究室でこの本を輪読の書として取り上げた。読み終えるまでに一年以上かかったと思う。その後、伊藤さんは、若い研究者を中心に、Watt の著書の翻訳を計画、彼自身が監訳者になって、訳書『生態学と資源管理』(2)は一九七二年に築地書館から出版になった。わたしも伊藤さんに分担するよう言われ、主にシステム分析法に関する部分を翻訳した。この経験で、当時日本ではまだほとんど使われていなかったシステム分析法が、アメリカのＩＰＭの分野だけではなく、生物環境や農業生産の管理など広範な分野で使われ始めていることが分かった。

このときのWattの著書の勉強は、興津や静岡県、愛媛県、広島県などいくつかの果樹・柑橘試験場と一緒に、みかん害虫の発生を予測するモデル研究の動機になり、私は長い間試験場の方々と親しく交流することになった。また、その後わたしが栃木県西那須野町に所在した草地試験場に転勤してからは、放牧草地生態系のシステムモデルを作る研究に結びついた。

空間分布の研究

一九六二年、伊藤さんの提案と指導で、当時、伊藤さんと同じ研究室におられた中村和雄さんと一緒に、ムギにつくアブラムシ *Aphis maidis* や *Rhopalosiphum prunifoliae*（ともに伊藤さんの当時の研究材料だった）の空間分布を調べる実験を始め、その後三年ほどつづけた。ガラス温室内にオオムギを10cm間隔でメッシュ状に植え、野外で捕えてきたアブラムシの幼虫を、事前に設定した平均をもつポアソン分布に従ってランダムな株に接種した。アブラムシはすべて雌で胎生であるから、成虫になった個体は仔虫をどんどん産んでいく。それにともなって、アブラムシの個体数の空間分布は次第に変化する。その変化が、どのような様式にしたがっているかを明らかにする実験であった。結果を一言で言えば、仔虫の株当り平均数の増加が起こると、ただちにアブラムシの株当り個体数はポアソン分布から集中性のある空間分布の式、負の二項分布でうまく近似できるようになった。オオムギの株間におけるアブラムシ個体数の分散varianceも大きくなっていき、個体数の集中性も大きくなっていった。(3) ここでは、集中性指数として負の二項分布のkを用いた。わたしは、自然に起きている生物の現象が、こんなにも数学的な美しい模型によくフィットすることにたいへんな驚きと魅力を感じた。その後現在まで、生物の現象、特に空間分布が単純な、美しい数式で表される魅力に取りつかれたままである。

この最初の研究は伊藤さんの発案で、わたしたちはいわば実験を実行した者にすぎなかったが、その後、アブラムシのオオムギの株間移動の頻度や移動数と、仔虫の増加数の頻度を組み込んだちょっと複雑な個体群の構造モデルを作ることができた。また、一九七〇年以降には、伊藤さんがカリフォルニアからアメリカシロヒトリの天敵候補として持ち帰ったサシガメ *Podisus maculiventris* を使って、食う者と食われる者の関係など、相互作用をもつ生物間の空間分布の研究をした。

これらのアブラムシ個体数の研究の経験は、わたしが茨城大学に移った後の二〇〇〇年ごろから、学生たちと始めた牧草の種類ごとのバイオマスや被度、出現頻度や種数と種構成の空間分布の研究を始める動機につながった(伊藤さんにはそのことは伝える機会がなかったが)。

伊藤さんは一九六〇年代、昆虫の空間分布に強い関心があって、負の二項分布や0項のない負の二項分布、負の二項分布の共通のkの推定などの研究をしていた。わたしは、その中で、0項のない頻度分布の利用に興味があったので、それをアブラムシの増殖モデルの研究に使うため、分布の数式への当てはめができるプログラムをフォートランで書いた。伊藤さんは、0項のない負の二項分布をクリの害虫、クリタマバチの個体数変動の研究に使った[4]。

一九七三年以降、伊藤さんとの研究上の交流は全くなくなった。ところが、それから約三十年後の二〇〇三年、わたしが茨城大学で定年になった年、茨城大学の山根爽一さんからわたしが滞在していたスロバキアの大学にemailが来た。それには、「伊藤さんが最近書かれた論文を見てほしい」と書いてあった。伊藤さんは、その論文でブラジルに生息している2種類の社会性ジガバチにおける創始者のグループサイズの分布を取り扱っていた。論文は、二〇〇四年三月に茨城大学教育学部から出版になった[5]。この論文では、かつて伊藤さんが日本の個体群生態学分野に導入した0項のない負の二項分布と、共通のkが出ていて、非常に懐かしく、昔の伊藤さんに会ったような気持ちになった。わたしはただ眼を通しただけであるが、刷り上がった論文ではわたしも共著者にしていただいていた。これが、伊藤さんの名前で出た最後の論文ではないかと思う。

おわりに

伊藤さんには、叱られた思い出のほうが多いが、そればかりではない。当時、農業技術研究所におられ、後に佐賀大学に移られた藤條純夫さんらと一緒に、鎌倉にあった伊藤さんの実家に招かれ、江の島で海水浴をした思い出がある。伊藤さんは、水泳には自信があった。

一九七四年、わたしはカナダ東海岸にある大学に一年間出張した。出発前伊藤さんに、当時バンクーバーのブリティッシュ・コロンビア大学におられた藤井宏一さんを紹介していただいた。「塩見は全くの田舎もんだから、外国生活の初歩を教えてやってくれ」と、手紙を出していただいたそうだ。藤井さんご夫妻にはバンクーバー空港まで迎えに来ていただき、わたしと家族はバンクーバーに三日間滞在した。そこでレストランでのオーダーの仕方、チップの置き方、スーパーでの買い物などこまごましたことを教えていただいた。

伊藤さんが沖縄に赴任されてからは、ミカンコミバエの撲滅に関する事業と研究で大きな成果を上げられ、その後は進化論と生態学を包含する広い領域の研究を目指された。これらの研究はわたしの手が届くところではなかったので、一九七〇年代後半からはちょっと疎遠であった。

伊藤さんは、最後は名古屋大学と沖縄大学で教鞭をとられたが、それ以前も学生や研究者に対する教育には熱心であった。古い書物であるが、『動物生態学入門[6]』は調査と解析の新しい方法に詳しい本で、昆虫生態学の勉強をしている学生や研究者が野外調査に出掛けるときには、必ずこの本をかばんに入れて出かけたといわれている。わたしも熟読した。

伊藤さんは、科学研究の面でも社会活動の面でも、わたしを含め研究者社会に大きな影響を与えた人である。

4　伊藤嘉昭さんにまつわる思い出

冨山　清升　鹿児島大学理工学研究科准教授。軟体動物（主に陸産貝類）の行動学・進化生態学・生物地理学が専門。アフリカマイマイの研究を通じて農学分野にも関わりを持つ。

伊藤さんとの最初の接点

伊藤嘉昭さんには、大学院生時代に直接的・間接的に多々お世話になりました。私が学部四年の卒業研究の学生の頃、当時発売されたばかりのパソコンを使用し、データ解析のために多変量解析の計算をする計画を立てていたのですが、当時のパソコンはまだまだ高価な品で、貧乏研究室の予算では購入などおぼつかない状態でした。しかし、思わぬところから金が降ってきたというべきか、同じ研究室の助手をされていた山根正気さん（後に鹿児島大学理学部教授）が、

「これは伊藤嘉昭さんからの研究費だから。」

と念を押されて、パソコン購入に係る予算をポンと付けてくださいました。結局、多変量解析を用いた種内変異の研究は、私の卒業研究の一部になり、論文として発表もできたと記憶しています。さらに、種内変異の遺伝的バックグラウンドを知りたいと欲を出し、アイソザイムの分析もやってみたいと申し出たところ、これまた、

「これも伊藤さんの予算からだけど……」

ということで、電気泳動装置一式を購入して頂けました。これもそれなりの結果が出せたのですが、未だに論文になっていません。その後、種内変異研究もＤＮＡ分析が主流になり、発表の機会を逸した感じです。現在、思い直して「古典論」として論文を書き上げたところですが、受理に至るかどうかは判りません（非常に遅ればせながら、謝辞には伊藤嘉昭さんのお名前を入れさせていただきました）。

思い返せば伊藤さんとの関わり合いはそのような研究費がらみの接触が最初だったと思います。その当時、伊藤さんは一度だけ、研究室に来られて、私の説明をふんふんと聞いておられたのを記憶しています。その際、都合された研究費の出所が科学研究費補助特定研究「生物の適応戦略と社会構造」と聞かされました。

その頃、伊藤さんを中心とする動物行動学のグループに、

文部省の「特定研究」という数億円予算のプロジェクト研究が当たって、社会生物学に関する研究が全国的に一斉に始まっていました。野外系生物学に特定研究が当たるなど前代未聞と聞かされていましたが、後に聞いた話では、有力視されていた分野を差し置いての逆転の予算獲得だったそうです。これは、当時、米国では社会生物学論争が熱を帯びており、その頃台頭し始めていた保守系イデオロギー（ネオコンサバティズム）が社会生物学の理論を利用しつつあったという社会背景があったのだとのこと。日本の保守層が「遅れてはならじ」と日本でも社会生物学の研究へのテコ入れを図ったふしがある、とどなたかがコメントしていました。しかしながら、結果として、社会生物学の特定研究の成果が、日本の新保守主義に貢献したとかいう話は聞いたことがありません。

行動生態学≒社会生物学の日本への導入は、北海道大学農学部昆虫学教室、および、東京都立大学（現首都大学東京）理学部動物生態学教室の若手グループが先鞭を付けていたことだけは間違いないでしょう。北大の青木重幸さん、山根正気さん、都立大の岸由二さん、あたりがその代表格であったと思います。その後、行動生態学は、全国の動物生態学をやっている研究室で流行し、一九八〇年代後半から一九九〇年代前半にかけて、熱病のような流行をみたことを記憶しています。

「特定研究は、そのような雨後の竹の子のように出現した全国の行動生態学の研究を束ねてタガをはめる役割を果たした。それがなかったなら、全国的にバラバラに行動生態学の研究が行われ、雲散霧消していた可能性すらある。」

とは岸由二さんの評価ですが、私も同様に感じています。

特定研究のプロジェクト・リーダーのお一人が伊藤さんであられた訳なのですが、非常に不思議なことに、社会生物学の日本への紹介で重要な役回りを果たしたはずの東京都立大学はカヤの外に置かれました。本来であれば、都立大学動物生態学研究室教授であられた宮下和喜先生を、プロジェクト・リーダーの一人に据えて、松本忠夫さん（東京都立大学動物生態学研究室OB・東京大学教養学部教授）とかを加えて、研究チームを形成するのが筋だったと今でも思っています。都立大が外された理由はよく判りませんが、一九七〇年代前半のIBP（international biological program）時代、官学では ない大阪市立大や都立大が大活躍した〝悪しき記憶〟が官学系の人々の中に在った、と評価する人もおられます。しかし、誰がどこでどのような意志決定を行ったのか、真相は藪の中でしょう。都立大学動物生態学研究室の宮下和喜先生は、伊藤さんの友人であり、農業技術研究所（農技研）時代の盟友でもあります。特定研究で、宮下さんが加われるよう伊藤さんが少しは努力されたと聞いていますが、とあるところからの反対意見が強かったとのこと。関西方面の国立大学の某教授から直々に「都立大は、総括班には入れてやる。従って研究予算は付けない。」との通知が都立大動物生態研関係者にもたらされたそうです。このような露骨な都立大降ろしが行われ、結局、東京都立大学グループは特定研究プロジェクトから外されてしまったという経緯があったそうです。

東京都立大学の宮下和喜先生と伊藤嘉昭さんとの関係

余計な頭出しになってしまいましたが、伊藤嘉昭さんとのお付き合いは、東京都立大学の宮下和喜研究室に所属していた時代が大半を占めます。本当は、農業技術研究所の同期生で、伊藤さんに最も近しかった宮下和喜先生が、伊藤さんの日常は一番良く知っておられるのだと思うのですが、宮下先生は、非常に律儀な方で、伊藤さんに関するエピソードについて院生や学生が水を向けても、

「君達に話すと、あちこちで喋るからなぁ……」

と、伊藤さんに関するお話は一切聞かせて頂けませんでした。従って、伊藤さんにまつわる経験談は、宮下研に出入りしておられた農技研時代の友人の方からのお話や、私自身が伊藤さんから直接聞いた話に限られます。

都立大の動物生態学研究室の初代教授だった北沢右三先生の後、誰を教授にするかで、院生やOBも交えた関係者間で真剣な検討が行われたそうです。個体群動態論の蝋山朋雄さん、鳥の橘川次郎さんなどのお名前が挙がっていたそうです。最終的に、都立大生態研に近しく、当時沖縄農試におられた伊藤嘉昭さんに教授就任の打診が行われたそうです。しかし、伊藤さんは「旧帝大系でないと駄目だ。」と言われ、その計画は頓挫したそうです。そこで、伊藤さんと同じ農技研で都立大生態研との面識も深かった宮下和喜先生に打診し、快諾を得たため、宮下先生が教授に就任された、という経緯があったそうです。

宮下先生は、以下に記述するメーデー事件の後、伊藤さんのことを一番心配してかけずり回っていたとお聞きしています。しかし、前述したように、宮下先生からは、伊藤さんの若い頃のエピソードは一切聞かされていません。

一九九〇年、宮下先生が小笠原での調査で腹膜炎を起こし、自衛隊の大型水陸両用機で小笠原から東京まで緊急搬送され、長期入院された際には、伊藤さんは、名古屋から一番に東京の病院に駆けつけ、宮下先生を見舞っておられました。伊藤

さんには、そういう義理堅いところもあられました。

伊藤さんの武勇に関する伝聞

一九五二年五月一日（木曜日）、東京でメーデーのデモが行われていました。日比谷公園で解散するはずだったデモ隊の一部が、デモ行進を継続し、皇居前広場に突入しました。それを阻止しようとした警官隊約二千五百名とデモ隊約六千名が全面衝突となり、死者二名、負傷者約千名の大騒乱に発展しました。世に言う「血のメーデー事件」です。デモ隊からは千二百三十二名が逮捕され、うち二百六十二名が騒擾罪の適用を受け起訴されたのですが、その中に伊藤さんが混じっていました。伊藤さんは当時勤務していた農業技術研究所の組合活動の一環として、たまたまデモに参加していたのですが、皇居前広場突入には加わっていなかった旨。メーデー事件のその場にいた人のお話によると、デモの後に数人でタクシーに乗って帰る途中、検問に遭った。開き直らずに皆で逃げたのが良くなかったそうで、伊藤さんはたまたま逃げ遅れただけだったそうです。特定党派に関わっている人物ということで裁判が長引いたそうです。

その直後、伊藤さんのアパートに同僚が駆けつけて、「アブナイ本」や資料をすべて風呂の焚きつけにして燃やした。そのままその風呂に入って帰ってきた。というエピソードはどなたが行った機転だったのか忘れました。

メーデー事件の後、警察は病院や医院にすべて手をまわして、怪我の治療にやってきた参加者を片っ端から捕まえていたそうです。で、伊藤さんの同僚で、農工大出身者のアイディアで、農工大獣医学科に話をつけて、「怪我をした者は農工大の獣医で治療せよ。」と伝令を出した。それで、皆、農工大の獣医学科で治療を受けて、逮捕から免れた。と、伊藤さんから直接お聞きしました。

拘置所の伊藤さんに資料を届けたりしていたのが、農技研で秘書をされていた、その後の奥様。この件に関しては、詳しい話は書けません。「名古屋の伊藤さん。」と言えば、山屋の間では、名古屋大学農学部の伊藤嘉昭教授では無く、伊藤さんの奥様のことを指していたそうです。山屋の間ではオーダーメイドの登山靴で有名な、東京の老舗の登山用品屋さんの小町娘だったそうです。

酒の席上での飲み話において、「Oさんが酔っ払ってトラ箱に一日入った。」、「Iさんが学生運動でブタ箱に一週間入った。」、と二人で牢屋自慢をしていたところ、それを聞いていた伊藤さんが、

「なになに……」

と割って入って、

「牢屋なら私の方が長いぞ。」

と拘置所での逸話を話された。二人とも
「恐れ入りました！」

と平伏されたとのこと。なんて、エピソードも聞かされました。

謎に満ちた伊藤さんと東京都立大学との関係

伊藤さんは、まったくの濡れ衣であったにも関わらず、メーデー事件の騒擾罪で起訴されてしまいました。拘置所から出所したものの、裁判係争中で無職になった伊藤さんに、宮下先生などの農技研の仲間達が、大学の非常勤職など捜してきて斡旋したり、バイト探しで駆け回っていたそうです。


伊藤さんは、メーデー事件で逮捕された、二十代・三十代の無職の時代、東京都立大の生態学研究室（改組前）において、研究生か聴講生をされ、そこで、生態学をみっちり勉強したそうです。これは、伊藤さんの自伝にも書かれていないエピソードですが、

「私の研究生活の中で、都立大は、今の学生で言えば、大学院生活みたいなものだった。」

と、ポソッと伊藤さんが言われたことを私は覚えています。東京都立大学が伊藤さんにとっては、大学院に相当していたというのは、まったく知られていない事実だと思います。


都立大は、東京大学の反主流派が形成した大学とのことで、「反権威主義」が建学の精神だったそうです。例えば、学位記にも権威的な色彩は持たせない、とのこと。私が頂いた学位記のお免状も、B4厚紙に印刷され、名前だけがサインペンで記入された、文字通りの「紙切れ」そのものでした。規模の大きな国立大の学位記や、米国のＰｈＤ学位記が畳のような大きさで、印刷も非常に立派な代物であるのを観て、「都立大の反権威主義は筋金入りだわ。」と実感した次第です。そんな反権威主義の大学の都立大生態学研究室でしたから、研究生や聴講生等は「来る者は拒まず。」の精神で、誰でも受け入れていたそうです。通常なら、刑事事件で裁判係争中の者など、国立大学でしたら絶対に受け入れなかったでしょう。しかし、都立大生態研の教授だった宝月欽二さん（植物生態学）が太っ腹で、伊藤さんを研究室に迎え入れたそうです。

東京都立大学生態学研究室の一九五八年（十周年）と一九六八年（二十周年）の記念会のパーティーの写真に伊藤さんはしっかり写っています。伊藤さんが、メーデー事件で無職になってしまった時期、生態学研究室の宝月さんの計らいに

写真１　1958年生態学研究室（東京都立大学理学部生物学科）の10周年記念パーティーでの集合写真。右上のコップを掲げている方が、当時助教授だった動物生態の北沢右三先生（後の動物生態学研究室の教授）。

よって、どのような形か知りませんが、このように在籍し、ゼミに参加しておられました。

「宝月の奴にドイツ語論文講読のゼミをやらされてな……」とか、伊藤さんがブツクサ言っていたのを覚えています。英語やドイツ語等の語学は、都立大のゼミで相当鍛えられたそうです。

伊藤さんが二十代・三十代の頃、無職になって時間が余っていた事を逆手に取って、東京都立大学の研究生として生態学講座に出入りして、語学や生態学の勉強をしていたエピソードはあまり知られていない事実だと思います。

写真は、一九五八年生態学研究室（東京都立大学理学部生

写真２　写真１の伊藤さん周辺の拡大写真。中央の丸メガネをかけた面長の若者が当時28歳の伊藤嘉昭さんです。伊藤さんの、左上の太った学生はアリの近藤さん、左下の笑顔の方が鳥の浦本さんです。

物学科）の十周年記念パーティーでの一枚です。中央の丸メガネをかけた面長の若者が当時二十八歳の伊藤嘉昭さんです。この写真は、私が動物生態研に院生で在籍していた頃、研究室の歴史をアルバムで整理する必要があった際に、たまたま複写したものです。モノクロのネガだけを持っていました。

伊藤さんの、左上の太った学生はアリの近藤正樹さん（後に白梅大学教授・現日本蟻類研究会会長）、左下の笑顔の方が鳥の浦本昌紀さん（後に山階鳥類研究所）です。コップを掲げている方が、当時助教授だった動物生態の北沢右三先生（後に動物生態学研究室教授）。その他、動物生態・植物生態の分野で、この後、有名になられた方々がたくさん写っているそうですが、私は把握しきれていません。生態学は、この当時はまだ若い研究分野で、非常に活気に溢れていたとのこと。生態研は自由で家族的な雰囲気だったそうです。

生物学科の各研究室では、パーティーや宴会には、配偶者・子供を連れて参加することが当たり前だったそうです。卒業生が奥さんを連れて来るのは、現在でもよくあることですが、この写真を見ると、複数の女性の卒業生が旦那を連れてきています！　これは、留学帰りの教員が多く、欧米流のパーティー形式が好まれていたことに加え、東京都立大学は創立当初から夜間部があり、社会人学生も多かったことが影響していたそうです。また、松本忠夫さん（後に東京大学教養学部教授）も岸由二さん（後に慶應義塾大学教授）もおられない時代の生態学研究室です。

伊藤さんが農技研に復職されたのが一九六九年、メーデー事件の容疑者全員の無罪が確定したのが一九七〇年ですから、伊藤さんにとっては苦難の時代のまっただ中での写真ということになります。この年に伊藤さんは『比較生態学』初版を出版されたのではなかったかと思います。

一九六八年の生態研創立二十周年パーティーに関しては、大量の写真が残されており、伊藤さんも沢山写っていました。が、私は自分では持っていません。東京都立大学の植物生態研にネガが保存されており、プリントしたものは動物生態研のアルバムに載っていると思います。

伊藤さんの、都立大学生態研のゼミへの参加は、一九七〇年代に沖縄農試に赴任するまで続いたそうです。

伊藤さんが二十代の頃、東京都立大学生態学研究室で同年代くらいだった浦本さんから聞かされた伊藤さんのゼミでのクセは以下のようなものでした。

「伊藤君は、論文を読むは良いのだが、すべて逐語訳していた。論文の和訳をびっしりとノートに書いていたのを見て、『論文の要旨をすくい取るように読みこなす訓練をしないと、

写真3　個体群シンポジウム 1993 in 支笏湖にて。談笑する中村方子さん（左）と伊藤嘉昭さん（右）。中村さんは、東京都立大学時代の伊藤さんを影ながら支え続けた功労者です。

数がこなせないよ。読むべき論文は山のようにあるのだから。』と、アドバイスしたことがある。しかし、逐語訳のクセは最後まで改まらなかったようだ。」

という内容でした。

伊藤さんは、一九七〇年に裁判で無罪を勝ち取り、農技研に一九六九年には復職されていますが、復職されてからも、都立大とのつながりが濃密で、まだ院生だった岸由二さんや松本忠夫さんらを手下に使って、昆虫のフィールド調査をされていたそうです。

私が都立大学に在籍していた頃、旧生態学講座の助手をされておられた中村方子さん（東京都立大学時代の伊藤さんの理解者・後に中央大学教授）の家に集結して飲んだ事がありました。他に、松本忠夫さん、鈴木惟司さん（後に都立大動物生態研教授）、増子恵一さん（後に専修大学教授）等が居たと記憶しています。で、夜も更けて、

「そう言えば岸君の家はこの近くだったな。」

という話になって、

「岸を呼べ！」

ということになり、夜中に岸邸に電話して岸由二さんをたたき起こしてタクシーで呼びつけた、というエピソードがありました。

伊藤さんは、どうも、自分のホーム・グラウンド大学は都立大学だと思っていたフシがあり、沖縄や名古屋に行かれて以降も、時々、顔を出されていたそうです。当時、院生だった私にとっては、とにかく「論文を書け！」とばかり言うウルサイおやじだ、という印象しかありませんでしたが。

伊藤さんご本人や宮下先生が対外的にあまり語って下さらなかったこともあって、メーデー事件前後以降、伊藤さんが都立大に出入りして生態学周辺の勉強をしておられたエピソードは一般にはほとんど知られていません。

でも、都立大関係者との間では、どうしても共通の話題として都立大時代の事例が多くなってしまうため、わずかですが、思い出話しをポツポツされていました。

伊藤さんは、若い頃に国外での長期滞在を伴う留学経験が無かった事を、悔恨の一つとして抱え込んでおられたみたいです。都立大学の発生学研究室に、後に日本の発生学会の重鎮になられた、團勝磨先生がおられました。一九五〇年代、当時はまだ無名の若手研究者だったと思います。團先生はペンシルベニア大学でＰｈＤを取得された方で、国外留学経験の長かった方です。その團先生が、生態研（発生研のすぐ隣の部屋。西から東に向かって発生・生態・遺伝、と三研究室が並んでいた）に出入りしていた伊藤さんと話をされて、

「国内でくすぶっていないで、海外の空気を吸ってきてはどうか。」

と言われたそうです。でも、裁判中で出国など出来るわけが無い。

「團の奴からはまったく無神経な事を言われた。」

と少し怒ったような、淋しそうな様子で話されていたのが印象的でした。

都立大の生態研は、その後、旧家政学科にあった講座とスクラップ＆ビルドされて、植物生態学研究室・動物生態学研究室・微生物生態学研究室の三研究室に改組されました。この三研究室は現在まで続いています。

伊藤さんの黒歴史

「自伝大好き」だった伊藤さんが著書に中で何故、都立大に通っておられた時代のエピソードに触れられなかったのかも謎です。メーデー事件後の顛末は、黒歴史として語りたくなかったのかも知れません。結論としては、伊藤さんの裁判は一九七〇年に無罪が確定しています。これまでの伊藤さんに関する記述や著書を読んでみると、農技研や沖縄農試、名古屋大学のことは書いていても、東京都立大学時代の事はほとんど言及されていないということが判ります。伊藤さんに

とってはあまり話したくない時代だったのかも知れません。伊藤さんが現役の頃も、東京都立大学時代の話題は、話したくないというか「どうでもいい」といったそぶりでしたので、こちらから積極的には話題にしませんでした。

伊藤さんは、その後、農技研・沖縄農試・名古屋大学農学部と歴任されましたが、そこでも、メーデー事件・裁判時代都立大学時代の話しはほとんどされていなかったみたいです。ご本人と直接お話をしていても、できれば触れて欲しくない雰囲気でした。

普通の人なら、そんなマイナスイメージの過去など言及して欲しくないと思うのが当たり前で、伊藤さんもそうだったのではないかと推測しています。中央大学の教授を務められていた中村方子さんが、名古屋大学の伊藤研から新人を採用したというのも、メーデー事件直後の過去の繋がりで合点がいきます。

以上のような状況で、伊藤さんが都立大を身内とみなしていて、特に強く意識もしていなかった、というのは実際、そのとおりだったのだと思います。伊藤さんが特に都立大に関して語ってこられなかったことは、「単にあたりまえの身内意識があっただけ。」と名古屋大ＯＢの方が分析されておられたそうですが、確かに合点がいくことばかりです。

伊藤さんと集団遺伝学

後述しますが『比較生態学（初版、第２版）』までの伊藤さんは進化生物学の集団遺伝学的な基礎を良く理解していなかったようです（これは自伝『楽しき挑戦』でも認めています）。一九五〇～一九六〇年代に都立大に出入りしていた頃の伊藤さんは、生態学研究室の両隣にあった、発生学研究室や遺伝学研究室の教員や院生からの感化も受けたはずです。当時の遺伝学教室の森脇大五郎さんからの感化とか、発生学教室の團勝磨さんとの交流とかも知られていない部分でしょう。

また、一九五〇年代、ルイセンコ主義の嵐が吹き荒れる中、都立大学の遺伝学教室は、日本で数少ない正統派集団遺伝学の命脈を保っていた研究室で、生態学研究室と同じ階の直ぐ隣の研究室でした。そのため、両研究室間での大学院生どうしの交流は嫌が上でも行われていたそうです。ただし、遺伝研は、都立大に限らず、ルイセンコ派の生態学徒を毛嫌いしていたし、生態研のルイセンコ派は、例えば駒井卓さんの名著『遺伝学に基づく生物の進化』を右翼本として嫌っていたそうです。

ルイセンコ論争の詳細は、ここでは記しません。しかし、私ぐらいの年代以下の世代がその経緯をよく知らないということは、生態学会にとっても不幸なことだと思います。恐らく、私より上のルイセンコ世代が、ある意味自分達の悪行を隠すために、意図的に伝承しなかったと推定しています。都立大遺伝研は、反ルイセンコ派の牙城で、当時院生だった北川修さん（後の遺伝学研究室教授）らが旗振り役だったそうです。生態研の同世代の院生だった木村允さん（後の植物生態学研究室教授）はルイセンコ派。でも個人的には、木村さんと北川さんは同期生でえらく仲が良かった。当時の生態研には、ルイセンコ派として、民青派やチュチェ思想派等々がいて、出入りしていた伊藤さんも交えて、相当な活劇があったと伝えられています。一九五〇年代、伊藤さんが過激なルイセンコ主義者であったことは、当時の執筆物を読めば解ることです。

一九六八年に国際遺伝学会が東京プリンスホテルで開催され、来日されたドブジャンスキーが都立大学で講演されたそうです。遺伝学教室には、都立大学で講演するドブジャンスキーの写真も残っていました。伊藤さんが、都立大で開催された講演会でドブジャンスキーの話を聴いた事が、その後にかなり影響しているようにも思えるのですが、今となっては詳細不明です。

ドブジャンスキーが東京都立大学の森脇さんの研究室を訪問して、都立大学で講演した記録があり、伊藤さんがドブジャンスキーの講演を聴かれたことも確実なのですが、実際に会われて話されたのかどうかは不明です。この件に関しては、伊藤さん本人からはまったく何もお聞きしていません。伊藤さんが都立大学の集団遺伝の研究室の院生とどの程度の交流があったのかも不明です。一九六〇〜一九七〇年代、日本の遺伝学教室はどこも生態学とは没交渉だったそうですので、伊藤さんが積極的に都立大遺伝学研究室と交流したことは無さそうです。遺伝学教室のＯＢの方のお話でも、「伊藤さんが遺伝学教室の同世代の戸張よし子さん（後に遺伝研教授）等の遺伝研の大学院生連と交流することはありえなかっただろう。」、とのことでした。

反ルイセンコ派の遺伝学教室がすぐ隣にあったという状況もあって、都立大学生態研は、ルイセンコにはあまり強くは染まらなかったと聞いています。伊藤さんが一九六〇年代にいち早くルイセンコ派や民科（民主主義科学者協会）と決別し、一九七〇年代初頭、進化生態学の潮流を知ったのも、そんな環境にあった都立大学のゼミの中でのことだったと聞いています。

当時の生態学研究室の院生で植物生態のＦさん（後に信州大学）は、筋金入りのルイセンコ派で、一九六〇年代になって、伊藤さんが、ルイセンコ派から転向し、さらに、一九八〇年代に入って資本主義反動の新保守主義の学問＝社会生物学に見事に転向してしまった態度を指して（驚いたことにFさんは、一九七〇年代後半のかなり早い時期に、米国の保守層が社会生物学の思想を、新保守主義を補完するためのイデオロギーとして利用している事実を認識されていました）、

「彼は、ころころと思想を変える修正主義者だから。」

と批判していました。伊藤さんが結構早い時期にルイセンコ主義に見切りを付けていたのは事実なのでしょう。

ウィキペデキアというWebページ百科事典に伊藤さんの紹介文章が載っていますが、内容はかなり事実と異なった話が掲載されています。例えば、「ルイセンコ遺伝学に距離を置いた……」という記述は大ウソで、当時の伊藤さんが書かれた文章を読めば、ルイセンコ遺伝学を積極的に吹聴し、煽っていたことは明らかです。また、メーデー事件の後、伊藤さんが無職の時代、東京都立大学に通っていた事実にもまったく言及していません。「全体論的進化観」だったのが何故、社会生物学を受け入れるに至ったのかの分析も書かれていません。特定党派系の民科を離脱（離党）したことは、最近の著書で明記されていましたので、伊藤さんもさんざん煽ったルイセンコ問題に対しては、これが伊藤さん自身の「総括」だったのかと思えます。

伊藤さんとの突然の出会い

私が都立大動物生態研の大学院生だった頃には、伊藤さんも忙しくなって、都立大にもあまり顔を出さなくなっていたそうですが、二回ほど研究室に来られたのを目撃しています。事前にまったく知らせもなく、突然現れて、

「よっ！」

と言いながら研究室に入ってこられました。他大学では「伊藤センセーが来られた！」となると、それなりの緊張感が走るものだと思うのですが、そのような雰囲気はまったくありませんでした。部屋に居合わせた古株の院生連も、「また伊藤さんか。」といった顔をしながら、空気のような扱い。伊藤さんは伊藤さんで、研究室内を勝手にうろついて宮下先生と話しをしたり、学生と研究上の議論をしたり。私は初めての経験だったもので、その傍若無人な態度に目を白黒させていました。

私が初めて伊藤さんと酒席を同じくしたのが、松本忠夫さんの紹介だったのか、宮下先生と御一緒の際だったのか、よく覚えていませんが、ともかくその際、自己紹介で、これまでの研究の紹介と研究計画の披露。伊藤さんは開口一番、

「君はその研究結果を論文に書いているのか？」

と問われました。

「後ほど別刷りをまとめてお送りします。」

と約束。その後、名古屋大の伊藤さん宛に丁寧に手紙を添えて別刷りをお送りしました。が、受け取ったとの返事もなし。

「嫌われたのか？」、
と心配になって、先輩の院生に聞いたところ、

「伊藤さんは、宮下先生の学生には礼状はよこさんよ。後で、まとめて宮下先生に伝えれば済むと思っているようだ。」

とのことで一安心した経験があります。

写真 4　1990 年 11 月 11 日。大阪市立大学で開催された動物行動学会の懇親会にて。伊藤嘉昭さんの顔のアップ写真。粕谷英一さん演出による人形劇の伊藤嘉昭人形のモデルとなった写真。

一九八九年、東大駒場で行動学会が開催されたおり、私は自分の研究のポスター発表をしました。伊藤さんがツカツカと私の所にやってきて、最初から最後まで二十分ほどじっくりと発表を聞いて下さいました。感想は、「二年間で、良い結果を出したな。よくやった。」というもの。その時は社交儀礼だと思っていました。その晩、伊藤さんは東京大学教養学部に異動しておられた松本忠夫さんと飲んだみたいで、松本さん経由で宮下先生に、伊藤さんの愚痴が伝わったようです。後日の研究室ゼミの席上で、宮下先生が、その晩の伊藤さんの発言を披露されていました。

「伊藤君はあまり人を褒めない質なのだが、『宮下のところは、両生類の草野保、非京大系数理モデル屋の佐藤信太郎、アリの増子恵一、ヘビトンボの交尾戦略の林文夫、リスの田村典子、カタツムリの新顔……と何で次から次へと面白い研究する若手が出てくるのか？』、と羨ましがっていたそうだ。後日、伊藤君には、『あまり学生にプレッシャーを与えるな。自由にさせていればいいんだ』と言っておいた。」

とホクホク顔で語っておられました。一応、伊藤さんと宮下先生は、農技研同期ということもあって、なんとなく対抗意識があったみたいです。

その後、伊藤さんから、

「雌雄同体の動物の繁殖戦略は面白い研究テーマだと思う。それに関する論文を一式コピーして送ってくれ。」

と言われ、論文コピーを一式お送りしたことがあります。その後、伊藤研で雌雄同体生物の研究をされたという院生も出なかったため、学生さんには、研究をさせなかったのか、させてもうまくいかなかったのか、どちらかだと思います。

私と、伊藤さんとのおつきあいは、さほど濃密ではありませんでしたが、他大学の院生の割には、そこそこに交流があった方ではなかろうかと思います。宮下先生の所の院生ということもあって、対抗意識から気になっていたということもあったのだろうと思います。

伊藤さんの「嗅覚」

伊藤さん、直感的に、「臭い」で、その時々の研究の流行をかぎ分ける能力には長けた方だったと思います。

進化生態学の流行も、一九七〇年代早々に、都立大のゼミを通して、敏感に「臭い」を感じ取られたみたいです。でも、「本質を理解できていたかどうかは疑問符。」との評価のようです。社会生物学の流行の「臭い」もしかり。

一九九五年頃だったか、私は国立環境研究所に籍を移していたのですが、生態学において「非対称性のゆらぎ fluctuating asymmetry」という訳の分からん分野が不発に終わりましたが、伊藤さんはやはり「臭い」をかぎつけたのか、

「fluctuating asymmetry に関する論文を一式コピーして送ってくれ！」

と言われたことがありました。当時、国立環境研究所の野生生物保全チームの室長だった椿宜高さん（伊藤さんの名古屋大学時代の助手だった方）と手分けして論文一式をコピーして送りました。しかし、これを研究としてやらされた院生が居たかと想像すると不憫でなりません。

伊藤さんは、やたらと「論文一式を送ってくれ」と依頼することが多いと感じました。私も、前記のように「雌雄同体動物の繁殖戦略」と「対称性のゆらぎ」の二テーマに関して、関連する論文コピーをまとめて送った経験があります。加えて、

「レビューを書いた物はないか。できれば日本語で。」

とも言われましたが、

「雌雄同体動物の繁殖戦略を日本語で書いたレビューはありません。英文ならあります。」

と、更に、いくつかの文献コピーを送付しました。あのこだわり方がいったい何だったのか、未だに謎です。

それから、

「(レビューが無いのなら)概略をまとめてくれないか……」というようなことを言われた覚えもありますが、半分無視・半分忙しくてまとめる暇がなかった。「ゼミでもないのにやってられるか。」といった気分だったと思います。当時は、何故に他大学の院生に対して一連の要求をしてくるのか、いささか当惑していましたが、後になって、伊藤さんが自分の研究室の学生さんに対しても、私に接したのと同じような状態だったとお聞きして少し安心しました。当時、先輩の院生から

「伊藤さんに見込まれると、適度な距離感を保たないと取り殺されるぞ。」

とか脅されていました。ただ、少なくとも、私が資料をお送りしたテーマ(雌雄同体動物・対称性のゆらぎ)で、伊藤さんが何か論説を書かれたとは把握していません。やはり、独特の勘で「これは面白い」と思ったけど、まとめたり、研究を深めたりするまでには至らなかったのではないでしょうか。

伊藤さんが、進化生態学や社会生物学・行動生態学の流行を敏感に感じ取った経緯が、一九七〇年代あたりの都立大でのゼミを通してにあったことははっきりしていますが、具体的には、岸由二・鈴木惟司・佐藤信太郎・草野保・増子恵一等の各氏あたりの生態学講座の面々による論文紹介や研究がキーになっていたそうです。東京都立大学における進化生態学・行動生態学・社会生物学の紹介は、ほとんどが岸由二さんによる功績として記憶されるべきものでしょう。松本忠夫さん(後の東京大学教授)は一貫して生産生態学の立場で、扱っていたシロアリ類が社会性昆虫であったことから、社会生物学的研究はかなり後になってから始められたそうです。他の面々は、草野さんが早くから進化生態学に基づく研究を開始しており、他は、もう少し遅くなってから本格的な研究に参入されたそうです。

また、ほとんど認識されていない事象として、伊藤さんと遺伝学講座(集団遺伝学)の森脇大五郎・大羽滋・その他院生達との接触も重要だったようです。ただ、当時の日本全体の傾向として、遺伝学と生態学の相互交流は余り無く、互いに相手を毛嫌いしていた側面もあったそうですので、伊藤さんが都立大遺伝学研と接触はあっても、積極的に交流したことは無さそうです。

ソシオバイオロジー(社会生物学)・ブームとの関係は、伊藤さんが沖縄に赴任して以降、名古屋大学に異動されて以降の時期かと思いますが、これを日本に紹介した青木重幸、山根正気、岸由二、等々の北大・都立大の若手グループとの交流が決定的だったと御本人も語っておられました。

ここで、重要な文献を紹介しておいた方が良いと思います。自然科学系の学術論文ではないため、ややないがしろにされている気配濃厚です。

岸由二(1991) 現代日本の生態学における進化理解の転換史.『講座進化2 進化思想と社会. 239 pp.（柴谷篤弘・長野敬・養老孟司編）』東京大学出版会. pp. 153-198.

この本の中で、進化生態学の日本への導入、伊藤さんの思想変遷、「鎖国」「黒船襲来」「今西の評価」等々がほぼ網羅されています。岸さんは「生態学会の若手（今は古手）が、進化学の鎖国とか、黒船襲来≒進化生態学とか、今西錦司の空手チョップ説とか面白おかしく紹介したりしている話は、ほとんどが私からのパクリだ。せめて引用や紹介ぐらいするのが学徒たる者の最低限の礼儀だろう。」と言っておられます。自覚のあられる方は反省して下さい。

個体群シンポジウムの席上だったと記憶しているのですが、伊藤さんから、

「岸君はすごい人材だと思うのだが、ちっとも論文を書かん。君からも促してあげてくれ。」と言われたのを思い出しました。伊藤さんは、直感的に、「臭い」で、その時々の研究の流行をかぎ分ける能力には長けた方だったと思うのは前記のとおりですが、若い頃は、「臭い」に基づいて、自分で『比較生態学』をまとめ上げる力もあった方だと思います。『比較生態学』は初版が英訳されていれば、世界的な名著になっていただろうと、聞かされました。その後は、「臭い」を元に、若手を焚きつける側にまわったように思います。岸さんも、伊藤さんが有力な「臭い」を感じた若手の一人だったようです。

伊藤さんがマルキストだったことを意識させるようなエピソードには出くわしませんでしたが、ルイセンコ思想にどっぷり浸かって、周囲に毒をまき散らしていたことは、当時の文献を読めばすぐに解ります。これも、当時の流行の「臭い」を感じていた結果なのでしょう。

伊藤さんの名著と言われている『比較生態学（初版）』は古本屋で入手したものを持っているため、パラパラと見てみましたが、岸由二さんの御指摘のようにラックの用いた自然選択に係る言及は確かにありません。適応の集団遺伝学的な仕組みが進化にかかわる言及がほとんど欠落していることが『比較生態学』の最大の欠点だと思います。「『比較生態学』は初版が英訳されていれば、世界的な名著になっていた」と聞かせて下さった方は、北大グループ出身の山根正気さんと巣瀬司さんでした。私自身は、当時の生態学のレベルを知りませんので、正確な評価はできません。しかし、現在の思考で考えてみれば、適応の集団遺伝学的な仕組みをベースにした

写真５　1991 年 11 月 3 日個体群生態学会の個体群シンポジウムにて；広島県江田島；懇親会後のコテージにおける二次会にて。左は石原道博さん（現、大阪府立大学准教授）。右は談笑する伊藤嘉昭さん。

進化学を抜きにした『比較生態学』が世界的名著になっていたかどうかは、かなり疑問です。伊藤さんは、進化の議論はしているけれども、自然選択の働き方に関する正しい集団遺伝学的知識を持ってはいなかった、というのが正確なところだったのでしょう。このあたりは、辻さんが一九六二年に出版された群淘汰と批判されるウインエドワーズの本にも言及されて、正確に評価されています。当時の個体群生態学者の進化理解はこの程度のものだった、ということだそうです。

伊藤さんが東京都立大学の生態学研究室に出入りしていた頃、一九六〇年代に、隣の研究室が集団遺伝学の牙城だった遺伝学研究室で、伊藤さんが遺伝学研究室の院生連との交流がまったく無かった、と考える方が不自然で、『比較生態学』の執筆後になって、伊藤さんには進化遺伝学方面からの何らかの影響があっただろう、と私は推定しています。

しかし、伊藤さんが『比較生態学』の中で、集団遺伝学をベースとした進化に言及していなかったという事実をして、伊藤さんだけに責めを負わせることは酷です。他の事例として、当時の日本の生態学の主流派であった京都大学生態学研究室の宮地伝三郎さんの著書『動物社会』（1969）の中でも、集団遺伝学的な仕組みに基づいた進化に関する記述は見事に欠落しています。これも辻さんからの御教示ですが、欧米の近代生態学の草分けのエルトンやオダムが、進化学的思考を回避することで生態学をビックサイエンスとして一般に周知させたという歴史経緯があることは、良く知られており、日本だけの現象ではなかったようです。このため、生態学は、日本においては生産生態学が主流となり、正統進化学の受容が遅れてしまった経緯は、岸由二さんもその複数の著書で言及されておられます。生態学と進化学は別個の学問体系だとの変な思考は日本の生態学の伝統として若手研究者にも受け継がれているフシがあり、最近もそのような言動を見聞きして少々腰をぬかした経験もありました。

最後にいろいろな感想

私の指導教官の宮下先生は、研究のパクリ・剽窃・盗作・物まね、等々に対しては、非常に厳しい方でした。若い頃に何か嫌な目に遭った経験がおありのようでした。宮下先生が、農技研時代の若い頃に、偉い先生から重要なアイディアを盗まれたようなことを愚痴っていたことは、先輩の院生から聞いたことがあります。宮下先生は、どこまでが自分のオリジナルなアイディアで、どこからが他人の研究なのかを区別することには厳格な方でした。したがって、論文を書く際も、Introduction の部分の校閲が一番うるさかったと記憶しています。伊藤さんが時々若手のアイディアをパクることがあったと聞かされたことがあります。農技研時代、大机の真ん中に模造紙を広げて、ペンで書き込みながら、お互いの考えを闘い合わす議論が日常だったと聞いています。そんな中で出てきた若手のアイディアを、思わず上の者が利用してしまうことはよくあったそうです。多分、そのような経緯ではなかったかと思います。宮下先生自身は、若手の重要なアイディアを使わせてもらった際には、必ず共著で、学会発表なり論文発表をしておられたとお聞きしました。

生態学関連では、学会などで、自由闊達に議論をして、私も考え方の重要な誤りを指摘されたり、ヒントを得たりすることはよくありました。発表する際には、できるだけ謝辞でお名前を入れる努力はしてきたつもりですが、酔っ払っていて、忘れてしまっていたことは無かったとは言い切れません。

最近、希少野生生物の保全に関する仕事に従事することが多いのですが、生息現況調査と称する地味な分布調査に多くの力を割いています。野生生物の分布調査は、在野のアマチュアの方々とのネットワークが鍵になり、アマチュアの方々から寄せられる情報が非常に重要です。昔は、その分野の大先生が寄せられたデータをまとめられて、情報提供者は良くて謝辞に名前が掲載されるだけ、という文献が大半でした。

以前から、個人的にそのようなやり方には疑問を感じていました。で、いざ、自分が生息現況調査のとりまとめ役になる立場になり、報告書にはできる限り、情報提供して下さった方々は共著でお名前を入れるようにしています。共著者が二十人以上になることもよくあり、編集者からは「著者を減らしてみてはどうか?」と言われることもあります。しかし、「物理学の分野では共著者が百人を越すことは普通です。」と言って、そのまま通してもらっています二〇一六年三月に出版された『鹿児島県レッドデータブック第二版』の陸産貝類・淡水汽水産貝類の項目も共著者が五十人以上になりました。

以上、とりとめもなく、伊藤嘉昭さんに係るエピソードを書いてみました。前記文書の多くは、ブログやフェイスブックなどで書き散らした文章の切り貼りが元になっていますので、内容が重複していたり、時系列的にうまく繋がっていなかったりで、読みにくい文章だと思います。しかし、私が伊藤さんから直接指導をして頂いた経験が無いにも関わらず、これほどに多々のエピソードが出てくるということは、それだけ、伊藤さんが日本の生態学分野に影響が大きかった方だったという事実の裏返しなのでしょう。伊藤さんが日本の生態学に大きな足跡を残して下さったことに感謝しつつ、終わりたいと思います。

5　伊藤さんのこと――断片的な記憶から

志賀　正和　元沖縄県農業試験場ミバエ研究室長（一九八三～一九八七）。昆虫野外個体群の動態に関する研究、害虫の生物学的防除法についての研究に従事。土浦市在住。

伊藤さんにまつわる記憶には限りがありませんが、脈絡なく頭にうかんだことを記します。伊藤さんとその時代の雰囲気の一端を感じ取っていただけると嬉しいのですが。

一九六〇年代中頃、わたしが初めて参加した「応動昆」大会にて。

ある講演が終わったとたん、後方で、「はーいっ」と甲高い声が上がった。思わず振り向くと、長身痩躯の男性が、指二本、閉じたチョキのようにして、ひょろ長い腕を上、やや前方につきたてている。

「イトーカショーさんだよ」

隣席のKさんが教えてくれた。

教養課程当時、若手教官で気鋭の形態分類学研究者、Sさんから薦められた『比較生態学』の著者の印象は、強烈で新鮮だった。

ムシ、大好き。日本昆虫学会五十周年「記念大会かわら版、第2号（一九六七）」（梅谷献二同紙「編集長」提供）によれば、処女論文は、中学時代（一九四五？）の「八ヶ岳山麓のミドリシジミ類」。

外国論文を年間三〇〇編以上読むこと。

これはと思う研究者の全論文、書評に至るまで、全ての文章を読む。ちなみに、当時伊藤さんがあげた、そんな研究者のひとりは、J・S・ケネディ。

「西ヶ原昆虫科」。わたしも、若手勉強会をきっかけに出入りするようになって、さまざまなホットな研究情報にふれるとともに、民主的な運営が研究の発展をもたらすことを体感した。当時、研究機関の活力の指標は、組織や体制に縛られない自由闊達な討論、自主的なセミナーや勉強会を持っていること、そして、別刷代やその送料、研究集会参加旅費の公費支出など。研究集会参加費の公費支出が一般化したのはさらに後年。今では当然のことが、ひとつひとつ、積み重ねられてきた。昆虫科は、その先導的な役割を果たした。

伝説の「アメシロ研究会」のうたい文句は、どこからも研究費を受けていない、大学、国、公立機関、その他、組織を越えた、手弁当の（つまり、「経常」研究費の意義を具現化した）自由な集まり。会合は部外者参加自由。あるとき、会場案内の貼紙に、「アメリカヒロシトリはこちら」とも（江戸訛りが生きていた）。


Ｊ・Ｄ・ワトソン『二重らせん』の読後感として曰く、

「すでに世界が認める『大家』でありながら、本気で若者たちと競い合ったライナス・ポーリングに感動した」

三十年後、『熱帯のハチ』（一九九六）のあとがき、手塚治虫へのオマージュでも同じ思いが。同時に、「若手」を鼓舞し、叱咤し、激励し続けた。


リンゴ園調査の折、信州の宿の風呂場にて。

「俺、近頃イライラしてるの、わかるだろう……」

一九六八年、ＩＷＡＯ論文公表直後のことです。


沖縄県ミバエ対策事業所での行動生態学のレクチャーで、たまたま居合わせたタンザニアの昆虫学者、カユンボさんの感想、

「イトーの話は、Beethoven's 9th Symphony のようだった」

壮大なフィナーレ？　否、「いつの間にかさりげなく始まっていた」。


国外の一流研究者を招聘し、全国の機関、研究者との交流を進めた。

Ｍ・Ｊ・ウエスト-エバーハードさんは、沖縄恒例の観月会の芝生で、宙天の名月にむけてトランペットをろうろうと吹き鳴らし、ヤンヤの喝采。後日、楽器の主で、近隣の住人、Ｉさんのお宅に、ご近所から苦情があったとか。

「奄美でハミルトンに田中一村を見せた。涙ぐんで感動していた」

伊藤さんが尊敬したこの孤高の日本画家については、『熱帯のハチ』のまえがきでもふれている。


絵、大好き。「東京へ行くときはいつも幾つかの美術館を訪

ねた」という。二〇〇七年七月、「肉筆浮世絵展『江戸の誘惑』にあまりに感激」との暑中見舞。さらに、「四月から、うまれて初めて銅版、エッチングを習い始めた」とも。かつてともに労働組合の絵画サークルを立ち上げて木版画を習い(伊藤嘉昭ら編、『性フェロモンと農薬―湯嶋健の歩んだ道』、海游舎、二〇〇二年)、後年、「めぐろのさんまをめざして」、「かぜのさより」などの干し魚シリーズや「赤瓦とシーサー」など、印象的な銅版画をたくさん遺した湯嶋健さんへの思いも深かったことだろう。

初めてのヨーロッパ訪問の折、ウィーンからの絵葉書に、「本場のオペレッタは実に下品で面白かった。」

山、大好き。個体群シンポジウムの折、久住高原の山歩きで、「俺は寒がりだから、冬山はやらない」(「沖縄でも、らくだの股引愛用」伝説。沖縄の冬は確かに寒い)。

海大好き、水泳大好き。もちろん沖縄でも調査のたびに泳ぎ三昧。

温泉大好き。野外調査のあと、通りすがりの湯で「裸のつきあい」も。

おいしいもの大好き。つねづね、「よそで食った旨い物を何とか再現するのが俺の特技」と。インドでの国際会議から帰国して、「(インド大好きの)Hさんに本場インドカレーを食べさせる会」を開いたとか。わたしのミバエ研究室赴任にあたっては、ただ、ひとこと。「美味しい店を教えてやろう」。沖縄家庭料理はもちろん、フレンチ、中華、インド、タイ料理などなど。わたしたちの沖縄での暮らしに向けて、嬉しい励ましだった。

そして、伊藤さんから聞いた初期西ヶ原昆虫科の伝説から。ヒメコガネの意欲的な標識再捕実験の実施にあたって、

Aさん「マニュキュアでマークしても溶剤の悪影響はないだろうか?」

Bさん「コガネムシには触角がないから大丈夫だ」

Aさん「なるほど」(納得?)

カマキリの生活史について、

Cさん「カマキリの幼虫は水棲で、ミズカマキリという！

ハリガネムシは幼虫時代に水中で寄生するのである！」

これを聞いた当時の研究室長Ｉさん（一流行政マンとしても活躍）、おおいに嘆き、昆虫愛好誌の巻頭言に「昆虫分類の素養」なる一文を寄稿（新昆蟲５（９）１９５２）。

厳しい学問研究への取り組みと、まるで落とし噺のような世界がないまぜになった、そんな不思議な熱い時代があったようです。

伊藤さん、厳しくも楽しい日々をありがとうございました。

第二部　沖縄県時代

チドリのつがい。伊藤画（撮影：村瀬 香）

6 沖縄県農業試験場時代の伊藤嘉昭さん

小山 重郎　秋田、沖縄、九州、四国農業試験場、蚕糸・昆虫農業技術研究所を歴任して退職。害虫学を専門とする。主著に『よみがえれ黄金の島』、『5３0億匹の闘い』、『害虫はなぜ生まれたのか』、『昆虫と害虫』がある。

伊藤嘉昭さんは一九七二年から一九七八年まで足掛け七年、沖縄県農業試験場職員として、ウリミバエの根絶のために必要な研究を行い、共同研究者と共に、一九七七年に沖縄県久米島でのウリミバエ根絶に成功した。

私は、伊藤さんが沖縄県農業試験場で始めたウリミバエの根絶防除研究・事業のあとを継いだ者として、この時代の伊藤さんの活動について述べてみたい。

伊藤さんはなぜ沖縄に来たのか

当時の伊藤さんは、農林省農業技術研究所で昆虫の個体群生態学の研究を行っていたが、「最も基礎的なことが最も応用的である」という信念のもとに、生態学にもとづく害虫防除にも強い関心を示していた。

そこで、アメリカのニップリングが家畜のラセンウジバエを根絶するために発案した不妊虫放飼法を日本に紹介したり(1)、奄美群島や小笠原諸島におけるミカンコミバエの根絶防除事業にも深く関わっていた。そして、一九七〇年にカナダ・アメリカに留学した際にはハワイのアメリカ農務省ミバエ研究所を訪問し、ミバエ類の大量増殖の実情を見ている。このようなことから、一九七二年の沖縄の日本復帰と同時に始まる予定のウリミバエ根絶事業にも深い関心を持っていた。この事業は、復帰特別事業として沖縄の農業振興のために計画されたものであった。

そこで、伊藤さんは一九七二年に沖縄県農業試験場に新設された農林省（現在の農林水産省）の「サトウキビ害虫指定試験」の主任となり、そのかたわらウリミバエ根絶事業にも関わることとなった。さらに一九七七年に新設された「ミバエ防除指定試験」では主任となり、ミバエ研究に専念した。ここで、「指定試験」とは農林省が都道府県に置く制度で、農業振興上重要な研究課題を与えて、その研究費と人件費の一部を負担する仕組みである。なお、主任は原則として国から派遣されるが、その身分は県職員である。

ウリミバエは東南アジアに分布するウリ類の害虫であるが、その被害が大きいことから、「植物防疫法」にもとづいて、このハエが分布する地域から寄主果実類の日本への輸入が禁止されている。しかし、ウリミバエは一九一九年に沖縄県の石垣島で発見されたのち、北上をつづけ、一九七〇年には沖縄本島の西にある久米島で発見された。日本政府はこれがさらに北上することをくい止めるために、久米島を根絶防除事業の対象地域に決めた。そして、この事業のための施設を沖縄県に作ることとした。

不妊虫放飼法においては、まず対象害虫を大量増殖する必要がある。そのためのウリミバエ増殖施設は、当時、まだ本種が分布していなかった沖縄本島に建てると逃亡のおそれがあるので、すでにハエの居る石垣島の沖縄農試八重山支場内に置くこととした。一方、ガンマー線照射による不妊化施設は沖縄本島の沖縄農試内に置き、ここに石垣の増殖施設で生産された蛹を空輸し、不妊化された蛹は久米島に空輸され野外に放飼される計画であった。

ところが、一九七二年になると、ウリミバエが沖縄本島で発見された。そこで、久米島の根絶防除事業は「実験事業」として位置づけられ、その成果をもとに、将来は沖縄県全域の根絶事業を行うという計画に変更されたのである。

農林省は、ウリミバエの根絶はマリアナ諸島のロタ島で成功しており、すでに完成した技術となっているとして、専門家に相談することなく根絶のための予算を組んでいた。農林省の対策会議に出席した伊藤さんは、はじめ、この計画では成功がおぼつかないので、引き受けることはできないと述べた。しかし、結局引き受けることにした。それは、この事業予算が、農林省が害虫防除に対して出す、かつてない大規模なものであったからである。そこで、これを壮大な生態学的実験と考え、たとえ失敗しても、なぜ失敗したかが明らかになるような完璧なデータをとることを研究の目的としようと考えた。

研究組織者としての伊藤さん

伊藤さんは沖縄県農業試験場に着任するや、まず研究条件を整備することに奔走した。敗戦後、二十七年間、米軍統治下にあった沖縄県農業試験場は、本土の試験場と比べて施設も人員も荒廃していた。それを建て直すためには、ミバエ根絶防除事業は好機であった。少ないながらも指定試験への国庫予算があるとともに、それとは桁外れに多額の事業費を使うことが出来る。しかし最も困難なことは、研究が出来る人材をそろえることであった。

通常、指定試験においては主任だけが農林省の研究機関から派遣され、あとは県の職員に担当させる。しかし、伊藤さんは、自分とともにもう一名の研究者の派遣を認めさせた。また、県には、あらたな研究分野として放射線照射の担当者一名と当時国内では数少なかったミバエ研究者一名を採用させて「ミバエ研究室」を構成した。

また、石垣島の沖縄県農業試験場八重山支場内に置かれた増殖施設には三名の専任者を採用するとともに、その研究をサポートするために、石垣島にある農林省熱帯農業研究センター沖縄支所にミバエ関係の二名の研究者を配置させた。

また、農林省や県の研究室では、研究補助員が研究室あたり一名程度であるのが普通であるのに対して、ミバエ研究室と八重山支場の増殖施設では、非常勤ながら研究補助員を研究員一名あたり一名配置した。これらの研究補助員は、当時は沖縄県内から集めることが難しかったので、昆虫学研究室のある本土の大学に呼びかけて、意欲あるアルバイト学生を全国から募集した。このように、研究補助員を増やしたのは、研究員が根絶事業の作業に忙殺されて、研究がおろそかになることを防ごうとしたからである。

研究員と、希望する研究補助員は勤務時間外にセミナーを開き、生態学の基礎知識を学ぶとともに、論議する能力を高めようとした。これは、伊藤さんが前任地の農林省農業技術研究所で自ら学んできた過程を、若い研究者たちにも踏ませて成長させたいという配慮からである。このセミナーで学んだ研究補助員のうちから、のちに沖縄県職員の採用試験を受けて、ミバエ研究者となる人も現れた。

研究者には海外の参考文献を読み、研究結果を学会大会で発表し、これを英語の論文にする能力を求めた。当時、日本の生態学者はあまり論文を書かず、まして英文論文を発表する人は少なかったことについて、伊藤さんはかねがね批判的だったからである。

こうして、沖縄県農業試験場のミバエ研究室や八重山支場のミバエ増殖施設は活動的な研究組織へと変貌していった。

伊藤さんらの研究業績

世界的に多くの地域で、さまざまな害虫を対象にした不妊虫放飼法が行われてきたが、その多くが失敗してきた。伊藤さんは、この失敗は、対象害虫の生理・生態学的研究が不足であるためであると考えた。そこで、事業に先立ちウリミバエの研究を行い、これに基づいて事業計画を立てて実行することと、その研究結果は、なるべく早く論文として公表することをすすめた。

不妊虫放飼法が成功するためには、野外にいる虫の数より多い不妊虫を放飼しなければならない。そこでまず、久米島にどれほどの数のウリミバエが棲息しているかを推定する必要がある。そのために、野外の成虫の個体数推定を行った。その方法はミバエの背中にペイントで印をつけて一定数を放し、それをウリミバエのオスを誘引するキュールアを入れたトラップで回収し、野生虫と放飼虫の比率から個体数を推定するものである。[2]この推定結果と、石垣の増殖施設の生産能力からみて、久米島では不妊虫放飼に先立って、ミバエの餌となるタンパク加水分解物と殺虫剤を混合した誘殺剤の散布によって、あらかじめ個体数を減らしておく必要があることが明らかになった。[3]

石垣の増殖施設では、週産蛹一〇〇万頭のちに四〇〇万頭を目指してウリミバエの人工大量増殖が行われていたが、これはハワイミバエ研究所での増殖方法を参考にしながらも、独自の改良を行い、限られた人員と施設によって目標を達成した。ここで、特に留意されたのは、生産されたハエの品質であった。[4]

生産されたハエは蛹の状態でガンマー線照射によって不妊化された。この照射によって、羽化率や生存率は勿論、野生の雄との交尾競争力があまり低下するようであれば成功はおぼつかない。そこで、適切な不妊化線量を決めるための研究が行われた。[5]

こうして生産された不妊虫を久米島に放飼するに先立ち、それが野外でうまく働くかどうかを調べるために、沖縄本島に近い久高《くだか》島という小島で試験的な放飼が行われた。その結果、野生メスの産んだ卵の孵化率が低下したので、放飼された不妊虫はよく働いたものと推定された。[6]

このような準備を経て、一九七五年に久米島に不妊虫放飼が開始されたが、当初は思わしい結果が得られなかった。伊藤さんはこれまでに得られた野外データをもとにウリミバエ個体群根絶モデルを作り、[7]シミュレーションの結果、不妊虫の放飼数を増やすことによって根絶できることを示した。その結果、一九七七年には成功にこぎつけた。[8]

この根絶に成功するまでには、ここに示した以外の多くの研究とそれにもとづく増殖法、不妊化法、放飼法の改良がおこなわれ、それらの研究結果は逐次、論文として発表されたが、ここでは省略する。その全体を知るには伊藤[9]を参照されたい。

ここであらためて強調したいことは、伊藤さんが研究と、それを通じての研究者の成長を最も重視し、それが結果として久米島のウリミバエ根絶事業の成功へと導かれたという点である。

沖縄での生活

伊藤さんは、指定試験主任として赴任するに先立ち、農林省に研究施設とともに官舎も要求したが、「官舎は本来県が用意すべきもの」という返事であった。しかし、復帰前の琉球政府には「官舎」という制度がなかった。そこで、アパートを探したのだが、これがなかなか見つからない。不動産屋もないので、街を歩き回って「貸家札」を見つけては交渉する。ところが、復帰後、本土企業の出向社員が増えたために、馬鹿高いマンションばかりであった。ようやく、家賃二万円のアパートを見つけて、これをもう一人の派遣職員とシェアした。その後、2DK二万八千円のアパートを見つけて、奥さんと息子さんをよびよせたが、安月給から家賃を払うのが大変であった。しかし、やがて農業試験場構内に用意された「官舎」に移ることができた。これは、もとあった農業研修施設を改造したもので、その後は、本土や石垣の施設からきた研究者のための官舎が用意されるようになった。

夏になると、日照りの沖縄では野菜がなくなる。キャベツ1個が千円ということもあったという。そのかわり、ニガウリやヘチマがよく食べられる。ゴーヤチャンプルーは沖縄料理の定番であるが、これは夏に食べることの必要にせまられて作るものだったのだ。

医者にかかるにも診療所が少なく本土の40%ほどであり、朝早くから何十人もの人たちが座り込んで待っていた。当時は公立の救急病院がなくて、手遅れで亡くなる急患もいたという。

こういう厳しい生活条件の中でも、伊藤さんは沖縄生活を楽しんだと思う。私が赴任する前年、伊藤さんにお願いしてウリミバエ根絶研究・事業を見に来たことがあった。石垣と那覇の施設をまわったあと、伊藤さんから「海に行ってみないか」とさそわれた。その日は伊藤さんの官舎に泊めてもらい、翌朝、那覇からバスで沖縄本島の西海岸沿いに一時間ほど北上すると、部瀬名岬《ぶせなざき》という小さな岬がある。その先端に海中展望塔という円筒形の建物があって、海岸から橋で渡り、螺旋階段を降りていくと、まわりの窓から海底を泳ぐ熱帯魚がよく見えた。伊藤さんは潜水眼鏡をつけてサンゴの海の魚を見るのが好きだという。この夜は那覇市内の小さい居酒屋でトーフヨウという豆腐を発酵させてつくった珍味や、キビナゴの刺身などをごちそうになった。根っからの食い道楽である伊藤さんにとって沖縄は天国だったろう。

また、沖縄生まれで、復帰後本土の大学から沖縄に戻ってきた歴史学者と農業経済学者の二人の友人と親しくなり、これまで誤解をおそれて人には云えなかった沖縄の社会や農業についての考えを、自由に語り合うこともできた。そして、この人たちともに、『沖縄思潮』という雑誌も刊行した。

伊藤さんが残したもの

伊藤さんは一九七八年に名古屋大学に移り沖縄を去ったが、その後も沖縄との結びつきをつづけ、多くの若い研究者を育てた。

沖縄県では久米島での根絶が成功したあと、ウリミバエを沖縄県全域から根絶するために、週産一億頭の不妊虫を生産し、これを、宮古諸島、沖縄諸島、八重山諸島の順に放飼するという大根絶事業が計画された。そこで、昆虫工場とも云うべき大増殖施設の建設と、空から不妊虫を放飼する技術の開発がせまられていた。

そこで伊藤さんが最も懸念したのは、ウリミバエが人工的環境の下で累代的に大量増殖されることによって、飼育虫の生理・生態が遺伝的に変化する結果、野外での性的競争力が低下し、想定された放飼効果があがらなくなるおそれがあるということであった。これを事業の観点から見れば、放飼不妊虫の品質の低下問題である。

伊藤さんが育てた若い研究者達は、この問題にとりくみ、その研究成果によって、一九九三年に沖縄県全域のウリミバエの根絶は成し遂げられ、沖縄から本土にウリ類などが自由に出荷できるようになった。その経過は小山[10]によって総括されている。

伊藤さんは当初「サトウキビ害虫指定試験」の主任であったこともあり、サトウキビ害虫のイワサキクサゼミや、カンシャコバネナガカメムシなどの研究にも関係している。その他、研究分野は違っても、伊藤さんに励まされて学会の大会に参加し、刺激をうけて研究を発展させた研究者も少なくない。私は、これらのことが沖縄で開催された「伊藤さんを偲ぶ会」の盛会につながっていると思う。

7 ウリミバエ根絶の恩人を偲ぶ

与儀 喜雄　元沖縄県ミバエ対策事業所所長。昭和三十六年に琉球大学を卒業後、琉球植物防疫所、沖縄県農林水産部植物防疫係、沖縄県ミバエ対策事業所で勤務。

伊藤嘉昭さんを偲ぶ会が息子さんを迎えて、沖縄那覇で開催され、北は東北宮城から小山重郎ご夫妻が、南は八重山石垣から宮良安正さんや多くの先輩・後輩・現役の方々が集まりました。

このような多くの方々との旧交を温める会となったのは、伊藤先生の人柄と心意気の賜物であり、この会を企画した琉大の辻先生並びに事務方の皆さんに感謝します。

伊藤先生との出会いは、沖縄が本土に復帰［一九七二年（昭和四十七年）］して二年目の十二月、久米島に出張したときでした。

久米島では日本で初めての不妊虫放飼法によるウリミバエ根絶実験事業がスタートしていました。先生は防除前のウリミバエ発生密度調査を指揮していました。

その時の話しですが「与儀君、この事業をどう思うか。成否は五分五分と思う。しかし、たとえ根絶出来なくても、その要因をデータで明確にするので安心したまえ」と言われました。その晩は、大変な事業を担当したと、寝付きが悪かったのを思いだします。しかし、その後の先生の意気込みからこの事業は成功すると確信しました。

久米島での先生の様子として役場の職員から聞いた逸話をひとつ紹介しましょう。調査は、まず地図上でトラップの設置場所を決めてから実際に現場に行くことから始まるのですが、設置場所がたとえ山裾にあるハブの多いパイン畑の奥端であっても、先生は役場職員が止めるのを無視して長いコンパスでピョン・ピョンと畝を乗り越えて行ってしまうので、その意気込みに皆感服したのだそうです。このように徹底実施された野外調査から得られたデータが後に実験事業を成功へと導く鍵となりました。

成功の鍵は他にもたくさんあります。例えば、組織体制作りです。農業試験場八重山支場にウリミバエ大量増殖施設が、那覇の本場に不妊化施設が設置され、ウリミバエを増殖する研究員（故垣花・仲盛・添盛・増員の山岸）と、不妊化する研究員（放射線主任の伊良部・照屋）が確保されました。また、東京都から岩橋研究員をスカウトし久米島での不妊虫放飼体制の強化が図られました。この組織体制作りに伊藤さんと共に苦労されたのが故宮良高忠病虫部長でした。残念ながら偲ぶ会でお会いできませんでした。

久米島では、個体数推定などの基礎調査（トラップ調査、寄主植物調査、マーキング法調査等）に基づき発生密度を1／20までおとす抑圧防除に続いて、一九七五年（昭和五十年）二月から週一〇〇万頭の不妊虫を放飼する本格防除が開始されました。

先生はこの時点から不妊虫の必要頭数を事業実施前の調査に基づいて週二〇〇万頭～四〇〇万頭とモデルで計算していたようです。この計算による根絶シミュレーションを対策本部に提示されたのが行政向けのシミュレーション・グラフでした。そのグラフ(A)は放飼数が週一〇〇万頭の場合では発生の多い山と少ない谷の波打つグラフが毎年続くとされ、(B)は放飼数を週二〇〇万頭～四〇〇万頭に増加させると、徐々に減少し、六ヵ月目頃からゼロ近くなり、で根絶に至るというものでした。

このシミュレーション・グラフを根拠に国に事業計画の変更が、県財政課には予算流用が認められ、石垣の増殖施設の拡充と人員増が図られました。その結果、蛹の生産が順次増加し、久米島では週二〇〇万頭～四〇〇万頭の不妊虫を放飼する防除の強化が図られたのです。その結果、シミュレーションどおり、六ヵ月目頃から減少し一九七六年（昭和五十一年）十月寄生果がゼロとなり、翌年の九月に根絶が確認されました。

根絶達成記者会見の後、先生はニコニコしながら「与儀君、我々のシミュレーシュンはたいしたものだ。その通りにゼロとなったな」といわれた笑顔は忘れ難い思い出となりました。

この段階で先生は全県の根絶計画をすでに考えていました。その手始めが米国のテキサスとメキシコのラセンウジバエ大量増殖施設の調査でした。特別旅費の流用が三人分認められ、伊藤先生と垣花研究員に加えて対策本部から与儀（伊藤さんの指名）の三人が派遣されました。

調査は大量増殖施設の規模、作業の流れ、逃亡防止など多くの成果がありました、帰りに寄ったハワイのミバエ研究センターで、成虫を低温麻酔し航空機から放飼するアイデアを得たことが、後に事業所と研究室が一体になって成虫の低温麻酔方法とヘリ放飼技術を開発し実用化することへとつながったのです。

帰国後、ミバエ研究室と対策本部（植物防疫係）で全県の根絶事業計画の検討を始めました。

この段階で、先生は農林水産省に沖縄県の実施体制の強化を進言。そのこともあって、国は全県ウリミバエ根絶事業の実施条件として体制組織の強化(部の出先組織を設置し人員を強化すること)を求めてきました。対策本部で検討し、農林水産部長(宮城宏光)の決断で一九八〇年(昭和五十五年)四月沖縄県ミバエ対策事業所が設置されました。事業所の組織は人員増を含め毎年強化されました。

この段階で先生は後任に秋田県農試の小山重郎先生を指名し引き継ぎをしたことも大きな功績でした。

小山先生は、一九七七年(昭和五十二年)から開始している沖縄群島のミカンコミバエの根絶防除を現場に赴き勢力的に指導し、予定通り根絶を達成させました。

ウリミバエ根絶事業では勤務時間内は調査研究を指揮し、時間外(午後六時~九時頃)には、事業所にきて増殖施設の内部設備の使用方法等を話し合い、設計に反映させるなど多大な指導をされました。

施設完成後は月一回のQC会議を提案。そこで増殖・照射・低温麻酔放飼等の技術的課題を皆で議論し解決するというスタイルが確立されました(このQC会議は今日でも継続され、若い研究員の資質向上だけでなく、イモゾウムシやアリモドキゾウムシの根絶事業にも大きな役割を果たしています)。

ウリミバエの根絶ではお二人の先生とも大きな役割をはたされましたが、なかでも伊藤先生は、ウリミバエ根絶の基礎を確立し、沖縄県における亜熱帯農業の振興に貢献した恩人です。

ここに、伊藤嘉昭先生のご冥福お祈り申しあげます。

追記　琉球新報新聞(二〇一五年十二月二十七日)

墓碑銘［沖縄県に貢献し平成二十七年に逝去した方々］

＊琉球大学・名桜大学元学長　東江康治他四名記述の次。

＊名古屋大学名誉教授・沖縄大学元教授の伊藤嘉昭(八十五歳　五月十五日没)は不妊虫放飼法でウリミバエ根絶を指揮した。

8　大いなるチャレンジャー

松井　正春　沖縄県農業試験場ミバエ研究室長。農林水産省農事試験場、農業研究センター、野菜茶業試験場、農業環境技術研究所を歴任。稲・大豆・野菜害虫の生態と防除・天敵に関する研究を行う。

伊藤嘉昭著『虫を放して虫を滅ぼす―沖縄・ウリミバエ根絶作戦私記』は、一九八〇年三月に刊行されたが、多くの昆虫研究者はこの本を読んで強い感銘を受けたことと思う。私も、農林省の行政部局から当時、鴻巣市にあった農事試験場に異動して二年目であったが壮大な根絶実験事業の成功に感動し、試験場内で若手研究者が行っていたゼミで紹介したことを覚えている。

沖縄復帰は一九七二年だが、伊藤先生はこの年に沖縄に向かい、久米島でのウリミバエ根絶実験事業に、昆虫研究者としてチャレンジすることとなった。ウリミバエの不妊虫放飼法による根絶は、マリアナ諸島のロタ島で一時的に成功していたが、我が国では初めてであり、全て一からの出発であり、試行錯誤を繰り返しながら、遂に、一九七七年に根絶に成功した。この成功は、国と沖縄県の関係者の事業成功へのたいへんな努力抜きには語れないが、ゼロから出発し、成功・不成功が予見できない大事業に飛び込んでいく伊藤先生のチャレンジ精神と、研究開発面でのリーダーシップ、成功への不屈の精神に対して敬服し、尊敬の念を禁じ得ない。昆虫学が必要とされる現場問題に、困難が予想されても飛び込んでいくその姿勢を、これからの若手研究者に期待したい。

運命のいたずらか、一九八七年に当時の農業研究センターで水田・大豆害虫の研究をしていた私に、沖縄県農業試験場ミバエ研究室（指定試験）に主任として行くように話があった。その時、かつて、本で読んだあのすばらしいミバエ根絶事業に、私みたいな門外漢が行って良いものだろうかという戸惑いはあったが、すごく嬉しかったことを思い出す。赴任してから、ミバエに関するこれまでの研究・技術開発の過程がほぼ全て論文となっていること、ミバエ根絶事業の方法が、研究的な裏付け無しには、思いつきなどで変更するようなことは一切ないことなど、伊藤先生の残した形が脈々と息づいているのを感じた。

伊藤先生は、私が沖縄在任中にしばしば来県されたが、ウリミバエの精子間競争の研究を夜遅くまでされ、昼間はミバエ事業所の隣のススキの草地で、夏の炎天下アシナガバチ類の生態調査を一人でされていた。来訪時には懇親会を催し、楽しく懇談したが、ミバエ事業についてあれこれ問われることはなかった。また、大勢の催し物があるときには、先生を先頭にして、先生振り付けの、流行歌「愛染かつら」を列になって踊ることがあった。立派すぎる先生であったが、くだけたところもあり、人柄の幅広さを感じた。

「基礎的なものほど応用性がある」という趣旨のことを伊藤先生はしばしば言われたが、ともすれば、応用・実用性ばかりが求められる風潮に対する反論もあったかと思う。基礎が充実していればこそ、全く未知数であったウリミバエ根絶実験事業という応用を成功に導けたのだと思う。昆虫研究者は、社会的ニーズに真正面から向き合うチャレンジャーの精神を伊藤先生から大いに学ぶべきかと思う。

最後に、伊藤嘉昭先生のウリミバエ根絶における多大なご功績、個体群生態学発展のご功績に感謝し、ご冥福をお祈りします。

9 気遣い屋さんだった伊藤さん

金城　邦夫　沖縄県農業研究センター病虫管理技術開発班長。当時、首里崎山にあった沖縄農試は、組織改編され病虫部も現在の班体制に移行。拠点も糸満市に移転している。

今手元に二枚の写真がある。一枚は平成二十七年十月に那覇市内のホテルにて開催された「伊藤さんを偲ぶ会」での伊藤さんの遺影、もう一枚は、当時農環研に出向していた仲盛広明氏と三人で信州を旅行した際に、上高地の河童橋を背にした写真である。いずれの写真でも、ハンチングを被るおきまりのポーズで、伊藤さんらしいなと感じる写真である。

伊藤さんとは、当時所属していたミバエ対策事業所で出会い、その後は仕事というよりも飲み会での繋がりが多かった。特に、名古屋大学を退官後に赴任した沖縄大学在任中は南風原町にあったアパートにて、賄い担当が部屋にあるものを見繕って作った肴とともに話を聞く機会が定期的にあり、バロ・コロラド島やオーストラリアでの研究生活の話は何度聞いても楽しかった。このアパート飲み会を通して、これまで抱いていたウリミバエ根絶事業を牽引し完成させたイメージとは別の、人見知りで気遣い屋さんの〝良いおじいちゃん〟であった。

信州への旅行は、名古屋から上高地と松本への二泊三日であった。スケジュールや宿の予約、食べる所まですべて伊藤さんに設定して頂いた。上高地では念願の穂高連峰を望み、宿泊した国民宿舎では朴葉焼きに驚き、十月中旬の寒空の中露天風呂探しに付き合わされるなど、楽しい夜を過ごさせて頂いた。最終日の松本では、地の物を出す居酒屋が予約されており、これは沖縄に無いだろうを連発しながら、ざざむしや蜂の子そして鹿や熊など、信州ならではの宴会であった。非常に楽しい旅行であったが、唯一つだけ早起き伊藤さんが、寝ている枕元横を何往復もするのだけは最悪であった。

その後伊藤さんが離沖後、学会などでご一緒することがあったが、当方の異動もありお目にかかる機会が減る中、一昨年の訃報に接した次第である。あの独特の足音で階段を上る音に続き、「おい、金城君」の声が聞こえてこないのは寂しいが、沖縄における昆虫学発展に果たした功績は長く語り継がれるものである。

心より、ご冥福をお祈りする。

10　君には無理だな

佐渡山 安常
沖縄県病害虫防除技術センター特殊害虫班長。

生前のように「伊藤嘉昭先生」を「伊藤さん」と呼ばせていただきます。ご無礼をお許しください。

初めて伊藤さんにお会いしたのはきっと三十一年前（一九八五年ごろ）の琉球大学昆虫学教室だったと思います。私は研究室にはいったばかりの三年生でした。いつもゼミをしている長いテーブルを前にヤギのような顎髭をたくわえた細長い初老の男性がいて、幾分しゃがれた音色で「こんにちは」と声をかけられました。先輩から、「あの方は岩橋先生（私の指導教官）の恩師で、名古屋大学の伊藤嘉昭先生だ。ウリミバエ根絶の指導者だよ」と教えられました。一介のペーペー学生に過ぎない私にとっては、よくわからないけど雲の上どころか太陽系外からやってきたすごい人なんだ、という程度の認識でした。

オキナワチビアシナガバチの多雌巣が卒論テーマだったこともあって、伊藤さんは沖縄を訪れるたびに「君は〇〇〇君だったかな?」とよく話しかけていただきました（時々、他人と間違われたけど）。どんな内容だったかはもうあまり覚えていません（ごめんなさい）。けれど、いつも薄いブルーの半そでジャケット姿で、どんな地位のある方であっても、私のような学生であっても、おなじような口ぶりで対応されているお姿が記憶に残っています。学会やお酒の席でも時々ご一緒させていただきましたが、一度、「君に論文を書くのは無理だな」とお叱りを受けました。少々へこみましたが、確かに伊藤さんのおっしゃるとおりでした。本当に面目ありません。

私は大学を卒業後、平成二年に沖縄県に採用され、害虫の被害軽減を目的とした防除対策の仕事をしてきましたが、どういうわけか平成二十四年度からいわゆる「根絶」の仕事に携わることになりました。正式には沖縄県特殊病害虫特別防除事業として昭和四十七年の復帰直後から継続されている仕事です。当初は、ウリミバエとミカンコミバエの根絶が目的で、沖縄県ミバエ対策事業所（現沖縄県病害虫防除技術センター）と沖縄県農業試験場病虫部ミバエ研究室（現沖縄県農業研究センター病虫班）が防除実務と根絶技術の研究開発を担いました。現在は、根絶された両ミバエの根絶維持と、ポストミバエであるイモゾウムシとアリモドキゾウムシの根絶防除を行っています。

両ミバエの根絶において伊藤さんが果たした役割については、この本で与儀喜雄氏や他の方々が書かれているのでここではあまり触れません。が、ひとつだけ報告させてください。伊藤さんの功績のひとつに「研究者を育てる」と「沖縄の研究力をトップレベルに引上げる」というのがあります。実際、仲盛広明氏をはじめとして多くの沖縄県職員が学位を取得されました。

「研究者を育てる」と「沖縄の研究力をトップレベルに引き上げる」ことにつながる要因のひとつになったのが、優秀な若手研究者やポスドクを沖縄に呼び寄せる流れを作ったことではないかと思います。これまで多くの方々が日本全国から沖縄にやってきて、私たちの先輩方と低賃金にもかかわらず一緒に仕事をし、実績と業績を積み上げて戻っていきました。これらの中には大学や国の研究機関に就職し、害虫防除や応用昆虫学の分野で指導的立場になられた方が大勢いて、以来ずっと沖縄にエールを送っていただいています。実にありがたいことです。今も本間淳さん、日室千尋さん、池川雄亮さんの三人がいて、実験室だけでなく現場にも足を踏み入れて、島の人たちと一緒に呑み、汗を流しています。時には防除にも参加してくれます。日本の端っこではありますが、壮大な野外実験場である「沖縄」で有意義な研究生活を送り、いずれは指導的立場になってこの分野を牽引していただきたいと思います。伊藤さん、この流れは今も続いていますよ！

さて、最後になりますが、最近、ミカンコミバエの動きが変です。平成二十七年の奄美大島を中心とした再発生は大問題となりました。幸い一年を待たずに沈静化に成功しましたが、安心できません。沖縄では平成にはいってから誘殺件数（ミカンコミバエはメチルオイゲノールを誘引源としたトラップでモニタリングする）だけでなく、寄生果実の確認件数も増加傾向にあります。また、同時に十か所以上の地点で誘殺される〝同時多誘殺〟が平成二十六年、平成二十八年と起こっています。もしかしたら先の奄美の事例も同様だったかもしれません。こんなことはこれまでなかったことで、明らかに侵入リスクは高まっています。そしてこれがミカンコミバエだけでなかったとしたら……。

いずれにしても、もし根絶したはずのミバエの再発生・定着を許してしまったら、きっと伊藤さんに「何をしているか」と、ものすごく怒られるだろうな。「やはり君には無理だったな」とも言われるだろうな。正直、事業に対する行政評価よりこっちのほうがイヤだなぁ。そうならないようにがんばらなくては……。

伊藤さんのご冥福を心よりお祈り申し上げます。

11　害虫根絶に関する新たな洞察
―レジェンドとしての伊藤さんを超えて

藤崎　憲治　京都大学名誉教授。カメムシ類などを主な研究材料とした昆虫生態学が専門。地球温暖化や昆虫ミメティクスに関する研究も推進。元日本昆虫科学連合代表。日本学術会議連携会員。

はじめに

伊藤嘉昭博士（以降、伊藤さん）は戦後における我が国の生態学のパイオニアの一人で、その業績は基礎から応用までとても幅広いものであった。応用分野における功績では何といっても沖縄における「不妊虫放飼法によるウリミバエの根絶」であるに違いない。

侵入害虫であるウリミバエの根絶事業は沖縄の本土復帰直後の一九七二年から根絶が達成された一九九三年までの長きにわたって展開されたが、伊藤さんが根絶事業を指揮したのは、一九七二年十月～一九七八年七月までの六年足らずであった[1]。すなわち、一連の根絶事業の先駆けとなった久米島における根絶事業を成功に導き、それ以降の不妊虫放飼法による南西諸島一円のウリミバエ根絶事業のモデルを示したのであり、そのことの功績は計り知れない。それは現在では、アリモドキゾウムシやイモゾウムシといったサツマイモ害虫の根絶事業にも連綿として引き継がれている。しかし、伊藤さんが事業に携わった当時とは時代も変わり、かつてはほとんど認識されていなかったさまざまな問題が「侵入害虫の根絶」という事業に横たわっていることが浮かび上がって来ている。

ここでは、害虫の根絶という壮大な事業の基にあるいくつかの問題点についての洞察を行うことを通して、ミバエ類の根絶事業は、決して過去の〝レジェンド〟などではなく、現在そして将来の問題でもあることを示したいと思う。ただし、私はミバエの専門家ではなく、害虫の根絶事業に携わった経験もない（トラップ調査のお手伝いをしたことがあるので、厳密にいえばゼロではないが）ので、勉強不足故にとんでもない誤解をしている可能性もあるが、その際はお許し願いたい。ミバエ類やゾウムシ類の根絶事業を外側から見て来た一人の〝傍観者〟の印象記程度に思っていただければ幸いである。

なお、ミバエ類の根絶事業に対する貢献を含む、研究から政治にまで至る、伊藤さんの沖縄における活躍についてのより総合的な考察に関しては、『生物科学』に寄稿した記事[2]を参照されたい。

根絶事業の生態系に対するインパクト

不妊虫放飼法による侵入害虫の根絶は、殺虫剤の散布によらない、環境にやさしい害虫防除法と言われている。伊藤さんは『虫を放して虫を滅ぼす』[3]あるいは『農薬なしで害虫と闘う』[4]という、ウリミバエの根絶について書かれた本のタイトルともなったキャッチフレーズを掲げて、いかに不妊虫放飼法が環境にやさしい害虫防除法であるかをアピールした。同様な思いは伊藤さんだけでなく、伊藤さんのすぐ後に根絶事業を引き継いだ小山重郎さんの著書『530億匹の闘い－ウリミバエ根絶の歴史』[5]にも引き継がれている。不妊虫放飼法や誘引剤を用いた雄除去法による根絶事業を推進した、我が国における優れた応用昆虫学者たちの、それは思想信条であり、プライドであったと言っても良いだろう。

しかし、不妊虫放飼法であれ誘引剤による雄除去法であれ、一見環境にやさしい防除法による害虫の密度抑圧や根絶が、環境の保全と鋭く対立するケースもあることは当時あまり認識されていなかった。環境にやさしいはずの害虫根絶事業が環境保全と対立するなどということは、いったいどういうことなのだろうか。

ウリミバエと並ぶもう1種の侵入ミバエ類であったミカンコミバエ（正確にはミカンコミバエ種群であるが、ここでは便宜的にミカンコミバエと呼ぶ）は周知のようにメチルオイゲノール（メチルユージノール）という強力な誘引物質と殺虫剤を染みこませたテックス板を用いた雄除去法で根絶された。このフェニルプロパノイド系香辛成分は花香由来物質であり、雄ミバエが雌を誘引する性フェロモン合成原料として重要であること、天敵に対して防御効果があることが明らかにされている[6]。

テックス板はヘリコプターを用いて大量に野外にばらまかれたし、スタイナー型の誘引トラップもあちこちに吊り下げられた。そのトラップにはミカンコミバエだけでなく他のさまざまな昆虫類も入っていたとミバエ事業に携わった研究者から聞いたことがある。そのことで地域の昆虫相は何らかの打撃を被らなかったのであろうか。ウリミバエの根絶などにおいて採用された不妊虫放飼法でも、いきなり不妊虫を放飼するのではなく、必ずその前に密度抑圧防除を行う必要があり、そのためにキュールアという誘引剤と殺虫剤を染みこませたテックス板によりオス成虫を誘殺するオス除去法が用いられた。このキュールアをベイトとしたトラップにもウリミバエ以外の昆虫類が誘殺されていたはずである。

いずれにしても、誘引剤が強力であればあるほど、それはミバエ類の誘殺効率を上げると同時に、誘引される他の昆虫の誘殺も無視できないものになっていく可能性があるだろう。強力な誘引剤によりターゲットとなる害虫以外のある種の昆虫も誘殺されることに、私たちはもっと配慮すべきではなかろうか。また、「農薬なしで害虫と闘う」というのは、一般の人に明らかに誤解を与える言い方である。大量に散布されたテックス板には殺虫剤成分が含まれているからである。

不妊虫放飼法はアリモドキゾウムシといった外来のゾウムシ類の根絶事業でも適用されているが、その場合でも不妊虫放飼に先立つ密度抑圧防除において性フェロモンによる雄除去法が行われている。ただし、この場合はそれだけではなく、ヒルガオ科の野生寄主植物の除去も行われている。アリモドキゾウムシの根絶事業が行われている喜界島ではノアサガオやグンバイヒルガオの群落の除去のためにパワーショベルといった重機を用いたり、除草剤を散布したりすることもある。[7]アリモドキゾウムシの根絶に成功した久米島でも、アリモドキゾウムシが最後まで残った地域では、手刈りによるヒルガオ科雑草の除去が行われた。[8]

そのような寄主植物の除去は密度抑圧防除のためにはやむを得ない措置であるものの、それは害虫根絶事業というインパクトが、一時的であるかも知れないが生物多様性を損なう行為でもあることを示している。なぜなら、除去される野生植物は、根絶の対象となる害虫のみではなく、もちろん他の昆虫類も利用しているからである。そこでは、除去の対象となった植物を取り巻く地域特有の昆虫群集が存在するはずである。寄主植物の除去は、そのような昆虫群集に多少とも打撃を与えることは必至であるだろう。そのことは地域の生物多様性の保全において好ましいことではない。

当然のこととして行われてきた寄主植物の除去にしても、それをどのような昆虫などが利用しているのかといったことをあらかじめ調査しておき、絶滅危惧種などの希少な種が含まれていないかなどの、何らかの事前のアセスメントが必要なのではないだろうか。侵入害虫の根絶のためにはやむを得ないといったような根絶至上主義的意識がもしあるとすれば、それは問題とされるべきである。害虫防除の概念も「総合的害虫管理」から「総合的生物多様性管理」へと移行するべき時代になってきているのである。[9]

日本で成功したミバエ類の根絶事業は、当然のことながら国際的にも大きな影響を与えた。東南アジアなどの発展途上国でも誘引剤や不妊虫放飼による大規模な害虫ミバエ類の防除が推進されているのである。具体例を挙げると、タイのラチャブリ県で実施された不妊虫放飼のパイロット事業の結果として、ミバエによるマンゴーの被害率は80％から４％未満へと激減したことが報告され、不妊虫放飼法は高い評価を得た[10]。一方、オーストラリアのクラークら[11]のパプアニューギニアにおける研究によれば、24種のミバエ類が体表のどこかにミバエランの花粉を付けていたという事実が判明した。このような事実は熱帯アジアのミバエ類がミバエランの花粉媒介者として重要であることを示している。問題はこの24種のうち、ミカンコミバエをはじめとする少なくとも9種のミバエ類が農業害虫であったということである。このことは、熱帯アジアで害虫ミバエ類を広域的に防除することは、ミバエランの受粉率を低下させることにより、その減少や絶滅を招きかねないことを示唆している。もしそうであるなら、ミバエ類の防除はミバエランとの共生関係が成立している熱帯アジアにおいては生物多様性の保全を損なうことになるのである。

いずれにしても根絶という害虫防除法を図る際には、それが生態系に与えるインパクトを同時に解析し、環境保全との両立を図ることが今後の重要な課題となっていくだろう。このあたりの事柄に関しては、かつて私たちが京都大学で展開した21世紀ＣＯＥプログラム「昆虫科学が拓く未来型食料環境学の創生」についてまとめた『昆虫科学が拓く未来[12]』に詳しいので、参照されたい。因みに、未来型食料環境学とは、食料増産のための害虫防除と生物多様性を維持するための環境保全との矛盾をいかに解消するかを意図した新規学問分野のことを指している[12,13]。

最後に、これは生態系に対するマイナスの影響というわけではないが、あれだけ大量の不妊虫を野外に放飼したことで島嶼の生態系に何らかの影響を与えたのではないかということも気になる。例えば、ミバエ類を捕食するクモなどの捕食者が増えたりはしなかったのであろうか。あるいは、ツバメなどの飛翔する昆虫を捕食する野鳥にとって餌の増加は雛の育児に有利に働き、繁殖成功率を増大させはしなかったのであろうか。地上に落下した死体を餌としてアリ類なども増えたのではなかろうか。そしてそのことは、さらに思いもよらぬカスケード効果を生物群集にもたらしはしなかったのであろうか。

根絶事業を推進していく過程で、かかる事柄にまで思いを果たす余裕などなかったことは重々承知しているが、大学の研究者などがフリーな立場からやってみたら生態学的に興味深い知見が得られたのではなかろうかと思っている。かつて伊藤さんとこのようなことを話した時、伊藤さんも「僕もそう思うよ」と賛同してくれたことを覚えている。

根絶事業と生物進化

ミバエ類は侵入後にその生活史形質を進化させ、かつ島嶼の生態系の中で他の生物たちとの相互作用を通して、何らかの影響を与えていたはずである。新たな生息場所に侵入する結果として起こる、生活史形質や形態形質に起こる、いわゆる急速な進化 rapid evolution は枚挙にいとまがない。わが国の南西諸島に侵入したウリミバエやミカンコミバエについてそのような進化を研究する余裕などなかったことは承知の上で、その辺りに関する研究があったら良かったなと思う次第である。

私が沖縄県農業試験場にいるときに研究していた、サトウキビ害虫のカンシャコバネナガカメムシは台湾から一九一四年にサトウキビの苗とともに沖縄本島に侵入したと考えられている。本種は亜熱帯の昆虫でありながら冬季に休眠卵を産下することが知られている[14]。研究途上で沖縄を去ったため、論文としては未発表の研究であるが、沖縄本島の成虫が産下した休眠卵は冬季にすべて休眠に入ったが、石垣島や宮古島などの先島諸島の成虫が産下した卵は非休眠から休眠深度が深いものまできわめて変異に富んでいた。先島諸島の個体群が緯度的に近い台湾のそれに類似しているとしたら、七十年ほどの間に非休眠卵を産む雌は沖縄本島の個体群から淘汰されてしまったのであろう。ウリミバエやミカンコミバエはいかなるステージでも休眠性は検出されていないが、耐寒性などが強化された可能性はある。いずれにしても、生活史形質の遺伝的変化、すなわち生活史形質の進化に関して、もう少し研究がなされていたらと思っている。

不妊虫放飼法では根絶のターゲットとなる害虫の大量増殖は不可欠であるが、ウリミバエの虫質管理に関する研究は活発に展開され、飼育条件という環境要因だけでなく累代飼育による遺伝的要因も重要であり、そこでは体内時計の管理を通した虫質管理が必要であるとの提唱がなされたこと[15]は評価すべき事柄である。

『不妊虫放飼法—侵入害虫根絶の技術』（伊藤嘉昭編）の中で、伊藤さんは「精子競争と雌による隠れた選択—ウリミバエ根絶の背後で進んだ性行動研究と今後の課題」というレビュー[16]を寄稿している。それは「雌による隠れた選択」説の説明から始まり、近年の交尾戦略に関する研究の優れた総説になっているが、ウリミバエにおける研究との絡みでは、配偶者選択と再交尾抑制のトピックスが印象的である。そこでは、不妊虫放飼という人為選択によってウリミバエ雌の配偶者選択が変化し、沖縄本島では求愛行動の広い範囲を受け入れる系統が絶滅した結果、「不妊虫抵抗性」系統が出現したことを、配偶実験を通して示した日比野由敬さんと岩橋統さんの共著論文[17]に触れている。当時、このことは地元の新聞において、あたかも根絶事業に赤信号が点ったかのようにセンセーショナルに取り上げられたので、ミバエ事業関係者は大騒ぎとなったことを記憶している。実際には根絶事業は順調に推移し、事なきを得たのであるが、科学的にそのような進化的現象が本当に事実であったのかについては意見が分かれた。私はそういうことは起こってもおかしくないと考えていたが、これほどに重要な事柄を実証しようとした実験としてはデータが弱い（サンプル数が少ない）と懐疑的になった研究者も多かった。ややデータが弱かったことは、私も同感である。ウリミバエが根絶された今となっては、再検証の仕様もないが、今後同様な根絶事業を展開する際には、ぜひ検証するべき重要なポイントであるだろう。

不妊虫抵抗性よりもより起こりやすい抵抗性の進化は誘引剤抵抗性であるだろう。実際に小笠原のミカンコミバエの根絶事業においては誘引剤のメチルオイゲノール（ME）に対して反応の鈍い（ME抵抗性）個体群が出現したため、雄除去法から不妊虫放飼法に基本戦略を変更せざるを得なくなったことはよく知られている[18]。ME抵抗性について伊藤さんは当初「ME無反応個体群」などと言っていたようであるが、岩橋統さんはその後の実証研究[19]などを通して、MEに反応するか否かではなく、「交尾の前に反応するか、後に反応するか」が重要であり、それは「ME弱反応個体群」と呼ぶべきことを主張している。ミカンコミバエが根絶されてしまった今となっては、このこともまた再検証の仕様もないが、今後に残された重要な研究課題であると言えよう。

根絶事業と種間関係

根絶のターゲットとなる害虫は1種とは限らない。実際、沖縄などの南西諸島においても、ウリミバエとミカンコミバエという2種のミバエを根絶する必要があった。この2種は同属近縁種である。このような場合はしばしば繁殖干渉が起こることが近年注目されている。そのような場合、例えばウリミバエの大量放飼が繁殖干渉を通してミカンコミバエの個体群に影響を及ぼした可能性もあるだろう。

ミカンコミバエの雌はウリミバエの直腸腺や生きた雄に反応を示すことは[20]、これら2種の性フェロモンの成分が構造的に類似していることを示している。このことは両種間で何らかの繁殖干渉が起こりやすいことを示唆している。

ウリミバエの交尾場所は寄主植物ではない林縁部の広葉樹

や畑付近の草本類などの葉裏であり、そこにまず雄が集合してレック（資源とは無関係の集団求愛場）を形成することが知られている。[21] 一方、ミカンコミバエも配偶行動は特定の場所のみで行われ、しかもそれは資源（果実）とは関係ない場所（葉裏）であることから、やはりレックであるとみなされている。[22] そうであれば、両者のレック形成場所は重複し、そこで種内と同様な雄間の排他的行動が異種間でも行われるのであろうか。興味が持たれるところである。いずれにしても、両種の繁殖干渉は興味深い研究課題であり、沖縄県の研究者はウリミバエとミカンコミバエの繁殖干渉を研究課題として取り上げようとしていると聞いている。今後の研究の展開が楽しみである。

現在、アリモドキゾウムシとイモゾウムシという2種のサツマイモ害虫の根絶事業が沖縄の久米島や津堅島、奄美の喜界島においてなされている。この2種の場合は同属近縁種ではないので、種間競争があるにしてもそれは資源競争であるだろう。茎や根茎という閉鎖空間を利用するこれら2種ゾウムシ類が餌資源の条件付けなどを通して、互いに負の効果を与えることが想像される。もし何らかの資源競争があるなら、一方の密度抑圧や根絶は他方の個体群の増殖にとって有利となる可能性がある。したがって、両種の種間競争に関する研究も必要とされるが、本格的な研究はなされていないようである。このことも今後に残された課題であるだろう。

いずれにしても、2種類以上の害虫を同時に根絶しようとするような局面では、それらの種間関係を解析し、そのことが根絶過程にどのような影響を与えるのかを予測することが必要であるに違いない。

ホットスポットの生態学的解析

害虫の根絶過程において、なかなか個体群密度が減らない地域が出現することが多い。このような地域あるいは場所はホットスポットと呼ばれている。根絶事業においてはこのようなホットスポットをいち早く検出し、そこを集中的にたたくことが効率的である。それは根絶事業の基本戦略である。

ではなぜこのようなホットスポットができてしまうのであろうか。根絶対象となる害虫が生息する環境は異質であるので、それは当然と言えばそれまでであるが、問題はそのような場所の特異性を科学的にいかに解析できるかである。ここで重要なことは、害虫は農耕地のみに依存しているわけではなく、周辺の非農耕地にも依存していることが多い。例えば、ウリミバエにしても、寄主植物が栽培されている農耕地だけではなく、周辺の灌木林にも生息している。すでに述べたように、本種は雌の寄主植物ではないような灌木のなかで、いわゆるレックを形成して交尾することが知られているので、畑の周辺環境も重要であるに違いない。また、さまざまな野生寄主植物も利用して繁殖しているので、それらが分布しているような環境も考慮に入れないといけないだろう。さらに、害虫は農耕地と非農耕地を移動しながら生活しているのが普通であるから、その行き来を考慮した広域害虫管理が必要となってくる。

そのような広域を解析する生態学としては、土地利用や地形などの空間パターンが移動分散や分布といった生態的プロセスに与える影響を検討する学問である景観生態学[23]が有効であるだろう。根絶事業におけるホットスポットの解析には、もっと景観生態学的な観点や方法を導入すべきであると思われる。

近年、GISの進歩により位置情報の解析が容易になって来ている。このような手法もホットスポットの解析にきわめて有効なツールになるに違いない。

再侵入という不可避の問題

ミバエ類の根絶は長い年月と莫大な経費を費やした[1,5,24]。ウリミバエの場合、根絶事業が最初に(一九七二年)行われた久米島では一九七七年に、沖縄本島では一九九〇年に、奄美群島などを経て、そして最後の八重山諸島では一九九三年に根絶が達成された。全事業に要した費用は一七〇億近くにも上ったという。一方、ミカンコミバエの場合は、奄美群島で一九八〇年、小笠原諸島では一九八四年に、そして沖縄諸島では一九八六年に達成された。

ウリミバエやミカンコミバエが根絶を達成された時点では、再侵入の問題は理論的には想定されていても、現実の問題としてはそれほど深刻には認識されていなかった。そのため苦労に苦労を重ねた挙句の根絶の達成で、あたかもミバエ問題が解決されたかのような錯覚に陥っても、けだしそれは当然のことであっただろう。しかし、本当の問題の本質は根絶後にあった。周辺諸国にミバエ類が生息している以上、根絶事業は、根絶が達成されたその瞬間から今度は根絶維持のためにエンドレスに継続せざるを得ないというパラドックスに陥ったのである。攻めの時はそれいけどんどんで威勢が良かったが、守りとなると地味な持久性が要求される。

実際、ウリミバエとともにわが国から根絶されたはずのミカンコミバエが二〇一五年に、奄美大島に設置されたモニタートラップに大量に誘殺されたことで、タンカンなどの柑橘類をはじめとする多くの果樹類や野菜類の島外移出の禁止という、大きな社会的問題となったことは記憶に新しい。官民一体となった懸命の防除事業が功を奏して、二〇一六年の七月に再根絶が達成されたものの、ミバエ問題は終わってないことを行政関係者や島民に知らしめた。

実は、不妊虫放飼法という奇抜な方法が適用されたウリミバエとは違って、雄除去法というそれほど目新しくはない防除法が適用されたせいによるところが大きいと思われるが、ミカンコミバエの根絶は比較的注目を浴びなかったことは事実である。しかし、その寄主植物の広さ、繁殖能力や移動分散性の高さなどからして、世界的にはミカンコミバエの方が害虫としてのステータスは高いのである。

二〇一五年のミカンコミバエの再侵入は、奄美に限ったことではなかった。沖縄においても伊平屋島などで十一月上旬から中旬にかけて少数の誘殺がみられたし、さらに驚くべきことに、九州本土と目と鼻の先に位置する屋久島においても、十一月中旬から下旬にかけて週28匹から173匹という多数の誘殺が突如として起こった。今回のミカンコミバエの多発生は奄美大島に限定されない、きわめて広域的な事象であったのである。

一般にはあまり知られていないが、ミカンコミバエの再侵入は今回が初めてのことでも何でもないのである。実は沖縄諸島では根絶間もない一九八六年から毎年のようにミカンコミバエは誘殺されている。一九八六年から二〇一〇年までの統計によれば、本種は三〇〇回近くも侵入し、その都度、緊急防除がなされた。根絶までに最長で九ヶ月かかったケースもあるという。しかも、誘殺回数は明らかに増加傾向にある。

この侵入回数の増加傾向の背景には地球温暖化による気温上昇があることが強く疑われている[25]。すなわち、そのことが台湾、フィリピン、中国などの周辺諸国における、本種の発生量の増大や分布拡大を促進した結果として、侵入数が増大しているというシナリオが浮かび上がって来ているのである。実際、地球温暖化がミバエ類の温帯圏への進出・拡大をもたらすことが以前から懸念されていた[26]。

このような度重なる侵入の原因は寄主果実の持ち込みによる可能性も否定できないが、それよりも飛来によるものである可能性が高い。もしそうであるなら、侵入源は飛来源と言い換えることができる。この飛来源の推定には、伊藤さんの時代には存在しなかった、後退流跡線解析という新たな方法が開発され、飛来源を特定するための大きな武器となって来ている。

後退流跡線解析という手法は、ウンカの飛来源の解析に使用されている方法で、ネットトラップなどでウンカの飛来があった日を起点として、飛来地点の上空から風のデータを利用して気流を遡ることで、飛来源を推定する方法である。農水省の大塚彰さんら[27]がこの方法を用いて沖縄に飛来したミカンコミバエの流跡線を解析した結果、飛来源は台湾が71.8％、フィリッピンが24.3％、中国南部が3.9％と推定された。また、気象要因としては、前線が44.6％、台風が36.0％、高気圧の縁が12.0％、熱帯性低気圧が7.5％であった。さらに、上記の推定飛来源に近いところほど、トラップ当たりの誘殺数が多くなることも分かった。

これらの解析結果は、台湾やフィリッピンという南方の近隣諸国が主な飛来源であることを強く示唆したものであるが、中国南部も飛来源であることを示したことも看過できない。今回の奄美や屋久島における飛来にしても、少なくともその一部が中国大陸からのものである可能性もあり、今後の解析が待たれる。

さて、飛来源推定のもう一つの武器として遺伝子解析がある。このような技術も伊藤さんの時代には無理であった。例えば、農水省の中原重仁さんと村路雅彦さんは[28]、遺伝子解析により、沖縄本島と先島諸島で見つかったミカンコミバエのルーツを推測した結果、ミカンコミバエの侵入ルートは少なくとも二つあり、フィリピンとフィリピンを除くアジア諸国から侵入していると推測している。先島諸島は主にフィリピンルート、沖縄（本島・久米島）では両ルートからの侵入が疑われるとのことである。

中国大陸からのミカンコミバエの飛来の可能性に関しては、実は岩橋統さんらの先駆的研究[29]がある。日本応用動物昆虫学会大会での講演要旨に留まり、残念なことに論文としては未発表であるが、きわめて興味深い内容である。岩橋統さんらは一九九八年と一九九九年に捕獲された個体のペニス長、体サイズ、フェイス・スポット、翅の各部位について計測し、台湾産と中国産のミカンコミバエと比較した結果、捕獲された個体のほとんどは、中国産のミカンコミバエの形質と一致したと言うのである。このことから岩橋さんらは、沖縄における異常飛来をもたらす原因は、地球温暖化による中国大陸のミカンコミバエの北上であると推測したのである。

中国の研究者による中国大陸におけるミカンコミバエの遺伝子解析と個体群統計に関する解析[30,31]によれば、ミカンコミバエは南シナ海の沿岸地域から中国本土に次第に分布を広げ、個体数を増やしているとのことである。それは地球温暖化を背景にした現在進行形の過程であり、中国大陸ではすでに北緯35°あたりまでが本種の分布可能地域になってしまっていることが指摘されている。もしそうであれば、ウンカ類がそうであるように、本種が何らかの気流に乗って、中国大陸からわが国の南西諸島や九州本土に飛来してきても何らおかしくない状況になりつつあると言える。

ミカンコミバエの侵入源の推定や今後の防除対策については、農水省において今年度から始まっている「革新的技術開発・緊急展開事業 地域戦略プロジェクト」の中で取り組むことになっているとのことであり、中国大陸からの飛来の可能性も含むミカンコミバエの飛来源については、早晩解明されることが期待される。

現在、地球温暖化により東洋区に分布する南方性の昆虫が、わが国を含む北方に急速に分布を拡大しつつあることは、よく知られていることである。今回のミカンコミバエの奄美群島や屋久島への侵入にしても、沖縄諸島における侵入回数の増加傾向にしても、このような気候変動の結果である可能性が考えられることはすでに述べたとおりである。もしそうであるなら、今後、本種は南西諸島のみならず九州本土などの西日本にも直接侵入する可能性だって否定できないだろう。

それでは、侵入後の定着の可能性はどうであろうか。中国大陸で分布可能域と推定されている北緯35°のラインと言えば、我が国では西日本地域のほとんど、東海地方の南部、および関東地方の房総半島の南端が含まれることになる。事実、ミカンコミバエ、ウリミバエともにその発育ゼロ点などの発育特性から、関東~中部以北の地方を除けば越冬も不可能ではないとされている。[32]

果物をはじめとする農産物の海外輸出を積極的に促進することを図ろうとしているわが国において、ミカンコミバエやウリミバエをはじめとするミバエ類、あるいはその他の世界的大害虫の侵入・定着は大きな障害になるに違いない。伊藤さんをはじめとしてわが国の研究者が発展させた害虫根絶あるいは密度抑圧の理論と技術の有効性が真に試されるのは、これからであるのかもしれない。それは南西諸島という隔離された島嶼というスケールとは違った、もっと広域な地域における、他国からの侵入と定着をいかに阻止できるのかという、きわめて戦略的な対応が必要とされる、より困難なものになるに違いない。これからがむしろ正念場であると言えよう。

なお、今回のミカンコミバエの奄美における侵入・発生と今後の侵入害虫対策の方向性については、日本学術会議の『学術の動向』(二〇一六年八月号)で詳しく論じているので[33]、参照されたい。

おわりに

一九七二年の沖縄の本土復帰直後から伊藤さんがパイオニ

アとして礎を築き、その後一九九〇年代はじめまで南西諸島において展開され、見事な成功を収めてきた、ウリミバエやミカンコミバエの根絶事業は、我が国の応用昆虫学における記念碑的業績である。しかし、それは過去のレジェンドとして終わらせてはいけない。

地球温暖化という大気候変動が進行し、かつ貿易や人的交流の急速なグローバル化が急速に進行しつつある現代において、新たな害虫の侵入や根絶したはずの害虫の再侵入の危機が高まってきている。このような状況下でウリミバエやミカンコミバエのような世界的大害虫の侵入と定着の防止は、日常的かつ永続的な課題になり、その規模やコストは莫大なものになっていくだろう。それはまた、地域や国境を越えたより広域的な防除や温暖化を背景にしたより長期的な発生動態の予測のためのモニタリングなど、より戦略的な観点に立った広域防除の発想転換を必要とするに違いない。

私が二〇〇九年にイギリスのロザムステッド農業研究所を訪問した時、国内のあちこちに設置された吸引式トラップに捕獲されたアブラムシ類の標本が同定・保存されている現場を見たが、その事業は一九六五年からの長きにわたったもので、得られたデータは気候温暖化によるアブラムシ類発生時期の早期化をみごとに示していた。長期研究はイギリスの得意とするところであるが、それは我が国でも見習うべき事柄であるだろう。

ミバエ類の根絶事業の輝かしい実績を携え、もっと国際貢献にも力を入れるべきである。ミバエ問題に関する近隣諸国のミバエ研究者との情報交換や研究協力をはじめとして、国際的な展開が望まれよう。二〇一一年にケニアの国際昆虫生理生態学研究センター（ＩＣＩＰＥ）の創立四十周年記念のシンポジウムに参加する機会があったが、アフリカでもミバエ問題は重要であり、ミバエ研究者は日本のミバエ研究者とのコンタクトを取りたがっていた。我が国のミバエ研究者がもっと国際的に貢献することは伊藤さんの悲願でもあったに違いない。

伊藤さんの時代はウリミバエやミカンコミバエといった、南西諸島における侵入害虫の根絶を目指して邁進した、攻めの時代であった。しかし、根絶が達成された今、地球温暖化といった気候変動、人的交流や貿易のグローバル化を背景に虎視眈々と侵入を伺っている害虫たちの侵入・定着をいかに阻止できるかという、守りの時代に入っている。攻めることより守ることの方がはるかにむずかしいことを私たちは銘記すべきである。植物検疫の強化とともに、侵入後の対策に関する戦略と戦術を今からしっかりと練っておく必要があるだろう。

また、いかに生物多様性を保全し、自然と共存しつつ持続的発展を遂げることができるかは、人類にとっての究極の目標となってきている。二〇一五年にミカンコミバエの侵入・発生を見た屋久島は世界自然遺産に認定されているため、水系の汚染を危惧して、テックス板の空中散布は見送られた。近い将来、奄美や沖縄を含む琉球列島は世界自然遺産に認定される可能性がある。侵入害虫根絶事業と環境保全の折り合いをいかにつけるかは、重要かつ不可避の問題となるに違いない。外来種の根絶事業と言えども、環境や生物多様性には最大限の配慮が必要な時代になっていることも心に刻むべきであるだろう。

写真に見る沖縄の伊藤さん

私が沖縄にいた時代（一九七九〜一九九〇）はまだデジカメは普及しておらず、そのこともあって伊藤さんを撮った写真にしてもそう多くはないが、その中から何枚かのとっておきの写真を披露してみたい。

写真1から写真3は、一九八六年七月に伊藤さんが、W・D・ハミルトンさん、M・J・ウエスト-エバーハードさん、およびR・ガダカールさんを沖縄県農試に連れて来たときのものである。そのときは、ハミルトンさんが農試において「性の進化に関するパラサイト説」について講演し、ハチの観察を行うために皆で沖縄本島南部に行ったこと（写真1と写真2）を記憶している。懇親会は首里の中華料理店（写真3）

写真1　沖縄本島南部のサトウキビ畑でハチの観察を行う伊藤さんたち。左からハミルトンさん、ガダカールさん、伊藤さん、新垣則雄さん、ウエスト-エバーハードさん。（撮影：藤崎憲治）

と農試の庭のバーベキューと二度催された。バーベキューパーティーでは、ウエスト-エバーハードさんが余興で高らかにトランペットを吹いたことを覚えている。伊藤さんは終始とても上機嫌であった。ところで、ガダカールさんは二〇一六年の十月七日に京都大学で三十年ぶりにお会いする機会があったので、沖縄での何枚かの写真をプリントしてお渡しすることができた。若いときとは違って、とても貫禄が付いていたが、それもそのはず。インド国立科学アカデミーの会長

写真 2　沖縄本島南部の公園でハチの調査を行う伊藤さんたち。左から岩橋 統さん、ガダカールさん、ウエスト-エバーハードさん、伊藤さん、ハミルトンさん。（撮影：藤崎憲治）（生物科学 68 巻, p. 103, 図 1 より転載）

写真 3　首里の中華店でのハミルトンさんらの歓迎会。前列左からハミルトンさん、ガダカールさん、ウエスト-エバーハードさん、伊藤さん、西田 睦さん、後列左から、仲盛広明さん、一人とんで志賀正和さん、西村昌彦さん、筆者、新垣則雄さん、岩橋 統さん。（撮影：不明）

を務めておられているということであった。

写真4は沖縄県農試で何かのオフィシャルなパーティーが開かれた時のものである。伊藤さんは結構おしゃれな装いをしており、大きな声で楽しそうにしゃべっていた。また、写真から喫煙が普通の時代であったことが伺い知れるが、伊藤さんはたばこを決して吸わない人であった。

写真5は、那覇の国際通りに面した南西観光ホテルの地下にあった「かじまやー」という名前の居酒屋での飲み会（伊藤

写真4　沖縄県農試の大会議室でのとあるパーティー。左から、守屋成一さん、筆者、伊藤さん、松井正春さん、志賀正和さん。（撮影：不明）

写真5　沖縄での飲み会で肩を組みあう伊藤さんたち。左側から、筆者、湯嶋 健さん、伊藤さん、長嶺将明さん、宮良高忠さんおよび八木繁美さん。（撮影：不明）（生物科学 68 巻, p. 107, 図 2 より転載）

さんも私も写真4と着ている服装が同じであることからして農試でのオフィシャルなパーティーの二次会と思われる）で、会のお開きに際して皆で肩を組んで合唱している光景である。唄は仲盛広明さんの音頭による「今日の日はさようなら」であった。なぜか飲み会の最後は肩を組んでこの唄を歌う慣わしであった。何といっても伊藤さんのこれ以上ないような楽しそうな笑顔がひときわ印象的である。

伊藤さんにとって沖縄の気の置けない仲間と泡盛を片手に飲み語らい合っている時が、至福の時であったのかも知れない。この写真に写っている六名のうち私を除く五人は、今は亡き人になってしまった。次の順番はどうあがいてみてもただ一人残っている私である。淋しい限りであるが、いずれあの世で会えるのだし、その時はまた美味しい泡盛で杯を交わしたいものである。

12 ほめられて、叱られて

小山 重郎　秋田、沖縄、九州、四国農業試験場、蚕糸・昆虫農業技術研究所を歴任して退職。害虫学を専門とする。主著に『よみがえれ黄金の島』、『530億匹の闘い』、『害虫はなぜ生まれたのか』、『昆虫と害虫』がある。

理学部生物学科を卒業して、一九六一年に秋田県農業試験場に勤めた私は、当時盛んだった新農薬の効果試験がいやで、秋田県で頻発するイネ科害虫のアワヨトウの大発生予測の研究に、のめりこんでいた。県の農業試験場から出る人が少ない学会の大会にも毎年でかけて講演をした。

大会の会場で、いつもゲンコツの手をあげて鋭い質問をする長身の人がいたが、それが伊藤嘉昭さんだった。あるとき、私の講演の座長をしてくれた伊藤さんが、「君は県農試にいながら、薬剤試験ではない害虫の生態研究をしている。たいへんよろしい！」とほめてくれた。そして、農研（農林省農業技術研究所：現農業環境技術研究所）に研修に来るようすすめてくれた。

私は上司から一週間の暇をもらい農研にでかけ、セミナーでアワヨトウの研究発表をしたり、図書室で秋田農試にはない文献調査をしたり、湯島健さんや宮下和喜さんなど有名な研究者と知り合ったりした。夜には伊藤さんの官舎にもお邪魔した。

私は、これに気をよくしてアワヨトウの研究を続け、「大発生は中国から海を越えて飛んでくる成虫が引き起こす」という仮説を東北農試（現東北農業研究センター）の奥俊夫さんと立てたりした。しかし、その実証のために必要な中国でのアワヨトウの発生記録がまったく手にはいらなかったので研究は行き詰まってしまった。

一九七〇年、岡山の応動昆大会にいくと、伊藤さんが、「小山君、ちょっと」と私を廊下の隅につれて行き「君はいつまでアワヨトウの研究を続けるつもりだ。今は農薬の乱用で大変な時ではないか。もっと役に立つ研究をしないと、研究職から追われるぞ！」と言うのであった。私はガーンと頭をなぐられたような気がして、何も答えられなかった。

実は、同じことを上司から言われていたのである。もっとも、上司の「役に立つ」は農薬の効果試験であったが……。伊藤さんのいう「役に立つ」とは、いったいどういうことか。それを考え続けて、夜も眠れなくなった。秋田に戻って間もなく、伊藤さんから一冊の報告書が送られてきた。それは「昭和44年度(1969)改善圃場調査報告（害虫編）―特に塩素系と有機燐剤系殺虫剤の防除効果と天敵類に与える影響の比較―」というもので、高知県で桐谷圭治さんたちが、イネ害虫のツマグロヨコバイが増えたのは薬剤散布が天敵のクモを殺すためであることを実証した報告であった。

私は「役に立つ」研究とはこういうものだと伊藤さんが教えてくれたのだと考え、秋田でイネ害虫のニカメイガに対して、年二回の農薬のヘリコプター散布が全県で行われていることに気付いた。そこで、アワヨトウの研究はすっぱり止めて、ニカメイガへのヘリコプター散布を止める研究をしようと心にきめた。

まず、ニカメイガの発生程度とイネの収量の関係を調べ、収量が下がり薬剤散布を必要とするような発生レベルを「要防除水準」として、それ以下の発生に対しては薬剤散布を止めることを提案した。五年余りの研究の結果、秋田県では一回目のヘリコプター散布を止めることになった。私はこれで、ようやく、伊藤さんの言う「役に立つ」研究ができたと思った。

この研究の相談に乗ってくれた桐谷さんから、一九七六年にアメリカ・ワシントンＤＣで開かれる国際昆虫学会議でニカメイガの研究発表をするようにすすめられたとき、私は随分と迷った。当時は県農試から国内の学会ならまだしも国際会議に出るなどということは稀だったから、はたして上司が許すだろうか。でも意外なことに三週間の職務免除をもらうことができて、私は桐谷さんのグループと一緒にアメリカに渡り、無事、研究発表をすませた。

ところが、ワシントンには伊藤さんも来ていたのである。伊藤さんは一九七二年に沖縄県農業試験場の指定試験（国の予算で運営される研究室）の主任となり、一九七六年に沖縄県久米島のウリミバエ根絶にほぼ成功して、その研究報告をしにきたのだった。

会場で伊藤さんに会うと「よく出てきたね。秋田県がよく許したものだ」と私をねぎらい、その夜遅くまで、市内の料理屋でワインを飲みながらウリミバエ根絶までの経過を熱く語ってくれた。私は「一度、沖縄に見学にいきたいのですが」とお願いし、翌一九七七年には、はじめて沖縄に行き、根絶を成し遂げた若い研究者たちとも会うことができた。そして、自分も将来こんな研究ができたらよいがと思ったのである。

この頃、伊藤さんは名古屋大学に行くことが決まっていて、後任を探していたのであった。きっと、県農試から国際会議に行くような人間なら跡継ぎとして適任だと思ったのだろう。

一九七八年の春早く、伊藤さんから電話がきた。それは「沖縄の生活は厳しいけれど、もし君に後任に来てくれる気持ちがあれば、推薦したいがどうか」というものであった。私は即座に「お願いします！」と答えていた。

当時、国の指定試験の主任には国の研究機関から行くというのが通例で、秋田県が同意するかどうかもわからない。この人事は難航したらしい。しかし伊藤さんの粘り勝ちであった。

一九七八年八月、私は沖縄県ミバエ防除指定試験の主任として赴任するために、家族をつれて海を渡った。

伊藤さんは、多くの若い研究者を、このようにして育ててこられたのであろう。「伊藤さん無しに今の私はない！」と言う人が何人もいる。私もまったく同感である。

13　生身の伊藤さん

守屋　成一　農研機構中央農業研究センター専門員。沖縄県のウリミバエ根絶達成とゾウムシ類根絶防除事業の立ち上げに携わる。南方系侵入害虫の専門家として活動中。導入天敵の生物的防除がライフワーク。

伊藤さんは沖縄県農業試験場ミバエ研究室の初代室長であり、ミバエ根絶の立役者であったことは周知の事実である。数々の偶然が重なり、私は一九九三年四月に六代目室長として赴任した。偶然は重なるもので、名古屋大学を定年退職した伊藤さんも沖縄大学に移ってこられた。私が沖縄を離れる一九九七年三月までの四年間、それまで本でしか知らなかったカリスマ生態学者のナマの姿を垣間見る機会に恵まれた。

伊藤さんに嫌われている？

古巣であるミバエ研究室に伊藤さんは時折姿を見せた。文献を探したり、パソコンの使い方を若い連中に尋ねたりしているようであった。これまでほとんど面識のなかった「偉い先生」なので、お近づきになろうと思っていたが、ふと気づくとすでに伊藤さんの姿はなし。ご自身の用件が済むとさっと帰ってしまう。新米のミバエ研究室長に注文をつけたいことが山ほどあるはずなのに、伊藤さんのほうから声をかけてくることはほぼ皆無。時々電話がかかってくると、いきなり用件から始まり、こちらがそれに答えて「それでは、よろしくお願いします」と言うか言わないかのうちに受話器を置くガチャンと言う音が聞こえて電話が切れてしまう。

「私は嫌われている！」と落ち込んだものの、これは伊藤さんの性格に由来していることが次第に分かってきた。伊藤さん、とにかくせっかちなのである。ある日、いつものように前触れなく研究室に顔を出した伊藤さん、開口一番「さっきメールを送ったのだが読んだか？」（関係者の間では有名な「メールより早くやって来る伊藤さん事件」）。いっしょにシュノーケリングに行くと目的地に到着するやいなや、海へ一目散。我々がようやく水着に着替え終わる頃には戻って来て「ここのサンゴは結構きれいだ。次はあそこに行こう！」。また、こちらから伺えば昔の研究室のことも丁寧に教えて頂けた。つまり、研究室の運営には一切口を挟まない、と言う伊藤さん流の気遣いが感じられた。「私は嫌われているわけではなかった！」と確信できたので、いたずら心から、あることに挑戦した。四年間で一度だけだったが、伊藤さんより早く受話器を置くことに成功した！　伊藤さん、電話口で「ガチャン」という音を初めて聞いたに違いない。

伊藤さんはプライドが高い？

一九九三年十月のウリミバエ根絶宣言によりミバエ指定試験は完了し、報告書作成の役が私に回ってきた。ミバエ類の根絶に関する総説や著作がすでに数多く公刊されていたので、英語原著論文のサマリーを和訳し、和文論文を含めて、論文タイトルと摘要の一覧を作ることにした。一覧原稿を伊藤さんに見せると、「伊藤（一九七七）は、久野（一九七八）によって誤りが指摘されたものだ。一覧から削除しろ。」と、いつになく厳しい顔で命令調のコメント。間違い論文が印刷されてしまうとは考えにくいのだが、当時すでに高名だった伊藤さんの書いた論文は校閲者の目を逃れてしまったのであろう。伊藤（一九七七）の不備を直後に指摘した久野（一九七八）は、その後、根絶確認の判定基準に必ず引用される「古典的論文」となったが、それを目にするたびに、伊藤さんは天国でも歯ぎしりして悔しがっているのかも知れない。

伊藤さんの心配り

伊藤さんの激しい好き嫌いは有名な話で、関係者を名指しで罵倒する場面に何度も遭遇した。幸いにも、面と向かって罵倒されることはなかったが、それは、研究室の運営を考慮して室長への批判を控えた伊藤さんの特段の配慮だったかも知れない。しばらくすると、仕事以外のことで電話がかかってくるようになった。「那覇市内で美味い日本酒を出す店を見つけたのでいっしょに行かないか？」（当時は、沖縄で日本酒が飲める店は珍しかった）、「名護までオリオンの瓶ビールを買いに行こう！」（オリオンビール名護工場から出荷されたばかりの瓶ビールは味が違うという「都市伝説」を信じて）、「珍しい材料が手に入ったので、晩飯を食いに来ないか？」（伊藤さんは単身赴任で料理に凝るほうだった）等々……。伊藤さんが意外にも？　寂しがり屋であったことを差し引いても、我々のことを常に気にかけてくれていたことの現れだった。

私たち家族が沖縄を離れる日が近づいてきた頃、いつものようにふらりと研究室に現れた伊藤さんから「つまらんものだが持って帰ってくれ。」と額装された竹久夢二のポスターを手渡された。四年間の生活を振り返って多少なりとも感傷的になっていた時期を見透かしたかのような、十分すぎるプレゼントだった。伊藤さん、竹久夢二が家内の好みであることまで知っていたのだろうか……。

あと数センチで天国に行くところだった伊藤さん

私が沖縄からつくばに戻って数年後、伊藤さんの旧友である梅谷献二さん、カナダ在住の蝋山朋雄さん、伊藤さんがつくばの「天將」（仲間内では有名な店だったが二〇一六年三月末に惜しまれつつ閉店）に集まった。私も同席したが、同年代で盛り上がった三名を残して途中で帰宅した。夜中過ぎ、突然の電話で蝋山さんの沈んだ声「カショーが事故ってしまった！」。二次会の場所を探して道路を横断中に車と接触して動けなくなり、そのまま救急搬送された。命に別状はなかったものの、足首の開放骨折で明け方までかかる緊急手術を受けた。後から事故の状況を尋ねると、つま先を車がかすめて通ったようであり、後ほんの数センチ伊藤さんが前に出ていれば、跳ね飛ばされて天国直行になるところだった。

翌朝、病院に駆けつけると、幸いにも足首以外は全く無傷だった。しかも、外科医にとっては、この程度の怪我は「かすり傷」の範疇にあるようで「自宅に戻ってもよい」とのこと。そうなると、伊藤さん、すぐに帰宅すると言いだし、関係者を慌てさせた。病院に一泊して様子を見るように何とか説得したものの、帰宅モードになっている伊藤さんには一泊が限度だった。伊藤さん自身は松葉杖をついて、新幹線で帰るつもりだったが、それが無謀なことは誰の目にも明らかだった。そこで、岐阜の実家への帰省を兼ねて、私が車で名古屋まで搬送することにした。しかし、大きな不安があった。一度言い出したら人の言うことを聞かない伊藤さんに、どうやって大人しくしていてもらうかである……。幸いにも「特効薬」があった。伊藤さんの著書で「妻の綾子」として何度も登場する伊藤さんの奥様である。伊藤さんの不遇な時代を支え、あの伊藤さんが唯一頭の上がらない、我々にとっては「伝説の人」だった。奥様にはご無理を言ってつくばまでお越しいただいた。道中を共にしていただいたお陰で、目論見通り、名古屋の自宅までトラブルもなく「静かに」お送りできた。

燗酒の大好きな伊藤さん、天国でも自分の好みを貫いて大吟醸も燗して飲み続けているのだろうか……。

14　傍らで見ていた伊藤さん

小濱　継雄　琉球大学博物館協力研究員。研究テーマは、沖縄県のトンボ相の解明、琉球諸島の昆虫地理学そして日本産ナナフシの分類。

「伊藤嘉昭さん」の名前を知ったのは、私が琉球大学に入学した一九七二年であった。私は農学部の学生であったが、理学部生物学科の、ある研究室に出入りしていた。そこは自由な雰囲気の研究室で、両生・爬虫類の分布、分類など面白そうな卒論研究をしていた。ある日、生物学科の先輩たちが、「生態系は複雑なので、生物を単純な数式で表せないのでは」というような議論をしていた。話題にしていたのは「イトウカショウさん」の著書のことであったようだ。私はカショウさんに興味を覚え、その著書、『動物生態学入門』、『比較生態学』、『人類の起源』などを読んだ。『比較生態学』はひじょうに面白く何度も読み返した。そして、「カショウさん」が「ヨシアキさん」ということもわかった。それから二年後、農学部の昆虫学教室で、伊藤さんと初めてお会いした。当時、沖縄県農業試験場に勤めていた四十代のバリバリの伊藤さんが、集中講義の講師として琉球大学に来られたときであったと思う。あの独特の声は一度聞いたら忘れられないものである。

私は一九八二年に沖縄県に採用され、沖縄県農業試験場（現在の沖縄県農業研究センター）、沖縄県ミバエ対策事業所（現在の病害虫防除技術センター）に勤めた。ミバエ対策事業所には一九八七年から二〇〇六年までの十九年間勤務し、ウリミバエ根絶事業やミカンコミバエとウリミバエの再侵入防除、サツマイモの害虫ゾウムシ（アリモドキゾウムシとイモゾウムシ）の根絶事業に従事した。しかしながら、伊藤さんと仕事における個人的な付き合いは長い間なかった。

一度だけ、原稿をみてもらったことがある。一九九四年のことで、伊藤さんが沖縄大学におられたとき、久場洋之さんと二人、フロリダで開催されるミバエ類シンポジウムで発表する予定の原稿をもって、伊藤さんの研究室を訪ねたのである。久場さんは沖縄県におけるウリミバエ根絶事業の成果について、私はウリミバエ不妊虫の島間移動について発表予定であった。伊藤さんは、私の原稿を手直ししてくれて、内容についてのコメントもくれた。

沖縄県のウリミバエ根絶事業が順調に進み、終盤を迎えたころ、ポストミバエの仕事として、一九八八年からサツマイモの害虫ゾウムシの防除事業に向け、ゾウムシ類の生物学などの研究が沖縄諸島や八重山諸島のウリミバエ根絶防除と並行して進められていた（沖縄県全域のウリミバエ根絶達成は一九九三年）。私は、ゾウムシ類の研究を担当し、その後、久米島のアリモドキゾウムシの根絶防除に長く関わったのである。当時、このゾウムシは不妊虫放飼法で根絶するには、あまりに難敵である、と考えられていた。

アリモドキゾウムシの防除の考え方は、伊藤さんたちの久米島におけるウリミバエ根絶防除にならっている。まず個体数を推定し、必要な不妊虫数を決める。そして野生虫の密度を低減し、不妊虫を放飼する、である。アリモドキゾウムシの場合、野生虫の密度抑圧には、性フェロモンを使うなど、ウリミバエとは当然異なった方法もあったが、基本はウリミバエの根絶防除を参考にしている。一九九四年の防除開始から、長い時間がかかったものの久米島のアリモドキゾウムシは、二〇一三年に根絶された。久米島におけるアリモドキゾウムシの根絶は、伊藤さんがウリミバエ根絶を通じて導いた成果だったと私は理解している。

私と伊藤さんとの距離が縮まったのは二〇〇三年五月に韓国・釜山で開催された、韓国・日本合同応用動物昆虫学会議がきっかけであったと思う。その会議の中で不妊虫放飼法についてのシンポジウムがあり、私は垣花廣幸さんと参加し、久米島におけるアリモドキゾウムシの根絶防除について話した。そのシンポジウムの座長が伊藤さんであった。ホテルの伊藤さんの部屋でシンポジウムの打ち合わせをし、また一緒に食事をし、酒を飲み、仕事の話、旨いものの話で楽しく釜山の夜を過ごしたのを覚えている。

それから数年後、久米島のアリモドキゾウムシの事業の成果について、まだ根絶には至っていなかったが、伊藤嘉昭編『不妊虫放飼法』に久場さんと共著で書いた。原稿作成にえらい時間がかかったが、伊藤さんは原稿ができあがるまで辛抱強く待ってくれた。

久米島においてアリモドキゾウムシの根絶がほぼ達成されていたころ（完全根絶はそれからさらに数年後であったが）、伊藤さんから、久米島のアリモドキゾウムシは、根絶状態にあるので、この仕事を国際原子力機関の害虫防除についてのニュースレターへ投稿したらどうだろうか、と勧められた。そこの昆虫部長であるヘンドリックスさんに話しをしておくから、そして発表原稿も見るからと言ってくれた。私は原口大氏と共著で、自力でなんとか作文をし、原稿を伊藤さんに送ったのである。すぐに、原稿はこれでよいという電話があったが、何かさびしそうな伊藤さんであった。

二〇一一年一月に伊藤さんを囲む会が那覇市首里の居酒屋で開かれた。その晩、伊藤さんはいつもと変わらず、とても元気であった。ところが、翌年三月、奈良で開催された日本応用動物昆虫学会でお会いしたときには、伊藤さんは階段の上り下りを手すりにつかまり難義していたのである。ガシガシと大股で歩いていた、かつての伊藤さんの姿が思い出され、驚きと、さびしさを感じた。

長らく傍らから見ていた伊藤さんであったが、アリモドキゾウムシの仕事をきっかけに、伊藤さんにはいろいろ面倒をみてもらった。感謝を申し上げたい。

15 伊藤さんが歩いた道

宮竹 貴久　岡山大学大学院環境生命科学研究科教授。主著に『「先送り」は生物学的に正しい』、『恋するオスが進化する』、『生命の不思議に挑んだ科学者たち』など。動物行動学会日高賞、日本応用動物昆虫学会賞などを受賞。

伊藤嘉昭さんは、運命の道を歩いた。

逆境も行政も踏み越えて、独り、究みの道を歩いたのだ。


いや待てよ。

一人だけで歩いたのではないだろう。

一緒に歩く仲間がいた。

伊藤さんを理解してくれる少なくない同志がいた。

いつの日も、支えるご家族がおられた。

泣いてくれる鳥もいたかも知れない。

踏み越えるべき花があったのかどうかは知る由もない。


けれども、伊藤さんは道を歩き切った。

最初からその道があったわけではない。

道は伊藤さんが先陣を切って拓いたのだ。

いつしかその道を、多くの人が追うようになった。


平坦な道ではなかった。

伊藤さんには、辿る甲斐のある道だったかも知れないが、ある人には、荒れ果てた、ただの荒野のように見えたかも知れない。

月は出ていたのだろうか?

それにしてもなぜ、そんな道を行かねばならなかったのか。

伊藤さんにとって、それが男の生きる道だった。

道を歩き切らなくても、それはそれで良いと伊藤さんは考えた。

たとえ、踏破できなくても、

「なぜその道を歩き切ることができなかったのか?」

「それがわかれば良い」と考えていた。

お酒が入ると、しょっちゅう「それで良いのだ〜!」と言っていた。


主要幹線道路の一つは、「根絶への道」である。

他にもいくつかの道があった。

実は伊藤さんが、それとはなく、種を撒いていたのだ。


歩きながら、伊藤さんは道で出会う多くの人や事を批判した。

その分、多くの人に気を遣っていた。

気を遣いながら、人を叱るのは難しい。

ときには激しい思い込みで人を叱咤したりもした。

そんなときに、激励し忘れることもあったかも知れない。

だから、気を遣っていないように思えた人もいたと思う。

そして、伊藤さんは渡り鳥のように、いくつかの場所で道を拓いた。

伊藤スタイルが、現代に通用するのかどうかはわからない。

それにしても、伊藤道は、楽しく華やかであった。

それは時代のせいだけではない。

伊藤さんだからできたのだと思う。


ふつう、人は自分のわからない事に出くわすと、それを避けて通る。

伊藤さんの個性は、自分のわからない事に出会ったときに際立つように思えた。

そういう時、伊藤さんはそれをきっと凄いことに違いないと考える。

たとえば、

「比較生態学を極める道」

この道は完成が早すぎ、普及戦略にも失敗したと悔やむ伊藤さんを何度も見た。

「社会性生物学を突き進む道」

「やんばるから生物多様性を見つめる道」

「大学の研究室から究める人を育てる道」

「弱者を見捨てるべきではないという道」

「自分流の料理と人生を極める趣味の道」

などが次々と思い浮かぶ。

すべての道は、伊藤さんの未知なるものへの挑戦心に溢れていた。


すべての道を知っている人は、たぶんいないのだと思うのだけれど。

すべての道は、弱い地盤から大きくて固いものに向かうか、あるいは並行して伸びていた。

常に困難な道を好んで歩かれた。

突き進む姿に感銘を受けた人は、伊藤さんを温かく受け入れた。

そして荒野は、いつも楽しい花道へと変わっていった。

花は勝手に咲いたのではない。

そして、それに携わっている人を褒めるのだ。

そこが伊藤さんの凄さだと、伊藤さんを良く知る人が言っていたのを覚えている。

「あの時は褒めたけど、違っていた！」とあとで悔しがる伊藤さんも幾度か見たけれども。


「その場にいる人が楽しむことができるようにするコツを知っていた人」

と伊藤さんを評した異国の人がいた。

人に会う前に、伊藤さんはその人の背景を一所懸命に勉強されていたように思う。

不断の努力があった人だからこそ、切り開くことのできた道だったのは確かだろう。

だが、それだけであの道は拓けなかったとも思うのである。


余計なことは、書かないに越したことはない。

だが、やはりそこも肝心なことのようにも思えてきて、書き足してみる。

伊藤さんが拓いた道は、コンプレックスが後押しさせたところが大いにありそうだ。

というか、ほとんどの道を作った動機はそこにあったとさえ言えるかも知れない。

それは、学歴に対してだったり、分類学に対してだったりした。

異性との距離感に対してだったり、権力あるいは体制に対してだったりもした。

きっと他にもあるのだろうけど。


いずれにせよ。

「なにかを信じて一直線に突き進む」ことにかけては、天賦の才があった。


さておき、いま。

歩き切った伊藤さんの道を、みんなが当たり前のように歩いている。

不思議な感じがしてならない。

「伊藤さんのいない世界」を想像できないのだ。

そこに道はなかったかも知れないのに。


伊藤さんは、荒野にいくつもの道を拓いた。

やがて芽が吹き、ついに春は来たのである。

みながふと、伊藤さんが残した道を振り返っている。

第三部　名古屋以降

ソフトボール大会後の記念撮影

16 名古屋大学就任以降の伊藤さん

辻 和希　琉球大学農学部教授。アリなどの社会性昆虫の進化生態学が専門。
粕谷 英一　九州大学理学研究院准教授。行動生態学と統計的データ解析の方法論が専門。

研究活動

伊藤さんは一九七八年に名古屋大学農学部害虫学研究室の助教授に就く（教授になったのは一九八八年）。この人事の裏にもドラマがあったようだが（本書、中筋の寄稿）、ともあれ自称「低学歴」をバネに活躍してきた伊藤さんにとって、旧帝大の教官になれた喜びと湧きあがる意欲がどれほどのものだったかは想像できる。その発露のひとつが新テーマへの挑戦だった。伊藤さんは今西錦司の言葉を引用し「研究者はときどきテーマを変えた方がいい」と発言していたが[1]、名古屋に来てほどなくこれを実践する。それまでの個体群生態学や害虫防除研究とは大きく異なる進化生態学（社会生物学・行動生態学）を本格的に始めたのだ。

進化生態学の功績のひとつに、「生物の本質は種の繁栄である」というのが誤った俗説であると生態学者を啓蒙したことがあげられる。遺伝子がでたらめな方向に突然変異すること、そしてそれがいかに次世代集団へ伝達されるのか、その仕組みと帰結を論理的に考えれば、「種の利益」という考えは必要ないかほとんどの場合で間違いであると声高に主張した事だった。利他行動や性的二型のような自然選択理論では一見説明できないような現象も、より多くの遺伝子を次世代に残すことに関する種内競争の結果であると、少なくとも理論的にはよりよく説明できるという主張である。

この見通しのもと進化生態学が当時の生態学の世界的トレンドになった。名大着任とほぼ同時に第2版が出版された伊藤さんの『比較生態学』[2]も進化がテーマだったが、後日伊藤さん自身が正直に述べたように[1]、『比較生態学』を執筆した頃の伊藤さんは進化の集団遺伝学的基本エッセンスを深くは理解していなかったようである。というか、日本でそれを理解する生態学者がほとんど居なかったというのが実情だろう。

勉強熱心な伊藤さんは名古屋に来るとすぐにHamiltonの一九六四年の論文の輪読を多くの学生を含む有志で始めた[1]。後日、伊藤さんはこのセミナーの様子を「あれは苦行だった」と吐露していた。その一方で「(自分はやり抜いたが) Aはドロップアウトした」などと自慢げに語っていた。本稿の著者のひとりの粕谷はこのゼミに参加したが、伊藤さんの「苦行」との感想に同感である。実際、Hamilton (1964) は極度に難解で、進化生態学者の Eric Charnov が "its derivation in 1964 is extremely difficult to follow." と書いているほどである。[3]

誰も何も分かっていない。そんな時代に伸び盛りの若い学生たちとともに、どん欲に吸収した新知識は、伊藤さん自身による多くの日本語の教科書となり[4]、日本の生態学における進化生態学の台頭を決定的なものにした。そしてそれを自身の研究に活かしたのがカリバチの社会進化に関する研究であった。その集大成は一編の英語のモノグラフと二編の日本語著書になった[5]。これらは五十歳近くで始めた研究の成果だから驚きである。このような経緯から国外では、害虫研究者や個体群生態学者としての伊藤さんより、狩りバチ研究者としての伊藤さんのほうが有名な状況も一部に存在するのである。しかし伊藤さんのカリバチ研究の評価に関しては他所に譲るとしよう[6]。

伊藤さんは沖縄を去った後も、沖縄県職員らとウリミバエなどで共同研究を続けた。ここでも進化生態学の観点を取り入れている。精子競争は伊藤さんのお気に入りの研究テーマになったが、それは不妊雄の品質を左右する性的競争力の管理上とても重要だからである。伊藤さんの元指導生による野外雌の「不妊虫抵抗性」、すなわち害虫が殺虫剤に抵抗性を示すように、ウリミバエが不妊雄という「生きた毒薬」との交尾を避けるよう迅速に進化した可能性を示唆する研究[7]などは沖縄の新聞でもセンセーショナルに紹介され物議をかもしたが、害虫防除事業といえども進化生物学的な観点が必要であるということを強く印象づけるもので、「最も基礎的な研究が最も役に立つ[8]」という伊藤さんのスタンスの面目躍如である。

一九九三年に名古屋大学を定年退職された伊藤さんは沖縄大学に再就職され、一九九八年まで勤務した。文科系の私学で教鞭をとることになったことを契機に文系学生用の生態学の教科書を書いたりもしている[9]。研究テーマとしては、ハチの社会生物学も継続したが、ここでも時代的なトレンドを反映したものを始めた。教科書『保全生態学入門』[10]が一九九六年に出版され、後述する地球共生系科研費も採択中のこの時期に、生物多様性保全に関する研究を始めたのである。

沖縄本島北部に広がる森林、通称山原《やんばる》は主要な研究対象になった。山原では育成天然林整備事業なるものが公的補助金で今も続けられている。これは天然林を早く育てるために、いわゆる下刈りと呼ばれる下層植生の間引きを行うものだ。単一種植栽の人工林ならまだしも、自然林でこれをすればもともと成熟時のサイズが小さいか成長速度が遅い種が選択的に伐採され、生物多様性にダメージを与えるのは自明だが、「森林は手を加えないと劣化する」という古い林学の教義にも後押しされ実はいまも続けられているのである。

天然林にある一部の樹種を選択的に育成・伐採し利用すること、それ自体は一般論としては当然認められるべき経済活動である。ただ、山原地域はつい最近国立公園に遅ればせながら指定され、世界自然遺産登録も間近にせまる生物多様性のホットスポットである。そこで利用すべきは観光資源・潜在遺伝子資源としての価値、すなわち生物多様性保全を前提にした利用の方で、現状でもＧＤＰに占める割合が計算できない程低い林業的経済価値ではないだろう。

伊藤さんの研究は、下刈りが実際に生物多様性にダメージを与えていることを実証しようとしたものだが、[11] データはまだ不十分で、本問題への注目と以後の研究を促したものと位置づけられよう。なお、筆者のひとりの辻は山原の森林伐採問題の延長上にある事柄「なぜ環境の人為撹乱が外来種の蔓延を招くのか」をまさに山原を舞台にさらに基礎的に掘り下げる研究をしている。

さて、あまり知られていないかもしれないが、名古屋大学時代の伊藤さんは群集生態学に批判的だった。しかし、弟子に群集生態学者が育ち、名古屋大学のセミナーでは個体群シンポで話題になった直後に非平衡群集理論の論文を紹介していたので（総説をどこかに書いていたはずだが見つからないので、文献9を引用する）、興味がないとか群集生態学の重要性を認めていないわけではなかった。群集嫌いの理由については晩年聞いても答えてくれなかったが、たぶん当時の京大理学部動物生態学講座やＩＢＰプロジェクトへの反発、あるいは単に「複雑過ぎてデータ収集が難しいからやらない」との思いからだろう（『一生態学徒の農学遍歴』[8] にもこれは書かれている）。ところで伊藤さんの山原研究はもろに応用群集生態学であるが、データ収集に関する統計学的技術に関しては伊藤さんらしくこだわり、種多様度指数に関する総説を発表している。[12]

「論文を書け！」―日本の生態学を「ふつうの科学」にした功績

伊藤さんが学生や若手研究者に向けしつこく言い続けた言葉は「英語の論文を書け！」だった。伊藤さんのこの言動はその後日本の生態学界にボディブローのように効いていく。

日本の生態学における西洋主流派進化理論の受容は、岸[13]によればちょうどこの頃、つまり伊藤さんが名古屋に着任した一九八〇年前後に始まる。そしてこれが、日本の生態学者が米英の研究に過度に距離を置く学問的な「鎖国」から、国際的研究討議の場に積極的に身を置くようになったことの始まりでもあるという。誤解を恐れずいえば、日本の生態学とくに動物生態学が「ふつうの科学」になろうとする転機が訪れたのがこの頃であり、そこでは英語で論文を書くことが学問的開国の試金石になった。

逆にいえばそれまでは「ふつうじゃなかった」のである。これは今の若手にはにわかには信じられないかもしれない。いま職業生態学者を目指すような大学院生であれば、世界水準でみて良質な研究をし、知名度の高い雑誌に英語で論文として発表することをまずは第一目標にするだろう。そのためには、学問的知識の広く体系的な修得、専門分野に関する最新の論文の読破と知識の消化、最新技術のやはりどん欲な習得、そして競争相手に先を越されぬよう目立つ場所に成果を論文として早く発表する技術の研鑽が必要である。

考えてみれば高校を出て三年かそこらでこれを始めるのだから、これは五輪アスリートのトレーニングにも匹敵する修行である。英語のスキルはとくに重要である。英語が科学の共通語であることの不当性に憤りながらも、それに適応するしかない現実も意欲的な若手ならふつうに理解しているだろう。大学院に入って初めて英語の重要性を知り、真剣に英語の勉強を始めた人も実は少なくないかもしれない。[14]自分の主張を世界に伝える日々の努力を通し、究極には自説が長く引用され人類共通の知的文化の一部になることを研究者なら望むはずだ。これが自然科学研究者の営みの国際標準であるとほとんどの人が認めるだろう。

ところが、当時の、一九七〇年代までの日本の生態学者の雰囲気はそうではなかったという。[1,15-18]実際、伊藤さんが主として京大の理学部の動物生態学講座－帝大時代には動物生態学の講座が東大にはなかったので、ここがこの分野の日本最高権威－出身者の一部に代表される当時の主導的研究者に向けて、繰り返した批判は「数理的で定量的な方法論を嫌う」、「英語で論文を書かないか、そもそも論文を書かない」－これらはけしからんというものだった。[1,15-18]

当時の日本の動物生態学者がごく一部を除き英語の論文をほとんど書かなかったのは事実である。むしろ、論文業績主義を軽薄であるとか、研究費をとるための反動的な行為として批判する向きも一部には存在した。[19]こういう斜に構えた姿勢に対し、伊藤さんは、究極的には科学者個人の力量と決心に依存することになる学問において、個人の発表論文の評価が次の研究機会の獲得や名声に繋がるという科学の世界の正のフィードバックの何が悪いのだ」という旨の主張をしている(8)。いずれにせよ、当時の指導的研究者からしてこうなのだから、学生が「ふつうの科学」を実行できるわけがなかったのは想像に難しくないだろう。

伊藤さんが論文業績主義を打ち出して戦ったのは、生態学を低評価している日本のアカデミアと社会、そして旧帝大を中心とする学閥ヒエラルキーであったのは明らかだ。現状は残念ながらこれら両方とも抜本的改善からはほど遠い。たとえば、前者は、現在三年毎に出されている日本学術会議のマスタープラン(アカデミアが選んだ我が国で進めるべき巨大研究テーマのリスト)の最重要課題に生態学のテーマがひとつも選ばれたことがない「実績」が物語る。後者についても、現場での実力より大学入学時の学歴が重視される傾向がいまだに根強く残り、大学院においても「学歴ロンダーリング」などというふざけた言葉が流布されるのが日本社会の悲しい現実である。

筆者らは、名大で学生を直接指導できる立場になった伊藤さんから論文業績主義を徹底的に指導された。その結果である当時の名古屋のスクールの論文の量産は、次節で論じるほどなく始まった文部省特定研究「生物の適応戦略と社会行動」で、京都スクールに割り入って伊藤さんが分担者になることに貢献した。一時的には伊藤スクールは学問的開国を先導していた(18)。しかしその後、伊藤スクールはさまざまな意味で辛酸をなめることになる。

しかしながら、日本の生態学においては、伊藤さんが主張した−研究者たるものは国際的著名誌に英語で論文を発表しよう−は、今では常識になった。京大も東大も理学部は変わり、たとえば最近の日本生態学会賞受賞者はほとんど東大・京大出身者の現役教授で占められ、その業績は客観的にみても他を圧倒している。私見では、論文業績主義の定着を決定的にしたのは日本生態学会宮地賞の設置である。若手の就職難が賞設立の大きな動機だったが、その審査では公平性という観点から当然のように論文業績が重視されることになったからである。京大理学部教授だった宮地伝三郎博士の名を冠した賞であるのは歴史の皮肉であるようにも思う。

生物の適応戦略、有名外国人研究者の招聘

伊藤さんのテーマ変更と連動し行動生態学・社会生物学は国内アカデミアでも注目されるようになった。一九八三〜八五年には文部省科学研究費補助金(科研費)特定研究「生物

の適応戦略と社会構造」（代表：寺本英）が採択され、伊藤さんは班代表となった。そこで招集される多数の研究集会において、それまでばらばらに活動していた昆虫類、霊長類、鳥類、魚類などさまざまな分類群を専門とする、当時はみな行動生態学者としては駆け出しだった人々が一同に集まり、適応進化をキーワードに議論できる土壌が日本にできた。この科研費が日本における進化生態学の定着を決定的なものにしたのは各所で語られるとおりである。

　この科研費の功績として同じくらい重要なことは、この機会に日本の生態学の国際化が大きく進んだことである。最終年度翌年の一九八六年に生物の適応戦略に関する国際シンポジウムが、進化生態学の重鎮 W.D. Hamilton, M.J. West-Eberhard, T.H. Clutton-Brock, J.R. Krebs, J.L. Brown, M. Taborsky, R.H. Crozier らを一同にあつめ京都で開かれた。テーマ毎のサテライトシンポも各地で開かれ欧米の一線級の進化生態学者と直接 face to face で交流する機会が多くの若手に与えられたのである。当時大学院Ｄ１だった辻は、名古屋での昆虫の社会進化のサテライト集会で発表した後、車を運転し伊藤さん、青木重幸さん、Hamilton さん、West-Eberhard さん、Raghavendra Gadagkar さん、Naomi Pierce さんと夫の Andrew Berry さんらとともに信州高遠の山奥にある温泉地に兵隊アブラムシを観察に行った。このなかにはすでに亡くなられた方もいるが、このとき築いた人脈は辻の生涯の財産である。手間をいとわず外国人研究者を招聘することの教育的効果を伊藤さんは後に主観的ながらデータを示し語っている。[1]

　この頃立て続けに日本で開催された国際会議、たとえば一九九〇年の国際生態学会、九一年の国際動物行動学会では、伊藤さんはいつもプログラムを一部担当した。これらの機会を通し、しっかりした研究成果は英語で発表すれば外国人研究者にも正当に評価されることを実感した当時の若手研究者は筆者らを含め多かった。そこで得たコネクションで留学をした研究者もいる。たとえば京都のシンポで発表した長谷川眞理子さんはほどなくケンブリッジの Clutton-Brock 研究室に留学した。長谷川眞理子さんのその後の活躍は書くまでもないだろう。

　国際的な情報発信力の向上は、生態学だけでなく明治以来日本の科学においてずっと課題とされてきた。八〇～九〇年代から時代はかわり大きな国際学会の国内開催が、当時と同じくらいの教育効果を現在持ち得るかについては辻は疑問である。それより、ここ二十年くらいのあいだに日本の若者が顕著に外国留学しなくなった[20]という中で、若手の長期留学の奨励が望ましい戦略のひとつと考える。

ふたたび不遇の時代に

伊藤さんは一九九三年に名古屋大を定年退職したが、この頃から伊藤さんとその周囲はふたたび暗雲がかかり始めた。生態学分野が過去に獲得した大型科学研究費補助金（ただし基盤Sは除く）としては最後のものになった重点領域研究「地球共生系：多様な生物の共存を促進する相互作用機構」（代表：川那部浩哉）が一九九一年度から四年間採択された。この科研費はやはり一九九一年に設置された京都大学生態学研究センターが先導し、群集生態学と生態系生態学を専門とする多くの優秀な若手研究者の育成につながった。しかしこの科研費で明に暗に目指されたものは脱行動生態学である。研究テーマ自体は「地球上にはなぜこのように多種多様な生物種が共存するのか」というダーウィンも対峙した進化生物学の基本的な質問であるが、地球共生系という全体主義的なテーゼを全面にだしている。研究の焦点も種間相互作用や物質循環に関係する生理や化学や数理にシフトした。この文脈からは当然のように、伊藤さんが蚊帳の外に置かれたのは本書で大崎氏が生々しく証言するとおりである。

上記の流れの中で「進化生態学は一過性の古い学問である」と日本の生態学界では喧伝された。進化生態学に対するこのような批判は、やはりマクロ生態学系の Future Earth プロジェクトが国をあげて進められているなかで現在でも一部で聞くことがある。日本における群集生態学者・生態系生態学者と進化生態学者のあいだのスクールの乖離がいまでも続いているのは、上記の歴史的事情があるのは確実である。もちろん、群集や生態系には一切興味がない行動生態学者を再生産し続けた、時代の変化に対応しない指導的立場の進化生態学者にも責任がある。しかし、ドブジャンスキーの「進化なくして生物学なし」を引用するまでもなく、進化が生物学の唯一の統合概念であることにかわりはないし、同じ「生態学」を標榜する研究者の間での互いの研究テーマに関する無関心や嫌悪は科学の発展上好ましくない。

すでに世界的には、進化とマクロ生態の新たな統合に向けた議論も進められており[21]、筆者の一人の辻もくだんの京大生態研センターでワークショップをここ数年企画し、進化とマクロ生態の統合を重要な研究テーマのひとつとしている[22]。ついでに少しだけ研究の宣伝をすると、辻はこの路線で社会生物学と群集生態学を直接結ぶ学説を提出している[23]。「血縁選択が強く働くと種多様性を豊かにする」、「種間競争存在下では群選択は誤りという常識は通用しない」が（少し過激な）作業仮説であるが、今後の世界の生態学者の詳細な研究に期待したい。

「地球共生系」科研費と同じ頃、名古屋大学農学部でも伊藤スクールには転機が訪れる。伊藤さんは晩年この学部では同僚の教員にすこぶる評判が悪かった。筆者のひとりの辻もそのころ院生・研究生として名大農学部に所属していたが、教員として組織内部で観察したわけではないので、以下の話は関係者の証言にもとづく推論である。

最大の原因は、個体群制御理論で農学を発展させてくれると期待したのに、名古屋に来て「役に立たない」行動生態学に看板を鞍替えした伊藤さんに対する名大農学部の失望だと聞く。伊藤さんはすでに農学で大きな業績を上げたのだから、名古屋大ではもっと基礎的なことをやると決心していたようだ。その背景には若手とともにトレンドを追いかけたいという純粋な気持ちと、「最も基礎的なものが最も役に立つ」という持論の両方があったかもしれない。しかしこれは研究室外では全く理解されなかった。実は、前述のように名古屋以降も伊藤さん自身はミバエの共同研究を続け、進化的視点を害虫防除に取り入れる研究もしていたのだが、筆者らを含め指導生のほとんどが「基礎的すぎる行動生態学」をテーマにする研究室運営を周囲は良く思わなかったようだ。

また、学内運営時の伊藤さんの行動にも一因があると聞く。叩き上げで業績主義の伊藤さんは、日本の大学では当時も今もよく行われている院生が出身研究室で助手になり年功序列的に最後にはその研究室の教授になるエスカレータ式の人事に対して極度に批判的であった。

これらがすべて同僚の反感を買ったのである。そして伊藤さんの退職後、後任に生態学者が採用されることはなかった。その前の一九九〇年には、助手だった椿さんが国立環境研究所に異動すると、後任の人事において伊藤さんは選考委員会（方針委員会と選考委員会の両方で）のメンバーから外されるという事件まで起こった。当該講座の教授が研究室の助手の人事に関われないのは極めて異例とのこと。このとき採用された助手（生態学者）も二〇〇四年に学外に異動し、巌俊一助教授以来続いた昆虫生態学分野は名古屋大の旧農学科からは消えたのである。

社会と学問のあいだで

この項では伊藤さんの一見矛盾するような局面について書く。変わり続けたことと一貫していたことについてである。ここで書くことの背景には、学生運動が概ね終息した一九七〇年代まで続く戦後社会の政治思想と学問のあいだの避け難い関係があるのだが、その詳細は本書の山根氏、岸氏や冨山氏の論考に譲ろう。

伊藤さんの伊藤さんらしさは、日本における指導的研究者としての自負心を農林省休職中の若い頃から強烈に持っていたことだ。個体群生態学、脱農薬害虫管理、社会生物学、保全生態学と常にその時代を反映した新しいテーマに挑み、いち早く教科書を書いて普及する側にまわっている。研究者が流行に敏感なことに対して批判的に語る向きも日本には多い。しかし生態学や動物学という学問の大きな枠組みのなかで指導的な立場に立つ研究者は、世界的な研究トレンドに対し敏感でなければならない。それが国内の学界に対するあたりまえの責任というものだ。その一方で、伊藤さんは流行から外れた研究の重要性も認識している。「最も基礎的な研究が最も役に立つ」という農林省時代の伊藤さんの有名なこの言葉は、科学技術がいかに基礎からの積み上げで成り立つのかを語る。農林省時代に伊藤さんが体現した外的ミッションと個人の探究心のあいだの絶妙のバランスは、目先の利益が以前にも増して重視されつつある現在の日本の科学の状況では参考となろう。

伊藤さんは「思想の形成は基本的には現実からの圧力によってなされる」と述べている。[8] 研究に関しては、「理論は滅びても事実は残る」と繰り返し主張し、[1]「科学的真実は全階級に共通する」と考え、思想によって観察事実まで変わってしまうという立場をとらなかった。[8] これらは、伊藤さんの哲学は根っこにおいて経験主義であり、学問であれ思想であれ理論を軸にした体系化には最後の部分で一歩距離をおいていたことを示唆する。

活発な元共産党員でありメーデー事件で逮捕歴まである伊藤さんだが、運動家としての活動は名古屋では次第にトーンダウンしていったようである。その理由は、以前からも発言していたように、[1,8] 党派の公式見解に拘束され、自由な意見を言いにくくなる傾向に対する失望からであろう。政治より学問を選んだことを、伊藤さんは「西洋科学に対する信頼」と述べている。[1] 実際、本書の綾子夫人へのインタビューにもあるように、名古屋に来てからしばらくは地元の左翼運動家と交流し呑んだりしたそうだが、綾子夫人によれば運動は結局のところ「性に合わなかった」ようである。名古屋に来たあとで伊藤さんはついに共産党員を辞めたが、共産主義の理念と決別したかどうかは定かでない。本人に直接聞いたが、辞めた背景にはアメリカを（気兼なく）訪問したいという願望もあったそうだ。[1]

そんな名古屋時代の伊藤さんの筆者らの記憶にある政治的活動を二つあげたい。ひとつめは、一九九二年に中国で開催された国際昆虫学会議への参加ボイコットを呼びかける米国人研究者の声明に対する反論を正木進三さんと *Science* 紙上で展開したこと。しかしこれは本書の正木氏の章にも詳しく書かれているので、[1] もうひとつのあまり知られていない活動について書こう。どういうつながりか、芸能界で労働組合を組織していたという歌手のデイック・ミネさん（今の芸能界でその立ち位置をたとえるなら美輪明宏さん。ただし外見はエキセントリックでない）と核兵器廃止を呼びかける英語のチェーンレターを始めたことだ。

私たち学生は、研究室に毎日届く「趣旨に賛同する」とする葉書を「不幸の手紙」と冗談で呼んでいた。手紙の山を観察するうちに面白いことに気付いた。宛名の表記が途中から **Ito** が **Ho** に **Yosaki** が **Yosaki** や **Ysaki** に変わり、系統分析の対象になりそうだったのである。ともあれ、郵便配達人はさぞ大変だったろうと思う。研究者と芸能人という二つのコネクションを使い世界に呼びかけたこの運動は数年続き、総括は *Nature* 誌に記事として載せられＮＨＫも取材にきた。辻はおかげでテレビでしかみたことのない「人生の並木道」のあの大御所歌手の背中を伊藤さんの助教授室の前でちらっと見ることができた。

客観的事実というものの存在を受け入れる立場からは、どの学説が採用されるべきかは証拠に照らせばよい。それはそれにしても、反ダーウィニズムのルイセンコ主義（休職中の一九五〇年代）からダーウィニズムの社会生物学（名古屋大時代）への伊藤さんの変化は、一部の人にはあまりにも極端に見えただろう。伊藤さんの行動は、思想の側からは、裏切りあるいは転向と映ったかもしれない。しかし大学教員の教育者としては一貫していた。すでに進化生態学を研究テーマの主軸にしていた伊藤さんだが、大学では個体群生態学を中心にした動物生態学を基礎から体系的に教えようとしていた。進化生態学は講義内容のせいぜい二割程度で、それを教えるときの伊藤さんは「これは新しい学問だから一緒に勉強していこう」という雰囲気だった。筆者らが院生になった後は、進化生態学に関しては院生が伊藤さんを教える立場になった。

というより伊藤さんが上から目線では決してない「教えてくれ」というスタンスで、日常いろいろ質問してきたのである。学生はそれに答えるようしっかり勉強せねばならない。これは「自分の専門に対してはプロとしての責任を持て」という伊藤さん流の教育方針だったのかもしれない。実際、筆者のひとりの粕谷は、性選択を研究している院生がセミナーでの質問に対し答えに窮したとき、伊藤さんが「君は交尾をしている・・・・のだろう！」と叫んだのを聞き、笑いそうになったのを憶えている。

手紙魔であった伊藤さんのこの行動は直接の指導生以外の若手にも広く及んだことは、本書で多くの人が証言するところである。そのような伊藤さんの情報収集の成果は、共著者を変えながら書いた動物生態学の本邦の標準的教科書を含む数々の著作につながった[24]。伊藤さんのこの行動からは、学問は体系化し継承しなければならないという思想が読み取れる。

一方、一九八〇年代に、それまでの個体群生態学から行動生態学にテーマを変えた伊藤フォロワーの多くが、すでに大学教員になっていた自身の講義においても個体群生態学を教えるのをやめ行動生態学だけを教えるようになった。このような事例を複数知り、筆者のひとりの辻ははじめそれがなぜなのか理解できなかった。しかし今ではその理由は単に伊藤さんフォロワーが思想と学問を冷静に区別できてなかったためと考えている。多くの伊藤さん「ファン」は、卓越した科学者としての伊藤さんと、活発な左翼運動家としての伊藤さんの両方を尊敬していたと思われる。増えすぎないよう「自己抑制する」とも解釈された個体群生態学の密度依存性概念は、平等を基調にした共産主義と相性がよいようにも映る。農薬を多用しない害虫管理にも貢献する我々の学問は人民のための科学であると当時の個体群生態学者の多くは自負していたようである。このような思想と学問の連続性の中で生きてきた人々には、伊藤さんの「利己的」種内競争の存在を認める行動生態学・社会生物学の教義の突然の許容は裏切りと映ったかもしれない。

一方、科学者としての伊藤さんをさらに追いかけ個体群生態学をやめ行動生態学・社会生物学を始めた研究者は、自らの人生における選択肢として共産主義思想のほうを棄て「転向」したのだろう。個体群生態学を授業でさえ扱わなくなったのは、過去に与していた学問＝思想について触れたくなかったためと思われる。

そして反対に行動生態学の考えを思想的に拒否した大学教員は、個体群生態学や群集生態学だけを教え続けたのだろう。しかし、このような体系化に背を向ける態度がもし日本の生態学界にあったとしたら悲劇である。日本の理科系の研究者の視野が狭いと批判され続けていることに一役買ったと言わざるを得ない。

関連することがらとして、名大農学部で伊藤さんが退職し最終的には昆虫生態学分野が消滅する過程のなかで、「生態学は学生運動時代の思想であって学問ではない」という発言をした教員もいたことをここに記録したい。ノンポリがデフォルトになった八〇年代以降大学入学の辻も含む当時若手だった生態学者には、生態学に対する非生態学者のこのような感想は当時は理解不能で、到底承服できないものだったが（無論、今も）、本書の他の寄稿の中で語られるところの、伊藤さんが積極的に身を置いた戦後の思想と学問のあいだの密接な関係のなかでは、そのような見方がアカデミアにあったのは今では理解可能である。

伊藤さんの思想と学問を語るとき、今西錦司氏との関係を避けて通ることはできない。本論の冒頭で今西錦司の言葉を引用する伊藤さんについて記した。かように今西錦司を尊敬していた伊藤さんだが、自然選択の集団遺伝学的な基本ロジックをある程度理解した後の一九九〇年代以降の伊藤さんは、今西錦司のとくに進化理論についてははっきり否定的な見解を示している[25]。しかし、本書の粕谷の寄稿にあるように、伊藤さんのこの変化は決してすみやかなものではなく長い逡巡があったと思われる。

学問と思想の間で、今西錦司は最後は科学を放棄し思想についた。伊藤さんは逆に科学をとった（と自身は思っていただろう）。

しかしそれでも伊藤さんが一貫して今西さんを評価し擁護したのは、後に鎖国と形容されるような京大動物学講座周辺[13]の伝統的雰囲気の中で、戦前からそして少なくとも戦後しばらくは、世界の文献を読破・精通し、英語で論文を発表することを推奨し、サル学の国際誌 *Primates* を立ち上げた今西さんの卓越したセンス、そして学閥を超え二十歳そこそこのかけだしの伊藤さんの突然のアプローチに、森下さんなど当時新進気鋭の若手を紹介し親身に対応した、このアカデミアを代表する指導的教育者としての今西さんの高潔な態度への尊敬と恩義の念である[1、25]。

一流の研究者にはときにみられるこの行動を、実は伊藤さん自身も若手に対し実行している（本書の工藤、石谷、冨山の寄稿など）。ただし、「論文を一つでも書いたことがある人」、それが条件だったようだが。科学的な主張の対立と人格的評価のドライな峻別。このような理想的人間関係は、欧米の科学者の間でさえ（でこそ）困難である。そして、このことは今西錦司氏の評価をめぐり表立って対立した本論の筆者のひとりの粕谷と伊藤さん（粕谷の章を参照）にもそれは受け継がれている。今でも日本の大学に一部残る指導教員には絶対に逆らえない封建的土壌とは真逆のまともな世界がそこにはあった。我々はこの正の連鎖を継承する義務がある。

最も基礎的が最も応用的――おわりにかえ

本稿執筆中に大隅良典博士がノーベル賞を受賞した。大隅氏は基礎科学を疎んじる最近の日本社会を危惧する発言を放ち、この意見に後押しされた理学系を中心にした日本のアカデミアも基礎科学の重要性を世にアピールした。確固たる基礎の上でこそ先端科学技術が成り立つのは自明の理である。そして学問の世界でこの基礎研究を駆動するのは、基本的に役に立つかどうかとは無関係な個人の好奇心である。筆者らも大隅博士の主張には全面的に賛成である。さらに、応用研究現場でも「最も基礎的な研究が一番直接的に役に立つ」ことさえあるのは、繁殖生態を徹底研究した伊藤さんのミバエ防除研究が語っている。

しかし、本稿で見てきたように、基礎研究への逆風は、実は産業界や行政などアカデミア外の科学に対する無理解から唯一生じるものではない。農学系のような応用を看板にした研究分野では、実は大学人・アカデミアの内部の力学でもしばしば生じるのである。背景にはデフレ下の研究資金やポストの奪い合いもある。

伊藤さんがミバエ根絶事業で自ら体現した「最も基礎的な研究が最も役に立つ」という言葉の重みが、今再び我々自身に問われている。

羅府新報 (RAFU SHIMPO) 1984, 1, 23

第24180号 【創刊1903年】

名大助教授が 最初の10通 50ヵ国から返事

反核手紙 1万人の輪

"反核の手紙"の反響に驚く伊藤嘉昭助教授

【毎日新聞】日本の一昆虫学者が「反核に自分も何か一役を」と"幸福の手紙"をまねて欧米の学者に核廃絶を訴える十通の手紙を出してから二年。反応は世界に広まり、この正月までに五十カ国の八百人を超える研究者から「私も手紙を広めた」との返事が到着、約一万人にものぼる「反核学者の輪」に育っていることがわかった。

手紙の主は昆虫生態学で知られる伊藤嘉昭・名古屋大農学部助教授（五三）―愛知県愛知郡日進町岩崎門木一の八。自ら世界を回る時間的余裕はないため反核運動に学者の一人として参加する方法を考えたすえ、五十七年春、同じ研究で名前を知っている欧米の学者十人に「核軍拡競争をやめさせ、すべての核兵器を廃絶するため、この手紙を受け取ったら、あなたも多くの知人に手紙を出して下さい」との手紙を出した。

当初、反応はそれほど期待していなかったが、半年後から伊藤さんのもとに「趣旨に賛成だ手紙を広めた」との"幸福の手紙"が舞い戻り始め、その後も手紙の数は増える一方。これまでに集計しただけでも、五十カ国、八百九人にのぼった。同じ昆虫学の学者の間にも逆に外国から輪が広がってきた。

受取人から伊藤さんへの連絡義務はなく、ごく一部が返信してきたとみられることから、伊藤さんは少なくとも一万人以上に広がったと推定。この反響に呼応して、日本生態学会もこのほど有志の名で「反核アピール」を出すなど、新たな動きも起きている。

伊藤さんの反核チェーンレターを伝える新聞報道（撮影：村瀬 香）

17 純な魂に

大崎 直太　山形大学学術研究院教授（国際交流担当）、二〇一二年より現職。著書：『擬態の進化』（海游舎）、『蝶の自然史（編著）』（北海道大学出版会）、『アフリカ昆虫学への招待（分担）』（京都大学学術出版会）ほか。

伊藤先生と私

私が生態学に興味を持ったのは、鹿児島大学農学部二年の時でした。夏の農場実習の合間に、害虫学研究室講師の分類学者、湯川淳一先生（九大名誉教授）が「昆虫個体数の変動メカニズム」という話をしました。私は、その話にとても知的なものを感じました。

そこで、湯川先生の研究室を訪ねて、生態学を学びたいと言うと、伊藤嘉昭先生と桐谷圭治先生が共著で書いた、『動物の数は何で決まるか』[1]（NHKブックス）という本を紹介してくれました。その本の中に書いてあった、「基礎こそ最も応用的」という言葉に、私は、強い印象を受けました。そして、その言葉が、その後、私の座右の銘になりました。

さらに、湯川先生は、「生態学者として著名なのは、沖縄県農試の伊藤嘉昭、高知県農試の桐谷圭治、そして、名大農学部害虫学研究室助教授の巌俊一、この三人だ。」と言いました。そこで、私は、巌俊一先生に師事すべく、名大大学院への進学を目指しました。

名大院進学直後に、巌先生の研究室を訪ねると、部屋の中に一人の男が立っていました。「あ、伊藤カショーだ」と、私はすぐに気づきました。テレビで見たことのある、手足の異様に長い伊藤先生が、実体として存在していました。私は部屋の入り口にたたずみ、先生を見つめました。伊藤先生は私に気づき、「君は巌君の学生さん」と話しかけてきました。

私の修士修了とともに、巌先生は京大農学部昆虫学研究室の教授として転出し、代わって、伊藤先生が助教授になりました。当時の名大は大変に民主的で、助教授選の人事委員会は学部内公開で、院生がオブザーバー参加して議事録を作りました。害虫研教授の齋藤哲夫先生は、人事委員会の翌朝には常に研究室会議を開いて、院生の要望に耳を傾けました。巌先生を失った生態学専攻の院生達は、応募者の中にいた伊藤先生を強く推薦し続けました。

伊藤先生が赴任し、私の指導教官になった頃、私の修論か、何かの英文要約を見てくれた助手のN先生の英語の修正に、私は異議を呈し、N先生はそのことで、伊藤先生に何やらを息巻いていました。

そんなときに、鹿児島大学での卒論を基に書いた英語の処女論文を、伊藤先生に見てもらうことになりました。そのことを、京大の巌先生に話すと、「お前の生の英語を伊藤君に見せるのは危険だ。まず、俺に見せろ。」と言いました。巌先生は、私の目の前で、論文にサラサラと手を入れ、「これを伊藤君に持って行きなさい。」と言って返してくれました。

論文を伊藤先生に提出すると、その日から、伊藤先生は、「大崎は英語が上手い。Nは英語が下手だ。」と、辺り構わず、大声で言い始めました。（N先生。御免なさい。）

私の博士課程二年のときに、助手の席が空きました。すると、伊藤先生は、「名大から助手を採るなら、大崎だな。」と私にささやき始めました。そんな、ある日、巌先生から電話がありました。「お前、茶碗ぐらい自分で洗ったらどうなのだ。伊藤君が、お前が茶碗を洗わないと、あちこちで言って回っているぞ。茶碗を洗えば助手になれるのに、洗わないで助手になれなかったら、馬鹿馬鹿しいぞ。」

当時の名大害虫研では、三時になると、事務官が研究室の全員にコーヒーを入れてくれて、その後、茶碗も洗ってくれました。しかし、新たに加わった伊藤先生だけは、自分で茶碗を洗いました。もっとも、事務官は、その茶碗を再度入念に洗い直していました。私は、その伊藤先生の行動を、居心地の悪い思いで見ていましたが、自分で洗うことはしませんでした。

名大で助手選がある前に、京大昆虫研でも助手選があり、私は京大の助手に選ばれました。その後の名大での助手選では、九大理学部助手の椿宜高君（京大名誉教授）が選ばれました。

京都でのできごと

ここからの話は、本書の編集者の辻君に「歴史記録」として書き残すよう依頼された内容です。

私が京大に採用された頃は、巌先生率いる京大農学部昆虫研と、理学部動物生態学研究室は、生態学の二大メッカということになっていました。当時の理学部の教授は、農学部昆虫研出身の森下正明先生でしたが、すぐに定年退職し、代わって、理学部出身の川那部浩哉先生が教授になりました。なお、現在の理学部教授の曽田貞滋君も農学部昆虫研の出身です。

伊藤嘉昭先生は、苦学力行の人でした。東京農林専門学校を出て、農林省に中級職で入省し、長らく農業試験場で研究に従事し、名大に来る前には、すでに、論文数も啓蒙書の数も、当時の生態学者の中では抜きん出た存在になっていました。

そんな伊藤先生に、私が名大大学院で接した約一年半の間、耳にタコができるほど聞かされた話は、「カナダにいる蝋山朋雄は凄い奴だ。*Journal of Animal Ecology*（イギリス動物生態学会誌）に論文を書いている」、「Aはダメな奴だ。あれは論文を全然書かない」。酒を飲んでも飲まなくても、良く、この話を聞かされました。

伊藤先生の学問は、今、欧米では何が流行しているかをいち早くキャッチし、その研究動向を、自分が実際に研究することで示すことでした。そして、近代化された生態学を、数々の啓蒙書で紹介していました。その影響力は抜群で、若い研究者の心を鷲掴みにしていました。どう研究したら世界に伍していけるかを、解説していたのです。

一方、伊藤先生が常に意識していたA先生は、学問の独創性を説き、欧米追随の伊藤先生とは、学問スタイルを異にしていました。それは、巌先生存命中の農学部昆虫研でも同様で、私はA先生の主張する、独自の創造的な研究を展開することには、強い共感を覚えていました。

しかし、論文を英語で書いて、国際誌に投稿するようになって、論文を受理にまで持っていくための大変な苦労と、受理されたときの研究者としての醍醐味を知った後には、伊藤先生の主張が、良く分かるようになりました。論文を書いてこそ、しかも、英語で書いてこそ、自分の考えを世界に発信できるのです。

私が京大に採用された二年後に、巌先生は喘息の発作で急逝し、昆虫研の教授は、物静かな助教授の久野英二先生に代わりました。そして、岡山大学から高藤晃夫新助教授が転入して来ました。高藤助教授の学問観は、巌先生や伊藤先生とは全く異質で、「生態学ピュアーで研究しても、理学部の連中に勝てるはずがない。農学部にいる良さを生かして、もっと応用的なことをすべきだ」。「大崎の研究はユニーク過ぎて、ついていける学生がいない。もっとスタンダードな研究をすべきだ」。一度ならず、二度、三度と忠告されました。

私の研究の根幹は、伊藤先生主張の「基礎こそ最も応用的」です。生態学の基礎理論を極めること、ユニークな研究をすることこそ学問だ、と信じていました。それに異を唱える上司が出現し、研究費も思うようにならなくなったときに、京大理学部動物行動学教授の日高敏隆先生から救いの手が差し伸べられ、様々な科研費グループに入れてもらいました。

一九八三年に結成された、科学研究費補助特定研究の「生物の適応戦略と社会構造」では、京大理学部の四人の教授、生物物理学の寺本英先生を代表に、動物生態学の川那部浩哉、動物行動学の日高敏隆、霊長類学の河合雅雄、そして、九大理学部数理生態学の松田博嗣、名大農学部の伊藤嘉昭、の六人が、それぞれの班を作って参加しました。伊藤先生の参加は、昔からの友人の日高先生が、豪放磊落な寺本代表に推薦したからだ、と推測しています。

私も日高班で参加しました。その科研費チームで、最も成果を上げ、論文数が多かったのが伊藤班でした。伊藤先生はそのことを、各種の誌上で誇りました。その誇りは、すぐに他を批判することに変質し、矛先は、例のA先生に向けられていきました。

A先生の周囲には、私の同世代を代表する才人たちが集まっていて、唯我独尊の神学論争に耽っている、自然哲学者の集団のように見えました。しかし、いくら気の利いたことを言っても、英語で論文を書かなければ、世界に対する発信力にはなりえません。そういう優秀な若者の主張を、世界に発信するように指導するのが、本来の先生の役割だと思います。

研究至上主義者で無邪気な伊藤先生の、特定研究における達成感が、率直な非難に形を変えてA先生に向けられたのは、自然の成り行きだと思いました。でも、何故か、伊藤先生が痛々しくも見えました。

そんなときに、京大理学部の川那部先生を中心とした、新たな大型科研費の獲得を目指すグループが結成されました。主要メンバーは、定年で退職した特定研究代表の寺本先生を除いて、多くは前回の特定研究のメンバーでした。なのに、唯一、伊藤先生だけがいませんでした。

その結成のためのシンポジウムが京都であり、引き続き、料亭で懇親会がありました。参加者全員が畳の上に座っての宴の半ばに、伊藤先生が、突然、何かを叫びながら飛び込んで来ました。明らかに、先生は酔っていました。よろよろと立ったまま、人差指を振りかざして何事かを叫び続けました。私は動転し、先生が何を叫んだのか、良く覚えていません。微かに覚えているのは「先の特定研究で、最も成果を上げた俺だけを除け者にして、新たな科研費グループを結成するとは何事だ。」という趣旨の、率直な当然の主張だったと思います。

御膳の前に座っていた私は、身を小さくして、ひたすら独酌で酒を飲みました。立ったまま、激しく叫んでいた伊藤先生は、私に気づき、「大崎、お前もいたのか。」と言いました。そして、畳に片手を突いて、横座りにへたり込みました。その時、先生は、シンポジウムの主賓だったアメリカ人に気づき、「久し振りだな。」と話し掛けました。それ以外のことは、ほとんど私の記憶に残っていません。

それから色々と変遷があり、新たな大型科研費の獲得は、一九九二年に、川那部先生を代表に、後に京大生態学研究センターの創設時の教授になった、農学部昆虫研講師の井上民二君（サラワクで飛行機事故死）、理学部生態研助教授の安倍拓哉さん（カリフォルニアで海難事故死）などの若手が参加して、重点領域研究「地球共生系：生物の多種共存を促進する相互作用」として実現しました。

伊藤先生とは、京都での先生の乱入事件以後、賀状以外での交流はありませんでした。しかし、先生が名大教授を定年で辞した後に、『琉球の蝶』[2]というベイツ型擬態を扱った短い本の原稿が私の許に送られてきて、感想を聞かせてくれ、とありました。

当時、私は副業として、ベイツ型擬態の研究もしており、ボルネオでの研究が *"Nature"* に、ケニアでの研究が *"Journal of Animal Ecology"* に掲載されました。「蜘山朋雄は凄い奴だ。イギリス動物生態学誌です。今でこそ、日本の若い研究者たちが、この学会誌に良く論文を書いていますが、伊藤先生の活躍された時代には、日本人にとっては、伝説的な高嶺の花の学会誌だったようです。

私は伊藤先生の原稿を読んで、長年抱いていた疑問が氷解する思いがしました。伊藤先生は第二次世界大戦終了の直後に、農林専門学校で学ばれ、農水省に就職後は、組合活動で警察に拘置されたりしていました。私の疑問は、英米の学問を旺盛に紹介する、その英語力を、いったい、どうやって獲得したのか、ということでした。うらやましい能力でした。

『琉球の蝶』の短い原稿に、私は少なからぬ誤りを指摘し、修正を入れました。そのほとんどは、先生の、英語原典の読み間違いによる誤りでした。先生の英語力は、「思い込みと気合」によるものだったのです。先生は、多くの優秀なお弟子さんを輩出しています。その数は、生態学者として抜きんでています。お弟子さん達は、先生の弱点を認識しつつ、その気合に感化され、自分達で原典に直接触れて、学問の動向をキャッチしていたようでした。

『琉球の蝶』が出版された時、伊藤先生は、私の指摘した修正すべてをそのまま受け入れ、そのことを、率直に謝辞に書いていました。「京都大学大学院農学研究科の大崎直太氏は最初の原稿と改訂稿を読み、あわせて二十通をこえるeメールで意見を送ってくださった。氏の指摘で本書の初稿の擬態についての記述に多くの間違いもあることがわかった。氏の校閲なしには恥を書くところだった。厚くお礼申し上げる。」

私は、先生の、学問に対する真摯な姿勢に強く打たれました。その純な魂に、深い畏敬の念を抱きました。

先生のご冥福を、心よりお祈り申し上げます。

18 大学には御用納めは無いのかい？

中筋 房夫　岡山大学名誉教授。高知県農林技術研究所研究員、名古屋大学農学部助手、京都大学農学部講師、岡山大学環境学研究科教授を歴任。著書『害虫とたたかう』、『総合的害虫管理学』ほか。

多くの若い皆さんは、小難しい研究の話を書かれると思うので、私はやや下世話な、人間伊藤さんの思い出を書く。

私は一九七六年九月に高知県農林技術研究所から名古屋大学農学部害虫学研究室に助手として赴任した。教授は齋藤哲夫先生、助教授は巌俊一先生、助手は宮田正先生であった。一年半後に巌先生は京都大学教授に転出し、その後任として、伊藤嘉昭先生が赴任した。翌年二月に私が京都大学農学部講師として転出するまでの一年足らず、名古屋大学で伊藤さんと共に過ごした。当時の害虫学研究室は、齋藤、宮田さんの生理・生化学・毒物学グループと、巌さんと私の生態学グループが平和的に共存する、旧帝大にしては珍しい研究室であった。名大農学部では、伝統的に民主主義が徹底しており、教授会で教官対等平等宣言がなされ、当時から助手も博士審査に参加でき、理屈上は主査にもなれた。勿論教授会が最終責任を持つ形式はとられていた。教員人事では、厳密な公開公募が実施され、選考過程に助手も関与できるし、大学院生も意見を述べることが出来た。そんな訳で、三十四歳の薹のたった私も、公募のおかげで助手になることが出来たようだ。

さて、沖縄県農業試験場から伊藤さんが助教授公募に応募してきた時は、驚きとともに、大変誇らしかった。対抗馬は東京の著名な生理学者一人だけであったが、強力なライバルなので予断を許さなかった。その上、人事選考も最終局面に入ったところで、大変困ったことが起きた。伊藤さんが、『日本の科学者』（日本科学者会議）という雑誌に、害虫学研究室の先代教授弥富喜三先生と農薬の批判（私には思い込みの激しい不正確な批判に思えた）を書いた記事が出たのである。これを選考委員が目にすると「こんな人を名大教官にしていいのか」ということになりかねない。そこで機先を制して、選考委員長の齋藤先生に恐る恐る、「こんなものが出ていますが」と差し出した。先生は、しばらくご覧になっていたが、「中筋君、わしは何も見なかった」とおっしゃって雑誌を閉じて返された。選考は間もなく無事終わり、伊藤助教授の採用が決まった。齋藤先生は事務局長と掛け合って、伊藤さんの休職期間中の給与の不当な等級号俸格付けを、本来の形に戻して彼を迎えた。メーデー事件は無罪になったのであるから当然のことだが、事務官は、とかく面倒なことはしたがらないものだ。

余談であるが、私は、沖縄県農業試験場で十年前後働いて、現地でおおかた賞味期限が切れた「ヤマトンチュウ」昆虫生態学者を、ヤマトの大学に助教授で迎えるお手伝いをこれまで三回行った。最初が伊藤さん、次に岡山大学へ藤崎憲治さん、宮竹貴久さんである。三人とも、間もなく教授に昇任して（藤崎さんはその後京都大学へ）それぞれ昆虫生態学の教育、研究に大きく貢献された。

伊藤さんの赴任の年には、生態学分野では、岡田有示、速水鋭一君が修士課程に進学したので、二人ともアブラムシの生態のテーマを与え、伊藤さんの専攻生とした。速水君は博士課程に進学し学位も取得した。残念ながらこの両名は、若くして故人となった。学部四年生には「僕は数学が得意です」と事も無げに言ってのけた粕谷英一君が居た。彼はその後、日本を代表する生態学者の一人になった。

その年の暮れ、十二月二十八日の昼ごろ、隣の助教授室から伊藤さんが何回か助手部屋へ来て、何かそわそわし止めない。「どうしたんですか？」と聞くと、「中筋君、大学には御用納めは無いのかい？」。なるほど、それでそわそわしていたのだ。官庁系の職場では、御用納めの日には、部署ごとに冷酒とスルメなど簡単な肴で一杯やり、「良いお年を」と挨拶を交わして新年を迎える、麗しい仕来りがある（あった？）。新年の四日の御用初めにも、お神酒をいただいて、「今年もよろしく」と挨拶をして、それぞれ仕事を始めるのである。私も高知県職員であった頃はそうであった。ところが、大学の先生なら誰でも経験があるのだが、この時期卒論、修論、はたまた博士論文の最初の原稿が出始め、暮れも忙しい。そして、「これがまともな日本人が書く日本語か」と一人毒づきながら原稿に赤ペンを入れ、悪戦苦闘する魔の一、二月に突入する。そんな訳で、大学の先生はおよそ御用納めの気分にはなれないのである。ともあれ、この日は近くの酒屋で、お酒とつまみを買ってきて、ひっそりした研究室のお茶のみ部屋で、二人で夕方まで「御用納め」をした。翌年私は京大に居たのでどうなったかは知らないが、伊藤さんも初めての卒論、修論に悩まされて御用納めどころで無かったのではと、容易に想像がつく。

伊藤さんには、私が九大の学部三年生のときに、農業技術研究所にファンレターを出し、松林のマツカレハ卵塊データの分布型モデルへの当てはめの指導をしてもらって以来、約五十年間おつきあいしていただいた。時には思想をめぐって喧嘩もしたが、それにもかかわらずかわいがっていただいた。感謝を込めて、心より伊藤さんのご冥福をお祈りする。

19　反骨でない伊藤助教授

齋藤　哲夫　名古屋大学名誉教授、元農学部長、昆虫における毒物学と生理学が専門。著書に『新応用昆虫学』（朝倉書店）、『平和学のすすめ』（法律文化社）など。元日本応用動物昆虫学会会長。

閉鎖環境での実験個体群生態学の研究が盛んななかで、枝に増殖したアブラムシが他の枝に移動して新しい個体群を作り、増殖する野外観察から個体群動態研究に移動の重要性を提案したことから、彼の自然個体群動態の生態学が始まった。占領下保守反動行政のもと永年の休職処分に耐え、研究を停止することなく学会に参加し、侵入害虫のアメリカシロヒトリの野外観察を熱心に報告する姿は胸をうたれた。

農林省を退職し沖縄の本土返還にともない指定試験担当者として出向、沖縄県農業試験場に勤務、サトウキビ害虫研究、本土並み本土返還のうたい文句によるウリミバエ・ミカンコミバエの根絶事業に参加したが、事業の成功には研究の必要性を主張し、ミバエの独自の大量飼育法・野外個体数測定法・累代大量飼育虫の虫質管理・放射線による不妊化・不妊虫放飼前の誘引剤殺虫剤による抑圧防除・メチルオイゲノールとジブロムによるミカンコミバエ雄除去などの成果を学会報告した。事業費での研究を嫌う行政を跳ねのけ、研究成果を事業成功に貢献させたことは、彼が常にオリジナル文献を読め・研究成果を学会発表せよとの主張の実現である。

巌俊一助教授の京都大学農学部教授転任のあと、害虫学助教授公募に応募。たくさんの応募者から選考され、教授会で報告のときに休職問題・学歴について質問があったが了解され、沖縄県からの割愛反対のことは島村場長の計らいで解決した。国家公務員新規採用のため身体検査により糖尿の兆しありとされ、しばらく酒を断ち水をのんで検査をうけ合格した。昆虫生理学・昆虫毒物学・昆虫生態学・大学人の公募要項を認識しながら、アシナガバチの野外観察などに反骨の必要なしに研究された。インスリンを注射しながら酒を飲む事を注意したが逝去された。嗚呼！

編者注　本書の当初の仮タイトルが「反骨の生態学者伊藤嘉昭」だったため、このような章題がつきました。

20 ギフチョウ卵塊産卵の謎
―伊藤さんが論理矛盾に気づいた日

椿 宜高　一九四八年福岡県生まれ。小学生時代の昆虫採集がきっかけで生態学を志す。九州大学、名古屋大学、国立環境研究所、東京大学、京都大学の教員・研究員を歴任。二〇一三年京都大学を定年退職。現在は京都産業大学講師。

私には、発表したことを後悔している論文がある。それは、一九八二年に個体群生態学会誌 *Researches on population ecology* に掲載された伊藤・長田との共著論文だ[1]。タイトルは「Why do Luedorfia butterflies lay eggs in clusters?」、そのテーマはタイトルからもわかるように「多くのアゲハチョウの仲間が卵を1個ずつ食草に産み付けるのに、なぜギフチョウだけが卵塊で産卵するのか」である。この紙面を使わせてもらって、伊藤さんの思い出とともに、後悔のわけを書かせていただくことをお許し願いたい。

私は、一九八〇年に名古屋大学に助手として赴任した。赴任後に伊藤さんに聞いたのだが、たまたま個体群生態学会会報（通称、白表紙）に書いたミニレビュー「Optimal foraging theory の紹介[2]」が評価されたのだそうだ。一九七〇年頃までの生態学は個体数変動の密度依存性や気候依存性の議論を中心に発展してきた。その時代の論文を大量に読んで猛勉強した伊藤さんは、害虫の個体数制御に関する研究を盛んに行い、日本における生態学研究の中心的人物のひとりとして活躍した[3]。個体群生態学の全盛時代と言っても良い頃である。ところが、欧米では個体群の制御理論の視点よりもはるかに大きな視点を持った生態学が遺伝学、行動学を統合する形で始まっていた。さらに、ダーウィン没後百年（一九八二年）を記念して英国などで開催されたシンポジウムや学会が、この新しい潮流を大きく展開させた。日本でも、岩波科学が二回連続の特集を組んでいる[4]。そして、社会生物学、行動生態学、進化生態学などの新しい学問分野が誕生することになる。私の書いた上記のミニレビューは、日本の生態学界に世界の動きを伝える契機のひとつになったのだと思う。もちろん、私が欧米全体の動きを知っていたわけはなく、「何か新しいことが始まっているようだ」くらいの感触で少し勉強してみたに過ぎないのだが。

さて、名古屋大学に赴任して、最初に伊藤さんから持ちかけられた共同研究がギフチョウの卵塊問題だった。沖縄から名古屋大学に移られていた伊藤さんは、福井市博物館の長田さんと共同でギフチョウの生命表研究を開始されていた。面白そうなので、早速いっしょに研究を開始することにした。福井市と多治見市に設けた調査地での生命表研究を共同で、シミュレーションモデルによる生存率の計算を私が担当することにした。今考えれば、集団のパラメータを推定する生命表研究によって、個体レベルの形質である卵塊産卵習性の進化が説明できるとは思えないのだが、伊藤さんは自信満々だった。

卵塊産卵の不思議

問題をもう少し詳しく説明しよう。アゲハチョウ科の多くのチョウ、例えばアオスジアゲハ、ナミアゲハやカラスアゲハなどは卵を1個ずつ食草に産み付ける。これらのチョウの食草はクスノキ、ミカン、サンショウなどの樹木なので、幼虫が食べる葉は大量に存在する。つまり、幼虫が餌不足に陥ることはまずない。ところが、ギフチョウはカンアオイという林床に生えるウマノスズクサ科の植物に7~8個の卵を産み付ける。カンアオイの1株に含まれる葉数は、平均4~5枚である。ギフチョウの幼虫が終齢（5齢）まで成長するためには、7~8枚の葉が必要であるので、1株は1匹の幼虫に必要な葉量にも満たないのだ。しかも、1株を7~8匹の幼虫が食い始める。その結果、幼虫は産み付けられた株を3~4齢くらいで食い尽くしてしまうことになる。そして、新たな株を求めて移動することを余儀なくされるのだ。幼虫が発育を完了させるには、三~四回の株間移動を繰り返す必要がある。林床での移動はかなり危険で、徘徊性のクモなどの天敵に頻繁に襲われることが知られていたし、4~5齢幼虫の生存率が低いこともわかっていた。卵を1個ずつ産めば、株間移動の回数を減らすことができるはずだから、卵塊産卵は極めて不合理な習性である。何かわけがあるに違いない。

伊藤さんのアイデアはこうである。卵塊産卵によって幼虫の生存率は確かに高くなるだろう。しかし、多くの幼虫が早めに死ぬことによって、無駄食いの量が少なくなるに違いない。チョウの幼虫の摂食量は、齢が進むにしたがって急速に多くなる。終了幼虫の摂食量は全幼虫期のそれの80~90%を占めるので、それに比べれば3齢までの摂食量はほとんど無視できるくらいである。つまり、餌をたっぷり食べて5齢まで成長した幼虫が死ぬよりは、もっと若く死んだほうが、生き残った幼虫に多くの餌が残ることになる。これをシミュレーションによって計算し、伊藤さんの予測が正しいかどうかを示すのが私に与えられた仕事だった。

比較生態学的な解

伊藤さんの注文に応じて、二千五百株のカンアオイが生えている区画（50×50の区画に1株ずつのカンアオイが存在すると仮定）に、同じ数の卵が、例えば8個の卵を塊で産卵された場合と1個ずつ産卵された場合の幼虫生残率を比較することにした。その他に用いた仮定は次のようなものである。幼虫はカンアオイを食べて育つが、株を食い尽くすと周りの8方向に同じ確率で移動する。移動した先の区画のカンアオイが既に他の幼虫に食い尽くされている場合、さらに移動を繰り返す。幼虫は移動の途中で死亡するが、若い幼虫ほど移動時の死亡率が高い、などなどである。これらは、いずれもフィールドデータから得られた数字をもとに設定したものである。

結果は伊藤さんの予想通り、幼虫密度が低い場合は単独産卵のほうが幼虫生残率が高いのだが、幼虫密度が高い場合には卵塊産卵のほうが生残率が高いという結果が得られた。伊藤さんは上機嫌で、あっという間に論文にまとめて（実は、計算する前から原稿の大枠は出来ていた）、高密度では卵塊産卵が有利になるという結論を、個体群生態学会誌に発表したのだ。

淘汰レベルを変えて考える

この論法がおかしいことは、行動生態学や進化生物学を学んだことのある皆さんならばすぐに気がつくはずだ。この議論では、ギフチョウは集団の生存率向上のために、密度が高すぎる場合に自分の幼虫が早めに死ぬような産卵の仕方をしていることになるのだ。これは、集団のために自己犠牲が進化したとするウィーンエドワーズ流の群淘汰説と同じである。ギフチョウの論文を投稿する前に、私は「これは群淘汰による説明ですよ。もし単独産卵するメスと卵塊産卵するメスを混ぜると、必ず単独産卵のメスが生き残りますよ。」との指摘はしたのだが、伊藤さんは耳を貸してはくれなかった。幼虫間の競争を考えた個体レベルの淘汰シミュレーションだけでは卵塊産卵の進化を説明できないのは確かだ。残念ながら、卵塊産卵を説明する別の仮説をすぐに思いつかなかったのが悔やまれる。そして、伊藤さんに「一緒に群淘汰説を復活させよう」とまで言われて、それ以上の反対ができなかったのが何とも苦い思い出となった。もっと早く決断して共著を降りるべきだったのだが、後悔先に立たず。もちろん、伊藤さんの群淘汰説に同意したわけではないので、その代わりに、反論を用意するための研究を独自に開始することにした。ここで伊藤さんとの共同研究は頓挫する。

卵塊サイズに関する先駆的な仕事は、伊藤さんが尊敬してやまないD・ラックのクラッチサイズの研究である[5]。チョウと鳥で分類群は全く異なるが、何か得るところがあるかも知れないと、ラックの論法を検討してみることにした。ラックは、オックスフォード大学のワイタムの森で行われたシジュウカラの研究で、クラッチサイズがどのような淘汰圧の元で決まるかを議論している。クラッチサイズが小さい場合、親は雛に十分のエサを運ぶことができるので大きな巣立ち雛ができるが、親の余力がありすぎて機会コストが大きくなる。一方、クラッチサイズが大きい場合、親が餌を運ぶ能力よりも雛の数が多すぎるので、小さな雛がたくさん巣立つことになる。巣立ち雛が翌年の繁殖期まで無事生きられるかどうかは、巣立ち雛の体重に依存するので、大きすぎるクラッチサイズは繁殖成功度を下げてしまう。その結果、子孫の数を最大にする最適なクラッチサイズが存在するという理屈である。

ポイントは、クラッチサイズは親が決めることができるが、子の生存率は子が食べた餌量によって決まること。その相互作用として最適なクラッチサイズが決まるという考え方だ。ひょっとすると、ギフチョウの卵塊サイズも親の都合と子の都合の兼ね合いとして決まっているのではないか。つまり、子は卵塊産卵して欲しくないのだが、親は卵塊で産みたいのかもしれない。そういえば、先のシミュレーションでは親の都合は全く考慮されていないではないか。そこで、親の産卵行動をもっと詳しく観察してみることにした。

ギフチョウはカンアオイの密度推定をしている！

多くのチョウでは、メスが産卵する前に、前肢で食草を叩くように触る行動を見ることができる。メスの前肢には化学受容器があって、食草を味で同定しているのだと言われている。ギフチョウもカンアオイの葉を盛んに前肢で叩いて、食草の存在を確かめているように見える。面白いことに、林床にはイカリソウやスミレなど、少しカンアオイに似た丸い葉の植物も生えていて、ギフチョウはいろんな植物に触れながら飛び回った後にようやく産卵を開始する。他のアゲハチョウの産卵に比べて、食草選びはかなり慎重であるようだ。飛び回る範囲はだいたい半径5mくらい。その中にカンアオイがたくさん生えていると産卵し、カンアオイが少ないと産卵せずに飛び去ってしまうのだ[6]。まるで、カンアオイに触れて飛び回りながら食草の密度推定をやっているかのようである。

そして、種は違うが、ヒメギフチョウでは交流可能な近隣の谷の間で食草の密度と卵塊サイズがパラレルに変化する、つまりメスは食草の密度に応じて卵塊サイズを変えていることがわかったのだ。[7] このことは、卵塊サイズに関する成虫と幼虫の利害対立があることを示唆しているのだ。[6] つまり、幼虫の都合だけを考えればカンアオイ密度によらず卵を個々に産んでもらうのが都合が良いのだが、メスはなるべく卵塊サイズを大きくする傾向があるのだろう。

メス成虫はなぜ卵塊を生みたがるのかについては、よくわからない。今のところ、卵塊産卵のほうが産卵速度が大きいだろう、そして春先の天候が変わりやすい時期は、産卵できる温かい時間が限られているので急いで産卵するのではないか、くらいの意味づけしかできていない。ともあれ、ようやく個体レベルで卵塊産卵の説明をつけることができた。

比較生態学の成功と限界

伊藤流の比較生態学的な手法とは真逆のアプローチで進めていった私のギフチョウ研究に、伊藤さんは不満だっただろうと思う。伊藤さんの著書[3]にはギフチョウの話は一切出てこないことからもそれは伺える。あるいは、伊藤さんもギフチョウ論文の論理が破綻していることに気づいていたのかも知れない。というのは、この論文以降、伊藤さんの群淘汰論的な発言が少しずつ減ってきたような気がするからである。もしそうであれば、失敗作であったギフチョウ論文[1]も全くの無駄ではなかったのかも知れない。

一九八〇年くらいまで、日本では群淘汰説がはびこっていた。伊藤さんや私の世代が生物学を学んだ時代には、生物の行動や形態は、「個体維持」と「種族維持」のために進化したと教えられていた。群淘汰説に疑いが持たれなかった時代、多くの研究者は「個体維持」と「種族維持」が矛盾することに頓着しなかったのだ。あるいは、個体レベルの説明での進化の解釈が困難な場合、苦し紛れの説明として「種族維持」をもちだしていたとも言える。この風潮は、日高敏隆らによるドーキンスの *Selfish Gene* の訳本[8]が読まれるようになって少しずつ変化しはじめたが、群淘汰説の影響はしばらく残ることになる。それがほぼ払拭されたのは一九八六年に開催された国際シンポジウム（特定研究「生物の適応戦略と社会構造」の成果発表会でもある）の後だろうか。

しかし、伊藤さんの場合は、一味違っていた。伊藤さんのやり方は、個体群パラメータの比較データを背景にした比較の方法による進化の説明である。『比較生態学』[9]の「まえがき」にはこうある。「…比較とは、単にある形質のあらわれかたをたくさんの種について並べてみることではなくて、その発展の過程を進化の観点から明らかにしてゆくことである。したがって、比較の方法が成立するためには、正しい基準が採用されねばならない。…この本で私が基準として採用したのは〝生物社会の進化〟、なかんずく、親による仔の保護の進化である」。つまり、伊藤流とは、生態学的な形質（生存率や産仔数ばかりでなく社会構造までも含めて）の進化を、ある基準を用いて発展の順序に並べて、それに見合う仮説を提唱することだといえるだろう。当時はＤＮＡ配列情報を使えるわけではないので、時間的な順序を決める手段がなかった。そのため、ある程度恣意的な基準を用いざるをえなかった点については、斟酌が必要であるが…。なお、『比較生態学（第2版）[10]』で、伊藤さんはMacArther and Wilsonの*r*／*K*選択説[11]よりも約十年も前に「親による仔の保護」説を提唱したにもかかわらず、初版を英訳しなかったことを残念がっている。それはともかく、『比較生態学（初版）[9]』は国内の多くの生物学者に「二十九歳の生態学者が書き上げた、驚異的な専門書」として大評判となり、多くの伊藤ファンを作ったのだ。

　しかし、一九七〇年頃から生態学には大きな変化が起きていた。行動生態学や社会生物学の興隆のことではない。それは、科学哲学者カールポパーによる新たな科学の定義である。あらゆる科学理論は、観察、仮説、予測、実験の段階を経て検証される。科学と似非科学の違いは「反証可能性」にある。反証可能性が担保されない理論は科学ではない、というのがポパーの考えである。たとえば、生態学の重要な概念の一つである「ニッチ」は反証可能であるか、大論争が巻き起こった。例えば、ポパーの考えに賛同したSimberloffなど[12]は、競争やニッチ理論には帰無仮説がないことを指摘し、辛辣な議論を*"Ecology"*や*"American Naturalist"*などの誌上で展開している。残念ながら、伊藤さんの理論も、MacArthur & Wilsonの理論[11]も、帰無仮説が使われるような理論体系ではない。一九七〇年代に科学ゲームのルールが変わってしまったのだ。その意味でも、伊藤さんは初版を英語化しておくべきだったと言えるだろう。一九八〇年頃から、行動生態学に研究者の関心が移って行くのは、検証可能性を保てることが大きかったのだと思う。ただ、そのために個々の研究のスケールが小さくなってしまったことは否めないが。

　伊藤さんは、共著のギフチョウ論文をどう考えていたのだろう。日頃から「論文はデータを取ったらすぐに書け。ディスカッションにはその時思ったことを書けば良い。間違ったことを書いても気にするな。主流への反骨こそ生きがい。」と言っていた伊藤さんのことだ。「取るに足りないことだ。そんなことより次の論文を書け」ときっと言われそうだ。伊藤さんの破茶滅茶な叱咤激励を懐かしく思い出す今日この頃である。合掌。

21 伊藤先生と過ごした日々
―昭和の快男児から学んだこと

安田 弘法　山形大学理事・副学長。群集生態学が専門。糞虫群集、アブラムシ捕食者群集、土壌微生物と地上部群集の研究などを通じ、最近は、水田湛水生物と地上部節足動物群集の研究に従事。

伊藤先生との出会い

「こいつは、数学とコンピューターが使える奴だ」と、伊藤先生が私を研究室のみなさんに紹介し、私の名古屋での大学院生活が始まった。今から三十四年前の一九八二年、春だった。これは先生特有の思い込みの強さによる誤った認識だった。大学院入試問題に捕食モデルが出題されたが、入試準備として私はたまたま *"Stability and Complexity in Model Ecosystems"* を一読していた。この「山が当たり」、その中の捕食モデルの一部が出題されたため、よく解答できたに過ぎない。この一件で、大学院入学早々、先生の思い込みの強さを知った。私が伊藤スクールの門をたたく切っ掛けは、山形大学の小林四郎先生であった。私は、大学生のときに小林先生が発表された「生物群集の複雑性と安定性」の論文を読み、生物群集の安定性に興味を持った。その論文の中では、「生物群集の複雑性と安定性の関係を問うことが問題の設定として適切かどうか、が先ず検討されなければならない。このような点からすれば、群集の安定機構と不安定機構とを具体的に追求することが不可欠と言えるであろう」と結論されていた。そのときから、生物群集の安定性とその機構に興味を持ち、安定化機構があるなら、それを明らかにしたいと思った。それ故、大学院では、是非、生物群集の研究をしようと決意して伊藤スクールに入った。

糞虫の研究と害虫学研究室での研究生活

(1) 暗中模索の日々

私が名古屋大学害虫学研究室で研究生活を始めたのは、伊藤先生が着任されて四年目頃で、先生の社会生物学の研究が軌道に乗り始めた頃であった。伊藤先生は、助教授で、教授は、薬剤生理のS先生、助手は、農薬のM先生と昆虫生態学のT先生。大学院生の先輩は、捕食関係の数理モデル、植食性昆虫の個体群動態、アシナガバチの社会性、クモの生理生態、マルカメムシの配偶行動等、多岐のテーマで研究していた。さらに後輩の研究は、アリの社会性、社会性昆虫の行動、集団遺伝学と多彩であった。そんな中で「生物群集の研究がやりたい」と、先生に大学院でのテーマを話したら、即座に「群集をやるような奴はバカだ。五年で結果等出ない。個体群動態でもやれ。それでも群集がやりたいならクソムシ（糞虫）かイスの木に来るアブラムシの群集を考えろ」と言われた。のっけから研究テーマを否定され、カウンターパンチを食らい一瞬よろけた。そして、群集の研究をやるべきかチョット考えた。しかし、あまり深く考えずに「糞虫を材料にしたい」と先生に言ったら、先生は大学附属農場に連れて行って下さった。そして、素手で牛糞をばらし、「これがクソムシだ」と生まれて初めて見る糞虫を私に示して下さった。そのときの先生の嬉しそうな顔は、今でも鮮明に覚えている。根っから生き物が好きなんだなー、と思った。

© 安田淳子

糞虫の種毎の個体数がどのように決定され、糞虫の群集は安定しているか。安定しているならその機構は何だろうと、糞虫群集の研究に漠然と関心は持っていた。しかし、どのように研究を始めたらいいのかさっぱり分からなかった。とにかく一年目は、どのような糞虫が調査地に生息し、種毎の個体数は季節でどう変化するか。さらに糞虫は糞の古さにより糞利用様式が異なるか、また一日の時間帯で糞への飛来時期は異なるか。糞の中での滞在時間に違いがあるか等、糞虫の生き方や生活様式及び糞の利用様式等の基礎データを集めることから始めた。欧米の有名な研究者が提案した魅力的な仮説を検証するスマートな研究の対極にある、泥臭くて原始的なやり方の研究であった。生態学研究の第一ステップ、多面的な生き物の観察である。

二年目も糞虫群集の研究で何をやったらいいのか分からなかった。二年目は、修士論文を書く必要があるので、２種のマグソコガネの繁殖様式の違いを中心に、幼虫への餌投資、雌当たり産卵数、卵サイズ、繁殖時期、越冬様式、成虫サイズ等のデータを取った。この２種は、先生が提案された生物の繁殖戦略の仮説、「大卵少産、子への投資大。小卵多産、子への投資小」を検証できそうな材料に思った。何とか修士論文が、まとまりそうな気がした。

最も個体数が多い大型種にカドマルエンマコガネがいた。2種のマグソの繁殖データを取りつつも、このカドマルを中心に何とか群集の研究が出来ないか四苦八苦した。先生から「糞虫をマーキングした研究者はだれもいない。マーキングが出来たら良い研究になるだろう」と助言があった。六年間の大学院生活で唯一の助言だった。大先生の伊藤先生がおっしゃるので、マーキング法は重要だろうと本気で思った。カドマルにマークして、どのようなデータを取るかも考えずに、取りあえずマーキング法を考えた。一方、マーキング法を確立し、その後、研究を如何に展開するか、そのアイデアや発想は伊藤先生の頭の中にないことはすぐに分かった。「マーキング法を確立したら論文が一報書ける」、ポイントは、これだった。マーキング法の確立により、糞虫の群集研究が良い研究になるとは、先生の単なる妄想だった。

当時は、植食性テントウムシ群の鞘翅に油性ペイントでマークし放飼して、移動分散や生存率等を明らかにする個体群動態や変動機構を解析する研究も盛んであった。カドマルにマークするため糞虫をトラップで捕獲した。とてもたくさんの糞虫を捕獲した。何千ものカドマルが採取でき、とても嬉しかった。これを全て冷蔵庫に入れて後日、マークする予定にした。数日たって冷蔵庫を開けて驚いた。カドマルが全て死んでいた。とてもビックリし、正直、本当に困った。全く研究の方法が分からない段階で、対象の優占種を取り除いてしまった。このことは誰にも話さず、2種のマグソコガネの繁殖戦略の違いを中心に、何とか修士論文を書き上げた。そして、三年目は逃げるようにして山の放牧地に行き、そこでの生活に専念した。

何をどうやったらいいのか分からないまま三年目に入った。春先から初夏になり週一回のサンプリングで妙なことを発見した。過去二年間個体数の多かったカドマルの数が少なく、数が少なかったツノコガネがウンと多くなった。この2種は種間競争の関係にあるかもしれないと感じた。早速、2種の繁殖様式、繁殖時期、餌の利用様式等を比較した。その結果、この2種の種間競争を確信した。これは、本当に嬉しかった。山の放牧地で一人「ウオーッ」と雄叫びを上げた。それからこの2種の数の決定機構に注目して実験を組み立てた。四年目から何をしたらいいのか分かった。三年目に冷蔵庫で死んだカドマルは、生物群集での優占種の取り除き実験になった。これは、種間競争に強い優占種を除去し、それが競争劣位な種へ及ぼす影響を検証する手法であり、野外で種間競争を明らかにする常套手段であった。このことは、その後、知った。不勉強を猛省したが、取り除き実験の方法を知っていたとしても、「カドマルはツノに対して種間競争の優位種なので、それを取り除くことにより劣位種のツノの個体数が増加する」との作業仮説を立て、それを検証できたか定かでない。

この暗中模索の三年間、色々な方にお世話になった。助手のTさんからは、「お前のやろうとしていることはサッパリ分からん。お前の作業仮説は何だ」と、指導を受けた。「糞虫群集の種毎の個体数がどのように決まっているのか知りたい。今のところ作業仮説は思いつかない」と、応えた。「作業仮説のないような研究は、研究ではない」と言われた。伊藤先生から、「群集をやる奴は、馬鹿だ」と指導されたことを思い出した。四年目にして、この言葉がしみじみと身にしみた。馬鹿なことを始めたが、後に引くわけにはいかなかった。

糞虫群集研究の真っ暗闇の中で右往左往していた私に、ポスドクのYさんやHさん、博士課程のTさんからは、多面的なアドバイスをいただいた。何時もアドバイスの場所は、名古屋最大の繁華街、栄の居酒屋とその後のスナックだった。真夜中から始まったアドバイスは、外が薄明るくなるまで続いた。何時も最後のシメはカラオケだった。このような心温かいアドバイスにより、私は真っ暗闇の中でも研究を続けられた。研究する上で優れた友人との出会いは、本当に有り難いと心から思った。

(2) 研究の面白さを感じ始めた日々

何をやったらいいのか全く分からない三年間を過ごした私にとって、四年目の春は待ち遠しかった。2種の産卵場所での種内・種間競争実験、卵から成虫までの生存率及び越冬生存率の2種の比較等、残り二年で何をやるべきかアイデアがわいた。元気も出て、気力も充実し、やっと研究の楽しさを感じ始めた。

四年目の春、三年間の結果の概要を簡単な英文にまとめた。そして、日本語で書いた処女論文と英文の研究概要を国内外の著名人に送った。日本人研究者からは誰一人として反応はなかった。しかし、海外のほとんど全ての著名人から心温まる手紙とたくさんの別刷が送られてきた。日本人と外国人の反応の違いを興味深く感じた。その中には、群集生態学の第一人者UCLAのJ. Diamond教授、UCDavisのT. Schoener教授、Tennessee大のS. Pimm教授、Arizona大のM. Rosenzweig教授、North Carolina大N. Hairston教授等、錚々たる研究者からの返信もあった。その後、バンクーバーで国際昆虫学会議が開催されることになり、その帰りにカリフォルニアのSchoener教授とDiamond教授の研究室を訪問して、私の研究を紹介し、群集生態学について意見交換する研究室訪問を計画した。両教授から「是非、会おう」との手紙が届いた。

Schoener教授とは、航空機の都合で会うことは出来なかったが、Diamond教授とはロサンゼルスで会った。教授は、私をロスの高級レストランに招待し、最高級のフルコースを頼んでくれた。教授とは群集生態学や生き方等、多面的な意見交換をした。とても楽しく生涯忘れない一時だった。また、理論生態学の第一人者Princeton大のR. May教授からは、「自分の指導学生のT. Ivesの研究システムとあなたのシステムは類似しているので、彼にあなたの別刷と手紙のコピーを渡した」との手紙が来た。その後、二〇〇五年に鶴岡で国際シンポジウムを企画し、Ives教授にシンポジウムの招待講演を依頼するメールを送った。彼からは、「私は、Prof. Yasudaの名前と仕事をよく知っている。あなたが二十年前にMayに送った手紙を彼は学生の私に渡し、私は今でもそれを大切に持っている」とのメールと招待講演快諾の返信が来た。Ives教授は、少なくとも二年に一度は、*"Nature"*や*"Science"*に論文が掲載されるとても優れた研究者だ。縁の不思議さを感じた。

研究の方向性が分かってくると日々の生活にも余裕ができた。害虫学研究室では、学生及び教授も含んだ全てのスタッフが、研究計画や中間及び最終報告を行い、一年間の研究結果を紹介していた。さらに毎週一回の論文紹介ゼミも全員が行った。あるとき修士の頃から伊藤先生と激しく研究論争し、自ら集団遺伝学を切り拓いた新進気鋭の後輩T君が、「安田さんは凄い」と独り言のように言いだした。「何が凄いの」と聞くと、「群集をやる奴は、馬鹿だと言い続けていた伊藤先生が、あるときから全く言わなくなった。それは、安田さんが、データで群集研究を示したからです」と、説明してくれた。後述するが、私は、修士二年の夏、伊藤先生に「あなたに私の人生を決めてもらおうとは思いません」と啖呵を切った。それ以来、私と先生との関係は冷戦状態にあると思っていた。それゆえ客観的に伊藤先生の言動を判断する余裕がなかった。このようなときに、T君の一言は感じるものがあった。

(3) 伊藤先生の「心優しい」指導

先生からは「心優しい」指導を受けた。カウンターパンチあり、軽いジャブあり、体にグッと効いたボデイブローあり。まずは、カウンターパンチから紹介する。修士二年の七月、研究室で納涼会があった。お酒が入って元気な先生から、「お前は、修士で止めて就職しろ。博士課程に行っても研究がまとまるとは思えない。また、博士号を取得しても、お前が就けるような職はない」と、「心優しい」助言を受けた。「有り難うございます。就職します」と応えれば、良好な師弟関係で先生との縁が切れたかもしれない。「私は、先生に自分の人生を決めてもらおうとは思いません」。これは、とっさに私の口から出た言葉だった。修士に入っての一年間、先生と私の関係は、決して良好ではなかったが、この一言で先生との人間関係は崩壊したのかもしれない。修士で研究を止めていたら今の私はないが、先生の助言は妥当な点もあったように、今思う。人生の不思議さを感じる。

続いて軽いジャブ。修士一年の仕事を修士二年時に日本語でまとめた論文が学会誌に掲載された。二報目の論文は、博士一年のときに英語で原稿を書いた。伊藤先生に校閲してもらったが、開口一番、「お前の英語はヒドイ、高校生以下だ。今すぐ、高校の英語からやり直せ」と助言された。これは確かに当たっていた。私は、中学校を卒業して商船高等専門学校に進学し、大学受験英語を勉強する機会がなかった。早速、高校の文法から学び始めたが、先生からは毎回毎回、罵倒された。先生は名古屋大学を退官後、沖縄大学で群集の研究を始められた。ある日、先生から私に英語の原稿が送られてきた。その中の手紙には、「安田兄、原稿と英文の校閲をよろしくお願いします」と書かれてあった。

最後は、体にグッと効いたボデイブローを紹介したい。野外で五年間データを取り、六年目に博士論文を書いた。その年の十月に日本学術振興会特別研究員に内定し、三月までに博士号が取得できれば、四月からは信州大学でポスドクとして研究することが決まっていた。十月に博士論文の原稿を先生に渡した。博士論文を渡して一日後、先生から一言、「こんな六十点の論文に博士はやれない。一年かけてじっくり書き直せ」。このときのショックは、今でも鮮明に覚えている。思わず拳を握り締めたが、グッと堪えた。幸い薬剤生理を専門とされたS教授が、「博士論文に、六十点も八十点もない、合か否だ。俺が主査になる」と、おっしゃった。助けていただいた。S教授が主査として農学研究科会議で私の博士論文概要を説明され、無事に学位を取得した。今、冷静に振り返ると山ほど取った五年間のデータをしっかり解析し、良い博士論文を残せ、というのが伊藤先生のお気持ちだったように思う。「心優しい」指導は、指導を受けたときには理解できなかったが、人間として年輪を重ねるにつれ理解できるようになった。

(4) 伊藤先生との日々

先生の身近で六年間一緒に過ごし、色々と学び感じた。先生の好き嫌いの激しさは、超一級品で、それゆえエピソードも多い。大学教員で論文を書かない研究者を蛇蝎のように嫌われ罵倒された。一方で、不遇だが頑張って良い仕事をしている地方試験場の研究者を、我がことのように大事にされ、就職の面倒もみられた。先生は、厳しさと優しさのある人だった。

出張前には、必ず学生部屋に来られて「これから出張するが論文の原稿はあるか」とおっしゃった。短い出張でも出張前に渡した論文は必ず校閲して出張後に返却して下さった。毎年、春と秋に京都大学昆虫学研究室との生態学勉強会には、ほとんど出席され若い人から積極的に学ばれた。また、泊まり込みでの野外調査では、必ず地元の二級酒とつまみを買い込んで、夕方からは楽しい宴会が始まった。宴会での多面的な意見交換を通じ先生の生き方や考え方を学んだ。先生が名古屋大学に赴任され、先生の指導で学位を取得したほとんどの学生が、大学教員や国の試験研究機関で研究に従事しているのは特筆すべきことに思う。これもひとえに「学生の心に火をつける」先生のなせる業だろう。私も含め教え子の多くは、先生との出会いがなければ研究者としての人生を歩んでなかったかもしれない。三百六十五日のほとんどを研究に従事された先生、生物の生き様の解明をライフワークとされた先生の後ろ姿から、教え子は研究者魂を学んだ。

先生は、国内外の数多くの研究者と多様な昆虫を材料に色々なテーマで研究され、それは驚くばかりだった。二十歳から七十歳までの五十年間に、初めは個体群生態学、次には社会行動の研究、最後は群集生態学と、分野を変えて研究された。そして、「専門を変えることで、また院生的な気持ちになって頑張れた点で、他人と違う道を歩んできた私の人生の楽しみ方としては、これで良かったと思っている」と述懐されている。お亡くなりになるまで知的好奇心が旺盛で、数多くの業績を公表された。

また、先生を語る上で忘れられないのは、メーデー事件での逮捕と九ヶ月の投獄、さらに十七年の長きにわたる休職である。先生は、この休職中に二千編の論文を読み二十九歳で『比較生態学』を、三十三歳で『動物生態学入門』を刊行された。「ある人の最良の著書はふつう処女作である」と力説され、若いときに著書を書くことを勧められた。このような生き方ができる研究者は、先生の前にも後にもいない。研究に対する信念や執念を感じる。まさしく「昭和の快男児」に思う。

「伊藤語録」。基礎的な研究が最も応用的な研究である。生態学で生きるなら世界の如何なる奥地にも行き研究する覚悟を持て。論文はただちに主題に入れ。研究を始めると同時に論文を書き始めよ。重要な発見をするよりも、自分の発見を重要なものにする努力をせよ。若い友人こそが教師である、友人を求めて旅をせよ。自分が乗り越えるべき少数の巨人を定め、その人の書くものは全部読め。

先生からは、本当に色々と学んだ。特に、(1) 生涯学び続ける生き方、学者精神。(2) 何事にも積極的に挑戦する、チャレンジ精神。(3) 不撓不屈の反骨精神。この三つの精神は、今までも、今も、これからも私の心に残る「昭和の快男児」からの学びに思う。次世代の若い人にも伝えたい。

伊藤スクールを巣立って

私は、一九八八年三月に学位を取得し、信州大学での日本学術振興会特別研究員、理化学研究所での基礎科学特別研究員と二度のポスドクを経て山形大学農学部の助手に採用された。伊藤先生のような教員には、絶対にならないと固く心に誓って山形大学に赴任した。しかし、赴任して一年たち我が身を振り返ると、先生から学んだことをもとに学生諸君と接している自分に気がついた。

先生は、「これはと思う外国人研究者を日本に呼べ。そして、一緒に呑め。そうするとしっかり英語を直してくれる」とよくおっしゃった。名古屋大学害虫学研究室にも、海外からの訪問者がよく来た。そして、大学院生は英語で自分の研究を紹介すると、その後の懇親会に無料で出席できた。私が、大学管理職になるまでの二十年間、私の研究室には延べ二十人以上の海外の研究者が滞在し、私は彼等と共同研究を行った。そして、このような研究者には、まずゼミで自分の研究紹介をしてもらった。その後、大学院生は、英語で研究発表し、楽しい懇親会に移った。さらに先生は、「国際会議に行け。そして外国の研究者と友人になれ」と話された。我が研究室も三年に一回の国際会議には、大学院生の参加は必須として学生を指導した。この学生諸君のうち二名は、国際シンポジウムで最優秀講演者に選ばれ、私に感動を与えてくれた。生涯忘れない思い出である。

また、「大学院生をしっかり教育し、研究者を育てろ」とも言われた。この教えも多少は実行できたかもしれない。私が指導した日本人学生では五名が、留学生では四名が今、大学教員として教育や研究に従事している。「資金を取り国際シンポジウムや学会を開催しろ」とも教えられた。鶴岡に赴任して、国際シンポジウムや、日本昆虫学会および応用動物昆虫学会の全国大会も開催させていただいた。

英語の苦手な私に、「英語はしっかりやれ」とよく言われた。それも頭にあり、私の研究室では、私が赴任してから毎金曜日の朝七時三十分から一時間三十分程度、英語でミーティングを行っている。研究室の学生二十名程度の半数くらいが留学生のときもあった。研究室では、学部の学生が流暢な英語を使う。私が学部学生のときには、全く考えられない光景だ。

先生からの教えで出来なかったことも多々あった。赴任当初は、研究室ゼミや研究計画および研究結果報告会も学生諸君と一緒にやった。しかし、赴任数年後には、研究計画を立て自分でデータを取るより、学生諸君と一緒に研究するようになった。これは反省点である。さらに、「すぐ論文にせよ」の教えも落第だ。また、先生は、私たち学生とよくお酒を呑まれ、研究や人生、さらにはちょっとエッチな話も紹介された。私も学生諸君とは、よくお酒を呑んだが、先生のように学生諸君相手にちょっとエッチな話はできなかった。先生の凄さを感じる。

先生は特別講演や集中講義のため鶴岡によく来て下さった。あるとき、先生から電話がかかり、「弘前大学で応動昆大会があるが、もし、その数日前に君が鶴岡に居れば、鶴岡に寄り、その後、弘前に行きたい。君は、その時いるか」と、先生はおっしゃった。早速、特別講演会を企画し、「沖縄のウリミバエの話」を頼んだ。また、非常勤講師として常に熱く講義をして下さった。午前中の講義が終わり、一緒に食事に行ったが、先生の声がかすれていた。朝はそのような声でなかったから、若い学生諸君相手の熱弁で声がかれたのだと思った。「先生、声がかれるほど大きな声を出さなくてもマイクがありますから、手加減して講義をして下さい」と、お願いしたが、講義の熱さは変わらず手加減はなかった。

先生と最後にお会いしたのは、先生が亡くなる一年二ヶ月前の二〇一四年三月、応動昆高知大会だった。小集会「昆虫生態学の大先輩に学ぶ—伊藤嘉昭大先輩と愉快な仲間達」、この主役としての講演が最後だった。この時もとても熱く「楽しき五十年の挑戦」について語っていただき、楽しく懇親した。

伊藤先生との思い出は、走馬燈のように次々と浮かび尽きることはない。伊藤先生と出会わなかったら、今の私はない。不思議な縁に思う。「縁尋《えんじん》機妙《きみょう》、多逢聖因《たほうしょういん》」と言う言葉がある。「よい縁がさらによい縁を尋ねて発展していく様は誠に妙なるものがある」、「いい人に交わっていると良い結果に恵まれる」という意味だ。先生は、私に良い縁、良い人脈を与えて下さった。伊藤先生と一緒に過ごし、「昭和の快男児」から数多くを学んだことは、私の貴重な財産となっている。先生に心から感謝したい。

22 伊藤さんとクモの糸に導かれた生態学研究

田中幸一　（国研）農研機構農業環境変動研究センター研究専門員。昆虫・クモ類等を対象として、農業生態系の生物多様性、害虫管理などの研究に携わるとともに、進化生態学的視点の研究にも取り組む。

はじめに

私は、大学院に在籍中に、伊藤さんに指導していただき、生態学研究者としての基礎ができた。後述するように、伊藤さんにはそれ以前から影響を受け、また就職後も投稿論文にコメントをいただいたり、後年には古希のお祝いや「伊藤先生を囲む会」をさせていただいたりと、お付き合いいただいた。伊藤さんは、私が大学院に入学した前年に、沖縄でのミバエ根絶事業の主任から、名古屋大学害虫学教室に助教授として赴任されたばかりであった。当時、研究室の院生は、私を含めて他の大学を卒業してから名古屋大学に移った者が多く、それぞれ違った空気をもっているように感じた。また、齋藤哲夫教授は、殺虫剤生理がご専門であるため、その分野の院生もいた。このように、異なる空気を持つ者や異なる分野の者など、メンバーの多様性がきわめて高い研究室であったと言える。このような環境からは、自然に広い分野の知識や考え方を得る機会が得られ、研究の幅を広げることや就職後の仕事に役立った。

本稿では、主に大学院時代に伊藤さんから受けた影響について、いくつか紹介する。さらに、付録を一つ付ける。伊藤さんは、『比較生態学』[1]の第1章「繁殖率の進化」において、生物の卵や子のサイズの進化を、「子にとっての餌の手に入りやすさ」で説明することを提唱した。私は、クモの卵サイズが、この理論に当てはまると考え、これを実証したいと目論んでいたが、未だに果たせていない。現時点でもそれはできないが、その代わりに手持ちのデータを使って、アプローチしてみたい。

出会い

伊藤さんとの出会いは、伊藤さんの著書である。最初の一冊は、大学の教養部時代に読んだ『アメリカシロヒトリ』[2]である。この本は、外来昆虫であるアメリカシロヒトリを昆虫学の様々な分野から研究するグループによる研究成果をまとめたものであり、この分野の著名人が名を連ねていた。もともと昆虫少年であった私は、昆虫の生活史や行動には馴染みがあり、正木進三さんや日高敏隆さんのお名前は知っていた。しかし、伊藤さんのお名前はこの本で初めて知った。伊藤さんは、編者であるとともに、生命表による個体群動態、原産地の推定の章を書かれた。生物の個体数を扱う個体群生態学というものがあることを知って、非常に新鮮であり、その面白さに興味をそそられた。伊藤さんの文章は、必ずしも上手いというものではないが、研究にかける情熱が伝わってきて、引き込まれてしまう。この本でも、幼虫の生態型などから原産地を推定するために北米に渡ったくだりは、わくわくして読んだものである。「お別れ会」(二〇一五年十一月)でご挨拶された方々が、『比較生態学』を読まれて受けた感動を語られていたが、伊藤さんは著書を通して、多くの人(特に若者)に多大な影響を与えられ、その功績は大きい。

さて、アメリカシロヒトリで個体群生態学に興味をもった私は、次に『動物の数は何で決まるか』[3]を読み、ますますその面白さを知った。その頃、四年生の卒業研究をするために研究室を選ぶ時期がきており、私は迷うことなく生態学研究室(教授は小野勇一さん。奇しくも伊藤さんと同じ年にご逝去された)を選んだ。

『動物生態学』[4]や『動物生態学研究法』[4]は、生態学を学ぶ教科書であり、『比較生態学』(私が読んだのは一九七八年の第2版)にも感銘を受けた。特に、第1章ということもあり、「繁殖率の進化」が面白かった。これは、どのくらいのサイズの子をどのくらい産むかという問題であり、特に小卵多産と大卵少産がどのような環境で進化するかを考えるものである。最後の「付録」と関係があるので、内容を簡単に紹介しておく。伊藤さんは、英国の鳥類生態学者のLackによる繁殖率reproductive rateの進化に関する主張[5](Lackの法則と呼んだ)を支持し、それを基本として議論を展開した。詳細は省くが、Lackの法則の要点は、(1)親が子を養育しない動物では、餌が少なく天敵などの危険が小さい環境では大型の卵を少数、逆の環境では小型の卵を多数産む、(2)親が子を養育する動物では、産卵数は養育の度合いと反比例し、餌が少ない環境で養育が発達する、というものである。伊藤さんは、この法則が成り立つか、様々な分類群のデータを用いて検証した。まず魚類を取り上げたが、魚類は産卵数や卵サイズの種間差が非常に大きく、この問題を扱うのに好都合であるためであった。それから、海産無脊椎動物、カエル、鳥類、哺乳類、昆虫(主にハチ目)と議論を展開し、さらには植物の種子数にも及んでいる。このような膨大なデータを用いた論理展開に圧倒された。そして、結論として、繁殖率の進化は「子にとっての餌の手に入りやすさ」という観点で説明できるとし、「多産ストラテジストと少産・保護ストラテジスト」という概念を提唱した。

クモとの関わり

大学院での私の研究テーマとして、伊藤さんは、クモを材料とした研究を勧めてくださった。クモは絶食条件に耐えて、長期間生存することが知られているが、その機構を、エネルギー消費量（呼吸量を測定して調べる）の点から明らかにしようとするものであった。このテーマは、すでに“Preliminary studies”として、[6]手がけられていたものである。私は、虫好きであったが、それまでクモは特別に好きではなかった。しかし、クモをテーマにして以来、クモに対して、特にその行動に興味をもち、その面白さに魅かれた。伊藤さんは、ある研究テーマについて材料を選ぶ際に、独特の勘の良さがあると思う。伊藤さんの勧めでクモを材料に選んだことは、その後の私の研究にとって、大きなプラスになった。

私は、学位を取得したあと、農林水産省の試験場に就職し、イネ害虫の防除に関わることになった。桐谷圭治さんらのグループによって、クモ（特に徘徊性のコモリグモ）は、ツマグロヨコバイなどイネ害虫の天敵として重要であることが明らかにされており、[7]ウンカ・ヨコバイ類とクモとの相互作用、クモなどの天敵に対する殺虫剤の影響などの研究を進めることができた。その過程で、水田にはアシナガグモ属 *Tetragnatha* という造網性のクモが多いことを知り、このクモはコモリグモやコサラグモ（水田に多いサラグモ科のグループ）に比べて殺虫剤感受性が高いことが分かった。[8]それまで、アシナガグモ属はあまり注目されてこなかったが、注目すべきクモであると感じた。私は、それから約二十年後に、農林水産省の委託プロジェクト研究で、環境保全型農業の効果を表す指標生物とその評価法を開発する課題に携わることになった。これは、逆に言うと、農薬など慣行農法の影響を受けやすい生物ということになり、アシナガグモ属はまさにその候補になるだろうと思った。事実、調査の結果、アシナガグモ属は、水田における指標生物として、全国的に適用できることが明らかになった。[9]これは、伊藤さんが巡り合わせてくれた幸運だと感じた。現在、この優れた指標性を利用することによって、水田の生物群集と農法や景観などの要因との関係を解明する研究を展開している。[10]

文献探し

私の大学院時代（一九七〇～八〇年代）には、文献を探すには、もちろんインターネットはなく、大学の図書館に行き、新着学術雑誌を実際に見る、カレントコンテンツでキーワードから論文を探すなどの方法によっていた。名古屋大学には、比較的新しい雑誌は揃っていたが、古い雑誌、特に生態学関連の雑誌は少なかった。

大学の伊藤さんの部屋には、膨大な数の文献（コピーや別刷）がファイルキャビネットに収まっていた。伊藤さんは、ご自身が留守の時でも、鍵を開けて部屋に入って良いことにされていた。そして、論文でも単行書でも読みたいものがあれば、貸出カードに記入すれば、持ち出して良かった。当時の私は、夜型人間で、勉強は専ら夜（特に深夜）にしていたので、しばしば夜中に伊藤さんの部屋で文献を探していた。伊藤さんには、the late Tanakaなどと、からかわれた。伊藤さんのジョークは、人をけなすものが多く、あまり感心するものはないが、ご本人はいたく気に入っていることがあり、「今のは良かっただろう?」などと、同意を求められるので、曖昧な笑みを返すしかなかった。

話がそれたが、伊藤さんは、意外にも（?:）几帳面なところがあり、論文を著者のアルファベット順にきちんと整理されていた。そのため、読みたい論文をすぐに探し当てることができた。もちろん、図書館を通して、他の図書館に所蔵されている文献のコピーを取り寄せることができたが、読みたいときにすぐに読むことができたのは、非常にありがたかった。さて、そのようにして探した文献を見ると、ここかしこに書き込みがあり、伊藤さんの「勉強の跡」が見られた。比較生態学の引用などをみれば、勉強家であることはよく分かるが、実際に勉強した跡に接したことは、大きな刺激になり、「私もやらねば」と思ったものである（どのくらい実行できたか怪しいが）。

しかし、伊藤さんと同じ文献を読んでから、伊藤さんが書かれた著書や論文を見ると、おや? と思うことがあった。時に、引用が正しくされていないことがあった（決して多くはなかったが）。伊藤さんからは、多くのことを学んだが、反面教師として学んだこともいくつかある。「引用は正確に」は、その一つである。もう一つは、サンプル数である。伊藤さんの調査データは、概してサンプル数が多くない。伊藤さんは、せっかちなところがあり、同じことをずっとやり続けるのが苦手であるためではないかと想像している。そこで、サンプル数を増やすことと同時に、「測れるものは徹底的に測ろう」と決めた。人はそれぞれ個性や適性が異なるので、どの方針が正解とは言えないだろう。しかし、私の決めた方針は私には合っていたようである（ただし、後述するように、手を抜いて後悔したこともあるが）。大学院のテーマとして、呼吸量を測定するという、伊藤さんにしてはやや異質な研究を勧められたのは、私に合いそうなテーマを考えられたのではないかと思っている。

付録：「子にとっての餌の手に入りやすさ」からみたクモの卵サイズ

1 クサグモの卵サイズ・クラッチサイズとその変異

私は博士後期課程では、クサグモ（引用文献では学名が *Agelena limbata* となっているが、その後 *Agelena silvatica* に変更された）という造網性のクモを材料として、主に採餌行動に関わる研究をしていた。行動生態学の重要な理論である最適採餌理論では、最適な行動は採餌効率を最大化することであると仮定していた。これは、採餌効率を高めることが適応度を高めるという前提に基づいたものである。私は、そもそもこの前提が成り立つのか調べる必要があると考え、採餌効率（あるいは餌獲得量）と生存率や繁殖成功との関係を調査していた。[11] 雌成体の繁殖成功として、産卵数や子のサイズを調査した。クモは産卵の時、たくさんの卵を糸で包んだ卵嚢を作る。クサグモの雌は、生涯に卵嚢を1個ないし2個（ごく稀に3個）作るだけであり、しかも最初の産卵以後は卵嚢を保護して餌を食べない。そのため、繁殖成功を調べるのには、きわめて好都合であった。

一九八一年に名古屋大学構内で、幼体のときから個体マークを付けて調査していたクサグモのうち、十六個体の雌成体について産卵まで追跡できた。九月下旬に、これらの雌と卵嚢を採集した。卵はすでに孵化し、さらに一回脱皮して1齢幼体となっていた。雌サイズ、総産卵数（クラッチサイズ）、幼体の総重量などを測定し、幼体の総重量は、雌サイズと正の相関、クラッチサイズと負の相関（卵サイズとクラッチサイズにトレードオフ）があることなどが明らかになった。[12] この過程で、1齢幼体のサイズに変異があることに気づいた。しかし、幼体の重量は、卵嚢ごとにまとめて乾燥して乾重を測定したため、幼体個体間の変異は分からなかった。実は、幼体の重量を測定する時、個体ごとに測定するか迷ったが、卵嚢当たり百個体ほどの幼体を個体別に測定するのは労力がかかり過ぎると言い訳して手を抜いた。「測れるものは徹底的に測る」ことにしていたのに……。手を抜いてはいけない、という教訓であった。

それから気をとり直して、調査地外で9個の卵嚢を採集し、今度は個体ごとに1齢幼体の生体重を測定した。思ったとおり、最小1.187 mgから最大6.559 mg、変動係数21.6 %という大きな変異があった。さらに、クラッチ間（雌成体間）の違いも大きく、またクラッチ内の変異が大きいものと小さいものがあることなどが分かった。[12]

2 クサグモと他のクモの卵サイズ・クラッチサイズの比較

前項で、1齢幼体の重量を測定したにもかかわらず、卵サイズに言及しているが、卵生体重と1齢幼体生体重には高い相関（r^2 = 0.972）があることから、1齢幼体の重量は卵サイズを表していると考えて良いであろう。クモの卵サイズをレビューしたMarshall and Gittlemanは、[13] 三十三種のクモの卵生体重を載せており、平均値を計算すると0.64 mg（レンジは0.11～2.10 mg）であった。これに対し、クサグモの平均値は3.00 mgであり、クモの中で非常に大卵を産む種であることが分かる。一方、クモのクラッチサイズをレビューしたEndersの結果[14]（体サイズとの関係）とクサグモの値を比較すると、クサグモは体サイズの割にクラッチサイズがきわめて小さい（図1）。つまり「大卵少産」型のクモと言うことができる。

3 クサグモの大卵少産の説明

それでは、伊藤さんの「子にとっての餌の手に入りやすさ」によって、クサグモの大卵少産を説明できるであろうか。手持ちのデータを使って、それを試みた。クサグモは、住居や餌捕獲の機能をもつ網を造るが、この網はトンネル状住居、シート網および迷網《めいもう》から成る。シート網は、シート状に糸を密に張った水平の網であり、迷網はシート網から上方に不規則に張られた糸である。餌昆虫が迷網にぶつかるなどしてシート網に落下すると、クサグモはシート網の端にあるトンネル状住居から飛び出して、餌を捕獲する。つまり、シート網が餌を捕獲する場所であり、シート網の面積が餌の捕獲量に影響する（例えば比例する）と考えるのは妥当であろう。一方、クサグモの網は造るのに非常にコストがかかるが、[15] コストの大部分をシート網が占める。つまり、大きなコストをかけないと餌が捕獲できないと言える。

大卵あるいは大型の1齢幼体の意味を論じるには、1齢幼体のサ

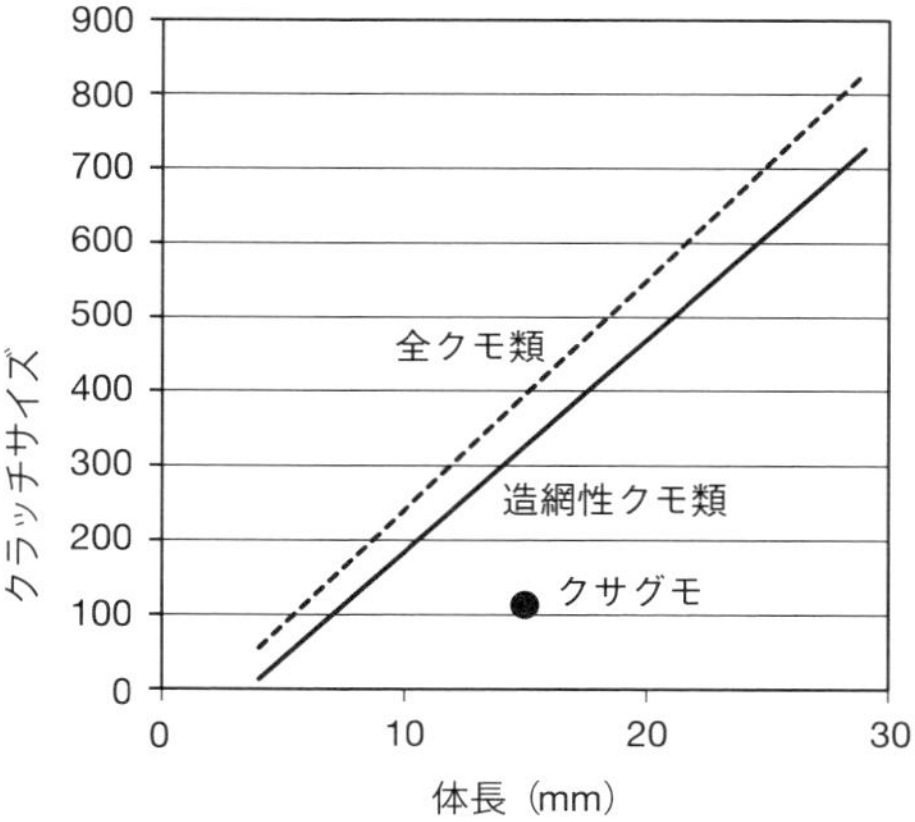

図1 クモの体長とクラッチサイズの関係。直線はEnders[14] の回帰式から描いた。（Tanaka[11] を改変）

イズとシート網の面積やコストとの関係を調べる必要がある。しかし、残念ながら、1齢幼体だけでその関係を解析するデータはない。そこで、他の齢のデータを加えて解析してみた。図2は、1齢から4齢までのクサグモについて、クモ生体重とシート網面積の関係を表したものであり、二次曲線で回帰できた。この回帰式を用いて、1齢幼体初期（平均生体重2.485 mg）におけるシート網面積、網の乾重、網を造るコストを算出した（表1）。そして、1齢幼体サイズが小さくなった場合と大きくなった場合を想定して、0.5, 1, 2, 4 mg の生体重に対するそれぞれの値を計算した。それらを比較する目安として、生体重当たりの網のコストを用いた。小型になると、網の相対的コストが、急激に大きくなることが分かる。逆に大型になると、網の相対的コストは小さくなるが、小型になるのに比べてその違いは小さい。一方、大卵を産むとクラッチサイズは反比例して小さくなるであろう。大卵による網の相対的コストの減少と、小卵によるクラッチサイズの増加とのバランスによって、最適な卵サイズが決まると考えている。クサグモにとっての餌の「手に入りにくさ」は、餌を捕獲するための網のコストが大きいことと言えるであろう。ではなぜコストのかかる網を造るのか。それは、この網に粘着性がないことと関係がある。オニグモやコガネグモなどが造る円網は、粘着性があるため、少ない糸で餌を捕獲できる。それに対し

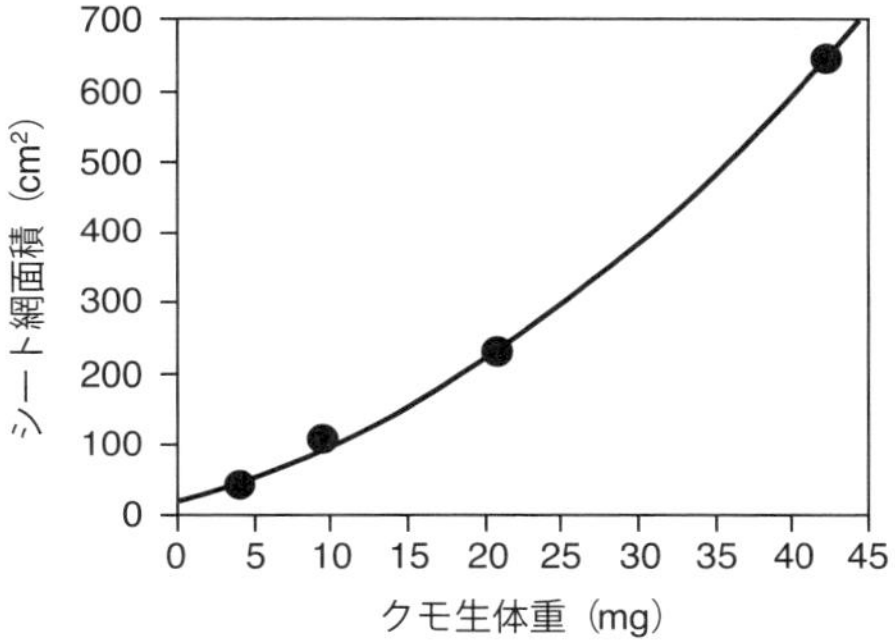

図2　クサグモ幼体の生体重とシート網面積の関係。1齢〜4齢の各平均値[15]から計算した。

表1　クサグモ1齢幼体の生体重とシート網の面積，重量，コスト

生体重 (mg)	網面積 (cm^2)	網重量 (mg)	網コスト (cal)	網コスト/生体重 (cal/mg)
4	48.1	0.238	1.53	0.38
2.485	37.2	0.183	1.18	0.48
2	34.0	0.167	1.08	0.54
1	27.6	0.135	0.87	0.87
0.5	24.6	0.120	0.78	1.55

網面積は図2の回帰式から計算した。
網重量と網コストは網面積から計算した[15]。

て、クサグモの網は粘着性がなく、シート網がまばらな糸でできていれば、糸の間から餌が逃げてしまうことが多いであろう。しかも、これだけコストをかけても、クサグモの餌捕獲量は、他の造網性クモに比べて少なく、[16] クサグモにとって餌は手に入りにくいようである（粘着性のない網には利点もあるが、[15] ここでは省く）。

さて、ここで行った解析は、1齢以外のデータも用いた外挿であって、正当な方法ではない。ほんの試案ととらえていただきたい。本来は、1齢のデータだけ用いて解析すべきである。さいわい、1齢幼体サイズの変異が大きいため、サイズの違いの影響を実験的に調べることが可能である。また、それによって、なぜ変異が大きいのかという問題に対して、答えあるいはヒントが得られるかもしれない。時間と体力があれば、いつか「楽しき挑戦」をしたいと思っている。なお、拙文を読まれた方が、先を越していただいても一向に構わない。

おわりに

現在（二〇一六年十月下旬）、伊藤さんがご逝去されて一年半近く、またお別れ会をしてから一年近くがたつが、伊藤さんの印象は薄れるどころか鮮明によみがえってくる。伊藤理論を援用した解析モドキをしてみたが、「ひどさ！」という声が聞こえてきそうである。私は、昨年定年退職した後、再雇用の契約職員（いわゆるパート職員）として働いている。伊藤さんの「原著論文を書き続ける」という教えを実行している点だけは、[17]「わりあい良くやっている」と言っていただけると思っている。

23 お茶目で寂しがり屋の伊藤嘉昭さん

中牟田 潔　千葉大学大学院園芸学研究科教授。専門は化学生態学。現在はガ類やカミキリムシ類を中心にフェロモンの働きや化学構造の解明、および生物被害制御への応用を研究している。

私と伊藤さん（先生と呼ばれることを嫌い、当時から院生連中にも伊藤さんと呼ばせていたので、ここでもこう呼ばせていただく）のつきあいは、大学院一年の夏からなので、あらかた四十年になる。私は昆虫行動学、化学生態学と専門を歩んできたので、伊藤さんが直の師匠というわけではなかった。それでも、大学院時代、「オーバードクター」時代、職を得てからもなにかと研究者人生への助言をいただくとともに、叱咤激励された。ここでは伊藤さんとのエピソードを紹介し、伊藤さんの性格の一面を振り返って送る言葉としたい。

伊藤嘉昭さんが名古屋大学農学部害虫学教室に着任されたのは、一九七八年の夏、私が大学院に入って一年目の夏だった。沖縄のウリミバエ不妊虫放飼の研究・事業で成果をあげた有名人で、鳴り物入りの着任だった。当時在籍していた院生の中にはかなり身構えた者もいたと思う。実際我々学生に対して、「研究者たる者、毎日英語の論文を一編は読め」、「論文はイントロ、材料と方法、空欄のある表や図を用意してから、実験・調査をやれ」、「一年に一編は論文を書け」と、ことある毎に言われたことを憶えている。当時、私はすでにナナホシテントウの捕食行動をテーマに行動学的な研究を開始しており、副指導教員の立場からキツイ言葉をよくいただいた。その言葉の中には、今自分が教員の立場になって決して学生に向かって言えないような言葉も多々あった。

名大・害虫学研究室では外国から研究者が訪ねてくると、ウェルカムセミナーと称して院生・学部生も自分の研究を十～二十分話す機会を与えられた。話すと夜の歓迎会に無料で参加できるというインセンティブがあったので、学生は拙い英語を駆使して努力したものである。齋藤哲夫教授も伊藤さんも海外の研究者に知り合いが多く、ウェルカムセミナーは結構な頻度で開催された。海外からのゲストを交えた宴（一次会）が終わると、伊藤さんは必ず「おい、日本語で飲みに行こう」と学生を誘うのです。当時は面倒だなと思ったこともあったが、伊藤さんはじつは大変な寂しがり屋だったのだとつくづく感じた。研究室で論文を書いたり、虫の標本を作ったりするのも自分の部屋ではなく、教員や学生がお茶に集まる部屋でやることが多く、皆が迷惑していた面もあったが、これも寂しがり屋の一面を示すものだと思う。

一九八四年に、当時西ドイツのハンブルグで国際昆虫学会が開催された。「研究者としてやっていくには投資が必要だぞ。学会からもらえる援助だけでは十分ではないだろうが、私費を投じてでも是非行って話してこい」と勧められた。日本応用動物昆虫学会から国際交流基金による援助をもらって出席し、ナナホシテントウの餌探索行動について口頭発表をした。学会ではアブラムシの研究で著名な英国のTony Dixon教授や昆虫の探索行動を研究していた米国のBill Bell教授（残念ながら早世された）と親しく議論する機会が得られ、その後の研究におおいに役立った。帰国後にBillから同じ年の暮れに開催されたアメリカ昆虫学会のシンポジウムに招待されると、伊藤さんは満足げに「なあ、だから投資はすべきだと言っただろう」としたり顔でニヤニヤされていた。BillやTonyにはその後論文を校閲してもらったり、職探しを応援してもらったりと、伊藤さんの勧めにしたがったおかげで、とても良い関係を持ち続けられた。改めて感謝したい。

私が大学院に在学していた当時は、今と違って大学院在学五年で博士学位を取る者の方が少なかった。私も博士過程を満期退学した後二年弱余分にかかった。一九八四年の七月だったと思うが、やっと学位論文の下書きを齋藤教授に提出し一息つけたのとほぼ同じタイミングで、夏の恒例で研究室旅行に出かけた。行き先は福井県の小浜方面で、当時名古屋から東海道本線－北陸本線－小浜線と走るディーゼルカーの急行列車に乗った。博士論文の下書きを旅行前に提出してほっとしていた私は名古屋駅で列車に乗るなり、ビールを買って寛ごうした。と、伊藤さんが対面に座り、列車が動き出したら、なんと私が提出したばかりの下書きを鞄から取り出し、直し始めたのである。それも「こんな日本語あるか」、「無能！」とか、私に聞こえるように口走りながらである。これは伊藤さん流のお茶目な悪戯なのだが、当時はそのように解釈することも出来ず「なんだこのオッサンは」と不機嫌になったものである。今の時代なら「アカハラだ、パワハラだ」と騒がれそうな言動であったが、今となっては懐かしく思い出される。

その後無事博士学位を取り、日本学術振興会の特別研究員に応募していた頃、Mark Ridley著の*"Animal Behaviour"*を研究室で読んでいたところ、「中牟田、その本を翻訳する気はないか？」と尋ねられた。私がキョトンとしていると、「動物行動学のよい教科書がないから、君にその気があるなら、蒼樹書房に紹介してあげる」と言われた。伊藤さんとの共訳かと思いきや、「一人でやれ、訳者も単名で、監訳もいらん」と言われた。売れ行きに関わると思われたが、蒼樹書房の仙波喜三さんも太っ腹で伊藤さんの提案に同意され、ドクターを取り立ての職なしが単名で翻訳本を出版することになった。幸い色々な大学で教科書として使ってもらえたようで、詳しい部数は記憶にないが十年間で三回印刷されたのでそれなりの部数が捌けたようである。他にも当時の害虫学教室ＯＢには伊藤さんの奨めで若いときに著書や翻訳書を出版した者がいるが、名前とか年齢に関係なく仕事を任せてくれる伊藤さんのスタイルは当時もすごいと感じていた。

伊藤さん宅新年会（1985 年 1 月 4 日）。

その後、私が森林総合研究所に就職してからも、千葉大学に転職してからも、時々論文の別刷りとともに叱咤激励の手書きの手紙をいただいた。最後に伊藤さんにお会いしたのは、二〇一四年三月に高知で開催された日本応用動物昆虫学会大会だった。小集会ではスライドとまったく合わないマイペースで話され、その後の懇親会では昔に比べるとはるかに少ない酒量で酔ってよろける伊藤さんだったが、それでも別れ際に「今の大学は昔に比べて大変だろうが、頑張れ」とここでも叱咤激励していただいた。今思うと常に激励してもらっていたのだと、本当に感謝したい。この言葉を忘れずに日々を過ごしたいと思う。

24　大発見、おめでとう

小野 知洋　金城学院大学国際情報学部教授。主な研究分野は、昆虫の性フェロモン、昆虫の行動生態学、東海地方の湧水湿地の保全。

私が大学院を修了しオーバードクターを経由して金城学院大学に職を得たのとほぼ入れ替わりに、伊藤先生は名古屋大学に着任された。伊藤先生とはそれ以前も学会等でお目にかかっていたが、当時の自分の専門分野がフェロモン関係の仕事であったこともあって、直接の接触はあまりなかった。というより、学会の生態学関係の会場での討論を垣間見て、その論客ぶりにむしろ距離を置いていたという方が正しいかもしれない。しかし、金城学院大学に着任の後、金城学院大学内の湿地に生息していたハッチョウトンボ（残念ながら、その後この場所では絶滅してしまった）の調査を、当時の名古屋大学害虫学研究室の方々と行う中で、時々お目にかかることとなった。さらにその後、名古屋大学の助手だった椿宜高さんの本格的なハッチョウトンボの行動生態学的調査に私も加わったことから、研究面でも伊藤先生との接触の頻度が高まった。

一九八二年に日本動物行動学会が発足した。当時、「行動生態学」の刺激的な発想が日本の動物研究者にも広く行きわたりだした時期であった。椿さんとのハッチョウトンボの調査をきっかけに、行動生態学にすっかり魅せられていた私も、遅ればせながらそこに乗り込んでいった一人である。そんな背景もあって、その後アオマツムシの精子置換の研究を行った。ほぼ同時期に福島の横井直人さんがキボシカミキリで証明した例と併せて、トンボ以外で精子の抜き取りが確認された初めての例であった。おそらくこの仕事で、伊藤先生は私を行動生態学の研究者として認知して下さったのではないかと感じている。アオマツムシの論文を出した翌年に、伊藤先生からの年賀状に「大発見、おめでとう」との添え書きをいただいたことを今も覚えている。行動生態学に関わりを持ちたいと思っていた者にとって、このメッセージはたいへん勇気づけられる言葉だった。そんな経緯から、一九九二年に、コオロギにおいて交尾の際にオスがメスに精包などを通じて栄養供給をしているという興味深い研究を発表していた、トロント大学のD.T. Gwynne氏を招いたシンポジウムが金城学院大学で開かれた。直後に北京で開催された国際昆虫学会議に参加される途中に立ち寄っていただいたもので、伊藤先生がアレンジをして下さった。私にとっては思い出に残る一時であった。

日本動物行動学会に関しては思い出がある。一九八二年の旗揚げの第一回大会は初代会長であった日高敏隆先生がおられた京都大学で開催されたが、日高先生の発案でポスターセッションを発表の中心とするという形式で行われた。それを反映して、その後しばらく、懇親会の乾杯の発声者はポスターナンバー一番の発表者が行っていたと記憶している。第一回大会のポスターナンバー一番は伊藤先生であった。当然乾杯の音頭をとるはずだったのだが、何かのご都合で懇親会に出られなくなり、二番であった私にそのお鉢が回り、映えある第一回の乾杯をさせていただく栄誉に浴した。この時の写真は日本動物行動学会ニュースレターNo.1の表紙を飾っている。

伊藤先生はその後名古屋大学で定年を迎えられ、沖縄に移られたために一時接触の機会が少なくなったが、沖縄から名古屋に戻られてからは折につけ、お目にかかる機会が増えた。名古屋大学時代になじみ深かった大学院生などの多くが卒業し名古屋にいないこともあって、多少とも顔なじみの私のことを思い出して下さったのであろう。当時、学会の発表形態がそれまでのＯＨＰやスライド発表からパワーポイントへと移り変わる過渡期であった。パワーポイントの作成に不慣れだった伊藤先生はこれを少々苦々しく感じておられたようで、「発表がやりにくくなって困る」というようなことをおっしゃっていた。やむを得ずパワーポイント発表をせざるを得ないときにご連絡をいただいて、作成のお手伝いをした記憶がある。今思えば、先生の発表に側面ながら少しでも貢献できたのはうれしいことである。

私は伊藤先生と野外調査を行ったことが一回だけある。私の居住地のすぐ近くにある川の土手に、五月にクロハネシロヒゲナガガという実に奇妙なガが出現する。ヒゲナガガの成虫はその名のとおり、オスが異常とも言える巨大な触角を持つ特異な形態をもつ。飛んでいる姿を見ると、まるで触角だけが飛んでいるかのような姿であり、一体、この触角がどのような機能を持っているのか、たいへん疑問に感じていた。私は伊藤先生にこのガの話をしたところ、先生も関心を持ってくださって「一度見に行く」とおっしゃり、その後、数回ご一緒に観察を行った。ハンチング姿のいつものいでたちで、論文等がぎっしりつまったものすごく重いカバンに加えて、ポータブルビデオカメラまでも持ってきてくださった。残念ながら、結果的に何もはっきりしたことがわからずじまいで調査は終了してしまった。その後ゆっくり観察する機会がないままになっているが、間もなく私も定年を迎えるので、もう一度、伊藤先生の姿を思い出しつつチャレンジしてみたいものだと思っている。

先生のご冥福をこころからお祈りしたい。

25 ある本の出版のこと

藤田　和幸　森林昆虫を中心とした生態学、および関連する統計的処理が専門分野。一九八六～二〇一一年 森林総合研究所勤務などを経て、現在東京農業大学非常勤講師。

伊藤さんにはずいぶんお世話になった身ですので、様々なことを感謝しながら思い出します。そのなかで、この文章が活字になるとすれば本間陽子さんのところから出るそうですので、伊藤嘉昭監修、粕谷英一・藤田和幸著『動物行動学のための統計学』(1)についてご紹介します。国内外の動向を頭に入れて、周囲の動きをすくい上げ、人脈を生かして様々な人とくっつける伊藤さんの仕掛け能力の凄みに触れられるエピソードかと思います。

この出版からさかのぼること二年ほど前、粕谷さんと私は伊藤さんに呼び出されて、「行動学者を対象にした統計学の本を出さないか。粕谷だけでも書けるだろうが、藤田を入れるのは就職活動のためである。本間陽子に話をもちかけたい。」とのご提案。当時、伊藤さんは名古屋大害虫研の助教授、粕谷さんはそこのドクターコースの大学院生で行動生態学者、藤田はコースを終了した、いわゆるオーバードクター状態で行動生態学には縁がうすい存在、本間さんは東海大学出版会の社員さんでした。結果的にはこの本を使った藤田の就活はうまくいったのですが、それはともかく。

伊藤さんが沖縄県から名古屋大に移られたのは一九七八年です。当時は伊藤さんについて、沖縄でのミバエ研究・事業の成功もあって、大学に移ってこられたとはいえ、「なぜ伊藤さんが社会生物学、行動生態学を」とか、「伊藤さんには引き続き害虫防除・管理の新たな可能性を切り開くリーダーであってほしい」という感想がなかったわけではありません。ただ、伊藤さんはお若いころ名著『比較生態学』(2)を著されたほどの方で、確かこの頃改訂版が出ていたはずです。

伊藤さんの一九八〇年のご著書『虫を放して虫を滅ぼす』(3)にこんな文があります。「……最近、○○君は△△大学農学部の助教授に採用された。大学で熱心な学生を何よりもひきつけるものは教官がオリジナルな研究を熱心に行い発表していることであるから、○○君もいよいよ自分の学問の道を明確にせねばならぬことになった」。当時の若手研究者は、伊藤さんの著書は隅から隅まで舐めるように何度も読むのが当たり前でしたので、この文をご記憶の方も多いと思います。私自身大学の先生というのはそういうものなのだと今でも頭に刻み込んでおります。この○○君は伊藤さんのかつての同僚だった方ですが、○○君を伊藤さんに置き換えれば、沖縄時代の成功イメージを振り払って社会生物学、行動生態学へ邁進するお姿を象徴するような文ではあります。

さて、最初のご提案から一週間ほどしてまた呼び出され、「本間陽子は、『学生が著者では売れない。伊藤さんが監修で入ってくれれば出す。』と言っている」と告げられました。粕谷さんとしては、動機も含め引っかかることはあったでしょうが、行動学、統計学についての研鑽の成果を形にできるという思いはあったのでしょう。すぐさま執筆を開始することになりました。粕谷さんはその後も一貫して様々な形で若手研究者をエンカレッジしつづけていますが、この本はそうした活動のごく初期のモニュメントです。

この本を出す趣旨を改めて述べますが、伊藤さん、粕谷さんに、欧米主導で発展していた仮説検証型の科学としての新しい動物行動学を日本でも発展させたいという考えがもとにあって、これも急速に発展していた、従来とは違う行動学向けの統計的手法をひろく研究者に紹介して実際に使ってもらいたい、ということでした。この考えはきわめて明快で、門外漢の藤田にも理解できました。

正規分布を仮定できれば、平均とか分散といったパラメータは強力な武器になるのですが、多くの行動学のデータのように、正規分布を仮定できない場面では、適用場面がよりひろいノンパラメトリック統計の手法（以下、ノンパラと略す）が有用です。ノンパラについては、他の分野でも、本来使用には厳しい制約がかかるにも関わらず野放図に使われている正規分布を前提とする方法に代わって、ひろく使われるべきことを訴えたいのもこの本の趣旨です。その後、保全生物学という、これも正規分布とはそりの合わない学問分野の隆盛もあって、ノンパラはさらに普及し、またコンピュータの普及と高速化で、コンピュータの利用を前提とした様々な統計的方法が発展しました。いままでアイデアはあっても手順が煩雑で実用化されなかったやり方も、コンピュータの力を借りることで統計的方法として開発がすすむ予感はありました。振り返ればそうしたトレンドはすでに始まっていて、結果的にこの本も乗ることができました。

この本の執筆に際しては、当時研究室の助手をされていた椿宜高さんが科研費で購入されたマイクロコンピュータが活躍しました。当時アメリカで売れていたらしいタンディ・ラジオシャック社のマシンで、演算速度が遅い、記憶媒体がカセットテープで、書き込み、読み取りが遅い、ＢＡＳＩＣ機なのですが、すっかり粕谷さんの相棒になりました。ちなみにこの本の執筆中にＮＥＣの９８一号機が発売され、またたく間に日本中が９８シリーズに置き換わりました。

できあがった本はどうみても粕谷さんの単独著で、伊藤さんと藤田は、本間さんと並んで謝辞の対象が妥当だと思えます。一刷で大量のミスが出たことと、伊藤さんも含め著者の売る努力が低かったことで、本間さんに申し訳ないことをしました。

しかし、確かに粕谷さんの本とはいえ、コンピュータ以外にも周囲の好条件が助けていることは間違いありません。たとえば、研究室には行動学で実際データをとっている人が何人かいて、粕谷さんも私も、研究者と意見のやり取りをしたり、実際に方法を試してもらったりしながら原稿を書いていくというスタイルで原稿が書けました。伊藤さんはここらをちゃんとみていて、生かし方も常に考えておられるようです。

本間さんがたぶん伊藤さんの指示で完成した本をあちこち配ったおかげで、学会誌等の書評にとりあげていただきました。評は概して「早すぎた」、すなわち学問として未整理、著者が未熟、という論調です。これらにより、「新しい行動学」、「新しい統計法」の旗印も十分に伝わらなかったとしたら残念なことです。ただ、「早すぎた」という言い方には、「今は問題はあっても、芽をつんではいけない」という意味が含まれるのだと理解しました。伊藤さんは若い頃からずっとこうした声を乗り越えてこられたのだと言い聞かせたものです。しかし、長年経ってからも、第一線で活躍されている研究者、学会でのリーダーになられている何人かの方々から「まずは、この本で勉強した」とか声をかけてもらえました。

最後に当時の出版についての感想です。当時の国内若手にとっては、本を出すのはもっぱら大家、つまり伊藤さんとか桐谷圭治さんとかで、自分らがかかわることは考えにくい状態でした。それに対して、海外で出版される大著、教科書の類が若手研究者によって著されていること、出版が就活の手段になっていることも、伊藤さんや巌俊一さんから教えてもらって、ずいぶん違うものだという感想でした。考えてみますと、伊藤さんはお若いころから本を出版されていて、そのままの状態が四半世紀続いていたわけで、その凄みで若手の出番はありませんでした。さすがに一九八〇年代になると若手も本を出すようになりましたが、本屋さんとの付き合い等々で、大家の先生方の後押しというか引っ張りがあってはじめて実現するのが実情で、この本はまさにその典型なのです。

26　名大伊藤スクールへのレクイエム

辻　和希　琉球大学農学部教授。アリなどの社会性昆虫の進化生態学が専門。国際社会性昆虫学会日本地区会長。琉球大学博物館長と鹿児島大学連合大学院教授を兼任。

アマチュアはやめろ

大学院進学後すぐ、伊藤さんに呼び出された。「君は昆虫のアマチュアだな。アマチュア経験を持つプロの昆虫学者は強い。しかし研究は趣味とは違う厳しい世界だ。もし研究者になりたいのならアマチュア活動はもうやめろ」というようなことをいわれた。時は一九八四年、ジョージ・オーウェルの小説の舞台となった「近未来」の年、だったはずだがもう三十年以上前の過去だ。

アマチュアとは、コレクターとか飼育マニアなどの市井の昆虫愛好家の総称である。当時応動昆大会などにいくとよく聞いた、害虫防除とかを研究している職業研究者と差別化をはかるためのやや侮蔑的な名称である。しかし、私はこの教えを無視して大学院でも隠す事もなくアマチュア活動を続けた。稲武の演習林に籠り糞虫の研究をしていた先輩の安田弘法さんを尋ねる途中、同級生の堀江幹也さん（現石原産業）や先輩の田中幸一さんらとクロミドリシジミを採集したり、応動昆が札幌で開催されたときには延泊しレンタカーで研究室のメンバーと昆虫採集ツアーをした。そうこうしているうちに、伊藤さんが以前と正反対のことを言い始めた。「近頃の学生は頭でっかちで昆虫のことを良く知らん。昆虫採集経験くらいあったほうがいい」的なことである。「アマチュア経験を持つプロの昆虫学者は強い」の方がバランス的に重要になったと思い始めたのか、寂しがり屋の伊藤さんが単に学生と一緒に遊びたくなっただけなのかはわからない。その末、段戸裏谷で研究室昆虫観察ツアーをやることになった。毒蛇に何度も遭遇するツアーだったが面白かった。

「昆虫少年」をしばしば指導する立場になったいま、基礎的科学を進める上でのナチュラリスト体験の重要性は、たぶん伊藤さん以上に感じている。なぜならアマチュア活動は、学力に自信のある今の若者がなぜだかなりたがるという医者や弁護士を目指すときの「役に立ちたい」という動機とは違う、基礎科学と同じで純粋に好奇心に突き動かされた行動だからだ。いわゆる「研究者向き」でない昆虫マニアの学生が多数派ではないもののいるのは事実である。しかし学生はまだ昆虫で食べているわけではない。研究で食べる事はかなりの程度適性の問題だから、趣味の昆虫採集をたとえ禁止したとしても、研究者に向いていない人、純粋な好奇心の矛先を科学にシンクロできない人がプロになるのは困難だと思う。

今思えば、実のところ私は昆虫マニアから見れば「素人」。伊藤さんが『一生態学徒』で批判した五時になるとさっさと帰宅し好きな昆虫をいじり始めるような筋金の入ったマニアではなかったのである。

ところで、私よりひと世代ふた世代前の先輩でやはり伊藤さんに公的私的に指導を受けた「元昆虫少年」の中には、アマチュアだったことをひた隠しにしている人もいた。あれも改宗みたいなものだったのか。

論文を書かない奴は滅びる

やはり修士に入ってすぐ、たぶん学会の地区会かなにかにいく電車の中だ。伊藤さんはいった。「研究者になりたいのなら論文を沢山書け。先輩を見習うな。Aは厳しい、Bも厳しい。Cはわりかしいい、彼は論文を書いている」。論文を書けという教えは以後耳にタコができるほど聞かされたが、このときの先輩院生に対するあまりに歯に衣着せぬ評価には私はなんだか背筋がぞっとした。しかし実際この発言どおり、ここで評価の高かった人はやがて研究職に就き、評価の低かった人は研究業界から去っている。

私はこの指導方針については素直に従った方だろう。伊藤さんは原稿を持っていくと「良く書いた」と褒め、すぐに直して返してくれた。だからたぶん乗せられたというのが正しい。でも、学生を指導する立場になり、強調したいことがある。英語論文を書く事に関して私が一番勉強したのは、ポスドク時代、伊藤さんから独立した後だ。

業績主義を指導された学生は、論文が出はじめると、往々にして次を早く書こうと急ぐ。任期制のポスドクくらいのキャリアの人にはとくにこれが良く当てはまる。いきおい、書きなぐった雑な原稿が却下の山を作るのである。この状況はポスドク時代の私にまさにあてはまっていた。

なんでそうだったのかは、当時論文をどう書いていたか思い出せば明白である。大学院在籍中はまずは伊藤さんにみせて「わかる」レベルに直してもらっていた。まだ専門業者による英文校閲が普及していない時代である。本書の他の寄稿でも書かれているように、確かに伊藤さんの英語は「根性英語」だった。しかし師の名誉のために言いたいが、それは不細工だけれどいいたいことがわかる、骨太の英文だったのである。伊藤さんに見せた後、さらに知りあいの外国人研究者（これも伊藤さんが招聘等で作ってくれたコネ）にみせることも、とくに外国雑誌に投稿した場合には多かった。

要するに、独立後は最初の伊藤フィルターがなくなり、結果「わかるレベル」に達していない原稿を、厚顔無恥にも投稿していたのである。却下の山は当然だろう。実は博士コース在学中すでに「辻の原稿が却下されたのは英語の問題」と、おそらく査読に関わったと思われる複数の外国人研究者から聞いたことはあったのだが、当時の私はことの重大性を理解せず軽く受け流していた。“*Evolution*”の査読者から“English is extremely poor”ともいわれたが、「レフェリーバカ、エディターボケ」くらいに感じていて、あまり反省していなかった。若気の至りである。

転機は二度目のポスドク、ドイツ留学中に来た。このとき、当時としては斬新な内容の「勝負論文」を書いていた。世界でも内容を正しく理解できる人は稀で、少なくともコネがある人にはいなかった。また、誰が査読で立ちはだかるかも判っていた。そしてその査読者が理論的エッセンスや材料の特殊性を正しく理解しないだろう事も。

なんとか自力で投稿可能なレベルにまで原稿を仕上げねばならない。この頃になると、英文校閲業者がすでに存在していたが、ドイツ留学中の私に、留学前の研究成果を英文校閲に出す研究予算などなかった。かわりにやったこととは、ひたすら丁寧に時間をかけること。すなわち、自分の文章を時間を置いては「他人の目」で見て改訂を繰り返す、これだけだった。かくしてこの勝負論文は、書き始めてから掲載まで五年を要したが、この真剣勝負で私は英文論文執筆のスキルを職業研究者として恥じない程度のレベルにあげることができたと思っている。カバーレターでは査読者や編集者と戦ったが、自分の感覚では「バカな相手を英語で説得する羽目になっちまった」だったが、これも英語スキルアップに貢献したのはいうまでもない。人に頼らない。山に籠る修行のようだった。

教員となったいま思うことがある。生態学のプロジェクトが大型化する傾向のなか、博士取得後も元指導教員との共著が続くことが多いだろう。英文プルーフィングサービスも研究費さえあれば利用し易くなっている。今日の若手生態学者を取り巻くのはそんな環境である。そんななかで自力で「不細工でもわかる文章」を書く訓練をする機会は十分あるだろうか。またそんな時間のかかるスポ根的修行をする気概のある学生がどれだけいるだろう。雑に書きなぐっても英文校閲にだせば何とかなると考えている輩が多くないか。しかしそれでは絶対に成長しないと思う。その前に、そんな原稿はたぶん専門家でない校閲業者に見せても、正しく直ってこないだろう。師からの巣立ちは、たとえ共同研究が続くにしても重要である。

博士論文公聴会は昭和天皇の葬儀の日

一九八九年の春に私の博士論文の口頭試問審査会が開かれた。その日は昭和天皇の葬儀「大喪の礼」の日で、確か二月二十五日だった。大学も閉庁されていたと思う。伊藤さんはわざとこの日に審査会を開いた。日程を決めるミーティングに私も居たからこれは本当である。喪に服すのが思想的に嫌だったからだろう。審査は滞りなく行われ、無事博士の学位が授与されたが、後日別の教授から聞いたところ、なぜその日に審査会を開いたのかという苦言が教授会では出ていたそうである。喪に服さなかった伊藤さんが追悼されている今、この記憶をトリビアとして書き残す。

かわいい弟子には旅をさせろ

実際には伊藤さんはこのような表現をしなかった。聞いたのは「研究ポストがあったら世界の何処にでも行く覚悟でいろ」、「学生・研究者は節目節目でよそに移るべきだ」というような発言である。

私も修士一年のときに、名古屋大学に客員教授として招聘され、後に生涯の心の恩師になるウーリッヒ・マシュビッツ教授（フランクフルト大）に付き添い、現岐阜大学教授の土田さんと三人で福井の小浜の発心寺というお寺に禅の修行に行った。英語で会話する最初の機会だった。博士一年では、ミュンヘンで開かれた国際学会の後に、このマシュビッツ教授の運転で、今では伝説の研究者である湯島健さん、伊藤さん、松本忠夫さんとドイツアルプスを旅行した。アウトバーンで危険な目に遭ったが（伊藤さんのせい）、これらはみな楽しく貴重な経験である。しかしそれは、終わりの見えない旅立ち（ジャーニー）とは違う。

ここでは、旅立った名古屋大学の同窓生のエピソードを書き残したい。

速水鋭一さんは研究室の六年先輩だった。かなり内気だが打ち解ければ冗談好きなお茶目な人だった。その頃普及し始めたPC98パソコンに実装されていたN88-Basicのプログラミングを究めた鉄人でもあった。当時の名大害虫学研究室では、統計解析のほぼ全てが速水さんの自作ソフトで行われていた。

また、後輩が頼めば論文に書かれている特殊な計算ができるプログラムを作ってくれた。いわゆる「速水統計プログラム」は他大学や農業試験場などでもコピーされ当時かなり使われていたそうである。これは市販の統計アプリケーションが普及してくる一九九〇年代初め頃まで続いた。

統計ソフト作成に限らず、速水さんは頼まれたら断れないいい人の典型だった。私は、自分の研究に重要な論文がフランス語だったとき、フランス語が第二外国語だった速水さんに割と軽い気持ちで相談したことがある。するとなんと、週明けに和訳をもってきてくれた。それくらい「仲間は助け合わねばならない」という共同体哲学を自然体で具現化した人だった。

そんな中で、伊藤さんは、博士取得後職もなく研究室でうろついているオーバードクターに対し、今後博士学位取得後三年たった者は研究室には席を置かなせいと宣言した。自ら動いて職への活路を見つけさせようとする意図があった。若手の任期制は西洋の大学では当時でも普通だったが、これを真似たのかもしれない。しかし、当時日本でオーバードクターといわれていた人たちは、決して居候や、ましてやスタッフではなく形式的には研究生としてむしろ授業料を払っていた学生の立場である。伊藤発言は人権侵害だと、院生やオーバードクターのあいだでは戦々恐々となった。一九八七年頃だろうか。

伊藤さんのこの無理なミッションを速水さんは愚直に実行し、九州方面の衛生昆虫の研究室に移り研究生になった。やがてその縁で害虫防除コンサルタント会社に就職されたが、不幸にも一九九三年に急逝された。

九州へ旅立つ速水さんを名古屋駅で見送ったのは私だけだった。今でも思い出す。「さいなら。見送りなんかに来なくてよかったのに」。これが速水さんと直に交わした最後の言葉だった。いい人は長生きしない。

上野秀樹さんは名古屋の大学院では七年後輩で、実際に一緒だったのは彼が修士二年で、私が一度目のポスドク（沖縄）が終わり二度目のポスドク（ドイツ）へ行こうとする矢先、手術が必要な大きな病気が判明し、留学を遅らせ古巣に研究生として置いてもらいながら名古屋の実家で養生した、その一年だけだ。

彼ほど伊藤さんの推奨どおりに研究室を渡り歩いた人はいない。学部は帯広畜産大である。そして修士は名古屋大学に来た。彼は精子競争に興味を持ち、名古屋では椿さんに指導してもらおうと考えていた。しかし、大学院の合格発表の日に（あるいは入試の日だったたか）椿さんの国立環境研への異動が公表されるというとんだハプニングに巻き込まれた。彼は、博士課程では東正剛さんのいた北大の地球環境科学研に移った。他の修士院生には残って名古屋の博士課程に進学した人もいたが、上野君をつき動かしたのは当時の環境である。伊藤さんの退職が近づいたその頃の名大農学部では、昆虫生態学に対する風当たりが日増しに強くなっていた。「生態学なんてまともな学問じゃない」、「じきにお前らの居場所もなくしてやるからね」という周囲からのメッセージが結構露骨に学生らにも伝わってきた。彼はそれに嫌気がさしたのだ。

それにしても、ポスドクで離れたたった二年で古巣がこんなことになっていたなんて。おまけに病気で死ぬかもしれない。私は荒れたが、優しい上野君がいつも東山の居酒屋につきあってくれた。「教授が講座の人事委員から外されても怒らないなんて。伊藤さんいいかっこし過ぎですよね」と秀樹はぼそっとつぶやいた。

畢竟《ひっきょう》、伊藤スクールは名大では潰《つい》えてしまったが、幸い私は生き残り、一年余りの療養後無事ドイツに旅立てた。

上野君はその後論文を沢山書き、北大で博士取得後ほどなく新潟大学に就職した。いきなりの助教授である。私はそのとき富山大にいて、よく考えたら助手だったので出世で抜かれたことになる。お互い教員になったあと、学会で出会うと昼間からビールが始まり、「この学会で名古屋のD先生に会ったら、今度こそはそこの川に沈めてやろうね」そんな半ば本気の戯言をいいあうのが常だった。

二〇〇五年、上野秀樹さんは膵臓癌で早世した。三十七歳だった。

いい人がみな早死にするはなぜだろう。「偉い人って寿命が短い」。上野君が修士時代「徹夜明けに見るとハイになれる」と気に入っていたウゴウゴ・ルーガのテーマでもたしかそう歌われていた。今でも晴れることはない当時の苦い共通の思い出を酒の肴に、愚痴をいいあえる仲間が私にはもういない。

でも、伊藤さんは今ごろ、一足先にあちらに旅立ち待っていたかわいい弟子達と、例によって人の悪口を言いながら酒盛りしているに違いない。

27 指導教官と論争する

粕谷 英一　九州大学理学研究院准教授。行動生態学と統計的データ解析の方法論が専門。主著に「行動生態学入門」、「動物生態学新版」、「一般化線形モデル」。

私が大学院生だったときに、伊藤さん[注1]と私は雑誌上で論争したことがある。その時、伊藤さんが名古屋大学の助教授で、私は同じ研究室に属する大学院生であり、伊藤さんは私の指導教官だった。誌上に発表され活字になったのは私がＤ２のときである。日本の大学で指導される院生と指導教官が公に論争するのはあまり例を見ない。院生だった側が就職して元院生vs.元指導教官になったときに論争している例は多くはないといえ見かけるが、現に院生と指導教官である組み合わせというのは珍しいのだろう。私自身は自分に関連した研究分野では他の例を知らない。

そのころ、私は大学院で、大部分、野外においてアシナガバチの行動と生態を研究していた。『生物科学』という雑誌[注2]に、伊藤さん一人が著者の「アシナガバチとサル－社会生物学における一見異常な行動の意義」というタイトルの論文が、二つの号に分かれて掲載された(1, 2)。その内容は、行動における種内の変異や種間の変異における少数派などを、一見異常な行動と呼び、その存在が自然選択による進化に反するのではないかというものである。そこには、私が著者である10の論文（そのうちの二つは伊藤さんも共著者の一人）が取り上げられており、自然選択による進化に疑問を呈する例として解釈されていた。

取り上げられている例は、大きく分ければ、個体群内の生活史などの変異と他のハチなどではあまり知られていなかっ

注1　ここでは伊藤さんと書くことにする。当時、指導教官［いまなら指導教員］を○○先生と呼ぶ人が多かったが、私はときどき先生と呼んで伊藤さんからとがめられた。来客があり『伊藤先生』と呼んでしまったとき、そのような呼び方をするのは『何かをたくらんでいる』と言われたこともある。私と伊藤さんが論争したその当時（一九八〇年代前半）のこととしても、現在よりも多少〝先生〟であるがゆえに指導教官を一応敬う姿勢をとる人は多かったという印象を持っている。なお、伊藤さん以外の、議論の対象とした人物は論文と同様に敬称を略している。

注2　当時は岩波書店、現在は農文協から発行されている。

た行動である。前者の中には、人工的な環境での行動の例や一つの条件戦略の中での複数の戦術などもある。後者は、たとえば、アシナガバチが近くにある同種の他の巣から幼虫を奪いそれを自分の子に餌として与える行動（同種内での子殺しと呼ぶことができる）である。いずれも、自然選択による進化を否定するような内容とは言いがたい。[注3]

自分の発表した論文の内容に対して、他人が、自分には受け入れがたい解釈を論文に書く、という経験は、研究者にとってそれほど珍しくないだろう。ただ、それが（そのときの）指導教官だったというところが、この件では変わっていた。私はすぐに反論を書くことにした。それが生物科学に掲載されたのが、『社会性昆虫における行動の変異と進化－伊藤嘉昭〝アシナガバチとサル　社会生物学における一見異常な行動の意義〟によせて(3)』である。

注3　それまでの〝鎖国〟状態から急速にいろいろな情報が流れ込んできたためもあり、自然選択による進化の原理的な内容と特定の研究者が考える個々の現象への仮説が区別されないことがよく起こった。自然選択による進化に基づいて研究するある研究者が主張する特定の現象への仮説が誤っていると、それは自然選択による進化の原理的な内容の誤りを意味すると考えてしまうわけである。いまから回顧すれば、ある人が言っている一つのことがまちがっているならその人のいうことはみな誤りであることが明らかになったというようなもので、無茶である。

進化の見方

伊藤さんと私はこのとき、既に、そもそも、基本的な考え方がちがっていた。伊藤さんは自然選択による進化を受け入れることに強い躊躇を感じており、私は自然選択による進化を研究の基礎に置いていた。

この年を含む二十年近くにわたって、伊藤さんは、自然選択による進化[注4]について揺れながら、受け入れない立場から受け入れる立場へと次第に変化した。岸が鎖国に対する黒船にたとえた状況(4、5)の中でのこの変化は、日本の生態学などの分野の研究者がほぼみな経験せざるを得なかったもので、伊藤さんは孤立した例ではなく、ユニークではあるが一つの典型的な例である。それ以前の伊藤さんの立場は、「種の利益による

注4　ここでは「自然選択による進化」と書いたが、性選択も含む。すなわち、いまの進化生物学における適応的進化の原理的内容である。伊藤(1、2)では、adaptationist program とも呼ばれており、近い時期の伊藤さんの文章では、社会生物学や行動生態学とも呼ばれ、また進化生態学と呼ばれていることもある。なお、中立進化が出てこないのは、そういう現象が主な関心の対象でなかったことが大きく、自然選択による進化を受け入れるかどうかというとき、適応的進化 vs. 中立進化といった内容は問題になっていない。その意味では、受け入れるかどうかの対象は今日でいう進化生物学の原理的な内容にほぼ等しい。

進化」と特徴づけても外れてはいないだろう。そこから、自然選択による進化（厳密ではないが「種の利益による進化」との対比では「個体の利益による進化」と言ってもいいだろう）を受け入れる立場に変わった。

その間にとられた立場は、大きくみると以下の(1)から(3)に向かって変わっていった。

(1) 誤っていると思われるが批判するためにはよく知らねばならない、だから無視していてはいけない。

(2) 重要な点をとらえていて良い点もあるが誤りもたくさんある。

(3) 基本的に正しい。

この変化は単調に(1)→(3)と進んで行ったのではなく、行ったり戻ったりまた進んだりという振動をしながら、次第に自然選択による進化の受け入れへと向かって行った[6]。そして、伊藤さんの特徴として、この振動の振れ幅は大きかった。この時期では、伊藤など[7–11]を見ると、(1)だったり(3)に近かったり(1)に近いところに戻ったりしている。伊藤さんと同年代あるいは少し若い年代には、伊藤さんの書いたものをよく読んでいた人が少なからずいたと思うが、振動される方はなかなか楽ではなかっただろう。書く媒体や想定される読者により書かれる内容に多少のちがいはあったかもしれないが、この振動は伊藤さん自身が激しく揺れていたことの現れだと思う。

『アシナガバチとサル』は、そういった変化の中で書かれたものである。これは、自然選択による進化にどちらかと言えば否定的な立場で書かれたことが文中に目的として書かれた内容からもわかる。だが、この中でも伊藤さんの立場は揺れていることがうかがえる。「進化生態学の中で優越的な地位を占めるadaptationist programに疑問を呈することを目的」としつつも「包括適応度・血縁淘汰の原理が終局的に貫徹していることを私は否定しない」とも書いている。つまり、(1)と(2)の間のような立場が目的と書きつつも、(2)と(3)の間のような点も見られるのである。この論文の中で、伊藤さんが示唆する代案的な内容は自然選択による進化も含め今日の進化生物学の基本的な内容ととくに矛盾しないものが多い。ここからは、この時期にすでに伊藤さんはほぼ(3)で考えることもあったと私は考えている。

種内競争の重要性の否定と種の利益

伊藤さんにとっては同種の個体を殺すことが普通に見られるという現象は驚きであり、それが進化の結果であるとは、前記の自然選択による進化をめぐる揺れをひとまず終えてその原理的な内容を受け入れる以前は、なかなか考え難かったようである。同種の他の巣から幼虫を奪い自分の巣に持ち帰って自分の子へ餌として与える行動は、フタモンアシナガバチでは、自分の巣の近くに同種の他の巣があれば見られる。彼女らにとってとくに珍しい行動ではない。この同種の他巣への攻撃は、襲われる側の巣の母親が餌などを集めに巣を離れている留守（巣には成虫がいない）でなければ成功しない。攻撃を受けた巣の母親が巣にいれば、幼虫を奪いに来た近くの巣のハチを追い払うことができる。[注5] 同種の個体を殺すことは伊藤さんにとっては、強い印象を残す、こだわらざるを得ないものだった。伊藤さんは、適応進化をめぐる揺れの中でも、しばしば同種の個体を殺す現象を文章の中で取り上げている。それは異常に見えて、進化の結果とは考え難かったのだと思う。私の、（伊藤さんに関する）仮説では、このこだわりは、かつての、種内競争の重要性の否定の名残である。

伊藤さんが〝黒船〟以前にとっていた立場は、先にも述べたように「種の利益による進化」と呼べるだろう。その特徴の一つは種内競争の重要性の否定である（伊藤[12]にも見られる）。種の中で争ったり、種の存続を損なうような性質は進化しないと考えており、そして、種は一つのもの、言い換えれば、個体のような存在というイメージで把握されるのが普通だった。伊藤さんが、自然選択による進化に基づく生態学について書いた一つの画期である『生活史の起源』[13]でもそのイメージは根強い。やはりこの時期に行われた、ギフチョウがなぜ卵をいくつかまとめた卵塊で産むかを扱った研究でも、一つの個体群内において卵塊で産む戦略と一つずつ離して産む戦略が競争する状況でなく、全個体が卵塊で産む個体群と卵を一つずつ離して産む個体群の平均適応度をシミュレーションで比較していた（この研究については、本書の椿による寄稿も参照）。種内のちがいに注目することが行動生態学の出現など動物行動の研究に大きな影響を与えたこと（たとえばAlexander[14]）をあわせて考えてみても、種内競争の重要性の否定による視界の制約は些細なことではなかった。

代替戦術・代替戦略をめぐって

さて、伊藤さんと私が論争したころには、代替戦術や代替戦略の概念の確立や整理がまだ不十分だった。もし、条件戦略などの概念がよく消化されていれば、条件戦略の一部である複数の戦術は複数の戦略が個体群内に存在する状態とは一線を画して、『アシナガバチとサル』の中でも取り上げられた

注5 『アシナガバチとサル』で伊藤さんは、この行動について、Kasuya et al.(1980) の解釈に異を唱えているのだが、この論文の著者の一人は伊藤さんである。

だろう。このころには、日本に限らず、まだ混乱しており、進化的安定戦略（ＥＳＳ）の提唱者であるMaynard Smith[15]の定義でも、幼虫期の栄養条件の違いのため成虫の体サイズが異なり、成虫の体サイズに依存して異なる交尾行動をする場合、一つの条件戦略とされず、別の戦略と考えることになっていた。幼虫期に充分な栄養が得られず体が小さい個体の繁殖成功は、充分に栄養を得た大きな個体よりも下回ることが多いのだが、別の戦略と考えると、体が小さい個体という戦略は不利な選択を受けるから、なぜいるのかが不思議ということになってしまう。条件戦略を含めて整理が進み始める様子は、Austad & Howard[16]やDominey[17]などからわかる。『アシナガバチとサル』は、種内競争の重要性否定の影響もあったであろうが、個体群の中で複数の異なるやりかたが見られれば、すぐ戦略のちがいと考えられがちだった当時の状況をも反映している。私の意見では、条件戦略が広汎に存在することを明らかにしたのは、行動生態学（社会生物学）の一九七〇～一九九〇年くらいにかけての最大の成果の一つである。[注6]

『アシナガバチとサル』には、端々に、自然選択による進化を否定したり、その重要性を大きく低下させることを意味するような研究を探しているという様子が見える。いわばパラダイムに大きな影響を与える、パラダイムを変えるような〝一発〟を探している。伊藤さんは、確かに、そういう例を探してもいたと思うが、それはその目的については実らず徒労だった。伊藤さんが進めた研究では、部分的にそういった動機から始まっていても、エネルギーをかけて現象について実証的に明らかにされた内容は多く、それらが〝普通の〟論文群として結実したのには、論文として発表することと実証的な問いにこだわる伊藤さんの特徴がよく出ている。

研究室の雰囲気

さて、『アシナガバチとサル』に対してすぐ反論を書いたわけであるが、それには研究室の雰囲気が大きく作用していた。おそらく、そのころの（名古屋大学農学部害虫学）研究室は平均的な、よくある、研究室ではなかった。私は、学部学生や大学院生としてそこにいたときにはそれほど変わっているとは自覚していなかった。

伊藤さんの叱咤[注7]のもと、論文を書かなければいけないという雰囲気とともに、自分たちはこういうことを明らかにする

注6　伊藤さんにとって、昆虫が状況に応じて複数のやり方を使い分けることは驚きだった。一九八二年ころ、上田哲行さんの、ヒメアカネのオスが交尾後にメスのガードで複数のやり方を使い分けるという内容の論文[18]を先駆的内容としてよく口に出していた。

のだという責任感めいたものを醸成されていた。自己満足だと言えばそうだが、ここは自分の範囲という感じがあったと思う。たとえば、毎週行われる研究室のセミナーで、交尾に関する現象について質問された私よりも学年が下の院生が（質問はその院生が研究している内容に直接関係するものではなかった）充分応えられなかったとき、伊藤さんが君は交尾をやっているんだろうと強く言ってとがめたことがあった。

　私は、野外の個体群で個体たちが何をしているのか、その行動を定量的に調べているのだと自任していた。どれだけの個体がどれだけの時間をそれぞれかけてある行動をしているのか客観的に示すことが必要で、漠然とあるがままに見よといって量的な裏付けを示さずこの種はこうしているという印象を語るのは劣った研究スタイルだと思った。だから、大学院での私の研究の途上で、アシナガバチで個体群内の個体が異なるふるまいをする現象がいろいろ発見されるのは偶然ではなかった。個体の異なるふるまいとその意味は私が責任を持つ担当範囲であり、ここは私が反論して結果を誤った意味付けから防衛しなくてはいけないとすぐに考えた。いまから振り返って思えば、伊藤さんは事実を大事にしてしがらみを振り切ってはっきり発言することがあり、その勇猛果敢ともいうべき姿から私が影響を受けていたのだろう。

　反論を準備するとき、迷いはあったと思うが、迷った記憶がないのでそれほどのものではなかったのだと思う。それには当時の名古屋大学農学部の環境も影響している。私はそのころ、野外での仕事がない季節にはよく学部内の他の研究室に行って話をしたり文献を読む輪読に加えてもらったりしていた。さまざまな研究室の状況を目にしたことは、伊藤さんとの論争を見る視界を広げてくれたのだろう。迷いやおそれという点では、その八年ほど後に学会で当時の指導的な研究者[注8]の人形を使った人形劇をすると決めるときのほうが大きかった。

伊藤さんとの〈人間〉関係

『アシナガバチとサル』をめぐるやりとりの後、伊藤さんの私に対する態度が変わったということは、私からは感じられなかった。指導教官の論文に誌上で反論して大丈夫かと心配

注7　激励というより叱咤の方がふさわしいものだった。

注8　伊藤さんの人形も含まれていた。

してくれた人もいたし、誌上での論争は相手が伊藤さんだからできるんだよと言ってきた人もいた（後者に対しては、あなたは伊藤さんとは意見がちがっても反論しないのだから伊藤さんという要因だけ[注9]で決まっていないことは明らか、といった趣旨のことを返事した）。私は、翌一九八三年の秋に、当時のオーバードクター問題の中で、幸運にも就職して大学の教員になった。就職後、伊藤さんから、手紙で質問されたり[注10]それに答えたりしたことはあったが、就職後の私の研究テーマの設定には伊藤さんは関わろうとしなかった（私もあまり聞かなかったが）。もう知り合いの独立した研究者の一人扱いされたのだと思う。意見を聞かれる、本を書かないかという話[注11]を持ち掛けられる、大きな研究費[注12]のメンバーに誘われるといった関係になっていった。一九八九年までは。

注9　伊藤さんはこの件で〝後くされ〟がないと、私は思っていたのは確かである。

注10　ワードプロセッサーで論文を書くことが一般的ではなく、タイプライターで打っていた。図は製図用具で手書きであり、インターネットはなく郵便が連絡の主な手段だった。携帯電話も実質的に存在しなかった。

注11『行動生態学入門』(1990) である。書かないかというよりは、書くことに決まった、といった言い方だった。

注12　特定研究「生物の社会構造と適応戦略」。

避けたことと欠けていたこと

私は、伊藤さんから教わったことは生態学における他種や他個体との関係の不可欠の重要性や、生物は実際に自然界には個体群として存在することなど、さまざまあると思っている。一方で、意図的に避けたものやあれがあればよかったと思ったものもある。意図的に避けたものの代表が弁証法である。私よりも上の年代では、弁証法とは物事の考え方のすぐれた方法であるという受け取り方が一般的だったと思う。私は、事実より上に観念を置くものだとしか思えなかったので取りあえず避けておくことにした。おぼえている限りでは、大学院生の時、伊藤さんとは一度だけ弁証法について話したことがある。伊藤さんから弁証法というものをどう思うか聞かれた。私は、弁証法という名前で呼ばれているものは、結局、事実より観念を優先させるものだと感じているので好きでないと答えた。弁証法が、事物が運動している捉え方のことだとするなら、伊藤さんの、自然選択による進化を受け入れるに至る振動こそ弁証法的という形容にふさわしいと思う。

『アシナガバチとサル』から十年近くもたった後で、あれがあればよかったと思ったのは、N. Tinbergen やそれに続く動物行動学者の、動物行動の研究方向を探ろうとする努力を知ることである。伊藤さんの文章の中でも、至近要因 vs. 究極要因はかなり早くから出てくるが、Tinbergen の四つの問い（詳しくは、長谷川[19]参照）はそれほど早くは出てこない。行動をさまざまな研究アプローチをつなぐ統合的なものとして見ようとする努力（たとえば、Alexander[14] など、後からの概観としては Strassmann[20] 参照）の内容を知ることは、このころの伊藤さんや（私自身も含む）院生等の研究をもっとかっこよく、実証的な成果も多いものにしたのではないかと思っている。だが、その可能性が現実となるにはおそらく一九七〇年代末の時点でイギリスを含むヨーロッパやアメリカで起こっている動物行動の研究方向を探る文献の内容を消化している必要があっただろう。〝鎖国〟のもとではそれは現実に起こる可能性はほとんどなかった。〝鎖国〟がなければ、と思うと残念な気がする。もし、過去の時点であることが起こったらその後どんなことが起こるか見せてくれる技術ができたら、これは是非見てみたい「未来」の一つである。

そして一九八九年：横浜での国際生態学会と今西錦司への評価

伊藤さんとの公の場での論争は一九八二年の『アシナガバチとサル』をめぐるやりとりで終わりではなかった。一九九〇年に国際生態学会（ＩＮＴＥＣＯＬ）が横浜（いまは存在しない、磯子のプリンスホテルが会場）で行われた。伊藤さんは、そこでのプレナリー講演の一つをすることになり、日本での生態学における今西錦司の役割について話すことにした（なかば自分で志願したと伊藤[21]に書かれている）。その講演の初期の原稿が、一九八九年に私のところにも送られてきた。

私は一九八九年当時、琉球大学にいた。珍しく、生態学会の大会（釧路で夏に行われた）を（就職していたのだが）お金がなく、実験のため虫を飼って世話も必要だったため、欠席した。その生態学会大会では皇族を国際生態学会準備のトップに据える執行部からの提案が否決され、私と同年代の参加者たちからは、逃げたのか、伊藤さんが提案に賛成だから来なかったのかなどと叱責を受けた。生態学会大会の開催地が遠かったのが大きいが、お金がないとは悲しいことだった。

伊藤さんから来た原稿は、日本での生態学者が自然選択による進化を受け入れるにあたって、今西錦司の進化論が果たした障壁としての役割を著しく小さく評価したもので、伊藤さん自身の書いた文章も集めて[注13]反論を書いて送った。何回か

注13　『社会生態学入門』[10] などには、伊藤さんが自然選択による進化を受け入れることについて今西錦司の影響による心理的な障壁が明らかである。

のやりとりの中で、その点を含め、意見のちがいは露わになった。やりとりの最後に、伊藤さんからは、『君は君の道を往け。私は私の道を行く。』という手紙が来た。

伊藤さんの原稿に反論を書いてやりとりしているときから、私は今西錦司その人についても勉強することにした。当時すでに出ていた今西錦司全集（その後、補巻が発行されている）を借りて繰り返し読むことから始め、入手できる文献は片端から集めて読んだ。[注14] その過程で未発見の文献も見つけることができた（その成果の一端が、中国での今西錦司について書いた粕谷[22]である）[注15]。

その中で、伊藤さんを含め今西から直接にも会って影響を受けた生態学者が意外に今西錦司の経歴についてよく知らないことがわかっていった。その知識からは、一九三九年ころから一九四五年までがとくに薄かった。だが、ＮＨＫの朝のテレビ小説でも戦中期に物心ついていた主人公を取り上げるならその時期を描くのは普通である。戦中期のふるまいはそこを生きた人を見るときに欠くことのできない部分だというのはいまも日本での国民的常識だろう。

さらに不思議に感じたのは、今西錦司は五十代後半までずっと大学の講師でしかなく、教授・助教授やそれに相当するポストについていなかったという〝不遇神話〟ともいうべきものを信じている私より年上の人が多いことだった。実際には、一九三〇年代に帝大助教授並み給料の研究員のポストについているし、一九四〇年代には日本占領下の中国で半官の研究所の所長にもなっている。これらは、当時も大学図書館で閲覧しやすかった今西錦司の自伝的文章にもはっきり書いてあるのである。何度か試して、今西錦司の経歴については、伊藤さんくらいの年代の生態学者よりも私の方がだいぶよく知っていると確信ができた。このときは、今西錦司の経歴だけのクイズ番組（カルトＱのような）でもあれば優勝できたと思っている。

プレナリー講演での伊藤さんの話が、今西錦司が日本での生態学に与えた影響について、私から見れば偏った内容になるのは明らかだった。プレナリー講演では質問ができないかもしれないし、できたとしても時間がごく短い可能性がある。そこで、英語のチラシを作って配ることにした。“Imanishi

注14　当時はまだインターネットでの文献検索がほとんど使えなかったので、今の文献検索からすると、効率は比べられないくらい悪かった。琉球大学図書館、国立国会図書館、防衛庁戦史図書室などにはお世話になった。

注15　中国での今西錦司については、その後、川村[23]などにもまとまった記述がある。敦煌学で知られる藤枝晃の座談記録も参考になる。

Kinji another view" というタイトルで粕谷の名前で作り、国際生態学会の伊藤さんのプレナリー講演の後で質問するとともに、配布した。この国際学会の会期の終わりごろまで、チラシはないか、あのチラシを作ったのは君か、と外国人の参加者からよく聞かれた。

そして、伊藤さんのプレナリー講演からできた原稿は『生物科学』[21]に発表された。河田雅圭氏[24]と私[25]はそれぞれ、これに対する批判を書いた。

今西錦司とその評価をめぐって、伊藤さんにとって、〝鎖国-黒船-開国〟における、自然選択による進化の受け入れで果たした役割は、整理しにくいものだったのだろうと思う。一九九〇年代になって、伊藤さん自身は自然選択による進化を受け入れる立場に移行しても、〝鎖国〟時期の整理はそれとはまた別の難しさがあったものと私は推察している。だが、〝鎖国〟時期を理解してこそ、〝黒船〟やその後の変化の意味もよく理解したことになるのだろう。

28 稀有な自由人　伊藤先生を偲んで

田中 嘉成　上智大学大学院地球環境学研究科教授。量的遺伝学に基づく進化生態学、化学汚染の生態リスク学が専門。中央大学教授、国立環境研究所室長を経て現職。

伊藤嘉昭先生の悲報を知ったのは、一昨年の初夏、先生と近しい関係者の間で飛び交わされたであろう速報によってではなく、一般向けに流されたメーリングリストによってであった。

名古屋大学で伊藤先生の指導の下で学位を取得したとはいえ、進化量的遺伝学や化学汚染の生態リスクといった分野を主に研究してきた私は、狭い意味では先生の弟子とは言えないかもしれない。それでも、伊藤嘉昭先生は私の公式な指導教官であったし、そのことを誇りにも思ってきたので、特に生態学や昆虫学に詳しい初対面の人を相手に自己紹介をする際に、そう告げることをためらったことはないと思う。

実際に、伊藤先生と出会わなければ、生態学の勉強を始めてもいなかっただろうし、まがりなりにも研究者としての人生を送ることにもならなかっただろう。少し大げさな言い方かもしれないが、ダーウィンの『種の起原』と伊藤先生の『比較生態学（第2版）』に出会ったことが、私の進路を決定づけることになったのである。学部に進む頃には、先生の御著作をはじめ内外の生態・進化関係の教科書を渉猟し、研究室に配属される頃には、ちょっとした進化生態学者の恰好を気取っていたものである。

配属されたばかりの研究室には、まだ「適応戦略と社会構造の進化」の残り香が漂い、同世代の先輩や同僚たちが、この分野で際立った成果をあげようと奮闘していた。しかし私は、W・D・ハミルトン路線に沿った社会生物学や最適論に基づく行動生態学に対して冷めた見方をするようになっていたばかりでなく、批判的にさえなっていたのである。私はむしろ、昨今で言う「エコ・エボ研究」（進化生態学と集団遺伝学の進化モデルを統合化したスタイルの研究分野）のようなことを漠然と思い描いており、当時、進化生態学の一部で脚光を浴びていたR・ランデのエレガントな量的遺伝進化モデルに飛びついたのだった。もっとも、生態学と集団遺伝学を統合化するという考え方自体は、社会生物学が全盛となる前に、伊藤先生が既に随所で主張されていたことであり、私もその影響を受けたに過ぎなかった。

社会性の進化、というテーマに関して言うと、学位論文のテーマとして正式に取り上げていた訳ではないものの、動物のコミュニケーションや社会性の進化過程を説明する理論として、社会選択モデルを考案し、量的遺伝モデルによって解析を試みた。このような発想を展開しようとしたこと自体、社会性進化の理論で独創性を発揮したいという、当時の伊藤研究室の雰囲気に薫陶されたものだった。このモデルの着想を伊藤先生に初めて告げた時、それはどこかの山間地に研究室旅行に出かけたバスの中でのことだったが、先生は当時議論を巻き起こしていたランデやカークパトリックの性選択モデルとの対比で正確に理解され、人間の進化への問題への適応の可能性もすぐに直観されたようだった。伊藤先生は理解力と直観力に異様に優れた方だった。

大学院を修了して、ポスドクや研究員を重ねていくうちに、生態リスクの研究に携わるようになり、社会性の進化や進化量的遺伝学の研究からは遠ざかってしまった。生態リスクの研究とは、農薬や合成有機化学物質の生態系へのリスクを定量的に評価することを目的とした、生態毒性学と生態学に基礎を持つ応用的研究分野である。私が生態リスクの研究を始めることになった具体的なきっかけはさておき、この分野にかかわることになったことと、院生時代を名古屋大学農学部害虫学研究室で過ごしたこととは無縁でない気がしてならない。

思えば、害虫学研究室はそもそも生態学の研究室ではなかった。主体は、齋藤哲夫教授が率いる、殺虫剤の作用機構や抵抗性のメカニズムを研究する昆虫毒性学ないし農薬科学であり、生態学は総合防除体系を進展させることを期待されて整備されたのが創めである。しかし、伊藤先生は在任期間を通じ、害虫防除などの応用昆虫学の分野には関心を払われず、当時最先端であった社会生物学や行動生態学に邁進された。おそらくそのおかげで、自由な雰囲気が自然と醸成され、大学院生にも研究テーマを自由に設定することが許されていたのである。そのバラエティーたるや奇妙奇天烈とも言えるほどであり、個体群生態学をはじめとして、社会性昆虫学、行動生態学、群集生態学、生理生態学、神経行動学、神経生理学等々と、思い返せば呆れるほど様々なテーマに各自が取り組んでおり、仕舞いには、顰蹙をかいながらも量的遺伝に手を出す輩すら現れる有様だった。

このように自由闊達な雰囲気を享受しておきながらも、生態学系の教員やメンバーが、総合防除などの実際的問題への適用にほとんど無関心でいたことには残念な思いを抱くこともあった。エフォートの一部でも害虫防除の問題に注ぎ、農薬関係者と学際的な共同研究を企画できれば、農学部内でも生態学に対する理解がもう少し得られたのではないかとすら考えたものである。

伊藤先生に関して言うなら、このような問題は矛盾なく脳裏に整理されていたのではないかと思われる。『一生態学徒の農学遍歴』（伊藤嘉昭著、蒼樹書房）の中で、先生は、応用問題の真の解決のために多くの基礎研究が欠かせないものであることを根拠に基礎研究の重要性を主張され、農業生産性の向上などの実利的な目的を理由に、基礎研究を否定する傾向にある農学関係者を「農本主義者」として強く批判された。研究者の主体的な興味に基づく基礎研究の蓄積が結果的に実際問題の根本的な解決に資するという主張は、公然と繰り返されたという記憶はないが、おそらく伊藤先生は最後までこの考えを貫かれたのではないかと思う。研究業績（学術論文）の生産性に関して自他ともに厳しい態度を持ち続けられたことは、そのことを裏書きするものと思われる。また、応用研究機関に長く在籍され、応用生態学としての個体群生態学の普及と、不妊虫放飼法によるウリミバエ根絶事業の成就という大きな社会的貢献を果たされた先生にとって、名古屋での研究生活は、ライフワークとして情熱を温めてきた社会性進化の研究が許される新天地であったことだろう。

さて、前にも触れたように、私はその後、農薬（化学物質）と生態系の問題を逆の観点、つまり環境や生態系保全の観点から、生態リスク学という土俵で研究する機会に巡り合うことになる。最近では、この分野にも若い生態学研究者が参入するようになり、また、より一般的な傾向としては、若く優秀な生態学者が外来種の管理、希少種の保全、環境汚染のリスク評価などの実際的な分野で独創的な研究を主体的に進めるようになってきている。それは、保全生物学や保全生態学、生態リスク学が成熟し、気鋭の研究者が独創性を発揮しやすい学問的な土壌が国際的にも成立していることに拠ると思われるが、その一方で、国公立研究所や大学で行われる研究成果が社会に還元されるべきという社会の動向にも敏感に反応したものかもしれない。最近では、外部評価による研究活動の管理に加え、トランス・ディシプリナリー研究という概念の下で、研究計画の立案の段階で研究予算のステークホルダーを参画させるという構想も唱えられている。ますます、自由で呑気な基礎研究は許されなくなる状況なのかもしれない。

そのような風潮の中、応用研究機関に長く身を置きながらも学術的な研究を育まれ、熟年から晩年にかけて、その華を見事に開花させた伊藤先生の天真爛漫な道程は、多くの示唆を含んでいる。先生が隣で観ていらっしゃったなら、単なる思料はきっと一蹴され、基礎か応用かなどと無駄なことは考えないで、さっさと面白い論文を書け、書きたい本を早く出版しろと叱咤されたことだろう。私事になるが、先生が逝去されるや十年間研究生活を送った研究所を退職し、大学で教鞭をとることになった。様々な過去への思いが交錯する中で、自分の研究課題を整理し、残りの研究生活の指針を決める、伊藤先生はそんな貴重な機会を与えてくれた気がしてならない。

最後に、華に満ちた研究生活を若い日々に与えてくれた伊藤嘉昭先生に深く感謝するとともに、ご冥福を心よりお祈りしたいと思う。そして、先生より授かった薫陶を絶やさぬよう、残りの研究者人生を過ごすことが残された者の使命と考えます。

研究室旅行

29 やめたいと相談した日

濱口 京子　国立研究開発法人森林総合研究所関西支所主任研究員。専門は社会性昆虫と森林昆虫の分子生態学。現在の主な材料はアリとカシノナガキクイムシ。

高校時代に生態学に憧れた私は、担任の先生であり、アリの研究者でもある木野村恭一先生の薦めもあり、迷わず害虫学研究室に入りました。そして伊藤先生が退官されるまでの三年間をお世話になりました。学部四年生から修士二年生まででにあたります。

害虫学研究室は、伊藤先生とやたらと頭が良くて少々攻撃的な先生・先輩方が率いるアカデミックな研究室でした。そこで伊藤先生から学んだことは数えきれませんが、その後の研究スタイルが決定づけられたという意味で、忘れられない研究相談の思い出が一つあります。それは私が研究からドロップアウトしそうになった時のことです。

研究室に入った私が選んだテーマは、アリの多女王制の適応的意義に関する研究。おりしも包括適応度の概念が一世を風靡し、ハミルトンルールを検証するための手段として社会性昆虫の多女王制が非常によく研究され始めていた頃です。

しかししばらくすると私は研究に行き詰まりはじめます。フィールドワークを重ねても、野外でのアリの追跡調査はなかなかうまくいきません。実験室で女王アリや卵を数えても、間接的にしか物を言えないもどかしさが募る一方でした。だからといって突破口を見つけるには、私は勉強不足で研究への覚悟も足りませんでした。農学部の他の研究室ではバイオ、バイオと盛り上がっていた時代、私は問題を短絡し「毎日アリの卵を数えることがイヤになりました。分子生物学的な研究に転向したいです。」と、伊藤先生に言ってしまいます。なんたるや……。すると伊藤先生は、研究室近くの喫茶店に私を呼び出し、トラジャコーヒーを頼んでから言いました。「お前の言っていることはわかった。そうしたいなら別の研究室にうつるのもよいだろう。だけど試験管をふりながらアリの研究を続ける方法があるぞ。」

こうして不勉強な一学部生を導いて下さったのは、京都大学霊長類研究所の故・竹中修先生の研究室でした。この研究室では、ニホンザルの父子判定をはじめ、魚の精子競争や、イルカの親子判定など、いろいろな分類群でマイクロサテライト領域やミニサテライト領域を使った研究が進められており、生態学へのDNAマーカーの導入において世界を先導する立場にありました。[1] ここでアリのマイクロサテライトDNAマーカーの開発法を学び、それを使って多女王制コロニーの血縁解析の研究を進めたらどうか？　それは願ってもみない魅力的な展開でした。

マイクロサテライトDNAマーカーは社会性昆虫ではまだ開発例がなく、しかも体長2ミリにも満たないアリということで竹中先生も大変興味を持って下さいました。実験生活は失敗ばかりの修行の日々でしたが、それは私を今日まで助けてくれる財産となり、そしてなんとか開発したマーカーを、当時としては先駆的な成果として公表することができました。[2] 正確に言うと、完全な一番乗りではなく、海外の研究者と僅差でしたけど。

今ではマイクロサテライトは生態学研究におけるごく一般的なツールの一つになりましたが、やめたいと相談したはずが、転じて未開の領域に向けて一気に話が具体化していったあの時のジェットコースターのような感覚は、忘れることができません。

その後の私はDNAマーカーという味方を得たことで格段と白黒つきやすくなった多女王制コロニーの研究を続けました。[1] そして就職してからも、各種DNA解析法を利用しながら引き続き昆虫の世界の謎解きに取り組んでいます。野外調査と室内実験の試行錯誤が実を結んで答えが出る時はどんな娯楽にも勝るほどわくわくする瞬間です。多分にレールを敷いてもらった感はありますが、でもあの時、進化生態学、野外生物学の分野に踏みとどまれて本当に良かったと思っています。伊藤先生、これからももっとがんばります。そしてこんな愉快な道に導いてくださって、心から感謝申し上げます。

30　学生思いの伊藤先生

村瀬　香　名古屋市立大学システム自然科学研究科准教授。生態学、生態情報測定学が専門。健全な生態系の維持を目標に、複雑化した生命現象から必要な情報を高感度で抽出・表現する手法を提案している。

初めて伊藤先生にお会いしたのは、大学二年生の頃である。アリの野外調査のお手伝いをさせて頂く機会に恵まれ、沖縄の伊藤先生宅にお邪魔させて頂いたのである。伊藤先生は我々よりも早起きされ、毎朝朝食を作って下さった。散々お世話になったお礼にと、伊藤先生の似顔絵を書いて渡したところ、じっと観察された後、「ありがとう！」とおっしゃって下さった。のではなく「…似ていない。」とおっしゃった。なんという正直さ、大変楽しい思い出である。今から思えば、私が雑用をすべき立場であったのだが、野外調査に集中出来るように、さらには生態学の面白さに気が付けるように、伊藤先生が雑用を引き受けて下さっていたのだと思う。

私が名古屋大学大学院に進学した後は、伊藤先生は名誉教授として、環境昆虫学研究室によくおいでになっていた。「今、このテーマが面白いと思っていて」、などと廊下で立ち話した次の日に、高さ20センチにもなる関連論文の山が私の机の上に乗っていたこともしばしばであった。電子データのない古い論文や手に入りにくい論文を、伊藤先生がコピーして下さり、院生室の私の机の上に置いて下さっていたのである。自分の指導学生でもないのに、である。私に限らず、いろいろな事情を抱えながらも研究を頑張っている学生に対して、伊藤先生は特に応援して下さっていたと思う。

今日の日本では、福島第一原発事故の影響で多くの人が苦しみ、各地の自然は開発され、人権なき自然は置き去りにされている。大気や自然が汚され、様々な病気になった患者さんが次々に病院に吸い込まれていく。マルティン・ニーメラーはドイツのルター派の牧師で、第二次世界大戦中、強制収容所に送られ八年間を過ごしたというが、戦後、強制収容所に訪れある事に気が付き衝撃を受けたという。ある事とは、自身が自由の身である時に、何をして、何をしていなかったか、という問いであった。

さて、自由の身である我々は、何をしているのだろうか？生態学は学んだけれど○○の専門家ではないから、などの言伊藤先生は、曲がったことが大嫌いで、最後まで弱者を励まし人道主義を貫かれたと思う。若いうちに、お金では買えないような〝本物の研究者〟に出会えたことは、お金では買えない一生ものの財産である。伊藤先生のお別れ会の後、伊藤先生の奥さまが、好きな絵を譲って下さるとおっしゃったので、伊藤先生の描かれた数枚の絵を見比べていた時、ずっと伊藤先生のご自宅のテレビ台のガラス扉に飾ってあった薄いタッチの小さな絵、人生相談や進路相談に訪れた時にも、何も感じた事がなかったその小さな絵が、しきりに何かを言っているように思えてきた。その何でもない絵を五秒ほど見つめて、急激に、鮮明に思い出したのである。それは、二十三年前に私が沖縄で描いた伊藤先生の似顔絵であった。

若い人には、是非、伊藤先生のような、高潔な人間性を持った師匠を選んでほしいと思う。そういう師匠は、夜道の足下を照らすランプのような存在である。そして、そういう師匠に出会えれば、師匠がいると思うだけで楽しくなるから不思議である。

い分けをして過ごしているのだろうか？　円熟を迎えられた晩年の伊藤先生なら、今何をお書きになりたいだろうか、と考えた時、その一つは沖縄の自然保護のこと、そしてもう一つは人権や世界平和についてではないかと思う。

今、沖縄の自然でホットな話題といえば、高江のことであろう。原発事故や沖縄問題は触れてはいけない、研究者として消されてしまうぞ、などと親切な方々にご忠告を頂くことがあるが、そういうテーマこそ伊藤先生の大好物なのではないかと思う。私が注目したのは、自然保護のあり方である。身近でかけがえのない自然が破壊されそうになった時、どのように守るのが正しい手続きなのだろうか。今の日本に、そのような正しい手続きがあるのだろうか。座り込みなどの非暴力的な活動さえも許されないならば、いったいどのように貴重な自然を守るというのだろうか。名古屋大学大学院に在学中、伊藤先生に動物生態学に関するセミナーをお願いしたことがある。伊藤先生は、「動物生態学ではなく、沖縄の自然保護についてであれば」と即答され、驚いた記憶が蘇る。多くの研究を成し遂げられた先に、伊藤先生には見えておられたことがあるのだと思う。今の日本の、特に大好きな沖縄の自然保護のあり方について、伊藤先生ならきっと声を上げておられたと思う。

31　サルに詳しい必要はない。生態学を勉強しろ。

栗田　博之
大分市教育委員会事務局教育部文化財課参事。ニホンザルの生態学的研究に従事。

私は、名古屋大学農学部農学科害虫学教室で伊藤嘉昭先生から卒業研究の指導を受け、その後、京都大学霊長類研究所の研究生・大学院生としてニホンザルの生態学的研究で学位を取り、現在、野猿公園「大分市高崎山自然動物園」を管理する大分市の職員としてニホンザルの保護管理に携わっています。私の研究者としての歩みは細々としたものではありますが、そのスタート時に指導いただいた伊藤先生との思い出を書きたいと思います。

私はそもそも、三重県で両親が始めた花卉栽培の仕事を継ごうと思い、園芸学教室がある名古屋大学農学部農学科に一九八八年に入学しました。しかし、紆余曲折を経て、霊長類の生態学的な研究をしたいと思うようになり、そのことも伊藤先生に相談にのっていただくなかで、私は害虫学教室に入り、伊藤先生の指導の下で卒業研究を行うことになりました。

卒業研究のテーマについては、伊藤先生からいくつかの候補を示していただいたなかで、セグロアシナガバチの血縁認識に関する研究を選びました。卒業研究を進めるにあたっては、伊藤先生や研究室の先輩から、統計学、研究テーマの背景や意義や個体へのマーキング法等、多くのことを教わりましたが、最も強く記憶に残っているのは、研究を進めるにあたっての伊藤先生の言葉です。

「サルに詳しい必要はない。生態学を勉強しろ。」、「今ここで、ロトカ・ボルテラの競争方程式を書いてみろ。」は、何の話をしていた時であるかは思い出せませんが、伊藤先生から言われたことで、強烈に記憶に残っている言葉です。学部生当時、霊長類に関して一般向けの本ばかり読んでいたことなどへの叱りの言葉であり、生態学を徹底的に勉強しろという言葉でした。私は京都大学霊長類研究所の大学院生になって霊長類の研究を始めてからも、自身の研究が動物生態学の中でどのような意義があるのか、霊長類研究者の間でしか通じないような研究にならないようにということを意識してきたつもりです。

大学四年生のときに、京都大学霊長類研究所の大学院の入試に失敗し、大学卒業後は京都大学霊長類研究所の杉山幸丸先生のもとで研究生になりました。その年（一九九二年）には運よく院試に合格し、ちょうどその頃だったと思いますが、同研究所の大澤秀行先生から本の分担執筆の話をいただきました。生態学に関するいろいろなトピック（生息密度、繁殖特性、子殺しなど）について、種ごとにデータを記載するデータ集で、霊長類について担当してみないかというお話でした。これは、生物学全般についてトピックごとにデータをまとめるという企画で、伊藤先生が「動物生態学」の項の編集をしておられ、伊藤先生から霊長類についてということで大澤先生のところにお話があったようです。この本で、私は霊長類に関する九つのトピックについて担当し（子殺しについては杉山先生との共著）、文献を調べ上げてデータを記載するという作業が何年も続きましたが、種間比較の面白さと正確に引用することの難しさと大切さを学びました。この本は、『生物学データ大百科事典（下巻）』として朝倉書店から二〇〇二年に出版されました。なかなか出会えない貴重な経験を与えてくださった伊藤先生と大澤先生に改めて感謝したいと思います。

私が伊藤先生のもとで直接指導を受けたのは学部の一年間ほどではありましたが、進路に迷い、そして研究を始めたばかりの私にとって、伊藤先生の（ほとんどいつも）厳しくそして明快な言葉は、強烈な刺激でした。伊藤先生の言葉を改めて思い出すと、自分の研究が、霊長類、あるいはニホンザルの研究者にしか理解されない視野の狭いものになってはいないかと反省せざるを得ません。伊藤先生の言葉を思い出し、自分の研究が、より広い枠組みで通用するようなものになるよう、改めて気を引き締めたいと思います。

32 伊藤嘉昭さんとの思い出

市岡 孝朗　京都大学大学院人間・環境学研究科教授。生態学、進化生物学、生物多様性科学が専門。一九九四年以来、マレーシア・サラワク州（ボルネオ島）を調査拠点とし、熱帯雨林に生息する昆虫を対象とした研究を進めている。

一九九三年の九月、私は、名古屋大学農学部の環境昆虫学研究室[注1]（害虫研）に助手として採用された。半年前、すでに伊藤さん[注2]は定年退官されており、その後、沖縄大学に再就職されていた。博士学位をとったばかりの当時の私にとって、伊藤さんは、たくさんの生態学の教科書、普及書の書き手であり[注3]、たくさんの立派な生態学者を育てられ[注4]、学会ではしばしば受け手がたじろぐほどの本質的で鋭い質問を最前列付近から連発される[注5]、畏れ多く近寄りがたい存在であった。そのような偉大な研究者がつくりあげた研究室で私はしっかりとやっていけるのだろうかという大きな不安と、そうした研究室の一員となって研究を続けることのできる嬉しさの両方で、

注1　私が赴任する直前に、それまで「名古屋大学農学部害虫学研究室（教室）」とされていた研究室は、「名古屋大学農学部環境昆虫学研究室」と名称変更された。名称変更された後も、「環境昆虫学研究室」という名称はあまり定着せず、学部内外で「害虫（研）」という名称が頻繁に用いられていた。ということを踏まえ、本文では以下、害虫研と略す。因みに、「環境昆虫学研究室」は、さらに名称が変更され、現在「害虫制御学分野（研究室）」となっている。

注2　本文にも書いたように、伊藤嘉昭氏は、私にとって、とても畏れ多い研究者であるが、直接指導を受けたことはなく（したがって、私の先生ではなく）、氏も私が勝手に先生と称することを快く思われない可能性もあり、さらに、お付き合いさせていただいているときに「伊藤先生」とお呼びしたことはほとんどないので、不遜にも、本文では「伊藤さん」と称させていただくことにした。

注3　私の、書物を通じての伊藤さんとの出会いは、高校時代に遡る。ネットもなく、大型書店などが皆無だった、三十五年ほど前の地方都市の小さな書店では、生態学、昆虫学に関する書籍はほとんど手に入らず、何となく昆虫・動物の進化や生態に興味のあった私は、新書版・文庫版で出版されていた数々の今西錦司の著作にはまり、それらを片端から読んでいた。文章には魅了されるが、具体的な研究の過程が見えてこない今西著作集に不安を覚えはじめていたとき、書店で見つけた、伊藤さんの『アメリカシロヒトリ』、『虫を放して虫を滅ぼす』は、新書であるにも関わらず、研究者が研究を進める過程や、生態学とはどのような学問なのかがある程度理解できる読み物として、私にそれなりの影響を（多分）与えた。なぜか、小さな書店にも置いてあった『生物学教育講座7巻　動物の個体群と群集』もすぐに買い、以後現在にいたるまで、ぼろぼろになるまで使っている。

なんとも言えない緊張感をもって赴任したことを覚えている[注6]。

害虫研には、伊藤さんや、もっと前に研究室を離れられた椿宜高さん[注7]が直接指導されていた、昆虫の行動生態学や群集生態学を研究している数名の大学院生[注8]が在籍していた。害虫研で伊藤さんがどのように振る舞われているか、どのような指導をされているのかを直接目にすることはかなわなかったが、伊藤さんが研究室に残された影響を、私を迎えてくれた害虫研の大学院生から感じとることができた。「とにかく、得られた成果は国際的な学術雑誌の論文としてなるだけ早く投稿すること」、「論文の別刷は、国際的に活躍する世界中の学者に嫌がられてもいいから、とにかく送りつけること[注9]」、「そして、研究の最前線にいる研究者の研究の動向に注目し、可能な限り（いろいろな意味での）接点をもつこと[注10]」、「どんな論文に仕上げるのかを予め決めてから研究を始めること」などなど。こうしたことを伊藤さんは、（おそらく）何度も繰り返

注4　この本に収録されている文章の書き手の多くの皆さん、伊藤さんの指導を受けた生態学、進化生物学、社会生物学の研究者の多くの方々からは、常日頃より多大な支援をいただいている。特に、この追悼文を書くにあたって、琉球大学の辻和希さんには、私の遅筆を咎めることなく、何度も激励をいただいた。伊藤さんへの感謝をこめた、追悼文を書く機会を与えていただいたこととともに、深く感謝したい。

注5　私自身も伊藤さんから、度々、鋭い質問を受けた。私は、伊藤さんと同じ会場で講演を聴くことが多く、伊藤さんが最前列付近で陣取って長い手を高々と上げられて質問される光景は、いつもの見慣れた光景になっていた。

注6　私が赴任したポストは、それまで日本の生態学研究の一つの中心であり続けながら、伊藤さんが去った後には生態学を専門とする教員が一人もいなくなってしまったポストであり、その人事の選考結果は、伝統ある害虫学研究室における生態学分野の存続・断絶に直結するため、全国の生態学関係研究者が注視していた。そうした状況を伊藤さんおよび害虫研の先達の方々から知らされていたことも、私の緊張感を高める要因となっていたことは間違いない。

注7　私の前任者。二年ほど前に環境庁国立環境研究所総合研究官（当時）へ異動された。現在、京都大学名誉教授。

注8　本文に登場する修士二年の立松さんのほか、修士一年の松田さん、博士一年の濱口さんと桜井さん、留学生博士三年の賀さん。その他、寄生蜂研究の行動生態を研究していた博士二年の上野高敏さん（田中利治助教授が指導）も在籍していた。

注9　今では想像するのが難しいほど、インターネットによる通信手段や便利な検索システムがない当時は、自分の研究業績を宣伝する方法は極めて限られていた。印刷した別刷りを、手間と経費をかけて各方面に送ることで自分の研究を関係者に知ってもらう効果はそれなりに高かったと思う。

注10　伊藤さんは、あまり外国人研究者が来日しない当時でも、次々に、一線級の外国人研究者を招聘するとともに、国際学会などにも出かけて知己を増やしておられた。害虫研の大学院生にも、著名な研究者と交流する機会を早くから積極的に与えられ、その交流を通して多くの大学院生が貴重な経験を得たようである。

し口にし自ら範を示すことで、しっかりと後進に根付かせてきたようである。「伊藤の教え」は、言われてみればどれもきわめてもっともなことなのだが、それまでの私はこうしたことをあまり強く意識せずに研究を進めてきたのでとても新鮮に思え、大きな影響を受けることになった。[注11]

伊藤さんが退官を迎える直前に指導されていた修士課程の立松さんは、アブラムシ食のヒラタアブ群集を研究対象としていた。私が指導を引き継ぎ、立松さんが卒業された後、さらに、新たに研究室にやってきた水野さんとともに研究を進めて、伊藤さんを含めた四人の連名によるヒラタアブ群集の資源利用様式に関する論文をまとめた。[注12] この論文をまとめる以前は、学会発表に関連する質問以外に伊藤さんから声を掛けていただいたことがなかったが、この論文が印刷されてからは、気軽に学会などで声をかけていただくようになった。

注11 正確に言えば、「伊藤の教え」のすべてを受け入れて従おうとしたわけではなく、また、自分では実際にはどの程度影響を受けたのかを明確に把握することはできないが、「名大・農・害虫」にいって「伊藤の教え」を見聞きにすることで、研究への取り組み方に関する意識が大きく変わったことは確実である。

注12 Mizuno, M., T. Itioka, Y. Tatematsu and Y. Itô (1997) Food utilization of aphidophagous hoverfly larvae (Diptera: Syrphidae, Chamaemyiidae) on herbaceous plants in an urban habitat. *Ecol. Res.* 12: 239-248.

伊藤さんとお近づきになれたようで嬉しかった。

さらに、その後、[注13]伊藤さんが沖縄の山原で進めていた、保全を強く意識した各種の生物群集の多様性に関する研究に関して、多様度を表す各種の示数について検討する小さな勉強会のようなものを、静岡大学の佐藤一憲さんと私に呼びかけて、開かれたことがあった。それぞれの示数がもつ数理統計学的な意味の検討やその取扱は佐藤さんがいれば十分で、私などは何の役にも立たないと申し上げたが、サラワク州の昆虫群集を対象に得られた大量の多様性データの解析に着手しようと準備を始めていた私を何かの役に立つだろうと強引に誘って下さった。とてもありがたく、声をかけていただいた期待にもっとお応えしたい気持ちはあったのだが、いかんせん、能力的にも時間的にも許容量の少ない私では十分な貢献をすることができなかった。もっと無理をしてでも、伊藤さんとの共同作業に関わって行ければよかったと、深く後悔している。

ウリミバエ不妊化事業の仕事を沖縄でなされた後、名大に移られてからは、社会性昆虫の研究ばかりを進められているのかと、名古屋に来るまでは思っていた。だが、上記のよう

注13 一九九七〜二〇〇〇年頃だったと思うが、よく覚えていない。

に、伊藤さんは群集生態や、保全に関わる生物多様性研究などを含む幅広い生態学の分野に継続して取り組まれていた。伊藤さんの関心の広さと、研究への強い意欲には、ただただ敬服するしかなかった。その間も、結構な分量で充実した内容をもつ教科書や普及書もいくつか書きあげているのである。その馬力がどこから生み出されるのか、その事をご本人に直接伺ってみたかった。研究の討議や、飲み会での軽い話しをさせていただくようになったが、畏れ多い伊藤さんにそんな話しは最後までできなかった。それも後悔している。

もちろん、ハチ類の社会性進化の多雌創設起源に関する研究は、名大退職後も力をこめて続けられていたようである。チビアシナガバチの営巣に関わる繁殖雌の数がコロニー成長に与える影響を野外のコロニーを対象に定量的に検証した研究のデータ解析の部分に関わるよう声をかけていただいた。伊藤さんと何度か図表・データ・統計結果を前に、討論を繰り返した。私が、サラワクにばかり行っていて、打合せスケジュールがなかなか組めず、結果をまとめるまでに長い時間を要することになってしまった。データ数の不足もあって苦戦していた論文も、最後は伊藤さんのお力で公表にこぎ着けることができた。[注14] チビアシナガバチは、私が調査地としているサラワク州ランビル国立公園の森にも、比較的多数生息しているので、機会があればお招きして見ていただこうと思っていたが、私が京都に移動してからはお目にかかる機会もぐっと減ってしまい、実現できなかった。いろいろと後悔することは多い。

伊藤さんには、他にもいろいろと面倒をみていただいた。柴田叡弌さん[注15]、鎌田直人さん[注16]のお二人に沖縄各地の研究拠点や山原の森を伊藤さんが案内されるという視察旅行に加えていただくことがあった。[注17] 琉球大学の演習林を皮切りに、2泊か3泊しながら、山原の森を広く回り、米軍演習地内の保存状態のよい森を外から眺め、ウリミバエの増殖施設も見学させていただいた。伊藤さんはどこへ行っても尋常ならざる

注14　Itô, Y. and T. Itioka (2008) Demography of the Okinawan eusocial wasp *Ropalidia fasciata* (Hymenoptera: Vespidae) II. Effects of foundress group size on survival rates of colonies and foundresses, and production of progeny. *Entomol. Sci.* 11: 17-30.

注15　当時、名古屋大学生命農学研究科森林保護学教授。伊藤さんの名古屋での飲み仲間。

注16　当時、金沢大学理学部生物学科助教授。現在、東京大学大学院農学生命科学研究科附属演習林教授。

注17　時期は、二〇〇〇年頃だったと思うが、よく覚えていない。ちょうど、同じ頃に、私の研究チームが予定していた沖縄でのオバギ調査の日程とつなげて視察旅行に同行させていただいた。害虫研で、博士学位をとって間もない野村昌弘さんも同行した。

急ぎ足で移動され、夜の飲み会を除いて大変忙しい旅行となった。演習林でのカエル固有種夜間観察ツアーでは、出発して十五分ほどの間に二回もハブが出てきたので私はすっかり怖じ気づいてしまい、かなり慎重に山道を歩いていたが、そこでも伊藤さんはものすごい速さで歩いておられた。山原の森の荒廃状況をはじめとして、伊藤さんが多くの人に見てもらいたいものが沖縄にはたくさんあるのだということがよくわかった。行く先々で伊藤さんと親しく話されている方が現れ、伊藤さんは沖縄が大好きで、沖縄の人も伊藤さんが大好きであるということも、よくわかった。

　私が名古屋にいる間、時々、研究室に現れ、さらに時々、飲み会にも誘って下さった。飲み会の伊藤さんは、酩酊しつつ、かなり際どい話しや研究の裏話、自慢話を次々と繰り出していくのが常だった。そのいくつかは、『楽しき挑戦』にも書かれているようなことで、どれも楽しい話題で皆が笑えるような話しばかりだったが、今となってみては、それぞれの話題についてもっと突っ込んで細かなことを聞いておけばよかったと、これも、後悔だ。もう少し早く『楽しき挑戦』が出ていれば[注18]、それをテキストにして、伊藤さんにインタビューし、もっと面白い話しが聞け、もっと伊藤さんからもっと多くのことを学ぶことができたかも、などと考えてしまう。いや、私にとって最後まで畏れ多い存在であり続けた伊藤さんには、何も聴けなかったかも知れない。

　計り知れぬ馬力で生態学研究に邁進されていた伊藤さんと短い間でも研究を通して関わることができたことは、私の大きな誇りであり、貴重な財産である。伊藤さん、ありがとうございました。

注18『楽しき挑戦―型破り生態学50年』（海游舎）は二〇〇三年に出版されたので、私が京大に移動するまでの間に、これを肴に伊藤さんと酒を飲みながらあれこれ話す機会をもつことができなかった。京都に動く前に、ご挨拶に伺うべきであった。

33 伊藤嘉昭先生の思い出

長谷川 寿一　東京大学総合文化研究科教授。
長谷川 眞理子　総合研究大学院大学理事。専門は心理学、自然人類学。ともに野生チンパンジーの行動生態を研究。一九九九年に日本人間行動進化研究会を設立。二〇〇八年より学会となる。

伊藤嘉昭先生（以下、伊藤さんと呼ばせていただく）の思い出の概要についてはすでに生物科学誌に書いてしまっているが、ここでは私たちの自分史も絡めて先の思い出話を補ってみたい。したがって、本稿は『生物科学』68巻2号に掲載された長谷川・長谷川による記事に加筆したものである。

私たち二人は一九七二年学部入学の同学年で、寿一は東大の文学部心理学研究室、眞理子は理学部人類学教室にそれぞれ籍を置き、学部三年次（一九七四年）から房総半島高宕山に生息するニホンザルの行動と生態を調査していた。ニホンザルという対象を選んだ理由は、京大の野外霊長類研究への憧れも多少はあったが、駒場の教養教育で受けた動物行動学と自然人類学に感化されたことが最も大きかった。一九七三年はローレンツ、ティンバーゲン、フリッシュがノーベル生理学・医学賞を受賞した年でもあった。理系とも文系とも言い切れない動物行動学には、高校までの伝統的な教科教育とは違う新鮮さと輝きが感じられた。また同年にはジェーン・グドールの『森の隣人』が出版され、一気に霊長類研究に魅せられた。当時の東大理学部には、日本の野生チンパンジー研究のパイオニアである西田利貞さんが助手として勤務しており、吸い寄せられるように西田さんの門を叩いたのである。西田さんは今西霊長類学の直系筋で、伊谷純一郎先生の最初期の弟子だった。私たちは東京に居つつも、京大霊長類学の流れの中で霊長類の行動研究をスタートさせた。

すべてが放任主義の時代だったので、私たちは野帳と双眼鏡と真新しい一眼レフカメラを手に取って、野外調査に飛び出ていった。今振り返ると基礎知識はほぼゼロからのスタートで、西田さんからも、心理学の教授たちからも、行動学や生態学の理論や方法論について体系的に習った記憶はまったくない。心理の自主的な読書会では、ロバート・ハインドの教科書 *"Animal Behaviour"* を輪読し、自分でテーマを選んで発表する大学院ゼミでは出版直後のウィルソンの *"Sociobiology"* の概要の紹介をしたものの、行動生態学分野の世界の最前線では、今どんな研究がホットなのかも知らぬままひたすらサルを追っていた。

博士課程に進学し、西田さんのフィールドであるタンザニアのマハレ山塊で野生チンパンジーの調査に参加することになった。一九七九年、アフリカに渡航する直前に、チンパンジーの認知研究で著名なプリマック博士が奥様共々訪日した。伊谷さんと西田さんがホストだったが、東京滞在中の一週間あまりの間、私たちが様々なお世話をすることになった。プリマック先生の数あるお仕事の中で最も著名な論文「チンパンジーは心の理論を有するか?」を発表直後の訪日だったが、(のちに自分たちの重要な研究テーマとなる)「心の理論」についてては全く触れず、皇居や浅草をご案内し、ニホンザルの研究生活や日本文化などについてずいぶん長くお話しした。プリマック先生は米国の秘書に連絡し、私たちのために一冊の本を取り寄せて下さった。これから野生チンパンジーの調査を始めるなら、まずこの本をお読みなさい、というその本がドーキンスの *"Selfish Gene"* であった。東京滞在中、私たちにとって最初の英文論文(ニホンザルの孤児に対する世話行動に関する論文)の草稿をプリマックご夫妻に読んでいただいたのだが、ご夫妻は、英文校閲だけでなく、内容に踏み込んだコメントをたくさんして下さった。論文指導を通じて、当時の私たちの社会生物学的素養があまりに乏しいことを看破したに違いない。だからこそドーキンスを読むようわざわざ手配して下さったのだ。

伊藤さんの思い出の前書きがずいぶん長くなってしまったが、この *"Selfish Gene"* との出会いこそが、古典的な日本の霊長類学から(いわば)決別し、行動生態学としての霊長類研究へと大きく舵を切る転換点であった。タンザニア奥地のフィールドに向かう道中、我を忘れて読書に没頭し、将来の研究を導く光がはっきりと見えた気がした。今西錦司の薫陶を直接受けている西田さんも、京大の同世代の霊長類研究仲間たちも、社会生物学の理論や現象の説明にはきわめて冷淡で懐疑的だった。霊長類研究者の中で同志を見出すことは難しく、アフリカでの三年間近くの野外調査を終え帰国した後、伊藤さんと出会ったときには、初めてであるにもかかわらず、お互いすぐに同志感情を共有できた。

伊藤先生との最初の出会いは、あまり定かではないのだが、松田博嗣先生が代表の「適応戦略および社会構造の数理的研究」か、寺本英先生が代表の「生物の適応戦略と社会構造」(どちらも科研費特定研究)のいずれかの研究会だったと記憶している。もしかしたら設立されたばかりの動物行動学会だったかもしれない。独特の風貌、独特の語り口、独特の仕

写真１　1986 年特定研究のシンポジウムでの集合写真。伊藤さん（後列中央）の隣の長身がJ.L. Brown さん、その右が橘川次郎さん、W.D.Hamilton さん、岩本俊孝さん、藤岡正博さん。前席は左から、A.H. Harcourt さん、M. Taborsky さん、長谷川眞理子、山本伊津子さん、M.J. West-Eberhard さん、J.R. Krebs さん、青木重幸さん。上段左から前田泰生さん,生方秀紀さん、松田博嗣さん, 坂上昭一さん。（生物科学 68 巻, p. 79, 図 1 より転載）

草が強烈な印象だったのだが、年も場所もよく思い出せない。野生チンパンジーを対象として、寿一は配偶行動（とくにオスの代替戦略に関連して）、眞理子は養育行動をそれぞれテーマとしていたが、研究発表の機会があるたびに伊藤さんはかなり長い時間をかけて議論して下さった。他の霊長類研究者との議論より時間的に長いだけでなく、矢継ぎ早に鋭い質問やコメントをいただいた。昆虫を対象としてきた伊藤さんにとって、哺乳類の行動生態学的研究は新鮮で面白かったのかもしれない。

二つの特定研究は、日本の社会生物学・行動生態学のまさに実質的な夜明けを象徴するプロジェクトであった。とりわけ、後者の「生物の適応戦略と社会構造」には、分類群を超えて、パラダイム転換を求める多くの研究者が集った。伊藤さんは、寺本さん、日高さんと共に、（当時の私たちのような）若手研究者が世界の最前線の研究者と触れ合う機会を数多く提供して下さった。なかでも、京都で催された国際シンポジウム（一九八六年）は、きわめて刺激的だった。W.D. Hamilton をはじめ、J. Krebs, M.J. West-Eberhard, T. Clutton-Brock 等々の講演を聴き、直に話す機会を得られたのは、伊藤さんのおかげである。眞理子は、このときの縁で、ケンブリッジの Clutton-Brock の研究室でポスドク生活を過ごすことになった。一九八九年から二年間のケンブリッジ滞在で、眞理子は一介の霊長類研究者を卒業し、行動生態学者へと完全に脱皮した。つねに世界のトップを見よ目指せ、というのは伊藤さんの口癖だったが、ケンブリッジというアカデミアの一大拠点に身に置くことができ、行動生態学のみならず科学の最前線で何が起きているかを肌身で感じることができたのは、人生でも至福のときであった。ダーウィンの足跡を直に訪ねるという旅が始まったのもこの頃のことだった。

当時の伊藤さんは、「子殺し」に強い関心を寄せておられ、伊藤さんが代表の科研総合研究(A)「動物における種内個体間の協力と攻撃の進化に関する研究」では、ラングールの子殺しで雌がなぜ徹底的に抵抗しないのかについて、伊藤さん、山村則男さんと寿一で数理モデルをまとめた[1]。佐賀大学(当時の山村さんの所属先)で小さな研究会を開いた後、山村さんの車で唐津まで行き、とびきり新鮮なイカを賞味したことが記憶に残っている。この総合研究では、我々は分担者ではなかったが、日本各地の温泉で行われた合宿に何度か参加し、子殺しやきょうだい殺し、ヘルパー、レック繁殖、協同的多雌繁殖などについて議論した。寿一にとっては、チンパンジーとイワヒバリの乱婚性について山岸哲さんや中村雅彦さんと情報交換できたことがとりわけ有意義だった。粕谷さんや辻さんとのその後の親交の原点もこのプロジェクトだった。この研究班の成果は、東海大学出版会から『動物社会における共同と攻撃[2]』として出版されている。

伊藤さんは、一九八六年創刊の"*Trends in Ecology and Evolution*"誌の初期の編集委員を務めていたと記憶しているが、眞理子(当時在ケンブリッジ)を後任の編集委員として推薦してくださった。霊長類における子殺しや子の性比の偏りに関して、眞理子が同誌で総説をまとめるきっかけを作ってくれたのも伊藤さんということになる。ケンブリッジでのダマジカ研究を終えて帰国した眞理子に、伊藤さんは沖縄のケラマジカの調査をしてみないかと、声をかけてくださり、現地を含めていろいろ案内してくださったのだが、この研究は残念ながら実現しなかった。ただし、伊藤さんに見せていただいた那覇市内のウリミバエ根絶のための巨大な不妊化施設には圧倒され、伊藤さんの底力に敬服した。

伊藤さんは、松本忠夫さん(シロアリの海外調査の代表者)や嶋田正和さん(『動物生態学』の共著者)を訪ねて、しばしば東大駒場キャンパスに来られたが、夜の飲み会には私たちもよく合流した。伊藤さんの大声は(松本さんの明るい笑い声や嶋田さんのドスの利いた説教と共に)飲み屋の喧騒の中でもひときわかん高く響いたが、天性の楽天家で常に座を盛り上げた。伊藤さんと松本さんは、伊豆の韮山にある出来たばかりの私どもの山荘にも遊びに来て下さった。ちょうど私たちが伊豆シャボテン公園でクジャクの配偶行動の野外調査をしていた時期だったので、レック繁殖の現場を見ていただき、夜はまたまた新鮮な海の幸と山の幸を囲んで乾杯した。お酒の余談になるが、伊藤さんは蒸留酒が嫌いで、醸造酒党だった。拙宅ではもっぱらワインで盛り上がったが、伊藤さんのお気に入りはローヌの赤、シャトーヌフ＝デュ＝パプだった。今でもシャトーヌフ＝デュ＝パプの栓を開けるたびに伊藤さんの笑顔が浮かび、法皇とワインに関するうんちく話が思い出される。

伊藤さんが動物行動学会の二期目の会長時代（一九九七〜

写真 2　クジャクの配偶行動の野外調査（伊豆シャボテン公園）。

写真 3　伊豆・韮山の山荘で（1995 年 3 月）。

写真 4　漁港で買ったアマダイをさばく伊藤さん。

一九九八)、運営委員だった寿一は*J. Ethology*の出版をSpringer社に移す交渉をお手伝いした。同誌が本格的な国際誌として変身するのに関われたことも懐かしい思い出である。この例に限らず、国際化は常に伊藤さんの行動原理だった。

二〇〇〇年三月にハミルトンが急逝したとき追悼出版の企画のきっかけを作ってくれたのも伊藤さんだった。眞理子が編者となった『虫を愛し、虫に愛された人』の中には、ハミルトンから伊藤さんに宛てたクリスマスレターが収録されている。ハミルトンは日本の多くの研究者と親交や共同研究があり、氏の論文集『遺伝子の国の細道(*Narrow Roads of Gene Land*)』が『奥の細道』にちなんでいることも良く知られるが、ハミルトンと日本の掛橋は伊藤さんに負うところが大きい。

眞理子は、二〇〇三年、伊藤さんが50年の研究史をまとめた自伝を著した時、海游舎の本間さんからタイトルの相談を受け、冗談半分に『我が闘争』というアイデアを出したが、さすがにそれは却下され、ではということで、『楽しき挑戦—型破り生態学50年』[3]に落ち着いた。推薦の言葉を書かせて頂いたのも光栄だった。この出版企画のときも、松本さんや本間さんと中野坂上の居酒屋豆柿で大いに語り合った。

眞理子は、この数年総研大の科学社会論コースにも関わり、その一環として院生と共に、伊藤さんから是が非でもオーラルヒストリーをうかがわねばと思っていた矢先に訃報が届いた。もっと早くお話しを聞いておければと残念でならない。(が、本書で周囲から見た伊藤さんの詳細なスケッチが出版されたことで良し〈嘉〉としたい。)

繰り返しになるが伊藤さんは、よく語り、よく笑った。ずばっと本質を鋭く突く議論、常にリベラルを貫く社会的発言、出身大学や年齢差を超えて真剣に研究支援する公平さ、伊藤さんから学んだことは、あまりにも大きく、感謝の意はとうてい言葉では表しきれない。

34 公式にはほとんど接点のなかった私を、折に触れ鍛えてくださった伊藤嘉昭さん

太田 英利 兵庫県立大学自然・環境科学研究所教授。爬虫類などの脊椎動物を対象とした系統分類学、生物地理学、進化生物学、自然史科学が専門。兵庫県立人と自然の博物館研究部長を併任。

はじめに

私はおもに爬虫類、そしてたまに両生類の系統分類、歴史生物地理を勉強し研究してきた者で、学生・院生時代は京都大学の理学部・理学研究科に所属していた。大学院博士課程を修了直前で中退してからは、琉球大学の理学部、続いて同大学に附置された全国共同利用施設である熱帯生物圏研究センターに勤務した。よって研究対象や研究分野、学生・院生時代の所属、さらには勤務機関においても、伊藤嘉昭さんとは公式的には何の関係もない道を歩んできたはずである。が、実際には本当に色々と、繰り返し薫陶を頂いた。ここではその経緯について、書かせて頂く。なお以下の記述内の日時や場所などについては、手元に残る日誌やメモ、辻和希さんより提供頂いた情報などにより、可能な限り客観的な確認に努めた。また言動についても、将来あちらでお目にかかった際にボロクソに言われないよう、極力、正確な記述に努めた。私は兵庫に移って脳梗塞を患うまでの記憶にはかなりの自信があるが、誤解や記憶違いが入っている可能性も無論、排除はできない。そうした（過去の事象に関する記述の正確さの）観点からお気付きの点等があれば、ご指摘いただければ幸いである。

私にとって衝撃的だった初対面

伊藤さんに初めてお目にかかったのは、私が学部の三回生だった一九八二年の六月であった。その頃私は、キノボリトカゲ類やヤモリ類の組織サンプルを抱えて愛知県犬山市にある京都大学霊長類研究所の野澤謙教授の研究室にお邪魔し、当時ＯＤだった川本芳さんのご指導で、デンプンゲル電気泳動法による酵素タンパク質を指標とした遺伝的変異の検出法を勉強していた。ある朝、変異部門（当時）の実験室に、アシナガバチのサンプルの入ったフラスコを手にした、スラリと背の高い人物が入ってきた。言葉では表現しにくい一種の貫禄

というかオーラを感じた私の頭には、なぜか「アブラハム＝リンカーン」の名が浮かんだのを覚えている。だが次の瞬間、その人物は私が予想したよりかなり高めの、ややしゃがれたというかかすれた声で「野澤さんは？」と尋ねた。咄嗟に言葉が出せないでいると、奥にいた川本さんが、「今朝は一度来られてから出られました。じき戻られます」というような意味のことを言うと、実験机の上にフラスコを置き、「じゃあこれ、渡しといて」と言った。そして私を一瞥し、「君は？」というので、「太田と申します。京都大学理学部の学生で、川本さんに電気泳動を習いにきております」と答えると、ニヤリとして予想だにしない言葉を。「京大の理学部？　あそこはダメだ、雁首そろえて、英語で論文も書かず〝井の中の蛙〟やってるから。やる気あるなら農学部に移るといい」。この言葉は、あれから三十四年が経過した今でもはっきり覚えている。「エッ！」と一瞬、無言の棒立ち状態になると、「はいさようなら」と（本当にこのとおりの言葉を残し）、かなり機敏な動作で部屋を出て行った。立ちすくんでいると、川本さんがそばに来て笑いながら、「今のは名古屋大学の伊藤嘉昭先生。いつもああだから気にしなくていいよ」と言って下さった。伊藤さんのお名前は当時、蒼樹書房から出ていたエリック＝ピアンカの『進化生態学』の翻訳者として存じ上げてはいたが、ごく短いやりとりながら強烈な印象が残った。

翌一九八三年のこれも確か春が過ぎる頃、私をご指導下さっていた疋田努先生（当時助手）が所属する系統遺伝学講座（通称、一講座）では、日高敏隆教授を中心に日本動物行動学会の立上げ準備が進められていた。そうしたある日、学会の「顔」となる学会誌 *Journal of Ethology* (*JE*) の第1巻第1号の準備のため、ODや院生諸兄と教授室で作業をしているところに、突然、伊藤さんがご自身の論文原稿（この号に掲載される予定とのことだった）を抱えて現れた。その前年の印象が強烈だったため、伊藤さんであることは一目でわかったのだが、その場に居合わせた先輩たちが皆、一瞬動きを止め、次に非常にうやうやしく対応しているのが印象的であった。その時の皆さんの反応から、伊藤さんが来られるのは誰も聞いていなかったのだと思う。その時も伊藤さんは、要件が済むと一瞬も間をおかず、「はいさようなら」とだけ言って出て行った。この、なんの前触れもなく現れ、要件が済むと全く間をおかず「はいさようなら」と言って姿を消す様子は後年、沖縄で何度となく目にしたが、「挨拶口上などで自分の（そしておそらく相手の）時間を削りたくない」という意識の表れだったと思われる。なおこの少し後で、同じ講座の今福道夫先生（当時助手。初期の *JE* の編集を一手に担当）が、「行動学会の立ち上げ、英文誌の発行が決まるとほぼ同時に伊藤さんが原稿を投稿して下さった。こういう時、最初はなかなかいい原稿が集まらないので、本当に有難い」旨のことをおっしゃっていた。

その後、行動学会の〝幽霊会員〟ではあったものの、生態学会員でも個体群生態学会員でも、ましてや昆虫学会や応動昆の会員でもなかった私は、それ以上、伊藤さんにお目にかかる機会もなく学生・院生生活を送ったが、『科学』や『生物科学』といった一般向けの雑誌に書かれた論評、エッセイ、書評等はしばしば拝読する機会があり、研究室の他のメンバーとの間でも話題になった。とにかく歯に衣着せぬ率直かつ批判的な論が多く、（個々の内容への賛否はともかく）若年の生物学徒にとっては刺激的でいろいろ考える機会となり、有り難かった（ついでにこれらを通して、初めてお目にかかった時の第一声も、意味・背景が理解できた）。それとあと一つ、研究室の一部の先輩方が飲み会などの際、しきりに伊藤さんの口調のまねを競っていたが、それを聞いた（同じ講座だが行動・生理学分野ではなかったため）一度も伊藤さんに会ったことがないはずの先輩による〝まねのまね〟が、一番ご本人に似ていたのは不思議であった。特徴のある声、話し方から宴会芸のネタにしやすいこともあるのだろうが、このような場にはもう一つ、研究業績においても個々の議論においてもなかなか歯が立たない偉大な先輩をネタに、なかば親しみと尊敬を込めつつなかば憂さを晴らすという、ちょっと複雑な感情の発露があったように感じた。

農試での沖縄初遭遇

大学院博士後期課程を修了目前にして中退し琉球大学に就職した私は、一九九四年のある日、地元紙に伊藤さんの写真が掲載されているのを目にした。正確には覚えていないが、「ウリミバエの根絶事業を指揮した伊藤嘉昭博士、沖縄大学で教鞭を執る」といった内容だったと思う。お目にかかる機会は程なく訪れた。沖縄県農業試験所の害虫防除関係の研究グループから依頼されセミナーを行った際、そこに伊藤さんが来ていた。セミナーの内容は種概念に関するもので、長くスタンダードとなっていた生物学的種概念に対する近年の批判や、新たに提唱されている種概念などについて、琉球の爬虫類、両生類を例に概観するような内容であった。終わって懇親会となったところで、セミナーの間中、ニヤニヤしながら黙っていた（これは非常に珍しいことだというのを後で実感）伊藤さんが口を開いた。「京大の理学部の動物出身？　あそこはダメだ。みな論文を書かないから。そもそも教授からして、これまでに書いた英語の論文が10に届かないもの、云々、云々。農学部か、理学部なら生物物理の寺本研に行けばよかったのに、云々、云々。しかも専門が分類学だって？　せいぜい生態学者や行動学者を手伝ってくれればいい、云々、云々」。無論、伊藤さんにしてみれば犬山や京都でちらりとお目にかかったことなどは絶対に覚えていないだろうから、初対面のつもりでのお言葉である。さすがにカチンときたので、「人の古巣をダメだの、論文を書かないだの、手伝ってくれればいいだの、どういうことでしょうか？」と応え、他の方に止められるまでしばし議論が白熱してしまった。

　要約すると伊藤さんは、おおよそ次のようなことをおっしゃった（傍線部は、比較的正確に記憶できている自信のある語で、それ以外は字句の詳細には自信がない）。「理系の研究者たるもの英語で論文を書き、国際的に流通している、カレントコンテンツに掲載されているような雑誌、たとえばそっちの分野であれば、最低でも *Biological Journal of the Linnean Society* とかに、レフェリーを突破して出版し、さらにそれが他の研究者によって引用されなければ話にならない。京大理学部の連中は、教授からして自己出版の紀要みたいなものに出した文章が大半で、それを論文だと言っているが、変なところや間違いがあってもレフェリーが見ないからそのまんま。サーキュレーションが悪いから誰も読まず、自分で引用するだけ。それから論文は数ではなく質だというけど、そんなもんただの負け惜しみだ。質はカレントコンテンツに載るような審査の厳しい国際誌に出せば、自ずと維持される。分類学者は新種だなんだって、検証のしようもないようなものを、紀要みたいなものに長々と記載するだけ。論文と言っても議論がない、仮説がない。生態学者は仮説を考えモデルを考えるのが仕事。だから材料選びの段階では、分類学者の補助がいるが。それとだいたい新種の名前なんて、*Nature* に出版してもそれより1日早くどこかの紀要にでも出版されたら、結局そちらを使わないといけなくなるなんてナンセンス。云々、云々」。

　これに対し私は、今思い出すと赤面してしまうが、だいたい以下のようにやり返し、ヒートアップしていった（不思議なことに伊藤さんに言われたことより、自分が返した言葉についての方が、正確な記憶がない）。「われわれの分野の人間がより多く論文を出すのは、リンネ協会誌であれば *Biological Journal* ではなく *Zoological Journal* か *Botanical Journal* です。［そこで伊藤さんは笑いながら、〝そんな雑誌は知らん〃と言う］ご存知ない？　それは知識が狭過ぎるのでは？　それから、どうして分類学者の仕事が記載だけなどと限定できるのでしょうか？　今日のセミナーの内容も、ほぼ丸ごと分類学者の仕事ですが、記載でしたか。そもそもそれぞれの記載では、新たに認識される分類群はそれ自体、その妥当性が検証されるべき仮説であり、必要に応じた厳密な検証のためにタイプ標本が指定され、いかなる手続き的な混乱も生じさせないために、国際動物命名規約というものが定められているのです。生態学の世界ではオリジナリティの認定が、出版された時間的な順番ではなく、雑誌の格で決まるのですか？　大変ですね？　云々、云々」。ただ後で頭を冷やして考えると、特に「論文は査読システムがあり、できるだけサーキュレーションのいい雑誌に多く出すべき」とのお言葉は、少なくとも若い研究者（当時私は三十四歳）に対しては正論であり、改めて肝に銘じざるを得なかった。

以上のやりとりの後あたりになると、私は（そしておそらく伊藤さんも）、そこそこ泡盛が回りはじめており、最後どのようにしてお開きになったかは覚えていない。が、とにかく翌日には、酔う前のやりとりが思い出され、御大を不快にさせてしまったのかな、とやや後悔したのを覚えている。ところが驚いたことに、その数日後に突然、伊藤さんは琉球大学の私の部屋に論文別刷の束を抱えて現れた。ノックに応え戸を開けると、目の前に伊藤さん。「伊澤雅子のところに来たついでに寄った。これ」と言って包みを差し出す。私が反射的に受け取ると即、「はいさようなら」とだけ言い、独特の前傾姿勢で足早に去って行った。そのため意図を伺うことも、お礼を言うこともできなかった。本当に時間を大切にされる方だと思いつつ、少し嬉しくホッとしたのを覚えている。その後も何度か「ついで」の訪問を受け、色々頂いたが、お返しにこちらも別刷や小著を渡そうとすると、しばしば一瞥して「いらない」とだけ言われ、受け取らなかった。「ありがとう」と言って持ち帰えるのは二、三回に一回程度だったか。

『沖縄やんばるの森』騒動

一九九五年春、伊藤さんは沖縄生物学会の年大会の懇親会に突然現れた。憤慨した口調で、「ヤンバルの自然破壊はあまりにもひどい。俺は今まで意識的に、自然保護活動とは直接関わらないようにしてきたが、生態学者としてこの問題を扱った本を書くことにした」と宣言されていた。具体的な言い回しは忘れたが、それまでに伊藤さんの口から、「俺は自然保護だの希少種保全などには、直接には関わらないことにしている。〝くだらん〟と言うつもりはないが、研究機関に所属する研究者が、直接取り組むべき問題ではない」といった意味のことを一度ならず直接聞いていたが、そのときには「へぇ？」くらいであまり気にも留めなかった。しかしその後が大変だった。

その年の夏、私は阪神淡路大震災で被災した家内の実家の手伝いなどで結構な期間沖縄を離れ、兵庫で過ごしていた。まだ携帯電話のない時代であったが、大学の所属部局には時々電話を入れた。すると毎回のように、「伊藤先生から電話がありました。〝またかける〟とおっしゃっていました」旨の伝言。何か急用でも、と普段ほとんど使っていなかった自宅の留守電を遠隔操作で聞くと、例の声で「伊藤です。またかけます。」の伝言が、正確には覚えていないがおびただしい数入っていた。焦って沖縄大学に電話してもいらっしゃらないので（後で聞いた話だと、市民向け短期講習会がある期間を除き、夏の間ほとんど大学にはいらっしゃらなかったらしい）、気にはなったが止むを得ずそのまま放置した。八月下旬、帰宅してからが大変だった。九月後半にかけて一～二日おきに、朝の五時～五時半の、起床前に電話がかかってくるのである。〝受話器を取るとあいさつもなく、例の声でいきなりの質問。たとえば（半分寝ぼけながら）「はいもしもし？」、「山原にいるイシカワガエルというのは、日本のカエルの中で一番大きな卵を産むというのは本当か？」、「はい確かにそうですが……（何か言おうとする）」、「はいありがとう」（ガチャン）といった具合。しばらく頭がぼーっとしているが寝直すこともできず、十～二十分経つとだんだん腹が立ってくる。しかしその時は後の祭りで何も言えず、できず、そのまま呑み込むしかない〟というサイクルが繰り返された。職場の同僚にぼやいても、冷たく「自宅の電話なんか教えるからよ（そういえば以前、自宅の電話番号を聞かれた際に何も考えずに教えていた）。お年寄りは朝が早いし、伊藤先生は特にせっかちだから」と言われるだけであった。

しばらくして伊藤さんは、当時執筆していた著作『沖縄やんばるの森』（岩波書店）のドラフトを持って来室された。それほど分厚い本ではないのだが、結構な数の付箋が貼ってあり、それぞれの箇所でご本人が要確認と思われたのであろう内容を、それこそ片っ端から聞いてくる。答えるとそれをメモして、「はい次」が続く。早朝の電話攻撃よりはいいかと思って応じていたが、いい加減うんざりして文句を言うと、「お前は分類学者なんだから、こういうときぐらい役に立て」と無茶苦茶なことを言う。こうしてこの本が同じ年の十二月末付けで出版されると（実際に書店の店頭に並んだのは、年が明けてからだったと思う）、いかにも得意そうな顔で研究室にやってきて、「3ヶ月半でできた。手伝ってくれたからお前にもやる」と言って一冊置いていった。

ここからは、この本に関する後日談である。伊藤さんは京大理学部（特に生態学関係者）を繰り返し批判するだけあって、筆が早く、論文も一般向けの書籍も多作だとは聞いていた。が、その陰でいったいどれくらいの関係者がこんな目にあってきたのだろうか、などと思いながら、贈られた本のページを繰ってがく然となった。確かに、やや生物学に興味・素養のある一般読者層に向けて、山原の自然の素晴らしさと、現在直面している理不尽な問題を効果的にアピールする、これまでありそうであまりなかったユニークで時宜を得た作品に仕上がってはいる。が、とにかくあまりにも誤記や勘違いが多い。たとえば本書中では、少し前に沖縄島中部の本部《もとぶ》半島ないし名護周辺の展示施設から脱走し、未だに何頭が逃げたままなのかさえわからない外来の毒蛇を、〝キングコブラ〟としていた。ちゃんと〝タイコブラ〟だと説明したのに……。仕方なくこの本の書評［太田（1997）沖縄生物学会誌 35: 65–69］中では、その高い価値、一読に値する作品であることを十分強調した上で、誤りについても代表的なものを挙げつつ、再版のときには改善して頂きたい旨を記した。しかしどうもこれはかなりお気に召さなかったらしい。その後お目にかかった機会に、ふと思い出して「改訂版はいつ出されるのですか？」と尋ねると、（伊藤さんにしては珍しく）ムッとした顔で「もう出さない。悪口書く奴がいるから出さない」と言い放った。人のことを歯に衣着せず（つまりボロクソに）叩くのに、批判にはあまり免疫がない、つまり攻撃においては鬼神のごとく強いのに、一旦守勢に回っては意外にもろい、当時、ちょうど流行り始めていたK1の某ファイターのような人なのかと思ってしまった（その後、伊藤さんと顔を合わせると、リンカーンに代わってそのK1ファイターの顔が浮かぶようになった。外見的には全然似ていなかったが）。いまにして思えばあの反応は、「本質的な問題でもない瑣末な誤記を、分類屋ふぜいが重箱の隅をつつくようにあげつらいよって」ぐらいの感覚だったのであろう。

わかり易すぎて眠くなるような話をするな

さて話は変わる。一九九六年六月のある日、伊藤さんから突然、「沖縄大学で社会人枠のリレー講義の世話係りをしているのだが、お前も公僕なんだから1コマ分くらい手伝え。何か沖縄の爬虫類の話でもすればいい。ただし謝金とかはないからな」という無茶苦茶な電話が掛かってきた。「公僕と言われても、別に沖縄大からは何ももらっていないのですが」と思いつつ、結局、断りきれず、何週間か後に、マイクロバスでやってきた三十人前後のご年配者を相手に、琉球列島の爬虫類相の特徴やその形成の古地理学的背景に関する話をする羽目になった。まだパワポが普及していない時代で、ＯＨＰ

と写真スライドを駆使して一生懸命説明していると、真ん前で誰かコクリコクリと居眠りをしているシルエットが……。プレゼンが終わって明りをつけると、伊藤さんご本人であった。しかも、明りがついてもまだ眠っている。我慢して講義を続けていると、終わり頃になってむくっと起き、何とも言えない顔でニヤリとしながら一言「ああよく眠れた」と。私は琉大に着任してから初めて、事務官以外を相手に本気でキレそうになった。

個体群生態学会の第十八回大会の準備、シンポジウムに巻き込まれる

それからしばらく経った同じ年の夏が過ぎる頃だったたか、また伊藤さんから「週末、空いてるか」という電話がかかってきた。いやな予感がするが正直に「はい」と答えると、「個体群生態学会の打ち合わせをするから、農試まで来い」とのこと。「そう言えば誰かが近々、個体群生態学会の大会だかシンポジウムだかを沖縄で開催することになりそうだと言っていたが……、自分は会員でもなければ生態学も勉強していないのになぜ」、などと考えながら指定された部屋に入ると、ちょうど伊藤さんが話し始めているところだった。正確には覚えていないが、前年だか前々年だかの大会に出た際、「特に植物を扱った分野の研究が恐ろしくレベルアップしていた。こちらも相当ぬかりなく準備しなければならない」旨の内容であった。それでプログラムの組み立てに入ったのだが、二つ立てるシンポジウムのテーマを〝絶滅リスクと生活史の進化〟と〝種分化：その生態学的、生物地理学的帰結〟というような内容にしようという案が決まったところで伊藤さんが、後の方のテーマの全体講演を「お前やれ」と言う。驚いて「自分は会員でもなければ、生態学者でもないので」と断ろうとしたが、「この学会は個体以上を基本単位として扱い、広い意味での生態、進化の問題に取組んでいれば何でもあり。せっかく沖縄でやるのに沖縄らしい話題の講演もないとまずいから、お前を入れてやったんだ（非常にはっきり覚えているが、この言の最後は傍線部のように上から目線の過去形ないし完了形であった）。会員以外に大会講演を依頼するのもいつものことだから問題ない。でも謝金はやらんから。お前は県内だから旅費もいらんだろう」、とまたまた理不尽な仰せで押し切られた。招待講演の候補者で他に挙がるのは、量的遺伝学のラッセル＝ランデ博士をはじめ、私でも名前を知っているような大物ばかりであり、本当に戸惑うばかりであった（後の交渉でもう一つのシンポの招待講演者は、結局ランデ博士に決まった）。打ち合わせの最後に伊藤さんは、「聴衆は沖

縄限定の分類の話なんか聞きたくないんだから、眠くなるような話すんなよ」とのたまわった。

日にちは定かでないが、その後の準備委員による打ち合わせの集まり（確か琉大農学部の岩橋統助教授の研究室でだったか）の際、伊藤さんは私を見るやとんできた。そして、「おい前、伊澤雅子に聞いたんだけど、大学に勤めてもう長いし助教授にもなっているくせに、学位取ってないんだってな。傑作だ、はよ取れよ」と言う。最初にも書いたように私は、課程を修了する前に慌ただしく琉大理学部に採用され、その後も全国共同利用施設（熱帯生物圏研究センター）の立ち上げ準備や、立ち上がってからのそちらへのポストの移行などに伴う諸用務にかまけ、学位を取得していなかった。別に隠していたわけではないが、言い訳もできないので黙って見返していると、何と言っていいか表現が難しいが、とにかく腹の底から嬉しそうな笑みを浮かべていた。まいったことにその後の打ち合わせ中も、また終わってからの飲み会でも、本当に繰り返し、「こいつ学位も持ってないんだぜ。だから京大の生態はダメなんだ」（おいおい、生態じゃないって）、「個体群のシンポの招待講演者で、学位のない奴って初めてじゃないか」（だったら、今からでも別の人探せよ）と、アルコールが入ってますます大きく、甲高くなった声でしつこく繰り返し、そばで岩橋先生たちが困った顔をしていた。

第十八回個体群生態学会の大会・シンポジウムは、一九九七年の十月二十四（金）〜二十六（日）に、中城湾を一望する沖縄県知念村（現、南城市知念）のホテルサンライズ知念（二〇一〇年に閉館）にて無事開催されたが、伊藤さんは終始ご満悦であった。私は専門分野における接点がないため、関連学会における伊藤さんの功績・評価についての理解は限定的であったが、参加者の多くが伊藤さんの所にやってきて、時に爆笑しながら時にシリアスに、とにかくいろいろ話しているのを見て、改めてその高い評価となんというかある種の人間力を強く感じた。私はというと、伊藤さんから言われたことを念頭に、琉球列島における爬虫類、両生類の生物地理、特に遺存固有種の分布パタンにもとづく、これまでに出されたこの地域の古地理仮説の評価を行い、それを受けて少し前に元指導教官の疋田努先生とまとめた古地理仮説［Hikida, T. and H. Ota (1997) In: Lue, K.Y. and T.H. Chen (eds.), Proc. Symposium on the Phylogeny, Biogeography and Conservation of Fauna and Flora of East Asian Region. pp. 11-28. Natn. Taiwan Norm. Univ. & Natn. Sci. Counc., Taipei］をたたき台にしての論考を試みたのだが、生態学的な話題が皆無だったためか、いまひとつ盛り上がらなかった。兎にも角にも任務を終え、ホッとして懇親会を楽しんでいると伊藤さんがやってきて、「誰でも聞けば瞬時にわかるような浅い話をしやがって。ほんと眠かった。俺はいつまでたっても自分が全てを把握していなければ気のすまない京大の＃＃と違って、聞きながらあれこれ考えてもよくわからないような話が好きだ。そういう話をする奴も好きだ」とのたまわった。「ああそうですか、そうですか」などと思っていると、会の終わり頃になって唐突に実行委員のどなたかから、「今回のシンポジウムでの講演の内容は、英文誌（つまり *Researches on Population Ecology*, 通称 *RP*）のシンポジウム特別号に出すのでよろしく。通常の投稿原稿と同様二名による査読をした上で来年の2号には間に合わせたいので、遅くとも今年中には投稿よろしく」といった内容を告げられ、いっぺんに酔いが吹っ飛んだ。どこかのコメディアンのギャグではないが、「聞いてないよ」だ。そこに伊藤さんもやってきて、「いいじゃないか書け書け。*RP* はカレントコンテンツにも載ってるしサーキュレーションもいい国際誌だぞ」と。えらいことになった。後で聞いた話だと Lande 博士も私と同様「聞いてないよ」とごねたが結局引き受けたとのことで、私も総説をまとめることになった（Ota (1998) *RP* 40 (2): 189-204）。査読、編集の過程では、レフェリーや担当編集者の曽田貞滋先生から再三、「少しは生態学的な議論も入れるように」と勧告されたが、経緯を説明してご容赦いただいた。この総説は（同じ巻の次の号に掲載されている Lande 博士の総説（Lande (1998) *RP* 40 (3): 259-269）には及ばないものの）、ちょうど地殻学、堆積学、分子生物学の新手法で琉球列島の古地理や歴史生物地理の議論が活発化する直前であったため、上述の Hikida and Ota (1997) ともども、議論の土台として、あるいは批判の対象として、結構な頻度で引用されることとなった。この点では、機会を与えてくださった伊藤さんには感謝している。

共著論文の顛末

個体群生態学会の大会があった翌一九九八年、伊藤さんは沖縄大学を退職された。とは言ってもそれで沖縄を去られたわけではなく、依然、生態学者の立場から、山原を中心に沖縄の自然の保護・保全に向けたデータの収集、論文化に取り組まれていた。実際、山原や名護市内から、（確か一九九九年の春頃には）米軍嘉手納基地内などでまで、お一人で調査中のところに遭遇したが、ものすごい集中力でこちらには一切気付かれなかった。まあ気付いていたけど言葉を交わす時間が勿体無いので、あえて無視されていたのかも知れないが。

伊藤さんが最後に私の部屋を訪れたのは、一九九九年の九月ないし十月はじめごろであった。ノックで戸を開けると、"Rapid extinction crisis among the endemic species in Yanbaru, Okinawa, Japan" というタイトルで、伊藤さん、沖縄国際大学の宮城邦治教授、それに私の連名となった原稿を差し出し、「お前の名前も入れてやった。明後日の夕方、用事があって琉大に来るので、その時までにみとけ。保全生物学関係の、できるだけ評価の高い国際誌に投稿しようと思う」とだけ言って、こちらが何も言う間も無く、足早に例の前傾姿勢で去って行った。とにかく時間を費やしたくないらしい。上記の『沖縄やんばるの森』での一件があったので慌ててざっと斜め読みすると、危惧した通り話の筋はいいのだが、様々なカテゴリーのミス（まあ伊藤さんにとっては本質的なものではなかったのかもしれないが）がてんこ盛りになっていた。そこで（その日はほかに締切の近い用務を抱えていたためちょっとしたパニックとなり）、結局、完全に徹夜をする羽目になった。事実認識のレベルでの単純な間違いや英語の文法ミスなどは別にしても、文献学的に根拠の足りないステートメントが少なくなく、その対応としての引用論文の追加や交換が結構大変であった。その結果、翌々日の夕方に来室いただいた際、かなり大幅に加筆したものを渡すと、ちょっとムッとした顔をしたが黙って受け取った。部屋を出る際に「投稿先は *Conservation Biology* にしようと思う」とおっしゃったが、それが直接に伊藤さんの声を聞く最後となった。

本当にたまたまだが、私はその二年前、沖縄島とその周辺の小島の砂浜におけるウミガメ類の産卵状況をまとめた大学院生の修士論文を *Conservation Biology* に投稿したところ、「具体的に保全策につながる提案を含み、かつ対象ベースのみではない、より幅広い読者が関心を持つ一般的な事項についての議論を含んでいなければ、残念ながら本誌の掲載候補とはみなせない」という編集者からの手紙とともに、査読にも回されず戻ってきたことがあった。その経験から本稿についても、到底この雑誌で相手にされるとは思えなかったが、案の定、ほどなく伊藤さんから、「査読にも回されず突っ返された。次を考えてみる」旨の連絡が当時普及しつつあった電子メールで届いた。さらに半年以上が過ぎた二〇〇〇年の六月初旬になって、*Oryx* に受理されたとの連絡がきた。続いて別刷の注文票が郵送されてきたので、確か百部くらいを注文し、送金したと思う。出版は十月末で（Itô, Miyagi and Ota. 2000. *Oryx* 34 (4): 305-316）、翌十一月に別刷が送られてきたのだが、最後の最後でまたしても……。*Oryx* の掲載記事には、雑誌の定式として、最後に "Biographical sketches" という、著者全員を簡単に紹介する囲い込みコーナーがある。この部分は最初に私が見せられた、投稿先が決まっていない段階のドラフトには付いておらず、*Conservation Biology* に却下され、次の投稿先を *Oryx* にした時点で、伊藤さんが追加していた。ただ、そこでの私の名前は、Hidetoshi ではなく Hidetsugu となっていた。別刷の注文票が伊藤さん経由で送られてきたとき、初校を見せてくださいと頼んだのだが、もう返したとのことで、結局見れないままであった。やはり出版社相手にねばってでも、一度は自分でチェックすべきだったと後悔。この件に関しては一度メールで軽く文句を書いたが、伊藤さんから特にお言葉は頂けなかった。

お別れと感謝

その後、二〇〇一年には、愛弟子の辻和希博士が新たに琉大農学部の昆虫学教室に助教授として着任され、専ら伊藤さんの訪問を受けるようになった。そのこともあってか、理学部や熱生研に伊藤さんが足を運ばれることは、(少なくとも私の知る限りでは)なくなった。そしてその後、確か私が沖縄から兵庫に移る二〇〇九年の少し前だったか、伊藤さんが沖縄を離れ、愛知県の日進市に引っ越されたこと、移られた先でも蝶の研究に取り組んでいることを耳にした。そして二〇一五年には、とうとうその訃報に遭ってしまった……。

言うまでもなく私は、伊藤さんの弟子筋でもなければ、研究分野を同じくする者ですらない。しかし思い返せば伊藤さんは、沖縄に来られて以降、本当に繰り返し私を鍛えてくださったと思う。まあ、からかわれていただけという気もしなくはないが……。特に耳に残るセリフは、「とにかく英語で国際誌に論文を書け」(農試での私のセミナー後の懇親会にて)、「論文を書く人はいい人、書かないのはダメなやつ」(個体群生態学会シンポジウム後の懇親会にて)、「英語で論文を書かないやつは、どんなに偉そうなことを言っていてもしょせん井の中の蛙。俺は認めない(いくつかの機会に繰返し)」、「この歳で初めて、植物生態学の論文を書いてしまった!(ニヤリ)」、(一九九七年春の沖縄生物学会の懇親会にて。山原の樹木の種多様性に関する *Plant Ecology* 誌の掲載論文を指していると思われる)、等々。とにかくぶれることのない、「査読誌に掲載される英語論文」至上主義者であった。全面的に同意するわけではないが、少なくとも大学院生やポスドク、就職したばかりの若手教員にとって、研究者として進んでいくために最も重要なことを端的に表現し、繰返し強調して下さったのだと思う。

ほんとうに有難うございました。時間を気にせず、ゆっくりお休みください。

35 カショウさんとの出会い

桑村 哲生　中京大学国際教養学部教授。日本魚類学会会長、日本動物行動学会元会長。潜水観察を主な研究手法とし、主著に『魚類行動生態学入門』、『性転換する魚たち―サンゴ礁の海から』など。

京都での出会い（一九七〇年代）

伊藤カショウさん（正しくは嘉昭＝よしあきさんだが、愛称で呼ばせていただきたい）のお顔を初めて見たのは、私が京大理学部三回生のときだった。

学生の自主企画で京大理学部の教室で講演をしていただいた。企画した友人に誘われて私も参加したことは覚えているのだが、何の話をしてくださったのかさっぱり思い出せない。時代からすると、ベトナム戦争で米軍が大量散布した枯れ葉剤が生態系を破壊した話か、沖縄でのウリミバエ根絶にむけての取り組みの話だったかと想像するが、話の内容に興味がなかったのか、質問した記憶もない。

本当の出会いは、翌一九七二年の三月六日だった。京大から実家に帰る途中、たまたま立ち寄った大阪・梅田の紀伊國屋書店で、『比較生態学』(1)と出会った。

忘れもしないと言いたいところだが、実は詳しい日付や場所を記憶していたわけではない。カショウさんのお別れ会で思い出を話すように依頼された際に、研究室の本棚にあった『比較生態学』を久しぶりに手にとって開いたところ、裏表紙の見返しに購入場所と日付のメモ書きがあるのを見つけた。

私が買ったのは一九六六年発行の増補版だったが、初版は一九五九年でカショウさんが二十九歳という若さで書かれた処女作だ。メーデー事件（一九五二年）(2)で誤認逮捕され、休職中に二千本以上の論文を読んで書いたという労作だ。その後、改訂第2版が一九七八年に、その英訳 *"Comparative Ecology"* が一九八〇年に出ている。

私は今西錦司をリーダーとするサル社会の研究に憧れて京大に行ったのだが、学部四年の七月の和歌山県白浜での臨海実習で、海に潜って魚の観察をさせてもらったことがきっかけで、魚に転向した。サルの社会学に匹敵する研究を、魚でやってやろうと思ったのだ。当時は魚を個体識別して社会関係を解明するという手法は、世界的にもまだ珍しかった。そして、魚だけでなく比較動物社会学をやりたいと思っていたので、昆虫からサルまでさまざまな動物の論文を紹介したカショウさんの『比較生態学』が大学院時代の私のバイブルになった。

とくに、順位となわばりの話が好きで、それらの章を何度も読み返し、引用されている文献を集めた。なんで今さら順位となわばりの研究かとゼミで指導教官から言われたこともあるが、私の学位論文のタイトル（の和訳）は「ホンソメワケベラの社会構造」で、自分でとくに気に入っていたのは、サイズが近い個体どうしはなわばり関係に、サイズ差がある個体どうしは行動圏を重複させて順位関係になるという「体長差の原則」の発見だった。「発見」と言ってもそんなことはたぶん、みんな知っていたと思うけど。

一九七五年にハーバード大学のウィルソン（E.O. Wilson）の「枕のような本」といわれた“*Sociobiology – The new synthesis*”が出て、私の第二のバイブルになったが、その翻訳『社会生物学』[3]を出したのもカショウさんだった。

名古屋での出会い（一九八〇年代）

カショウさんと初めてお話したのは、名古屋だった。カショウさんは一九七八年に沖縄の農業試験場から名古屋大学農学部に移られた。そのあとを追うように（実際は追っかけではなく、たまたまの幸運だが）、一九八〇年に私は中京大学教養部に生物学講師としての職を得た。中京大は名古屋大とわずか二キロメートルほどしか離れていないところにある。

中京大には理学部も農学部もないので、図書館には生態学関係の雑誌がほとんどなく、名古屋大学の図書館によく通った。当時はまだインターネットという便利なものはなく、読みたい論文を探すには図書館に行くか、そこになければ図書館経由でコピーを依頼するか、あるいは著者に直接手紙を書いて別刷を請求するかしかなかった時代だ。私が読みたい雑誌の多くは農学部図書館にあったので、伊藤さんが農学部に着任されたことを知ってご挨拶に伺い、図書館を紹介していただき、何度もコピーしに通った。

また、頼りついでに、中京大教養部の生物学の非常勤講師として、ポスドクの方を紹介していただいた。後に山形大学農学部の教授（現在は学長代理）になられた安田弘法さんや、千葉大学大学院園芸学研究科の教授になられた中牟田潔さんに初代の非常勤講師をしていただいた。

ほどなくして、今や「伝説の」という形容詞がつくようになった、科研費特定研究「生物の適応戦略と社会構造」が始まった。一九八三年から三年間のプロジェクトだったが、非常に密度の濃い、熱いプロジェクトだった。私に声をかけてくださったのは、脊椎動物班長の川那部浩哉さん（京大理学部教授：当時）で、カショウさんは無脊椎動物班長だったが、全体会議やテーマ別の研究会でご一緒する機会が増え、カショウさんの発言を聞いてさまざまな刺激を受けた。私が和歌山県白浜町の京大瀬戸臨海実験所で開催した魚類の性転換に関する研究会にも参加してくださり、研究会の成果を特定研究の日本語版成果発表シリーズに書けと言ってくださったのを覚えている。そのおかげで『魚類の性転換』(4)を出版することができた。

当時は、昔からの種族繁栄論（種全体の利益を基準とした進化論）から個体の適応戦略論（行動生態学・社会生物学）へのパラダイム転換が日本でも起こりつつあった。カショウさんはいち早く海外の新しい理論を取り入れ、『動物の社会行動』（一九八二年）、『社会生態学入門』（一九八二年）、『動物の社会―社会生物学・行動生態学入門』（一九八七年）などの入門書を立て続けに出版された。(5)その勢いはすごかったが、その分、正直言ってかなり雑なところもあった。

一九八七年には日本動物行動学会の第六回大会が、カショウさんを大会委員長として名古屋で初めて開催された。会場は小野知洋さんの金城学院大学で、私もその準備委員に入れていただき、プログラム作成などの仕事をカショウさんと初めて一緒にさせていただいた。

沖縄での出会い（一九九〇年代）

次の出会いは沖縄だった。私は中京大着任後、沖縄の瀬底島に通ってサンゴ礁魚類の行動生態に関するフィールドワークを続けてきた（現在も）。伊藤さんは一九九三年に名古屋大学を定年退職されたあと、沖縄大学に赴任された。そして、チビアシナガバチの調査をするため瀬底島によく来られていた。瀬底島には琉球大学の瀬底実験所があり、そこに宿泊されていた。実験所に着くとまず受付の職員の方に、桑村君か中嶋君はいますかと聞かれていたそうだ。中嶋康裕さんは現在、動物行動学会の会長だが、当時は私と魚の共同研究をしていた。

もちろん、私達も常駐ではなく通いだったが、たまたま瀬底島にいて、海から上がっているときに伊藤さんと顔を合わせると、まず「今日の夕食はどこに行く？」と、夕食というか居酒屋を予約する相談だった。カショウさんは「さしみ亭」という、瀬底島の対岸の本部半島にあるお店がお好みだった。

夕食の段取りが決まると、歩いてチビアシナガバチの調査に行かれ、それが終わって実験所に戻ってくると、実験所前の海でよく泳がれていた。スノーケリングで魚を見るのがお好きだった。そのあと一緒に居酒屋に行って、その頃から飲み友達になってしまい、そのおかげでいろいろなお話を聞かせていただくことができた。

名古屋での再会（二〇〇〇年代）

次の出会いは再び名古屋だった。カショウさんは単身赴任だった沖縄大学を一九九八年に退職されたあと、名古屋に戻ってこられた。その翌年一九九九年に動物行動学会を再び名古屋で開催した。私が大会委員長を務めて中京大で開催したが、カショウさんも準備委員に入っていただき、二度目の大会準備を一緒にさせていただいた。

伊藤さんはその前年までの四年間、初代会長の日高敏隆さん（京大）の後を継いで動物行動学会の会長をされていた。そして、この年から私がバトンを受け継いで三代目の会長を引き受けることになった。私はカショウさんより二十歳若いが、当時の若手から学会の若返りを求める声がでて、その神輿に乗ってしまった。神輿を担いでくれた若手の中にはカショウさんの愛弟子もおられたが、カショウさんはそんなことはまったく意に介していなかった。

二〇〇一年に京大で開催された動物行動学会設立二十周年大会の懇親会では、秘かに参加者に寄せ書きしてもらった法被を、歴代会長の日高さんと伊藤さんにプレゼントした。喜んでくださったカショウさんは、お礼にとお得意の「花も嵐も踏み越えて」の踊りを披露してくださった。その写真が当時の学会ニュースレター(6)に掲載されている。

中京大の非常勤講師を紹介していただいた話を先に書いたが、実はカショウさんご自身にも教養の生物学の非常勤講師をしていただいたことがある。二〇〇二〜六年に週一回二コマだけだったが、講義のある日は必ず私の研究室に寄って下さり、新着雑誌を見せてくれと言われ、おもしろい論文を見つけたらコピーされていた。あるときは、ご自身の論文原稿の図を持って来られ、投稿先のエディターからメール添付でファイルを送れと言われたのでスキャンしてくれないかと頼まれたこともある。年寄りに（失礼！）負けてたまるか、自分も論文を書かねばとずいぶん励みになった。

この頃からカショウさんを囲む飲み会を、年に一、二回、私が主催してやり始めた。中京大正門の向かいにあるゴクラク亭という居酒屋でやることが多かったので、「ゴクラク会」と名付けていた。メンバーはカショウさんのことが大好きな方たちで、京大霊長研の所長を退官された杉山幸丸さん、名古屋大定年退職後に中京大の心理学部にきていただいた辻敬一郎さん、金城学院大の小野知洋さん、名古屋工業大の小田亮さん、同僚の（霊長研のポスドクを経て中京大教養部に着任した）小川秀司さんほかだった。しかし、ここ数年は忙しさにかまけて中断していて、再開しそこねたまま亡くなられてしまい、とても後悔している。

カショウさんから学んだこと

最後に、私がカショウさんから学んだことを若い方にお伝えしておきたい。たくさんのご著書やご発言から学んだことはもちろんいろいろあるが、カショウさんからいただいた一番強烈なメッセージは、

「生涯現役のフィールドワーカーとして論文を書き続けよ。そしてその精神を、若い世代に伝えよ。一緒に飲みながら。」

ということだったと思う。

カショウさん、ありがとうございました。

動物行動学会設立二十周年大会を記念し、参加者が寄せ書きをして伊藤さんにプレゼントした法被（撮影：城戸咲恵）

36『社会生物学』を翻訳して比較認知科学へゆく

松沢 哲郎　京都大学高等研究院特別教授。主著に『チンパンジーから見た世界』、『想像するちから』など。チンパンジーの野外研究と認知研究を並行して、比較認知科学と呼ぶ新しい研究領域をたてた。文化功労者。

伊藤嘉昭さん、亡くなられたのでしたね。

改めて、心よりお悔やみ申し上げます。

『社会生物学』の最後のふたつの章の翻訳を担当させていただいた、それが伊藤先生との淡いご縁でした。
翻訳『社会生物学』の初版は5巻本で、最後の5巻目は、たしか
26章、ヒト以外の霊長類
27章、ヒト
あとは膨大な引用文献です。
したがって、その一冊がまるごと、わたしの翻訳というかたちになって、出版されたときとても面はゆい思いをしました。

文学部の哲学科の出身です。

大学時代は山登りしかしていませんでした。

「学部はどちらですか」

「山岳部です」

という生活です。ヒマラヤへの遠征や遭難があって一年留年して大学院に入りました。

当時は哲学科に心理学がありました。ヒトの両眼視の研究、そしてネズミの弁別学習の両半球転移の研究をしていました。

ご縁があり、一九七六年十二月、博士課程の一年のときに霊長類研究所に助手として就職しました。一年後の一九七七年十一月にチンパンジーのアイがきました。翌一九七八年四月十五日に、アイがコンピュータのキイボードをさわりました。今に続くアイ・プロジェクトです。


まだ、学問の右も左もわからないときに、ウィルソンの大著『社会生物学』（一九七五年出版）に出会いました。霊長類研究所の先輩の杉山幸丸先生が、伊藤先生と懇意にしていて、研究所でも『社会生物学』の輪読会を組織されたのです。誘われて参加しました。

社会生物学という学問はまだありませんでした。読み進めると、驚くばかりです。

「個体は遺伝子の運び手に過ぎない」と書かれています。

「比較心理学は衰退していく」

「学習」という項目は、大部の著書の1パラグラフしかありません。

心理学徒であり、ネズミの学習行動と生理心理学をしていた者には、衝撃の本でした。

わたくしは、分厚い全巻を原書で丁寧に読みとおした、数少ない日本人の一人だと思います。

最後の2章については、つまりヒト以外の霊長類とヒトは、わたくし以上に丁寧に読んだ日本人はいないとひそかに自負します。

翻訳したのですから、当然でしょうね。

一生懸命に訳しても一日に1パラグラフも進まないこともザラにありました。

つらかった。知らないことばかりで、まるで「解体新書」です。読んでは戻り、また読む。

理解するためにはどうしても1章から全部理解する必要がありました。

生物学一般と人類学と遺伝学の広範な知識が必要です。霊長類の生態についての知識も経験もありません。ハミルトンの血縁選択説も、まるっきり知らない素人の格闘です。生涯もう二度と翻訳はしないぞ、と思いながら読み進めました。

『社会生物学』が優れた著作であることは当然として、三つのことが幸いでした。

一つ、若い助手で時間がたっぷりあった。現在と違って当時の助手は最初から終身雇用です。しかも研究所の助手ですから授業もありません。チンパンジー研究を開始しつつ、この大部の本に挑戦する時間のゆとりがありました。

二つ、哲学の難解な原書を読みくだす経験をもっていました。大学院の入試は、専攻が心理学だろうがインド哲学だろうがおかまいなしの共通で、長文の難解な英語を読み下す問題です。それに比べればはるかに平易な文章でした。

三つ、必要に迫られていた。チンパンジーの言語習得研究はすでに欧米で始まっていました。チンパンジーひとりを対象に、「じゃあ松沢さん自由に研究してね」と言われて途方に暮れていたところでした。チンパンジー研究の新しい展開をするにはどうしたら良いか、そのことだけを考えて過ごす日々でした。

結果、「逆張り」をすればよいのだ！　と気づかされました。

これから間違いなく社会生物学が学問を席巻する時代が来る。丁寧に読み進めるうちにそう確信しました。

みながこぞって、遺伝子に還元して行動を理解するようになる。

そうならば、ひとり、真逆の方向に進んだほうがユニークな存在になる。

個体をみる。心の研究をする。

この目の前のひとりのチンパンジーの学習行動を丹念に追うことで、だれも知らない「チンパンジーから見た世界」が描けると確信しました。

二十六歳から二十七歳にかけてのころです。


一度も行動生物学の徒とならずに、「比較認知科学」という研究領域を確立しました。

しかし独自の研究を進めるとき、つねに行動生物学を片方の目で意識していました。「真逆の方向にゆく」、「人の行かない道へ行く」、「誰も登っていない山をみつける」。その方角を教える道しるべです。

自分の学問を創るうえで、社会生物学の果たした役割はとても大きいと思います。そして、まだ当時だれも社会生物学を理解していないとはいえ、大事な最終章の翻訳を、駆け出しも駆け出しのわたくしに任せてくださったのが伊藤先生でした。

ご冥福をお祈りいたします。

第四部　著作活動

第 17 回南方熊楠賞（自然科学の部）受賞記念品（撮影：城戸咲恵）

37 伊藤先生が出された単行本と私の思い出

松本 忠夫 東京大学名誉教授、放送大学客員教授。著書に『生態と環境』、『社会性昆虫の進化生態学』など。シロアリと家族性ゴキブリの社会生態学が専門。二〇〇五年に日本生態学会賞受賞。

はじめに

私はここに伊藤先生が出された単行本について少しだけ評論させていただき、併せて先生の思い出を記したい。その理由は、先生はたいへん研究熱心な人であったが、多くの単行本を通じて教育面でもとても活躍されたといえるからだ。先生が関心をいだいていたのは初等・中等教育ではなく、大学や大学院での高等教育であり、また、研究職に就いた若手への教育、そして一般社会人への生涯教育であった。先生は教育のための単行本を出すことに並々ならぬ情熱をかけた。先生が出された単行本を本棚に立て並べて見るとその幅は80センチにもなる（写真1）。一九七〇年頃までは原稿は手書きであり、パソコンとコピー機をごく当たり前のように使えるようになったのは一九八〇年頃以降だから、単行本の執筆・編著・翻訳などはさぞかしたいへんだったと思われる。

生涯に出された単行本の数

伊藤先生は長年にわたって多くの単行本の執筆・編著・翻訳などにたずさわったわけだが、生物学者を広く見渡すと、そのような人は戦前生まれで十数名になる。表1に一九一六年から一九四〇年に生まれた人たちが出版した単行本の数をまとめてみた。伊藤先生が関与した単行本を数えて見ると、生涯でなんと37冊にもなっている。この数は日本の生態学者の中では突出していて、植物生態学者だった沼田眞（この人の場合は編著本が多いが）の40冊に肉薄している。伊藤先生は約二年ごとになんらかの単行本を出していた勘定であり、実にアクティビティーが高かったといえる。

ここで、この表にある単行本の種類分けについて説明したい。和訳書であるかどうかは、出版元が外国であり執筆者が外国人であれば分かり易い。ここでいう啓蒙書とは、広く一般人が読者になってくれるのを期待しているような本をあげ

表1　日本の生物学者が出した学術書、教科書、啓蒙書、和訳書の冊数
（Wikipediaの人物紹介記事におけるリストから数えた）

著 者	学問分野	卒業大学	誕生年–死亡年	学術書/教科書（単著）	学術書/教科書（共著/共編著）	啓蒙書（単著・共著）	和訳書（単訳・共訳）	合計
渡辺　格	分子生物学	東京帝大	1916–2007	0	3	22	11	36
沼田　眞	植物生態学	東京文理大	1917–2001	8	19	10	3	40
柴谷篤弘	分子生物学	京都帝大	1920–2011	4	3	23	2	32
太田次郎	植物生理学	東京帝大	1925–	11	7	24	14	56
岡田節人	発生生物学	京都大	1927–	2	1	13	2	18
宮脇　昭	植物社会学	広島文理大	1929–	0	6	27	2	35
丸山工作	動物生理学	東京大	1930–2003	8	8	17	9	42
日高敏隆	動物行動学	東京大	1930–2009	2	4	54	42	102
伊藤嘉昭	**動物生態学**	**東京農林専**	**1930–2015**	**11**	**5**	**17**	**4**	**37**
川那部浩哉	動物生態学	京都大	1932–	1	4	12	4	21
岩槻邦男	植物分類学	京都大	1934–	11	14	20	3	48
中村桂子	分子生物学	東京大	1936–	1	1	36	21	59
養老孟司	解剖学	東京大	1937–	2	10	130	8	150
石川　統	分子生物学	東京大	1940–2005	14	6	5	8	33

ている。他方、その本が学術書（専門書）、教科書であるかどうかを区分けることは意外と難しい。ここでは、読む者がその学問分野にほぼ限られるものを学術書とし、また大学（教養・学部）、大学院での授業において用いられるものを教科書とした。さらに、表の欄では「学術書／教科書」として一括りにした。なぜなら、本によっては研究と教育の両方の目的を兼ねていて、特に大学院レベルの本については学術書と教科書の区分けが難しいからだ。それぞれの単行本には当然ながら量や質における違いがあるから、この表のように数だけを比較するのは忍びないのだが、著者たちが投下した努力に関するそれなりの指標となっていると考えたい。

単著としての「学術書／教科書」を10冊以上出している人は、伊藤先生の他に太田次郎、岩槻邦男、石川統の三氏である。共著や共編著まで含めて数えると、沼田眞、岩槻邦男、石川統、太田次郎、伊藤先生の順となっている（沼田氏の場合は非常に多いが単著は8冊のみで、残りは編著である）。この人たちは、多くの学術書／教科書を出すことで、自分の大学のみならず広く高等教育に貢献されたといえる。伊藤先生の場合は、本の出版を通じて動物生態学そして応用昆虫学の分野における若手に大きな影響を与え、さらには大学の教養教育でも貢献されたのだ。

写真 1　私の本棚に収まった動物生態学関係の書籍。これらは学術書または教科書として類分けされるものである。右側のものほど発行年が古く、左側に行くにしたがって新しくなっている。上段にある書籍は伊藤先生が執筆、翻訳、編纂などに関わったものであり、下段の書籍は他の人たちによるものである。全てを網羅しているわけではないが、上段と下段の書籍を比べるとほぼ同じ分量であり、これは伊藤先生が日本の動物生態学の研究や教育においていかに貢献されたかを象徴的に示していよう。

次に啓蒙書と和訳書の欄を見てみよう。伊藤先生は17冊の啓蒙書を出しているが、その数はこの表での中位となっている。しかし、先生の本はその内容からは必ずしも易しいとは思えないものも含まれる。先生は決して、大衆受けすることをねらったり、それが成功したときに発行部数が非常に大きくなる類いの本は出されなかったのだ。先生のお気持ちは、なんといっても学問の進展に貢献することが第一だったのであろう。

日高敏隆の場合は単行本による影響力という点で多大なものがあった。日高氏が出された本はほとんどが、一般人にもアクセスしやすい動物行動学の啓蒙書そして和訳書であった。伊藤先生は日高氏とかなり仲が良かったが、両氏が出した本のおもむきが大きく異なっているのは、両者はいわばすみ分けていたといえる。

表1の合計欄を見ると、最も多数の本を出したのは養老孟司である。この人の場合、単著の啓蒙書だけで64冊も出している。共著のものは66冊にもなるが、その中には短文寄稿も多数含まれている。とはいえ、これだけの数の本を良く出したものだと驚嘆に価する。和訳書の欄を見ると最も多く出した人は日高敏隆であるが、出された和訳書のほとんどは他者との共訳ないしは監訳であり、名前が筆頭にでている場合も、いわば

裏方に大きく依存していたのであった。そのようなことから見ると、伊藤先生の場合、和訳書は四つと少なく、また、それらはいずれも高等教育の教科書ないしは学術書である。先生は言わば出版商売におもねることがなかったといえる。

本稿におけるこの先の記述では、伊藤先生の生涯を「二十〜三十代」、「四十〜五十代」、「六十〜七十代」の三つに分けて、先生による単行本の制作活動を振り返って見よう。

二十〜三十代に出された単行本

伊藤先生が最初に手がけられた単行本は、みすず書房から一九五五年に出された『生態と進化』である。元の本は米国のシカゴ大学生態学クラブに属したW.C. Alleeらが一九四九年に著した *"Principles of Animal Ecology"* であり、その中でA.E. Emersonが執筆した第5節の'Ecology and Evolution'を翻訳したものだった。訳者あとがきに、原本は700ページを超える大きなものなので、第5節（598〜729ページ）のみを訳したとある。そして、その訳本は「日本における進化論や比較社会学の論争のため共通の場を提供するであろう」と述べている。発行されたときには伊藤先生は弱冠二十五歳だったが、現在の若者と比べればかなり早熟であったと言えよう。この頃の先生はメーデー事件による裁判のため農林省農業技術研究所を休職となった三年目であり、日々精神的につらい中で、この本を訳しながら動物生態学の勉強を進められ、そして、その本にあるような課題が先生の生涯における研究軸となったのであった。

Emersonはシロアリ類の分類、生態、行動を研究し、特に社会進化の問題について多く発表している。私は大学院修士課程に入ってバッタ類を研究した頃に、伊藤先生が以前に出したこの訳本を古本屋から買って読んだ。この本には34枚の図が入っているが、そのうち17枚がシロアリ類およびそれに関係した昆虫のものである。私には熱帯に繁栄しているシロアリ類がいかに生態学的に興味深い昆虫であるかの記述が印象に残った。それが直接のきっかけになったのではないが、私は博士課程に入って東南アジアでシロアリ類の研究を開始した。そのことを知った伊藤先生はEmersonから送ってもらっていた別刷り十編ぐらいを私に下さった。おそらく、Emersonの本を訳したころに、先生はEmersonからそれらをもらったのだった。中にシロアリ類の社会進化に関するいくつもの重要な論文があり、私はそれらを読ませていただいてたいへん感激した。先生はその頃よく次のように言われていた。「生態学をやるものは、生涯にわたって研究できる特定の生物対象を持った方がいいよ。」私は特にそれを強く意識する

表2　伊藤先生が20～30代に出された単行本（教科書、学術書、和訳書、啓蒙書）。また当時の動物生態学に関連した他者による教科書/学術書で、それらは伊藤先生が関心を持たれていた課題に関係深いものに絞って挙げた。和訳書は斜字体で記している。

西暦	年齢	略歴	教科書/学術書	和訳書	啓蒙書	他者による当時の動物生態学に関連した主要な教科書/学術書
1949	19歳					今西著『生物社会の論理』毎日新聞社
1950	20歳	東京農林専門学校卒業。農林省農業技術研究所に就職				民主主義科学者協会編『生物の集団と環境』岩波書店
1951	21歳					今西著『人間以前の社会』岩波新書
1952	22歳	「メーデー事件」起訴のため、農業技術研究所を休職				八木・野村編『生態学概論』養賢堂
1953	23歳					宮地・森著『動物の生態』岩波書店
1954	24歳					Andrewartha & Birch著, The Distribution and Abundance of Animals (Chicago Univ.) Lack著, The Natural Regulation of Animal Numbers (Oxford Univ.)
1955	25歳			*Emerson著(1949)『生態と進化』みすず書房*		*Elton著(1927)渋谷訳『動物の生態学』科学振興社*
1956	26歳					*Odum著(1953)京大生態学研究グループ訳『生態学の基礎』（初版）*
1959	29歳		『比較生態学初版』岩波書店			今西編『動物の社会と個体』岩波書店
1960	30歳	理学博士号取得（京都大学）				八木ほか著『新編生態学汎論』養賢堂
1961	31歳					宮地ほか著『動物生態学』朝倉書店
1963	33歳		『動物生態学入門–個体群編』古今書院			沼田・内田編『応用生態学』（上下）古今書院
1965	35歳					*Clark著(1954)市村ら訳『生態学原論』岩崎書店*
1966	36歳				『人間の起源』紀伊國屋新書	川那部ほか著『生態と進化』岩波書店
1967	37歳				『サルが人間になるにあたって労働の役割–原典解説』青木書店	*Odum著(1963)水野訳『生態学』築地書館* 生態学実習懇談会編『生態学実習書』朝倉書店 Wilson & MacArthur著, The Theory of Island Biogeography (Princeton Univ.)
1969	39歳	農業技術研究所へ復職				*Elton著(1958)川那部ら訳『侵略の生態学』思索社*

ことはなかったが、結果としてずっとシロアリ類の研究をすることになった。

伊藤先生が出した本で次に私が手にしたのは、岩波書店から一九五九年に出された『比較生態学(初版)』だった。この本のまえがきによれば、「個体群生態学と動物社会学の中で論争的ないくつかの問題を、比較の方法で整理しようと試みた」とある。そして、「基準として採用したのは〝生物の社会進化〟、なかんずく、親による仔の保護の進化」としている。伊藤先生のこの本は、学界でけっこう好意的に注目されたようである。しかし、「bibliographical monograph としては成功しているが、理論的な提起としては成功していない」という意味の書評が幾人かからあったようだ。確かに約八百編の文献データをただ雑然と要約しただけなら無味乾燥な総合収録となってしまうが、先生の本はけっしてそうではなかった。先生は次のように言っておられた。「こんにちの日本の生態学でもっとも必要なことは、思弁的な議論でなく、何百人の研究者のもつじっさいの知識水準を、世界で達成された最新の段階に高めることである」。先生は〝生物の社会進化〟の課題を軸にすえて、海外の文献をできる限りの正確さで紹介し、中心に「親による仔の保護の進化に関する自説」を展開したのだった。私はこの本を読んで先生の強烈な情熱を感じ、なんと力強い人よと思った。

英国の C. Elton が一九二七年に二十七歳で *"Animal Ecology (動物生態学)"* を世に公表したのだが、伊藤先生はそのような若い年頃で単行本を出す事ができたと自慢されていた。そして、「君も三十歳になるまでに自分だけで執筆した本を出せるかな? もし、その気なら、毎年少なくとも二百編の海外論文を丁寧に読みなさい。」と私になんども言っていた。英語論文の読解力が弱い私には学術書を出すというのは非常に大変なことと思われた。なお、伊藤先生は「私の『比較生態学』が名著である」とお酒を飲んだときによく自画自賛されていた。

ところで、伊藤先生のすごいところは、『比較生態学』を親しい友人であるオーストラリアの橘川次郎氏の協力の下に英語版の *"Comparative Ecology"* として一九八〇年に Cambridge Univ. Press から出されたことだ。ずっと後年になるが、先生は名古屋大学を定年退職した時のパーティーにおける挨拶で、次のように言っておられた。「いくら良い本を書いたとしても(先生いわく、『比較生態学』はその後に隆盛になった社会生物学・進化生態学の先駆けだった)、英文の単行本を出してその内容を世界に問いかけなければ、その価値は世界に認められない、今日の社会生物学ブームから考えると、私は早くから『比較生態学』を英語で出しておけば良かった。早いうちに半分ぐらいは英語で書いてあったのだが―」。確かに、伊藤先生がこの本を最初に出したときは弱冠二十九歳で、まだしっかりと英文本を出せる状況にはなかった。それから、二十年経って欧米で社会生物学／行動生態学がブームになっていることを知った時、先生はよほどくやしかったのだろう、親友の橘川次郎さんの助けもあって英語版を出したのだった。なお、先生は、ミクロ生物学の分野に比べて、生態学の若手が欧米に留学する機会が少なすぎると嘆かれていて、そして、大学教員は大学院生をもっと積極的に海外に送り出すべきだとも言っていた。ちなみに生物学の他分野、特に生化学や生理学、遺伝学、発生学などでは一九六〇年代頃から大学院生や大学助手が数年間を海外留学するのは当たり前のこととなっていた。

伊藤先生が若い頃にあった動物生態学に関する日本語教科書は、京都大学の理学部動物生態講座の教授だった宮地伝三郎と森主一が共著のものだけだった。それは岩波書店から一九五三年に出された『動物の生態』であり、岩波全書の1冊として出された小さな本である。それ以前の一九四九年に今西錦司が『生物社会の論理』を、また一九五一年に『人間以前の社会』という生物社会学の本を出し評判を呼んだ。しかし、今西の本は教科書という風情のものではなく、専門家向け、あるいはませた若手向けの哲学的・思想的なものだった。二十歳近辺の伊藤青年も、今西錦司の思想に大きく影響されたものと思われる。先生が若くして書いた『比較生態学（初版）』にもそれがうかがえる。宮地氏らの『動物の生態』は、生態学を「生態系の構造と機能を研究する自然科学」と定義していることから分かるように動物個体群や社会の記述が少なく、また、先に述べたW.C. Alleeらの *"Principles of Animal Ecology* (1949)" に比べれば全体の記述量がずっと小さかった。だから血気盛んな若い伊藤先生にとってこの本は非常に物足りないものだったろう。

八年後の一九六一年になって朝倉書店から日本の生態学のなかで指導的な地位を占める六人の教授らが執筆した『動物生態学』が出された。なお、同じ頃の一九六〇年に八木誠政らの執筆による『生態学汎論』が養賢堂から出されているが、動物生態学関係の部分は少ない。朝倉書店からの『動物生態学』のまえがきには「一九五四年に日本生態学会の第一回大会が開催された際に企画され、八年後の一九六一年にようやく出版にこぎつけた」とある。この本は前出の『動物の生態』とは異なり536ページにもなる大きなものである。しかし、森下正明が執筆した第3章の「動物の個体群」は読み応えがあるが、宮地伝三郎、森主一、渋谷寿夫、加藤陸奥雄、北沢右三らが記述した章はいずれも概念的、抽象的な記述が多い。伊藤先生はこの本を「観念過剰」の教科書と見ていた。とにかく、森下正明の担当した章以外は、若手が研究していく際の実践的な指針となる本ではなかった。また、価格が二千円と高く（現在なら一万円を超えるだろう）、戦後の復興が進んだとはいえ、まだ国が貧乏だった頃の大学生にはおいそれと手に届くようなものでなかったのだ。

　このような当時の事情から、伊藤先生は「日本には動物生態学を志す若手が研究する際の手引きとなる良い教科書が無い（ご自身の『比較生態学』を除いて）」と嘆いておられた。なお、この頃における生物学の他分野、たとえば実験室で展開されている生化学や生理学や遺伝学では多くの手引書が出版されていた。ちなみに、現在では極めて隆盛となっている分子生物学、細胞学などでは、工夫された実験手引書が多く出版されていて、新参者にもアクセスし易くなっている。おそらくそれらは医学や薬学の基礎教育での需要が大きいことも背景にあるのだろう。

　一方、生態学は害虫学、作物学、林学など農学の多くの分野における基礎の一角をなしているが、伊藤先生によれば、日本では学問として英米に比べて遅れているとの認識であった。しかし、内田俊郎によるアズキゾウムシの密度効果や寄主-寄生バチの個体群系の長期変動に関する研究、森下正明の間隔法とI_δ法、吉良竜夫スクールの植物群落成長理論など国際的に著名な研究もあったとしている。そして、先生は「動物生態学で出来る人は農学部出身であり、理学部方面にはたいした人がいない。ちっとも英語論文を書いていない。観念論者ばかりだ」とよく毒舌をはいていた。

　伊藤先生はそんなわけで、なんとか日本の動物生態学の向上を願っていたのだろう、一九六三年に弱冠三十三歳で『動物生態学入門―個体群編』という立派な教科書を単著で古今書院から出した。その頃の私は、東京都立大学生物学科の初年生であり、未熟な私にはまだこの本をよく理解できなかった。大きな本屋の書棚にあるものを取り出して少しだけながめたこの本は、入門書を唱えているのになにやら難しい数式と図や表そして引用文献数が著しく多いものと思えた。そして、世の中になんと難しい分野の本があるものと、私にはとても恐ろしく感じられた。しかし、これは伊藤先生が執筆された本の中で、後になって私が最も親しんだものである。伊藤先生によればこの本は「徹底して実用的な入門書」を意図し、「動物生態学研究者の水準を先進国のスタンダードに接近させること」そして「観念の過剰から研究技術の標準化へ転換すること」をめざしていた。なるほど、大学の教養学生向きのようなヤワなものではなかったのだ。

伊藤先生は一九六三年に「日本の生態学―批判的考察(I)(II)」という論評を『生物科学』第15巻に出したが、その中で次のように書いている。「現代生態学の概念と方法をはっきりつかめる教科書をつくることによって、生態学研究者の標準化を進めるとともに、専門研究者が実験と数学・化学の諸方法を駆使して、機能面での生態学のすすめ、それらからモデルという意味における理論生態学を建築してゆくことが必要なのだ。」伊藤先生は研究所や試験場での若手が実践に役立つ教科書に飢えていたので、それをなんとかしようとしたのだった。

東京都立大学の生物学科を卒業し修士課程に進学した私は、動物生態学研究室の助手だった中村方子さんに連れられて北区西ヶ原にあった農業技術研究所の昆虫科第2研究室を訪れ皆を紹介していただいた。その研究室は伊藤先生と同い年の宮下和喜氏が室長であり、室員として伊藤先生と中村和雄氏がおられた。狭い実験室に三人のデスクや本棚があったが、実験台の脇に結構混んでいたので、大変だなと思った覚えがある。伊藤先生は恐ろしいとイメージしていたが、話をしてみてあの難しい本を書いた割には優しい人と私には思えた。

伊藤先生は「個体群生態学の目的は、自然における動物個体数の変動原因をあきらかにすること」と説明してくれた。私がいた当時の都立大生物学科は植物、動物、微生物を含めていわゆる生産生態学の研究が盛んであった。私は最初に「動物個体の窒素物質収支」なるテーマで、トノサマバッタを飼育して実験室で研究していた。だが、私は野外で研究できる個体群生態学の研究スタイルに憧れた。そこで、私は伊藤先生の勧めもあって、修士課程での研究をバッタ類の物質収支とともに、野外での個体群動態を研究テーマとすることにした。具体的にはＩＢＰ（国際生物学事業計画）の共同研究地域として指定されたばかりの宮城県北部にある東北大学の川渡牧場を、私の調査場所にするよう勧められた。私はその牧場内にある野草地で、一九六八年から現地調査を開始した。そして、野草が茂っている春から夏の季節に毎月三年間ほどそこへ出かけた。その際、『動物生態学入門』にある個体数や分散を調べる上でのわく法、区画法そして標識再捕法そしてデータの処理法などの記述は、私にとって多いに役に立った。

なお、国際生物学事業計画（ＩＢＰ）とは、一九六五年から一九七五年にかけて、地球上の生物生産力の実態を調査研究を主目的にして国際的に展開された大きなプロジェクトである。日本生態学会はこのＩＢＰに全面的に協力したが、そのおかげで研究費に飢えていた生態学サイドの研究者に広く文部省からの研究費がもたらされた。また、良い意味にも悪い意味にも世間に生態学の知名度を上げることになった。

伊藤先生は一九六八年十月から翌年の二月にかけて東京都立大学大学院で毎週の授業を行った。先生はまだ農業技術研究所を休職中だったが、私ども院生が先生を非常勤講師に呼んで欲しいと運動した成果であった。現在私の手元に残っている十三回の授業記録ノートを見てみると、授業内容は先の『動物生態学入門』とほぼ同じようなものである。この頃のたいていの授業は、まだ便利なコピー機が行き渡っていなかったので、教科書を持っていない学生を念頭において、図や表は一々黒板に描いていた。学生はそれらを必至になってノートに書き写したものである。今日の授業ではコピーの配布とともに、パワーポイントでその内容を巧に投影して行うのが普通だが、当時の授業は実に悠長だったといえる。しかし、パタパタと板書をしながら伊藤先生の講義は力強く（字のくせが大きかったが）、個体群生態学の面白さを迫力をもって私たちに伝えて下さった。

四十～五十代に出された単行本

伊藤先生は二十二歳から三十九歳までの十七年間の法廷闘争の末に、他の多くのお仲間とともに無罪を勝ち取られ、一九六九年に農林省の農業技術研究所に復職した。研究者として成長していく重要な若い頃に長い休職をせざるを得なかったのだが、その中で、研究する上での手引きとなる書物、また大学教育における動物生態学の教科書の必要性をさらに真剣に考えておられた。

一九七二年に伊藤先生は本土復帰直後の沖縄県農事試験場へ転任した。この頃は研究環境の改善、そして研究活動そのものにたいへん忙しかったと思われるが、単行本の制作活動にもいそしまれた。そして、先に説明した『動物生態学入門―個体群編』を全面的に改訂し、かつ大幅に拡充した『動物生態学（上、下）』を同じ古今書院から一九七五年に出した。この本は前書よりも大判でけっこうなボリュームがあった。また題は動物生態学とあるが、ほとんどの記述が個体群生態学に関するもので、少しだけが群集生態学に関するものである。この頃の伊藤先生はとにかく個体群生態学の興隆を強く願っていたのだろう。さらに、この本の姉妹書として『動物生態学研究法（上、下）』を一九七七年に出している。こちらの本は、沖縄県農事試験場の同僚で京都大の内田俊郎教授の弟子である村井実との共著だが、全部で12章あるうち村井氏が担当したのは3章分だけである。生態学研究者のための技術書をうたっていて、生態学における数学手法を詳細に説明

表3　伊藤先生が40〜50代に出された単行本（教科書、学術書、和訳書、啓蒙書）。また当時の動物生態学に関連した他者による教科書/学術書で、それらは伊藤先生が関心を持たれていた課題に関係深いものに絞って挙げた。和訳書は斜字体で記している。

西暦	年齢	略歴	教科書/学術書	和訳書	啓蒙書	他者による当時の動物生態学に関連した教科書/学術書（主要なもの）
1969	39歳					*Elton 著(1958) 川那部ほか訳「侵略の生態学」思索社*
1971	41歳				「動物の数は何できまるか」日本放送出版協会	
1972	42歳	沖縄農事試験場へ		*Watt 著(1968)「生態学と資源管理(上下)」築地書館*	「アメリカシロヒトリ–種の歴史の断面」中公新書	北沢ら編「生態学講座」1972年〜1976年 全36巻、共立出版
1975	45歳		「動物生態学(上下)」古今書院		「一生態学徒の農学遍歴」蒼樹書房	
1976	46歳					北沢ら編「生態学研究法講座」1976年〜〜1985年　全33巻、共立出版
1977	47歳		「動物生態学研究法(上下)」古今書院			*Wilson ら著(1977) 巌ら訳「集団の生物学入門」培風館*
1978	48歳	名古屋大学農学部助教授	「比較生態学第2版」岩波書店			*Whittaker 著(1974) 宝月訳「生態学概説：生物群集と生態系」培風館*
1979	49歳			*SIPRI 編「ベトナム戦争と生態系破壊」岩波書店*		
1980	50歳		「動物の個体群と群集」東海大学出版会 Comparative Ecology (Cambridge Univ. Press)	*Pianka 著(1978)「進化生態学、原書第2版」蒼樹書房*	「虫を放して虫を滅ぼす–沖縄・ウリミバエ根絶作戦私記」中公新書	巌佐著「生物の適応戦略」サイエンス社
1981	51歳					*MacArthur 著(1972) 川西訳「地理生態学」蒼樹書房*
1982	52歳		「社会生態学入門–動物の繁殖戦略と社会行動」東京大学出版会 「動物の社会行動」東海大学出版会			*Krebs & Davis 著(1981) 城田ら訳「行動生態学を学ぶ人に」蒼樹書房*
1985	55歳			*Wilson 著(1975)「社会生物学」思索社*		

表3（続き）

西暦	年齢	略歴	教科書/学術書	和訳書	啓蒙書	他者による当時の動物生態学に関連した教科書/学術書（主要なもの）
1986	56歳		「狩りバチの社会進化–協同的多雌性仮説の提唱」東海大学出版会			
1987	57歳		「動物の社会」東海大学出版会 Animal Societies: Theories and Facts. (Japan Sceintific Societies Press)			
1988	58歳	名古屋大学農学部教授				
1990	60歳				「動物たちの生き残り戦略」日本放送出版協会	粕谷著「行動生態学入門」東海大学出版会 *Elton 著（1966）江崎ら訳「動物群集の様式」思索社*

している。

この二つの本はボリュームを増やしただけあってかなり充実したといえるが、私は十年前の『動物生態学入門–個体群編』の方がコンパクトでずっと使いやすいと思った。また、博士課程の高学年になり、一九七二年からＩＢＰにのって、それぞれ半年ほど三回にわたって東南アジアに出かけ、熱帯多雨林におけるシロアリ類の生産生態学に没頭していたので、私はさほど利用することはなかった。

ＩＢＰの成果がまとめられつつある一九七二年から一九七七年にかけて共立出版から「生態学講座」（全36巻）が続々と発刊された。多数の分冊からなっていて全冊をそろえると幅40cmにもなる大きなシリーズである。当時の第一線で活躍していた研究者たちがそれぞれ得意の分野を担当している。とにかく、対象だけでも陸上生態系、水界生態系、動物群集、植物群落、土壌微生物、社会性昆虫などと、生態学の幅広い領域を網羅していた。どれもがほどほどの売れ行きで数版まで出たというが、これほど大きなシリーズ本が売れたというのは、若者の本離れの激しい今日では想像つかない事態であった。当時はマスコミなどで地球環境問題が大きく取り上げられ、その解決のための学問としてエコロジーがブームとなったのも背景にあったからだろう。この講座に続けて、同じ出版社から「生態学研究法講座」が一九七六年から一九八六年にかけて33巻発刊された。ちなみに、私もその内の何巻かの執筆に加わった。なお、こちらのシリーズのほうは研究者向きである。反骨精神の豊かな伊藤先生は、この両方の講座の執筆には加わっていない。有名大学の教授らが編者となったシリーズでの分冊本には、反骨精神豊かな先生は加わりたくなかったのであろうか。

一九六〇年代から一九七〇年代にかけて世界的なエコロジーブームがあったのだが、伊藤先生はアメリカで話題をよんだ **K.E.F. Watt** の *"Ecology and Resource Management, A Quantitative Approach"* (1968) の翻訳に取り組んだ。そして先生が監訳者となり、その訳本は『生態学と資源管理』として一九七二年に上、下2冊に分けて築地書館から出版された。少しだけであるが、私も第5章の翻訳に加わった。Watt は生物資源（主として動物個体群）を管理する課題において、数式モデル作成、そしてコンピュータによるシミュレーション、また最適化などのシステム分析を多く紹介していた。当時はシステム工学にアクセスするのは先端的であり、斬新なものとして注目された。しかし、伊藤先生はこの本の訳出において、批判的に読む態度を貫き、モデルの効用と限界について考察している。私はこの本の翻訳にほんの少しだけ参加しただけで、またシステム工学の手法に対する知識不足でこの本の意義についてはあまり分からなかった。しかし、伊藤先生が原書にはない脚注や補注を随所に入れて読者の理解を助けようとする姿勢を見て感心した。

一九八〇年になると、伊藤先生は東海大学出版会からの生物学教育講座第7巻『動物の個体群と群集』を出した。当時沖縄県農業試験場にいた法橋信彦と藤崎憲治との共著となっているが、この本の全10章のうち7章分は伊藤先生が執筆されたものである。その内容は、先に述べた古今書院の『動物生態学』をアップデートし、読み易くしたようなものとなっている。そして、それまでの教科書になかった行動生態学／社会生物学の導入部分も登場している。次に述べる欧米での新しい流れが伊藤先生の教科書にも入っていったのである。それは日本における動物生態学や行動学の大きな変化の予兆を示したものであった。

この六年前であるが一九七三年に K.Z. Lorenz, N. Tinbergen, K.R. von Frisch が「動物行動学という学問分野の確立」の業績でノーベル生理学・医学賞を受賞した。世界的にその影響が大きく、やがて日本でも行動学ブームが起こった。たとえば、平凡社からの一九七三年に『アニマ』という雑誌は、その巧みな内容で動物好きの読者を引きつけた。語学の堪能だった日高敏隆が動物行動学関係の訳本を出され、また多くの啓蒙書で大活躍した。そして、行動学への参入者が増え、一九八二年に日本行動学会が設立され日高氏がその初代会長になった。比べて、伊藤先生は常に研究の実践を重んじられた。不思議な事に毒舌家で他人の批判をよくされていた伊藤先生が、日高氏の悪口を言ったのを私は聞いた事がなかった。同年齢で若い頃は共に東京在住で昆虫の研究をしていたが、なにかと助けてもらったのであろう。お二人は若い頃からいわば民主的な人であった。そして中堅の頃は日本の生態学者がＩＢＰの影響で生産生態学に傾きすぎるのを嘆いていた。動物行動学、動物社会学を興隆させようとするいわば同志であったのだ。

伊藤先生は名古屋大学に赴任した頃から学問的興味は個体群生態学から、急速に行動生態学／社会生物学へと傾いていった。一九八〇年になるとE.R. Pianka著の『進化生態学（原書第2版）』（一九七八年）を監訳された。共訳者は久場洋之、平野耕治、中筋房夫の三氏であり、いずれも当時の名古屋大学関係者である。私はこの本を読んで動物の進化生態学が急速に変化しているのを知った。また、伊藤先生は翻訳に関係していないが、次の四つの訳本も日本における行動生態学／社会生物学を盛り立てていった。それらは蒼樹書房から出されたKrebs and Davis著の『行動生態学を学ぶ人に』（一九八一年）、『行動生態学』（一九八七年）、『進化から見た行動生態学』（一九九一年）、そして、産業図書から出されたR.L. Trivers著の『生物の社会進化』（一九八五年）などである。

伊藤先生はそれらの本を意識しながら、アリの研究者で社会生物学の創始者のE.O. Wilsonが執筆した“*Sociobiology, A New Synthesis*”(1975)の翻訳にとりかかった。この本は大判で697ページにもなり、「まるで枕のような」と形容詞がつけられた大著である。また、その最終章をめぐって、いわゆる「社会生物学論争」の震源となった本として有名である。伊藤先生一人で訳出するのは大変な時間がかかるため十名の共訳者をそろえ、先生は監訳者になられた。そして、『社会生物学』の翻訳作業は一九七八年から一九八一年の三年間にかけて行われ、思索社からその第1分冊が一九八三年に、そして最後の第5分冊は一九八五年に刊行された。日本での翻訳のすべてが終わったのは、なんと原書が出された十年後だった。先生はすべての訳文に眼を通されたわけだが、大変な苦労をされたことであろう。私も第15～17章の翻訳に加わったが、初稿において先生からかなり赤筆を入れられた思い出がある。伊藤先生は原著の記述の中で誤った部分をWilsonに手紙でたずねたそうである。この翻訳作業を通じてWilsonから多くを学ばれたと言えよう。伊藤先生とWilson教授とは、『社会生物学』の翻訳以来、親交を結んだのだった。なお、Wilson教授は国際生物学賞を一九九三年に受賞のため来日されたが、その際に私は若干のお世話をすることができた。Wilsonは国際生物学賞の受賞から約二十年も経った二〇一二年の十一月コスモス賞の受賞のために再来日された。私は受賞講演そしてレセプションに参加するため、もう足が弱られた伊藤先生を名古屋から大阪にお連れした。レセプション会場では八十三歳になられたお二人が再開を泣かんばかりに喜ばれていた。あの『社会生物学』の訳書を出してからは実に約三十年ぶりのことであった。

伊藤先生は『社会生物学』の監訳作業をされる中で、それを要約したような本を一九八二年に出された。それは東京大学出版会からの大学院レベルの教科書『社会生態学入門』である。私はこの本を読んで、日本では社会生物学の導入が遅れたが、伊藤先生が先頭を切って紹介者として登場したことに安心した。先生は若い時期から生物社会学と個体群生態学の論陣を張り、研究上の実践も果敢にしていたからである。先生は加えて教養レベルとして東海科学選書『動物の社会行動』を同年に東海大学出版会から出した。その頃、東大教養学部に助教授として赴任したての私は、一般教育の授業と基礎科学科第2の授業を担当したが、この両教科書を授業のネタ本として使わせてもらった。とにかく、伊藤先生の記述はサービス精神旺盛であり、これらの本は使い易かったのである。なお、Wilsonも『社会生物学』の他にいくつも優れた教科書を出している。中でも、一九六二年に出されたR.H. MacArthurとの共著の"*The Theory of Island Biogeography*"（島の生物地理学の理論）は名著であるが、和訳本は出ていない。

『虫を放して虫を滅ぼす―沖縄・ウリミバエ根絶作戦私記』は、伊藤先生が一九八〇年の五十歳になったときに出した回顧録のようなものである。ウリミバエ根絶作戦が主たる話題だが、一九七一年から一九七七年までの沖縄滞在期間の豊富な体験を生々しく書いたものだ。ところで、実はウリミバエの前にミカンコミバエの根絶事業もあった。私はそれに関して若干の思い出があるが、それはもう今から四十七年も前のことになる。私はミカンコミバエ事業に関係し伊藤先生に連れられて米軍政下からの復帰後一年余りの小笠原に行った。一九六九年の十二月のことである。まだ、定期船の渡航回数は少ない頃で、海上保安庁の伊豆という名の巡視船に便乗して四十時間近くもかかって渡航した。冬の季節風がきつく船が大揺れであり、伊藤先生は狭い船室のベッドにこもりきりであった（私は船酔いには強い）。父島に行って見ると、至る所で復帰事業が盛んだった。ミカンコミバエは柑橘類やグアバなど果実に多数ついていた。誘因剤のメチルオイゲノールや雄の不妊虫放飼法でこれを本当に退治できるのだろうかと、私にはこのプロジェクトがとても凄いものに思えた。実は小笠原に行く半年ぐらい前に、先生は私にこの関連で東京都の研究機関に就職することを勧めて下さったが、私はまだ博士論文が書けていないので断った。そして、東京教育大学農学部の院生だった岩橋統氏が赴任することになり、私は随行員として彼の赴任の最初の3ヶ月をともにしたのだった。先生は一週間程度の現地滞在で都内へ帰られた。なお、すばらしいことに東京都への先生の指導が功を奏して小笠原諸島では一九八五年までに根絶された。

日本における行動生態学／社会生物学の実際的な研究面の興隆では、一九八三年から一九八五年までに行われた文部省の特定研究「生物の適応戦略と社会構造」の役割が大きい。伊藤先生と日高氏は数理生物学の寺本英氏を代表にし、霊長類の河合雅雄、川那部浩哉、松田博嗣らを班代表にして文部省の特定研究を立ち上げたのだ。そこには今日の動物生態学、行動学の重鎮たち（現在六十代の人たちも当時は三十代の若手だった）の多くが加わっている。この特定研究での成果は「動物―その適応戦略と社会」のシリーズとして全17冊が東海大学出版会から発刊されたが、伊藤先生は一九八六年にその中の第4巻として『狩りバチの社会進化―協同的多雌性仮説の提唱』を出している。なお、後述するがこの本は先生自身で英訳し海外で出版されている。先生の狩りバチの研究は一九七七年から始められ、いわば遅咲きの研究だったが、多数の原著論文とともにここに花咲いたのだ。私はこの本を読んで、「とにかく研究者は国際的に勝負しなければならない」と伊藤先生の情熱を深く感じた。

六十〜七十代に出された単行本

一九九二年に蒼樹書房から伊藤先生の教科書の決定版とでもいうべき『動物生態学』が出された。これはそれ以前に出された伊藤先生のいくつかの教科書を統合し、この時点での動物生態学の内容として不十分な部分を嶋田正和、山村則男の両氏に補ってもらったものである。なお、いくつかの教科書とはすでに述べたもので、岩波書店からの『比較生態学』（一九五九年）から始まって、古今書院からの『動物生態学入門』（一九六三年）、そして同じ古今書院からの『動物生態学』（一九七五年）と『動物生態学研究法』（一九七七年）、さらに東京大学出版会からの『社会生態学入門』（一九九二年）など

表 4 伊藤先生が 60〜70 代に出された単行本（教科書、学術書、和訳書、啓蒙書）。また当時の動物生態学に関連した他者による主要な教科書/学術書で、それらは伊藤先生が関心を持たれていた課題に関係深いものに絞って挙げた。和訳書は斜字体で記している。

西暦	年齢	略歴	教科書/学術書	啓蒙書	他者による当時の動物生態学に関連した教科書/学術書（主要なもの）
1991	61 歳				*Krebs & Davis 著（1987）山岸訳「行動生態学」蒼樹書房* *Trivers 著（1985）中嶋ら訳「生物の社会進化」産業図書* *Odum 著（1983）三島訳「基礎生態学」培風館*
1992	62 歳		「動物生態学」蒼樹書房 「動物社会における共同と攻撃」東海大学出版会		柴谷ほか編「生態学からみた進化」（講座進化 7）東京大学出版会 川那部編「シリーズ地球生態系」全 6 巻 平凡社
1993	63 歳	名古屋大学を定年退職、沖縄大学へ	Behaviour and Social Evolution of Wasps: The Communal Aggregation Hypothesis (Oxford Univ.)		松本・東編「社会性昆虫の進化生態学」海游舎 松本著「生態と進化」岩波書店 黒岩ほか著「生物と環境」朝倉書店
1994	64 歳		「生態学と社会：経済・社会系学生のための生態学入門」東海大学出版会		*Krebs & Davis 著（1991）「進化から見た行動生態学」蒼樹書房* 「シリーズ共生の生態学」全 8 巻 平凡社
1995	65 歳			「沖縄やんばるの森–世界的な自然をなぜ守れないのか」岩波書店	
1996	66 歳			「熱帯のハチ–多女王制のなぞを探る」海游舎	鷲谷・矢原共著「保全生態学入門」文一総合出版 樋口ら著「保全生物学」東京大学出版会 久野編「昆虫個体群生態学の展開」京都大学学術出版会
1997	67 歳			「沖縄やんばる–亜熱帯の森」高文研	森著「動物の生態」京都大学学術出版会
1998	68 歳	沖縄大学を退職		「農薬なしで害虫とたたかう」岩波書店	内田著「動物個体群の生態学」京都大学学術出版会
2000	70 歳			「沖縄の友への直言–害虫ウリミバエの根絶と沖縄暮らしの体験から」高文研	
2001	71 歳				*Mackenzie et al. 著 岩城訳「生態学キーノート」シュプリンガー・フェアラーク*
2002	72 歳			「性フェロモンと農薬–湯島健の歩んだ道」海游舎	
2003	73 歳			「楽しき挑戦–型破り生態学 50 年」海游舎	巌佐・松本・菊沢編「生態学事典」共立出版 *Begon et al. 著（1996）堀ら共訳「生態学–個体・個体群・群集の科学」京都大学学術出版会* 宮下著「群集生態学」東京大学出版会

表 4（続き）

西暦	年齢	略歴	教科書/学術書	啓蒙書	他者による当時の動物生態学に関連した教科書/学術書（主要なもの）
2005	75 歳		「動物生態学 (新版)」海游舎		
2006	76 歳		「新版 動物の社会：社会生物学・行動生態学入門」東海大学出版会		長谷川ら著「行動・生態の進化」岩波書店
2007	77 歳				松本・長谷川編「生態と環境」培風館
2008	78 歳		「不妊虫放飼法–侵入害虫根絶の技術」海游舎		
2009	79 歳			「琉球の蝶–ツマグロヒョウモンの北進と擬態の謎にせまる」東海大学出版会	
2012	82 歳				東・辻編「社会性昆虫の進化生物学」海游舎 日本生態学会編「行動生態学」共立出版 *Gilbert & Epel 著 (2009) 正木・竹田・田中共訳「生態進化発生学」東海大学出版会*
2015	85 歳	5月15日逝去			松本著「動物の生態–脊椎動物の進化生態を中心に」裳華房

である。

この『動物生態学』が出された時の伊藤先生は六十二歳であり、名古屋大学の定年間近であったが生態学教育への情熱は依然として大きなものであった。伊藤先生は、世界の生態学が一九七〇年代初頭以来の大変容をしたのに、日本の生態学教育が大きく立ち遅れていることをなげき、生態学の基礎理論の大変革をできるだけわかりやすく紹介すべく、大学用教科書を作ったのだった。なお、後になって蒼樹書房が廃業されたので、この『動物生態学』の出版権が海游舎に移され、『動物生態学（新版）』として二〇〇五年に出された。その際、前のものでは不十分だったとして、嶋田正和が執筆した第15章の「メタ個体群とその動態」が、そして新たな共著者としての粕谷英一による第16章の「交尾行動」が、また人類の大きな課題となった環境問題とのかかわりにも注意を払うとして第17章の「生物多様性と生態系機能」が嶋田によって付け加えられた。振り返ってみると、四十四年前に当時の大学における動物生態学関係の教授陣が同じ名の『動物生態学』を朝倉書店から出していたのだった。共に大きさの同じ両書を比較すると、この四十数年間で動物生態学では多くの理論が出され、また膨大な数の文献が蓄積されたことが分かる。幸なことにインターネットによってデータバンクからそれらを比較的容易に見ることが出来る時代になった。しかし、あまりの情報の多さのためにこの学問への新規参入者にとっては、何が今まで分かってきたのか、そしていかなるテーマを新たに開拓すべきかを知るのは難しくなっていよう。今の人たちは相対的に小粒になっている、あるいは他者の研究の意義がすぐに理解できないのは、仕方がないのかもしれない。そのようなことはたいていの学問でも起こっていようが、この先の三十年後、四十年後にもっと情報氾濫が起こると、人はどのようになっていくのだろうか。

伊藤先生はさらに一九九三年になると学術書として“*Behaviour and Social Evolution of Wasps*”をオックスフォード大学から出している。これは前述の『狩りバチの社会進化』をバージョンアップし、かつ英文にしたものだが、一九七七年頃から続けてきた先生の研究の集大成で、世界にそれを問うたのであり、先生は六十代に入っても意欲的に研究上の著作活動を続けたのである。

この一九九三年は伊藤先生が名古屋大学を定年退職した年であった。私は海游舎の本間陽子さんと相談し、先生の長年のご苦労に感謝するパーティーを霞ヶ関ビルの最上階で行わせてもらった。そして、先生に献じる本として松本忠夫・東正剛編『社会性昆虫の進化生態学』を海游舎から出したが、先生にもその第2章として「アシナガバチ類における多女王制の起源」を書いていただいた。というよりも、この本の企画を相談した時、先生は「私にも何か書かせてもらえれば、この本を出すのを許してあげる」といわれたからである。なお、この第2章の引用文献を見ると、先生は一九八四年から一九九二年にかけてファーストオーサーの英語論文を十五編出している。毎年二編のペースだからたいへんな活力をお持ちだった。

伊藤先生はこの関係の啓蒙書として海游舎から一九九六年に『熱帯のハチ—多女王制のなぞを探る』を出している。私はこの本を読むと、先生と一緒にパナマの国際的研究拠点のバロコロラド島、コスタリカのラセルバ国立公園、オーストラリア北部のダーウィン付近、ブラジルのサンパウロ郊外などに調査に行ったことをとても懐かしく思い出す。いずれの地域も、私が代表者になり何回も採択された文部省の海外学術調査/国際学術研究に先生に加わっていただき調査したところである。先生は六十歳を過ぎても意気盛んで、どの地域でも私にとってはかなり恐いアシナガバチ類を果敢に採集していた。中でもオーストラリアにおいて橋の下などに一〇〇以上ものプレベイアチビアシナガバチの巣が密集しているのを見たときにはその迫力に感動した。先生は、現地研究者と緊密な学問交流をしていた。橘川次郎、M.J. West-Everhard, J.P. Spradbery, R. Gadagkar など国際的に著名な生態学者たちである。なお、四年おきに開催される国際社会性昆虫学会議で、バンガロール、ミュンヘン、パリ、アデレード大会などに伊藤先生たちと参加したが、伊藤先生は私ども日本人研究者の最年長でリーダー的存在であり、多くの著名な外国人研究者と親しく話している光景も懐かしく思い出す。

伊藤先生は、大学の教養教育における生態学の重要性を認識し、いくつかの教養教育レベルの教科書を執筆したが、いずれも東海大学出版会から出している。これらの本のタイトルから分かるように、生態学の中でも特に動物社会や行動の成り立ちに関する学問を平易に解説しようとしている。その最初のものは一九八七年に出された『動物の社会―社会生物学・行動生態学入門』である。先に説明した東海科学選書で縦書きの『動物の社会行動』(一九八二年)を元にして横書きの大学教科書にしたものである。この頃になると、伊藤先生はすっかり個体群生態学から離れていわば社会生物学のスポークスマンのようになったのだった。なお、この『動物の社会―社会生物学・行動生態学入門』は一九九三年に改訂版が出され、そして、さらに二〇〇六年に新版として少しずつ衣替えをしていった。

伊藤先生は名古屋大学を定年退職された後に沖縄大学に赴任し、文科系の学生に教養としての生態学を講義したが、その授業経験から書かれたのが次の教科書である。それは一九九四年に東海大学出版会から出された『生態学と社会―経済・社会系学生のための生態学入門』である。この本は個体群生態学、群集生態学、社会生物学における主要な課題を、できるだけ文系学生にも興味をもってもらえるように分かりやすく説明している。伊藤先生は研究上の盛りが過ぎても、教育に対する情熱は失わなかったと私はつくづく思う。ちなみに、私は沖縄大学の伊藤先生の研究室を訪れたことがあるが、先生は文科系学生への教養教育の重要性を、そして、「とにかく文科系の学生には、彼らの興味を引きつける話題が必要である。」と熱心に語っておられた。私も東京大学教養学部において理科系だけではなく文科系学生への講義も担当していたから、とても意を強くした。題材によっては理科系よりも文科系の方が熱心に授業を聞いてくれたのである。文科系学生にとって物理学や化学よりも生物学の方が組し易いのかもしれない。

伊藤先生は沖縄本島にいる間に本島北部にあるやんばる地域の自然保全について大きな関心を抱かれ、それを次に2冊の啓蒙書を共著で出している。それらは、岩波書店から一九九五年に出された『沖縄やんばるの森—世界的な自然をなぜ守れないのか』、そして高文研から一九九九年に出された『沖縄やんばる—亜熱帯の森』である。

私は放送大学に赴任してまもない二〇〇六年に、やんばるの森で現地ロケを行ったが、その時伊藤先生に現地での説明役として出演していただいた。そして、沖縄本島北部や西表島の照葉樹林、ノグチゲラの営巣、サンゴ礁の海、ヤンバルヤマガメ、夜間に鳴いている固有のカエル類、森林の下刈り光景、赤土の流入で汚れた海などの映像を放送授業に収録している。伊藤先生は昆虫だけでなく、多くの野生生物そして保全にもかなり関心をもっておられていたのだった。

おわりに

私は伊藤先生にみならって（もちろん足下にもおよばないが）、一九八三年に四十歳になったときに培風館から『社会性昆虫の生態—アリとシロアリの生物学』を、そして、十年後の一九九三年に岩波書店から『生態と環境』という大学教養レベルの教科書を出した。幸いなことに、後の本は大学における教養講義での使い勝手が良いとの評判で、発行から二十年以上経って21刷まで達している。おそらく生態学の教養教科書としては、最も売れているレベルであろう。私は二〇〇五年に放送大学に就職して、さらに多数の教科書を執筆することができた。その経験から言えば、大学教科書の執筆は、それをなさったことのない人には分からないかもしれないが、けっして易しいものではない。学生にとって難しくなくしかもアトラクティブで、かといって易し過ぎて学問的内容が空疎にならないようにしなくてはならない。それはとても繊細な神経を有する事である（もちろん、出版編集者のセンスもあるのだが）。私は伊藤先生からそのような執筆のコツを教えてもらったつもりでいる。

表2～4における一番の右欄に「他者による当時の動物生態学に関連した教科書／学術書」として、各年代における動物生態学上のおもな出版物を載せてある。それらと比べてみると、伊藤先生がいかに熱心に本の制作活動を行い、日本の動物生態学の教育において大きく貢献したかが如実に分かろう。具体的なデータはあげていないが、伊藤先生と比べて同じ昭和一けた世代の有名大学の教授たちが（多数の啓蒙本や訳本を出した人もいるが）、ほんのわずかな数の大学教科書や学術書にしか関わらなかったことも、また別の驚きである。

ところで、伊藤先生は常日頃ご自身を「私はナルシストである。」と言っていたが、そんな先生がいかにもナルシストらしい自伝を2冊書いている。第一のものは『一生態学徒の農学遍歴』である。これは四十五歳になった先生が、いわば学者としての半生をふりかえって総括したものである。私はこの本を読んで改めて伊藤先生における研究への情熱のすごさ、そして常に政治に関心をもち、具体的な活動をされてきたことに感動した。先生は人生半ばにしても誠に信念の人であった。

伊藤先生が国際社会性昆虫学会の日本地区会長であった二〇〇〇年の頃、先生は私に次のような相談をされた。「あるライターが私の伝記を書きたいと申し込んできたが、君はどう思うかい？」。私はすぐ次のように答えた。「それはもったいないです。自伝を書くべきです。先生がなさったような波瀾万丈の生き様は、ご本人が書いてこそ意味があります。学問を実践して行く上での様々な思いは、本人でなくてはとても説明できません。後進たちが学問をする上で、何かの参考になると思って頑張って自伝を書いて下さい。」

そして、でき上がったのが、海游舎から二〇〇三年に出された『楽しき挑戦—型破り生態学50年』である。私はその初稿をつぶさに見せてもらい、若干のコメントを申し上げた。この本は私が期待した通りの痛快な出来映えであった。先生の最終学歴は東京農林専門学校の卒業ということで、東大や京大を卒業された権威筋に対抗する反骨精神を若い頃から持っていた。そして、メーデー事件の被告という理不尽な仕打ちにあったことが、さらなるバネとなっていた。伊藤先生が生涯に貫いた正義感、それを知る上でかっこうの自伝を読ませてもらって、私は大変感動した。なお、『楽しき挑戦』とは一風変わったタイトルであるが、これが伊藤先生のアクティビティの真髄をよく表していると思う。私と長谷川眞理子さんと海游舎の本間陽子さんとで考えて先生に提案したものである。その時、先生は少し照れておられたような気がする。

最後に、教え子でもないのに、なにかといたらぬ私を叱咤激励して下さった今は亡き伊藤嘉昭先生の長年のご厚情に深く感謝の意を表します。また、本稿の執筆の際に原稿をていねいに読んで種々の不備な点を指摘して下さった鈴木邦雄氏にお礼申し上げます。

なお、本章の表2～4は、雑誌『生物科学』68巻2号の「特集：伊藤嘉昭さん追悼」における拙著部分の表1を少し改変し、そして3分割したものである。

38 生活史の進化から昆虫の社会生物学へ ——血縁選択と群れの社会進化をめぐる伊藤嘉昭の概念深化

嶋田 正和 東京大学大学院総合文化研究科広域科学専攻教授。マメゾウムシと寄生蜂を用いた個体数動態論、進化生態学が専門。主著に『動物生態学(新版)』、『Rで学ぶ統計学入門』。元日本進化学会会長、元個体群生態学会会長。

老いた研究者が途半ばにして死ぬことができれば、幸せなことだとつくづくそう思う。生涯現役の研究者のまま人生を全うする生き方である。定年まで二年となった我が身だから か、大学定年後も一人の研究者として歩み続けることに思いをはせる。伊藤嘉昭先生は昆虫を対象に、個体群生態学から進化生態学、そして社会生物学へとご自身の研究を大きく発展させた。研究の舞台も、農林省農業技術研究所、沖縄県農業試験場から名古屋大学へ、そして名古屋大学を定年退職された後、再び沖縄大学に移り、やんばるの森の生物多様性保全の提言を繰り返した。研究者として全うした人生と言えよう。

伊藤先生とは、私が東大に助手として赴任した一九八五年以来のおつき合いで、三十年以上の長きにわたりたいへんお世話になった。学部時代(京都大学理学部村上興正先生、農学部実験室で指導を受けた内田俊郎先生)と大学院(筑波大学大学院環境科学研究科・生物科学研究科藤井宏一先生)の指導教員を除けば、これほど精神的に私を育てて下さった研究者はいない。伊藤先生は類まれな反骨精神と挑戦的指向をバックボーンに持ち、若手を対等の研究者として扱い、励まし育ててきたと思う。先生が二十九歳にして世に問うた『比較生態学(初版)』[1]は、当時の進化生態学の国際的名著をはるかに凌駕する高い水準で、若い世代にも古典として読み継がれてほしい。惜しむらくは、早い段階で英訳されていれば、この分野の国際的情勢はかなり変わっていたことだろう。

そこで本章では、伊藤先生が著した生活史の進化と社会生物学に関するモノグラフ、特に、以下の4編を対象として、この分野で伊藤先生が考えたことの深化を読解したい。

(1)『比較生態学(初版)』[1](一九五九年)、『比較生態学(第2版)』[2](一九七八年)

(2)『社会生態学入門—動物の繁殖戦略と社会行動』[3](一九八一年)

(3)『社会性昆虫の進化生態学』(一九九三年)収録の「第2章 アシナガバチ類における多女王制の起源」[4]

本章は、伊藤嘉昭先生がこれらのモノグラフで考えたことを筆者（嶋田）が読解するスタイルをとる。よって、現代につながる生活史の進化や血縁選択と社会進化の研究の一般的な総説ではないことを最初に断っておく。最近の時代の総説は辻和希[5]が充実しているので、これを参照してほしい。また伊藤先生が一九八〇年代~九〇年代に提唱した共同的多雌創設仮説の現代的評価については、本書収録の土田浩治氏、山根爽一氏、山根正気氏、粕谷英一氏の章も参考にしてほしい。

なお、これ以降は、歴史にひとかたならぬ大きな足跡を残した研究者の倣いとして、伊藤先生の敬称は省かせて頂く。

(1)『比較生態学（初版）』と『比較生態学（第２版）』
—その間の学界の動向

この節では、研究者としての伊藤嘉昭の重要な成果、特に評価の鍵となる『比較生態学（初版）[1]』と『比較生態学（第2版）[2]』を読解してみたい。進化生態学者・伊藤嘉昭の名前を最初に知るきっかけは、生態学者を目指して京大理学部三年生頃（一九七六年頃）に、先輩に勧められて買い求めた『比較生態学（初版）』の著者としてであった。実際にご自身にお目にかかったのはそれよりもだいぶ経った一九八三年十一月の個体群生態学会（名古屋大学農学部が実行委員会）で、筑波大大学院博士課程時代になる。京大時代の勉強会でE.O. Wilson "*Sociobiology: The New Synthesis*"[6]を輪読した折に、そこで伊藤嘉昭の名を幾度となく聞いた。彼は一九五〇年に東京農林専門学校を卒業し農業技術研究所に入所しているが、ＧＨＱ占領が解除された三日後、「血のメーデー事件」（一九五二年五月一日）の暴動で逮捕され休職扱いになった。初版[1]は一九六九年に復職するまでの長い無職の間に著された。糊口をしのぐために書いたと伝わっているが、進化生態学のオタク的専門書がその当時どれほど売れたか。一九七〇年に無罪判決を勝ち取るまで、ずっと労組の支援を受けて研究所に通い続けていたそうだ。一九六〇年にはアブラムシ類の個体群増殖と棲み分けのテーマで京都大学から理学博士を取得したのであれば、ついでに初版[1]の構想も並行して用意周到に温め、大量の文献をあちこちから漁り、情熱を傾注して書き上げたに違いない。

初版[1]は引用文献が実に39ページもある点で際立っている。これでもかとばかりに引用しまくっており、恐ろしいほどの勉強量を誇る姿勢は二十九歳にして顕在化している。伊藤の口癖に、「俺は大学を出ていない。専門学校卒だ」があったが、勉強量では帝国大学出身の研究者には負けないという闘魂むき出しの人間性は、若き日のルサンチマンによる自己鍛錬で増勢されたのだろう。

初版の[1]「まえがき」で、伊藤は個体群生態学と動物社会学とをあわせた分野の中で論争的ないくつかの問題を、比較の方法によって整理することを試みた、と述べている。そして、比較法の意味については、コンラート・ローレンツの言葉を引用し、「近縁の諸型の相同的型質にみられる似た面と異なった面を研究する一定の手続きであり、生活のいろいろな型の系統的関係と、問題となる相同形質の歴史的起源を推測しようとするものである」としている。つまり、対象となる生物群の発展過程を進化の観点から明らかにすることで、伊藤は社会構造の進化に注目し、特に「親による子の保護」の観点から、このモノグラフに鋭い一本の方向性を示している。

初版第1章は「繁殖と死亡」で、これら二つは、個体群の増殖に大きく関わり、生命表を通じて生活史と個体群動態を繋ぐ重要な要因である。「まえがき」で述べた方針のスタートとして相応しい構成である。魚類、海産無脊椎、鳥類、哺乳類、昆虫と続いて、最後に繁殖の進化をLack[7]の主張「自然選択説を適用するならば、子孫の生存数（繁殖年齢に達した子世代の数）を最大にするように各種の卵の数を変化させてきた進化の産物である。」を操作概念として、そこから植物の生活史データも含めて、再度、各分類群の実態を考察している。MacArthur and Wilson[8]がr/K選択の適応戦略理論を提唱するよりずっと早い時期に、「小卵多産・産みっ放し」vs.「大卵少産・親による子の保護」の対比を打ち出していたのは稀有であろう。この考えはLack[7]の概念に由来すると伊藤は認識していたが、そこから個体群動態を社会性の進化と結びつけて拡張したことには、伊藤の大きな独創性がある。

それは第2章「個体数の変動」で大発生する動物の個体数動態を取り上げていることからも分かる。密度依存性を主要因とする生物学説提唱者のNicholson,[9,10]密度に依存しない気候などの要因を主要因とする気候学のAndrewartha and Birch[11]を比較している。この2章の個体数の変動解析は、自然界で最も強い密度依存的な要因であり、かつ社会構造の進化に直接結びつく第3章「縄ばり制」と第4章「順位制」へとつながっている。第3章ではさまざまな分類群での縄張りの実態が解説されて興味深く、また「縄ばり制」と「順位制」の群れ内の二つの社会制（相反する方向性と考えられていた時代もあった）への考察はとても丁寧であり、若い研究者がいま読んでも有意義であろう。そしてこの順位制こそが、後に伊藤が考えた昆虫の社会進化の中心をなす「コロニー内の多雌性・多女王制」につながることに留意したい。

第5章「昆虫の社会」でのアリや狩りバチの社会構造の進

化の考察は、後に個体群生態学から社会生物学へと分野を転向して、精力的に昆虫の社会性の進化を研究した伊藤の人生とも重複して考えるべきだろう。そして、第6章「動物社会の統合と人間への道」でリーダー制と群れの構造分化を霊長類で考察を拡大する。最終の第7章「結論」は、各章の総括である。ここで、栄養が豊かで手に入りやすく、天敵も多い環境では保護されない仔または卵を多産し、貧栄養の環境では大きな仔または卵を少数産み親による子の保護が進化する、という有名な対立構図が登場する。

このモノグラフは、E.O. Wilson[6]に先がけること十六年前の提唱である。まだ血縁選択説（Hamilton[12]）も登場していないし、*r*/*K*選択の適応戦略理論[8]も出ていない。仮にこの本が早々に英訳されて欧米にも出版されていれば、学界に驚愕をもたらし高い評価を受けたことだろうと、私はたいへん残念に思う。

一方、第2版[2]の色彩は、初版とは前半が大きく異なる。すでに、島嶼生物地理理論[8]の中で*r*/*K*選択の適応戦略論が世に出ていたので、伊藤はこれに対して挑み、「第2版へのまえがき」で明確に批判の鉾先を彼らへと照準を定めている。そのため、第2版の構成は、第1章「繁殖率の進化」の章末に「*r*・*K*淘汰説批判」の一節を設けている。第2章「生存の戦略」（生存曲線を繁殖開始齢αで基準化する方法を提唱）以降も、第3章「個体数の変動」、第4章「縄ばり制」、第5章「社会性昆虫」、第6章「群れ生活」と構成をやや変えた。伊藤によれば、*r*/*K*選択説の正しい面は初版[1]がすでに説明したものであり、誤っている点は自分の方が正しいと一刀両断である。生涯を「権威に対して挑戦し続けた研究者」の面目躍如の感ありである。確かに、伊藤の「貧栄養のきびしい環境では親による子の保護がより進化し、縄ばり制を介して社会性が進化する」という主張は、*r*/*K*選択説に欠けている適切で重要な視点である。その頃伊藤は、Grime[13]の競争（C）-ストレス耐性（S）-撹乱適応（R）で形成されるC-S-Rの三角形ダイアグラムを重要視していた。このダイアグラムは、*r*/*K*の二分法で形成された選択理論よりもずっと優れたモデルであると、筆者も評価している。

一方、興味深いことに第2版[2]では、社会性の進化の大理論であるHamiltonの血縁選択理論についての言及は、驚くほど少ない。第5章の社会性昆虫の三か所に少し出てくるだけである。しかも、伊藤に言わせると、Hamilton[12]説は子供を残すことのできないワーカーのような性質がなぜ子孫に伝えられたかという遺伝学の問題を、膜翅目特有のオスが半数体で単為生殖で生まれてくる機構で説明しているとして、まったく低い評価しか与えていない。伊藤はむしろ、母娘（女王・ワーカー）共存において初めてカースト分化を伴う巨大コロニーの成立が保証されたと主張している。また、第2版ではE.O. Wilson[6]は極めてたくさん引用されているが、ある傾向が見られるので面白い。前半ではr／K選択説は否定的に多く引用されている。一方、後半になって“*Sociobiology*”[6]を引用するときは、可もなく不可もなく淡々と引用している。実は、大著“*Sociobiology*”には学術的に大きな欠陥があり、それはWilsonは血縁選択を群選択 interdemic selection に含めて混同している点である。Wilson はこの本の第1部の第4章「集団生物学の原理」で遺伝子系図を用いて同祖的遺伝子による血縁度（血縁選択説の根幹）を説明しているにもかかわらず、第5章「群淘汰と利他現象」では血縁選択理論を紹介しながら、彼は血縁選択やディーム間選択をひっくるめて「群選択」と呼んでいる。

家族や血縁者集団を単位として自然選択がかかるディーム内選択 intrademic selection は血縁選択もここに含められる場合もある。だが、Wilson は第5章でその階層構造の壮大な図5-1「淘汰のレベル」を見せながら、「群淘汰とはディーム間淘汰と血縁選択のことである」と記している。そして、どのレベルに自然選択がより強くかかるかを明瞭に説明してはいない。そのまま第2部以降は Wilson のいう「群選択」も含めてすべての動物社会の群れ構造とその機能を説明していく。Wilson は基本的に集団遺伝学に基づく同祖的遺伝子による近交係数と血縁度、ひいては血縁選択説をほとんど理解していないかのようである。本来は、第2版はこの点で“*Sociobiology*”に対してこそ挑戦状を叩きつけるべきではなかっただろうか？——社会性の進化にはほとんど業績のなかったR.H. MacArthur を、ことさら生活史の適応進化の一点だけでやり玉に挙げても詮無きことであった。

(2)『社会生態学入門－動物の繁殖戦略と社会行動』－第6章「昆虫の社会進化」

伊藤は『比較生態学（第2版）』を刊行すると、直ぐに新たなモノグラフ『社会生態学入門』[3]を発表した。時代は一九八〇年代に入り、国内でもE.O. Wilson の社会生物学やJ.R. Krebs と N.D. Davies が先鞭をつけた行動生態学がメジャーな流れとなっていた。しかし、伊藤は『比較生態学（初版）』からの方針は一貫して変わらず、生活史の進化から繁殖戦略を介した社会性の進化を説く支柱を堅持していた。というより、自分が最初に考えた研究テーマに、ようやく世界が注目し始めたとの自負を前面に出している。この本の「まえがき」で述べているように、「少産はつねに内的自然増加率にネガティブに作用するから、少産の進化のためには、多産者が裏切り者となれない機構が必要である。子にとって餌の得にくい環境への進出は、大卵・保護を必須とする故に、少産の進化の決定的条件たりえる」との持説を述べている。つまり、『比較生態学』で前面に出した大卵少産・親による子の保護の繁殖戦略こそが、社会性の進化への決定的な要因になるとの方針である。

その論陣の準備段階として、『社会生態学入門』[3]の第2章「生活史と生命表パラメータ」で、L. Cole[14]の内的自然増加率に効く三つの生活史形質（繁殖開始齢、繁殖回数、一腹のリターサイズ）の解析を紹介する。生活史の進化の研究に詳しい読者はご存知のように、繁殖開始齢は内的自然増加率に最も強く効く。そこは伊藤もよく理解したうえで、しかし、伊藤はそこでColeの解析予測の矛盾を突く。死亡率の差を考えなければ、多回繁殖iteroparityは一回繁殖semelparityよりも有利さは小さいものの、それでも勝る。にも関わらず、なぜ一回繁殖の生き物が残っているのだろうと課題を提示している。現代の推移行列解析からは、繁殖のコストや密度依存的死亡率、環境変動の効果を考慮すれば、r/K戦略よりずっと複雑な予測が出てくるのは、今は当然である。

だが、この時代の伊藤はやや強引に、第3章「繁殖の戦略」の冒頭の節で「多産と少産－r戦略とK戦略」としてr/K戦略の批判に転じる。まずLack[7]を取り上げている。Lackは動物の多産・少産の考察から、一腹卵数（リターサイズ）の進化の主要な環境要因は、子にとっての餌の得やすさ、および捕食の危険であると主張した。ここから伊藤は、餌が多く天敵の危険も多い（両者は並行的であると伊藤はみなす）環境では多産が、逆に、餌が少なく天敵の危険も少ない環境では少産および親による保護が進化したと展開している（筆者の感覚では一部は当たっている面もある）。そして、『比較生態学（第2版[2]）』と同じロジックで、「貧栄養なほど一腹卵数が少なく、子の保護（卵サイズや卵黄の多さも含めて）が発達する」としている。伊藤は、貧栄養環境とストレス耐性についてGrime[13]のC-S-Rモデルも取り上げる。ここに至ると、伊藤のr/K戦略への批判はいよいよ冴えわたる感があり、多くの生活史の研究者は同意できるだろう。ちなみに筆者は、MacArthurのr/K選択をさらに引き継いだPianka[15]の「r/K連続体説」は、r戦略の部分は変動環境での進化の第一次近似として妥当な面もあるが、対するK戦略は生活史の進化の理解には全く役に立たないどころか、ナイーブな群選択を暗に想定している面があり、誤りが多くて害毒ですらあると考えている。

第4章「個体数変動」は『比較生態学』と同じだが、第5章「移動」では昆虫の翅多型を取り上げ、またしても「2節：移動型はrかKか―競争・移動と進化」を論じている。アブラムシの無翅型やトビバッタの孤独相のように内的自然増加率が高い。一方、長翅型や群生相は繁殖前期間が長く、トビバッタの群生相では産む卵が大きく卵数は少ないので、「いわゆるK選択的」である。翅多型問題は現代ならば反応基準と環境×遺伝交互作用、あるいはエピジェネティクスで翅発生にかかわる遺伝子をRNAiでノックダウンして表現型の変化を比較するなど、興味深いテーマであるが、r/K戦略の論争に持ち込んだのは不毛な論点であった。

ちなみに、第5章の後に〈付1〉として、当時、京都大学大学院を修了し米国に渡った巌佐庸による「多型はなぜ生じるか？―適応度セット」として、Levins[16]の適応度セットが解説されている。適応度セットとは、異なる環境での生き物の形質や応答を複数軸で組み合わせた集合（セット）である。そして、環境変動には二つのタイプがあり、生活場（ハビタット）がcoarse-grainedならば別々の地域で個体群は生活していて交流しないので、それぞれの地域別での時間変動に従って各世代あたりの適応度を幾何平均する。一方、一時離れたハビタットで生息していても、個体群が世代の終わりに全体として混合するなら環境はfine-grainedになっており、異なるハビタットでの適応度を相加平均することになる。適応度セットに対してこの平均適応度のアイソクラインが接する点が生活史形質の最適戦略となる。さらにLevinsは環境変動には二つの最適戦略（純粋戦略）の組み合わせとなる混合戦略も想定し、環境がcoarse grainedで環境の差が大きい場合は、多型が生じることを予測した。

若い巌佐のこの解説に、伊藤はいたく感激して、「原著よりはるかに詳しく、難解なLevinsのモデルのこれが言わんとするところだった」と記している。そして、Levinsの極度に抽象化された個体群過程と生活史の進化とを結び付けた適応度セットモデルを打破することで、大きな進歩が得られるだろうと述べている。

伊藤の心の中では、これがきっかけとなり、r/K選択理論への批判は憑き物が落ちたように打ち止めとなったと私は思う。Levinsはマルキストであり、キューバでの農園生活も経験して、米国ではシカゴ大学やハーバード大学で研究をつづけた。伊藤は自分の信条と照らしてLevinsに親近感を覚えたのかも知れない。以後、伊藤は社会性の進化に集中するようになった。

第6章「昆虫の社会進化」と第7章「高等脊椎動物の社会生活」は、前者は血縁選択説[12]について持ち前の勉強量で急速に理解を深めた章であり、後者は“*Sociobiology*”[6]に向こうを張ったスタンスを見せている。第6章は、沖縄から名古屋大学に異動して、いよいよ集中して社会性昆虫、なかでも膜翅目（ハチ・アリ）の研究に全精力を傾け始めた時期でもある。『比較生態学（第2版）』の社会性昆虫の中での血縁選択理論の扱いとは対照的に、本書第6章は包括適応度と血縁選択理論に強く接近しているので、この6章を読解してみたい。

伊藤は、6.3節「包括適応度と血縁淘汰－Hamilton説」、6.4節「Hamilton説への批判と拡張」を設けている。ここで、伊藤はまずHamiltonの包括適応度と血縁選択説を解説し、利他行動は遺伝学的には個体は損をしていないことを述べる。そして、West-Eberhard[17]を引用して、利他性の進化機構を四つ挙げている。(1) 群淘汰（ディーム間選択）：特殊な状況で地域的に孤立した個体群を単位に働く選択によって利他性が進化する可能性、(2) 血縁選択（Hamilton）、(3) 互恵的利他行動reciprocal altruism：相手に利他行動を見せると将来そのお返しを受ける期待（鳥の警戒音など）、(4) 次の繁殖への期待（ヘルパーなど）。ここで (1) の群選択はあくまでもディーム間選択であり現実的ではない。筆者が補足すると、むしろディーム内選択（家族を単位とする選択）の方が重要である。後のBreden and Wade[18]のヤナギルリハムシの研究で、葉に産まれた卵塊からある頻度で共食い型の1齢幼虫が孵化し、これが発生した卵塊は少数の共食い個体しか2齢に成長できない（共食いは2齢になると止む）。共食い個体が発生しない卵塊では高い生存率で2齢幼虫になれる。共食い性質は個体レベルの自然選択では有利だが、卵塊の群れ（家族）を単位とした自然選択では不利となる。このように、階層的自然選択の分析が一九八〇年代後半から九〇年代には進んだ。(1) の場合は、利他行動の階層的自然選択の文脈で分析を進めるべきであった。

伊藤は血縁選択説がはたして不妊の労働カーストの出現という利他行動の進化を説明できるかに焦点を当てる。膜翅目では系統的に十二回独立にカースト分化が生じているが、他の昆虫の目ではシロアリ（等翅目）と兵隊を出すアブラムシ（半翅目）に一回ずつの出現でしかない。そこでHamilton[12]は以下の三つを主張した。(1) 包括適応度と血縁選択理論、(2) 利他行動の進化としての $K > 1/r$ 則（すなわち、$rB > C$ 則）、(3) 半数・倍数性決定機構による姉妹の血縁度にもとづく利他行動進化の3/4仮説である。この他、伊藤はAlexander[19]の「親による子の操作parental manipulation説」にも言及しており、労働カーストは子への利他性ではなく、親の利得にもとづく親による操作（子への餌を減らして卵巣を未成熟にさせる）との説である。

伊藤は、Hamilton の(3)に対して Trivers and Hare[20] が重要な批判と提案をしたと考えている。ワーカーは新女王の妹だけ育てるだけでなく弟も育てる点である。Trivers らが重要視したのは血縁度を介した「親子の対立」である。膜翅目の半数・倍数性決定機構は親子姉妹の血縁関係に非対称を生み出すことはよく知られている。女王から見れば息子も娘も血縁度はともに0.5である。しかし、女王が産したワーカー（娘）から見れば、（女王が一回交尾ならば）父母を共有する妹との血縁度は0.75で、弟の0.25よりも三倍高い。そのために、ワーカーは何らかのやり方で世話の投資量をコントロールして、遺伝的により近縁な妹（新女王）を多く生産するように選択されると考えた。単女王のコロニーで女王が一回だけ交尾する種では、ワーカーが完全に両性への投資配分を制御した場合、個体群性比はメス：オス＝3：1となるときに両性の価値が等しくなる（ESS性比）。一方、女王が性比をコントロールした場合は、実現される平衡個体群性比はメス：オス＝1：1となるので、ここで女王とワーカーの間に利害対立が生じる指摘である（辻の解説）[21]。

このTrivers and Hare[20] に対しては Alexander and Sharman[22] など批判も出たが、伊藤が第6章で取り上げたのは、ここまでである。伊藤は、共同的多雌性仮説へとしだいに傾いていった時代なので、親子の対立にはさほどに強い理解を示さなかったのかもしれない。——後日談としては、その後もコロニー性比の検証は繰り返し進み、Boomsma の総説[23] では、重量比による投資比推定には過大評価があるものの、それを割り引いてもワーカーの投資制御は雌に偏っているとして、おおむね Trivers ら[20] の考え方が支持されたと、辻[21] は評している。

一方、『社会生態学入門』を著した一九八二年時点での伊藤は、血縁選択説に対してあまり理解が進んでいなかったように思われる。Trivers らはさらに血縁度を親子の対立から頻度依存選択による個体群性比の進化（進化ゲームのESS性比）へと論を進めている。真社会性膜翅目でのESS性比が重要になる理由は、ミツバチ・スズメバチ・アリには利他行動・社会行動の変異がないために血縁者扶養の利他行動の進化条件であるBとCを計測できない点にある（辻）[21]。一九七〇年代～八〇年代に発展した寄生蜂の性比調節のESSモデルに比べて、真社会性膜翅目のESS性比理論は親子の対立とカースト分化があるので、はるかに複雑となる。この課題ついて国内で果敢に挑んだのは、辻和希の個体群平衡性比理論の解析

（辻[21]）、それに土田浩治[24]の個体群血縁度の推定法を駆使した研究であろう。

本筋の6章に戻ると、Hamiltonの包括適応度概念と血縁選択については、伊藤は、シロアリでは半数・倍数性決定機構を持たないが、近親交配の程度が高いために兄弟・姉妹の血縁度が高くなり、ワーカーの利他行動を進化させた説を引用するに留まっている。また、青木重幸[25]の発見した兵隊を出すアブラムシについても、単為生殖により血縁度1であるため、兵隊は自ら子を残さなくても姉妹に多く子を産することができれば兵隊発生は進化すると述べている。しかし、アブラムシは単為生殖で血縁度1であるが、それでもアブラムシ類で兵隊を出す種は限られている現状をどう考えるかは謎のままであった。

ここで伊藤は粕谷英一[26]を引用し、粕谷が半数・倍数性および倍数性の性決定機構の場合で解析した結果、Hamiltonの主張した包括適応度概念と血縁選択の提案は正しく、$rB>C$則は修正を要し、3/4仮説は誤りだとの結論に言及している。筆者も、社会性の進化の理解には包括適応度と血縁選択はおおむね適切だと評価しているが、$rB>C$は条件が足りないと考えている。なぜなら、Yamamura and Higashi[27]やSeger[28]が指摘しているように、理論的には社会性の初期進化においては血縁者同士に利他行動のジレンマが存在し、利己的行動や搾取の方が利他行動よりもパラメータ領域が広く、進化しやすい。よって、受け手が利己的行動や搾取に走らない要因が必要となるはずだ。また、3番めの「3/4仮説」は判断が難しい。単為生殖でコロニーが増大するアブラムシ類はすべて個体間は血縁度1だが、兵隊が生じる種は限られている。膜翅目の姉妹間での血縁度3/4の高さが特に利他行動の進化としての原動力が備わっているわけではない。血縁度の高さは利他行動進化の必要条件ではなく、十分条件でしかない。この難問にアプローチする一つのヒントは、上述の辻[21]の5-6節「血縁度非対称性と個体群平衡性比」の解析が有効な視点を与えてくれるのかも知れない。単女王制・一回交尾・ワーカー産卵なしの条件ならば、Triversらの予測が成立し、コロニー性比はオス：メス＝1：3がESS性比である。

一九八二年時点では、血縁度と交尾回数がからみ、コロニー内での親子対立が関係する社会性膜翅目の性比調節に関わる要因については、伊藤は理解がまだ及ばなかったと思われる。だが、名古屋大学の若手研究者（多くは院生）との切磋琢磨で、持ち前の勉強熱心さも相まって、急速に理解が進み始めた時代であったことは間違いない。

(3)『社会性昆虫の進化生態学』—第2章「アシナガバチ類における多女王制の起源—チビアシナガバチの語るもの」

一九八三年以降、伊藤は、Tivers[20]らが提示した課題の解明には向かわず、むしろ昔取った杵柄で比較生態学の手法で社会性の進化問題を切り取っていった。つまり、高度真社会性昆虫（ミツバチ・スズメバチ・アリ）では*B*や*C*が測定できない困難さを、原始真社会性昆虫であるチビアシナガバチ類（*Ropalidia* 属）の比較生態学の手法に求めたのである。この属はいくつもの亜属（*Ropalidia, Icariola, Icarielia* など）に分かれ、亜社会性と思しき種（*R. Icariola formosa*）から、コロニー・サイズが最大でも数十~百匹程度（オキナワチビアシナガバチ *R. Icariola fasciata*）、さらには巣板数が多く最大コロニー・サイズも数千匹に及ぶ高度真社会性に近い *R. Icarielia* 亜属まで多様である（伊藤[29]、岩橋・山根[30]）。

伊藤の総説[4]は、チビアシナガバチを対象とした共同多雌性仮説の提唱である。高度真社会性膜翅目の社会はどのようなルートを経て進化したか？　これには親子関係を柱とする亜社会性ルートと、姉妹関係が出発と考える側社会性ルートがある。原始共同多雌性から進化すると主張するのは側社会性ルートだが、実は、この考え方はずっと旗色が悪い。それを敢えて、共同多雌性の視点から見るもので、伊藤が続けてきたチビアシナガバチ属の社会進化の総括である。古くは岩田[31]からGadagkar[32]、岩橋・山根[30]に至るライバルがいる中で、伊藤[29]による原始真社会性にある狩りバチの共同的多雌性仮説から見た社会進化の提唱だから、周囲の研究者の戸惑いは大きかっただろう。

文献4はこれをコンパクトに改めた総説である。そこに掲載されている表2-1「チビアシナガバチ属 *Ropalidia* 各種の巣および社会の特徴」には、その出典として多くの文献が出ている。まさに、勉強量の多さをモットーとする伊藤嘉昭の面目躍如である。しかし、生データの列挙のようなやや雑な印象もあり、解析と言えば、巣上の雌数と順位行動の観測頻度の相関分析だけである。データそのものは面白いのだが、やはり解析が伴わないと、欧米の学界には打って出れない。

この章の中で、伊藤はCarpenter[33]の系統分析に脅威を覚えているような書き方を見せている。Carpenterの論文は、West-Eberhard[33,34]の提唱した"polygynous family" hypothesis（多雌性家族仮説）を対象にしている。スズメバチ科の多くの属を対象に分岐分類の手法で系統解析した結果、安定した単女王段階を経ずに安定した高度多女王制に進化した証拠はなく、複数の創設雌が巣にいたとしても厳密な順位制で順位1位の雌しか子を残せないと結論している。ミツバチ・スズメバチ・アリにとっては、不妊の労働カーストとなったワーカーは雌生産能力を完全に失っているから、血縁選択による利他行動進化の条件 $rB > C$ の右辺 C は限りなくゼロである。よって、いったん単女王制で労働カーストが進化してコロニーサイズを大きくした段階に達すれば、系統的にはその後に多女王制になって血縁度 r が低下したとしても真社会性は維持されることになる。つまり、単女王制から多女王制への進化的ドライブは比較的容易であることになる。

原始的真社会性段階の共同的多雌性からダイレクトに多女王制高度真社会性に進化した可能性を探ろうとしてきた伊藤には、Carpenter の主張に対して次のように反論している。つまり、生産力がきわめて高い熱帯林で進化してきた真社会性膜翅目は、同じく熱帯林に多く生息する天敵に対しての防衛としてコロニーサイズを増大する多女王制へと(血縁選択よりも)自然選択が強くかかったのではないか。伊藤は、着想を同じくする West-Eberhard[34, 35] の多雌性家族仮説を引いて、さらにそれを拡張した彼独自の共同的多雌性仮説を主張している。しかし、この多雌性家族仮説そのものを、Carpenter は分岐分類の系統解析によって系統樹の上で棄却し切っているのだ。

もう一つ、伊藤が反論を受けた点に順位制と卵食がある。オキナワチビアシナガバチは、伊藤の観察によると、103巣のうち45%が最初の房室1~2個の段階から複数雌によって巣が創設された(共同的多雌創設)。チビアシナガバチは同じ巣から羽化した新女王は巣上や近場で越冬しやすい。春まで集団をなしていた同巣の仲間は、再び一つの巣を創ることが多い。ただし、巣の上では順位があり、1位のα雌が主に産卵するが、下位の雌も娘卵を産むことができると伊藤は観測した。伊藤は巣上の雌数が増えるほど順位行動頻度は低下することを相関分析で示しており、これを伊藤は巣上の関係を「マイルド」だと主張した。この現象は伊藤の共同的多雌性仮説を支持するが、α雌は下位の雌の産んだ卵を食べるので、卵食の割合で岩橋・山根と伊藤は論争をしている。下位の雌が次世代の新女王になる有効卵をどの程度産めるのかが問題となっているので、初期の巣の上で複数の雌が巣を創設していたことを観察しても、そのまま共同的多雌性仮説を支持したことにはならない。伊藤はそれでも、コロニーを増大する自然選択の有利さをもとに、共同的多雌創設仮説を主張したのである。

しかし、伊藤の仮説に止めを刺す重要な論文が、伊藤が名古屋大学を退職した後に発表された。Hughes[36] らによって、「高い血縁度は真社会性が進化したことのcauseかconsequenceか？」という命題が大規模な分子系統解析によって検証された。彼らによる267種のハナバチ・狩りバチ・アリでの祖先形質復元法の系統解析では、一回交尾で高い血縁度を持つグループが原始的な基部に位置し、複数回交尾するものが常に派生的であった。さらに、高度に多回交尾をするグループは、ワーカーが繁殖力を失った系統群にのみに現れていた。結果としては、真社会性への進化の原点は単女王・一回交尾で高い血縁度と包括適応度が要因となって進化した、と結論づけている。――伊藤の共同的多雌仮説はここに敗れ去ったのである……。この内容については、辻[37]がうまくまとめているので、ぜひ読んでみてほしい。

このRopalidia属を対象にした社会進化の論争はたいへん興味深く、昆虫の社会進化の理解には重要な対象である。順位1位のα雌と下位の雌の有効卵をダイレクトに決める方法がある。マイクロサテライト領域を使って一つの巣のワーカー、そこから羽化する新女王などを1個体ずつジェノタイピングし、どの母親が産んだ娘かを母性解析すれば、問題は一挙に決着する。しかし、*Ropalidia*属の研究でマイクロサテライトを使った血縁度推定は遅れていた。マイクロサテライトマーカー作成については、次世代シーケンサーを用いたトランスクリプトームシークエンス解析（RNA-seq）で、発現遺伝子の部分配列中のマイクロサテライト領域［いわゆるExpressed Sequence Tag (EST)-SSR］を用いゲノムワイドに探索することが近年の主流である。次世代シーケンサーの利用は外注すればよい（北京の企業ＢＧＩ社、マイクロジェンなど。1個体20万円前後）。戻ってきたトランスクリプトーム配列データをアセンブリ後、マイクロサテライト候補領域を検出し、プライマーを設計して多型座位をスクリーニングし、20座位ほどを使えばよい。筆者の研究室では、サイカチマメゾウムシの繁殖行動で父性解析を行うためにこのやり方を取って、安価で迅速に（数か月で）19座位の多型マイクロサテライトプライマーを作成することができた。ぜひ試みてはいかがだろうか。

おわりに

伊藤嘉昭の研究、特に、生活の進化から社会生物学への歩みを4編のモノグラフについて読解してみた。伊藤はずっと比較法を研究の基盤に置き、生活史の進化と昆虫の社会生物学へと新たな問題に挑戦してきた。そして最後に、最も優れた比較法である分子系統樹を用いた最新の種間比較法と祖先形質復元法によって敗れ去ったのである。

以後は、沖縄大学に異動し、やんばるの森の保全の研究に転身し論文を発表し、研究活動を続けた。おそらく、共同多雌性仮説が負けたことをさほどに悔やんではいないだろう。確かに、楽しき挑戦の人生だったろうと心から思う。血縁選択と社会性の進化など、多くの学者の知性をもってしてもなかなか決着できない難題である。ある研究者の主張がある時代に誤りとされても、発表されたデータと論文の主張があれば、次の時代の研究者がまた取り上げて議論の俎上に乗せることもあるだろう。そのように自然界の現象の理解は少しずつ進歩していくのだと思う。

知的体系構築の長い歴史の中で、一人の人間がささやかであっても確かな足跡を残すことができれば、それは研究者にとって無上の喜びではないか。老いて研究の途上で人生が終わったとしても、生涯現役の研究者であればそれはすばらしいことである。

末尾になるが、琉球大学辻和希さんと海游舎本間陽子さんには、大幅に原稿が遅れたことにも温かく受け止めて、有効なアドバイスを下さったことにたいへん感謝する。

なお、本章の冒頭の序論第二段落と(1)節は『生物科学』68巻2号「特集：伊藤嘉昭さん追悼」の原稿に加筆したものである。

39 北国から見た「種社会学」から社会生物学へのパラダイム・シフト

生方 秀紀
北海道教育大学名誉教授。世界トンボ協会理事・会長を歴任。トンボ自然史研究所代表。著訳書に『トンボの繁殖システムと社会構造』（共著）、『トンボ博物学―行動と生態の多様性』（共同監訳）ほか。

はじめに

伊藤嘉昭先生（以下、伊藤さん）が、日本における二十世紀後半の生態学史を辿る際のキーパーソンの一人であることは、誰しもが認めるところであろう。とりわけ、一九六〇年代後半から八〇年代前半にかけての期間に、生態学研究の道を歩みはじめた大学院生・若手研究者の多くにとって、伊藤さん著の生態学関連書籍は、C.S. Elton や E.P. Odum らの生態学教科書[1,2]とともに、研究の動機づけや研究テーマの設定、研究方法の策定を行う上で、大きな影響力を持っていたのではないだろうか。

かく言う私もその一人であり、六〇年代末に北海道大学（以下、北大）理学部の学生として将来の進路を模索していた時期に、生態学の研究に強い関心を抱くようになったきっかけの一つが、『比較生態学（増補版）[3]』との出会いであった。

また、大学院でトンボ類を材料に本格的に生態学の研究を進める過程でも、『動物生態学入門―個体群生態学編[4]』および『動物生態学（上、下）[5]』が、とくに個体群レベルでの調査方法・分析方法を設定する際の拠り所となった。

私が武者修行ばりに日本生態学会や日本昆虫学会の全国大会に参加するようになった七〇年代後半には、社会生物学（＝行動生態学）の風が欧米から日本に吹き込み始めていて、それまで日本の生態学の中で強い影響力を持っていた、今西錦司氏に始まり、伊藤さんの『比較生態学[3,6,7]』の中で縦横に展開された「種社会の進化」という路線は、大きく揺らぎはじめた。種社会路線の上を模索しつつ研究を進めていた私も、この「文明開化」の波をかぶり、一九七九年に提出した博士論文[8]では、カラカネトンボ *Cordulia aenea amurensis* のなわばりパトロール行動を交尾戦略と見立てるまでに「変身」をとげた。伊藤さんご自身も、『社会生態学入門―動物の繁殖戦略と社会行動[9]』の出版などを通して、一部の留保は示しつつも、このパラダイム・シフトを強力に推進する立場に回られた。

北海道教育大学に就職した後もトンボを材料として、この社会生物学という新しいパラダイムの上で研究を続けていた私に、伊藤さんから、文部省科学研究費特定研究「生物の適応戦略と社会構造」（一九八三〜一九八五）の研究班への誘いがあり、喜んで参加させていただいた。特定研究の三年間は、伊藤さんが代表を務める無脊椎動物班の一員として、合宿を含む研究報告会や南西諸島の野外調査などに参加し、班員諸氏との徹底的な相互討論を通して自らの研究を深めることができた。合宿や遠征先の夜は、伊藤さんを囲んで、愉快な体験談や研究の核心に触れる話が飛び交い、いつしか更けていくのが常であった。

　一九八六年に、この特定研究のしめくくりとなる、国際シンポジウムが、J.L. Brown, T.H. Clutton-Brock, W.D. Hamilton, M.J. West-Eberhard の諸氏を含む海外の著名な研究者も招聘して、京都で開かれた（一七三頁の写真を参照）。伊藤さんは、日本側からの登壇者十三名のうちの一人として不肖私を抜擢してくださった。十分期待に応えられたかどうかははなはだ心もとないが、私にとっては晴れがましい思い出の残るものとなった。このシンポジウムの成果は“*Animal Societies: Theories and Facts*”[10] として刊行された。シンポジウム前後の懇親会の二次会では Hamilton 氏や日高敏隆氏とも二言三言会話することもでき、研究を続ける上でのよい刺激となった。

　以上、伊藤さんと私とのかかわりを中心に、一九六〇年代末から八〇年代半ばまでの生態学研究の流れの一端を振り返ったが、以下にもう少し具体的に当時の伊藤さんの言説や、それが私に与えた影響もたどりながら、「種社会学」から社会生物学へのパラダイム・シフトが、日本の北の端の若き生態学徒にどう波及していったかを描こうと思う。

『比較生態学』との出会い

　一九六〇年代末、北大理学部生物学科（動物学専攻）の学生だった私は、当時動物系統分類学講座の助教授だった坂上昭一先生の生態学関連の講義や野外実習の内容に興味を掻き立てられ、大学院に進学して生態学の研究をしてみたいと心に決めた。院入試突破のためのありきたりの勉強とは別に、図書館や院生室の書架の中から生態や進化に関する本を漁り、むさぼり読んだ。その中で、『比較生態学』は、最も読み応えがあり、生態学を単なる現象記載の学問としてではなく、比較を通して種の生活の発展の過程を進化の観点から明らかにしていくという、壮大な時間スケールでの質的変化を扱うものとして位置づけるという点で大きな魅力を感じさせた。

　当時（一九六〇年代後半）の生態学の教科書的な書物として

は、『比較生態学』のほかにも、沼田眞の『生態学方法論』[11]、森主一・宮地伝三郎の『動物の生態』[12]、Elton（渋谷寿夫訳）の『動物の生態学』[1]、宮地伝三郎ほかの『動物生態学』[13]、八木誠政の『新編生態学汎論』[14]などが、洋書ではAndrewartha & Birch の *"The Distribution and Abundance of Animals"*[15]などがあったが、これらの本からは、生態学がどのような対象をどのように研究する学問であるかということは伝わってきても、単なる現象の記述や分析を超えて生物の進化的発展過程を解明することへの意志や情熱は感じられなかった。

それに対して、『比較生態学』の「まえがき」では、「特定の種の生活を明らかにすることに中心おき、他の生物もその種と関連する限りにおいてとりあげる」個体群生態学と動物社会学とをあわせた分野を取り扱うとし、その中での「論争的ないくつかの問題を比較の方法によって整理しようと試みた」と述べられていて、「種の生活を明らかにする」という研究者としての目的が表明されている。生物の生態を「種の生活」という視点でとらえたとき、そこには生活を共に営む同種個体の集まりがあり、その集まりは、種の維持、さらには発展へとつながる社会的調節を自ら築き上げているという、予定調和的な生物哲学が見え隠れする。

一九六〇年代末は、同世代の若者たちがベトナム反戦運動、日米安保闘争、大学紛争などの形で独占資本・帝国主義による不公正・不正義に対して反旗を翻していた時代であり、ノンポリ（政治的無関心）同然であった私の頭の中にも、人間社会における争いや対立はなぜあるのか?、また個人と集団の関係とはいかなるものなのか? といった疑問が渦巻くようになった。人間だけを観察していても、その本質は見えてこないのではないか?、動物の社会や行動を観察・分析する中で見えてくるものがあるのではないか?、そんな考えを抱きながら『比較生態学』を読み進めていたとき、ふと思いついたことがあった。

同種個体間でなわばりの占有権を巡って、しばしば激しく争うこの行動で、時に傷つく個体もいる。また、なわばり行動の他にも、同種集団の中で個体間のヒエラルキーが確立されるまでに、あるいはその変動期に行われる争いもある。これら同種個体間の争いは一体どのようなものなのか?、という疑問を解くことで、ヒトを含む同種内の争いの真の意味がわかるのではないか? これが私の動物社会研究の原点となった。

なわばりの研究といえば鳥類を対象としたものが本流を形成していたし、大学院で先輩となる川道武男さん（後に大阪市立大学教員）は小型哺乳類（ナキウサギ）で明瞭ななわばり制の存在を明らかにしつつあった。しかし私は、もう少し一般的かつ観察しやすい動物を対象として、なわばりを研究できるのではないかと考え、あれこれ検討した結果、『比較生態学』の中でも詳しく紹介されていた、トンボ目 Odonata が浮上した。

私は、自分自身で、トンボの個体群動態となわばり行動を含む社会行動（個体間行動）とを同時並行的に観察し、それを分析することで、個体間の（少なくとも）見かけ上の争いの、種の生活にとっての意味が見えてくるのではないかと考えた。また、個体群を観察することで、集団から個体への何らかの因果関係の連鎖があり、それによって個体の行動も影響を受けることがあったとすれば、それをあぶり出すことができるのではないかと期待した。

一九七〇年代前半の北大大学院生の研究動向

こうして、私の大学院での研究対象と研究テーマが、一九七〇年春の大学院入学前にあらかた煮詰まっていった。指導教員を引き受けてくださった坂上先生との最初の公式な面談で、私がこの研究テーマと対象を申し出た際には、先生は一瞬戸惑われたように見えた。おそらく、昆虫少年としての経歴もなく、理論的な関心だけから昆虫を対象に選んだ、私のこの思い付きの無謀さを感じ取られたからであろう。それでも、私の真剣さにほだされたのか、先生は「私もトンボは好きだから、このテーマでよかろう。ただし、研究対象やテーマを一旦決めたら腰を据えて続けることだ。」と受け止めて下さった。

大学院一年生のフィールドワークは、研究計画への坂上先生の適切なアドバイスもあって、なわばり行動・生殖行動を中心にカラカネトンボの成虫の行動パターンや活動個体数の日周・季節変化を一通り観察・記録することができた。それに加えて、雄に見られる明瞭ななわばり行動の出現が、池における雄の活動個体数に依存していることを、データの分析から把握することができた。

私の大学院入学二年目が明けた一月、坂上先生の指導下にあった大学院生・研究生が互いに研究交流をし、学問分野の中に位置づけながら展望を開く目的で、自主セミナーを開催することになった。私も初年度の成果をかいつまんで発表原稿集『系統と生態』第1号[16]に投稿した。当時はパソコンも乾式複写機もない時代で、投稿者各自がヤスリ版の上に原紙を載せ、鉄筆で清書したものを、先輩院生の父親が経営する印刷所で謄写印刷・製本してもらう形で冊子に仕上げたものである。私を含む、院生・研究生の一部も慣れない手つきで製本の手伝いに動員された。

同誌第1号の私の試論では、前書きの部分で「ポピュレーションのエコロジーで本質的に重要なことは種個体群の内部構造をあかしていくことと考える。個々の種に固有の生活の実態を観察と実験とでたぐりだし、その質を内包したかたちで数量関係を導入したときに種の生態学が完成に向かうだろう。」と書いており、当時の私が「種の生活」路線に沿って歩み始めたことが伺える。その試論中の当該年度の研究結果の考察の部分で、私は、なわばりの効果について次のように書いている。「(カラカネトンボの)ナワバリは活動個体の増加に伴い縮小し(中略)ナワバリ(の境界)も不明瞭になる。またナワバリ時間も短く占有者が次々と交代し、一日を通すと相当の活動個体の収容力をもつ。(中略)ナワバリによるポピュレーションの分散は現地においては目立って大きいとは思われない。しかし池の収容力が小さい場合や近くに適当な池が分布している場合には分散を促すことが十分考えられる。トンボにおいてはポピュレーションの分散がもたらす利益は分布域の拡大と幼虫の過剰密度の阻止である。」ここでは、個体のなわばり行動に、分散という「集団にとっての利益」にかかわる機能を付与しており、前書き同様のスタンスに立っている。

続けて以下のようにも書いている。「カラカネトンボでは(雄による)産卵干渉の度合いは著しい。これも(中略)過剰密度をあるていど抑えているといえる。」。以上の記述から、当時の私が個体レベルの自然選択のプロセスを認める一方で、個体の行動を集団にとっての利益に結び付けるという、暗に集団レベルの自然選択(＝群選択)group selectionを容認する立場に身を置いていたことが見て取れる。

これに関連して、『比較生態学(増補版)』の「第3章　縄ばり制」の総括に相当する「縄ばり制の意義」の節で伊藤さんは、「縄ばり制が個体群密度を直接制限するという証拠」が提供されつつあると述べている。また、「第7章　結論」では、「(縄ばり制は)最初は自分のまわりに来る他の動物を無差別に追う傾向に過ぎなかったが、巣または産卵場所の確保とむすびつくことによって、密度の制限や乱婚の防止という、種社会内部の調整に関与する機構に発展したように思われる。」と述べていて、伊藤さんの仮説が、カラカネトンボのなわばり性についての私の解釈の拠り所であったことがうかがえる。

現時点で振り返ってみれば、このように個体の行動を集団にとっての機能の面から評価すること自体、遺伝子レベルの適応度に立脚した行動の進化のメカニズムからはかけ離れたものであり、集団遺伝学に対する無頓着あるいは不理解の存在が疑われると言わざるをえない。具体的にいえば、なわばり行動を行うコストを払う個体と、その結果調整された個体群密度の好適さを享受する個体とが完全に一致しない（すなわち利他行動で余計なコストを払うものがいる一方で、労せずして利益を享受する個体があらわれる）ので、群淘汰を想定しなければその行動が進化しないという難点が、今となれば指摘できる。しかも、群選択による利他行動の進化自体が、非常に限られた条件下以外では起こらないというのが今日の常識である。このことに、当時の伊藤さんご自身も、読者である私も気づいていなかったといえよう。

『系統と生態』第1号[16]所収の先輩・同輩諸氏の試論の中にも、「個体変異はいわゆる自然淘汰によってその種に都合のよいものだけが残される……」（大谷 剛さん、後に兵庫県立大学教員）、「私はこれから、種の生活と生活空間をみていこうと思う。」（岡沢孝雄さん、後に金沢大学教員）、「種社会の数量的解析を担うPopulation ecologyと質的解析のSociology。」（川道さん）、「確かにあらゆる行動は生理的諸反応の結果に違いないが、一つひとつの行動がその種の生活にとって一体いかなる意義を有するのかという視点なくして現象の全体的理解はできないのではないだろうか。」（山根爽一さん、後に茨城大学教員）といったような視点が表明されており、「種社会」・「種の生活」という概念が、当時の北大理学研究科動物学専攻の動物系統分類学講座の院生・研究生の間に広く浸透していたことを示唆する。なお、同号には他に二名の院生の試論も掲載されているが、その中には種の生活路線に関連するキーワードは見あたらない。

前後することになるが、「種社会」・「種の生活」という概念を創出したのは、言わずと知れた今西錦司氏である。今西氏は、『人間以前の社会』[17]の中で、「すべての生物は、（中略）生物の全体社会（中略）の中で、彼らのそれぞれが占めるべき社会的地位というものがちゃんと決まって」いて、「その占めるべき地位をまもってゆくということが（中略）全体社会の秩序を保ち、その構造を持続させることになるであろう」と述べ、「それは結局、それぞれの個体が、この全体社会の一部分であるとともに、（中略）彼らによって構成された、それぞれの種の社会を持続させていくこと—すなわち個体維持と種族維持とを全うしてゆくこと—以外にないであろう」と述べている。今西氏の本は同氏一流の論法で読者を引き回す感があることから、私はそれを愛読するに至らず、そこから直接ではなく、『比較生態学』を通して間接的に、今西イズムに染まっていったことになる。

ほぼ一年後に刊行された『系統と生態』第3号[18]には、私の修士課程二年間の野外調査に基づく研究の簡単な報告が掲載されているが、「ナワバリの機能」に関しては「分散」・「産卵干渉」・「性淘汰」が並列しているだけでなく、「分散」というキーワードを先頭に置いたところに、種社会重視のスタンスを維持していたことがわかる。3号では他に八名の坂上門下の院生・研究生が寄稿したが、この回の自主セミナーが試論提示のステージを越えたこともあってか、「種社会」や「種の生活」といったキーワードはほとんど影を潜めている。

私は、博士課程に進学後も、「エゾトンボ科の比較生態学」をシリーズ・テーマに、カラカネトンボの卵期から成虫の没姿までの全生活史を通じた個体群生態学的調査と同種集団中の個体の行動の分析を軸に、比較対象としてエゾトンボやオガサワラトンボも加えて、調査・データ分析・論文執筆に取り組んだ。[19-21] 調査計画立案やデータの分析に際しては、Southwood の *Ecological methods*,[22] 伊藤さんの『動物生態学入門―個体群生態学編』[4] のほか、伊藤・桐谷圭治の『動物の数は何できまるか』[23] も参考にした。研究のシリーズ・テーマに『比較生態学』を掲げているところにも、伊藤さんの件の著書、およびハナバチの比較社会学をライフワークにしておられた坂上先生の影響が見られる。

一九七五年の私の論文では、[20] カラカネトンボの観察結果の分析を踏まえて検討し、トンボのなわばり制の機能として、(1) 交尾への干渉の防止および (2) 繁殖場所内での成熟雄の分布の一様化の二点が仮定されるとしている。また、同じ研究成果を一般向けに和文で一般向けに解説した記事[24]では、繁殖場所内での成熟雄の分布の一様化により、それがなければ雄の密度が低かった場所における雌の交尾のチャンスが高まると予測している。研究開始後五年経過したこの当時でも、私のこの解釈では、なわばり行動をする雄個体がコストを支払っているのに、ベネフィットを得るのが血縁関係のない雌個体であることになり、利他行動を認めるものとなっている。したがって、当該の行動をとる個体の利益ではなく、種あるいは種個体群にとっての利益の方にウェイトを置いていたことがわかる。

このような「種社会」として対象をとらえる観点は、私の大学院時代の指導教員であった坂上先生の著書『ミツバチのたどった道』[25] でも貫かれていることは、同書中で社会行動の解釈がなされている場面で「個体維持」に加えて「種族維持」という用語が使われていることや、ミツバチの一つの集団のとらえ方に関して、それを種社会の構成要素の specion(今西氏の造語)に相当すると明言し、女王蜂と働き蜂はいずれも indivduoid(今西氏の genion)にあたるとしていることからも明らかである。

一九七〇年代後半：ソシオバイオロジーの黒船現る

私が博士課程を満期退学し、日本学術振興会奨励研究員（その後は研究生）としてオーバードクター生活に入った一九七五年には、Wilson の *"Sociobiology: The New Synthesis"*[26]が出版され、講座の本棚にも収められた。何日間も独り占めにして読むわけにいかず、私は全体をパラパラとめくり、これはと思ったところにじっくり目を通した程度であったが、正統派ダーウィニズムの枠組みの下での個体レベルの選択（淘汰）、血縁選択によって社会行動も進化し、その原理は現代人へとつながるヒト属の進化においても共通していることを、膨大な状況証拠を添えて説いているというふうに受け止めた。

同じ年に、坂上先生の『私のブラジルとそのハチたち』[27]が出版された。その第15章で、ハチの社会性の起源に関して、従来からの W.M. Wheeler, 今西、C.D. Michener の三氏の諸説に加えて、Hamilton の血縁選択説[28]をとりあげ、その要点を丁寧に紹介している。坂上先生ご自身は、Hamilton の説の合理性は認めた上で、一部事実と合わない点も指摘している。現在の私の眼から見れば、Hamilton の説は集団遺伝学の上に立脚し、血縁個体への利他行動を通した包括適応度の概念を打ち立てたものであり、日本の生態学に強い影響力を持っていた今西氏の「自然淘汰はなくとも種は変わるべくして変わる」といった、科学的仮説の条件である反証可能性を欠く「進化理論」を根底から覆しうるものであるが、この「地殻変動」の潜在力が、坂上先生の紹介箇所では抑制的にスケッチされていたように思う。

当時の北大理学部の院生・オーバードクター（ＯＤ）の動きについて触れるならば、私の所属する動物系統分類学講座の院生・ＯＤと、動物形態学講座の院生（ショウジョウバエを材料に生態遺伝学の研究に着手していた）が合流した自主的読書会も活発に行われるようになっていて、その中で MacArthur & Wilson の *"The Theory of Island Biogeography"*[29]や Mayr の *"Populations, Species, and Evolution"*[30]などの輪読を行い、私を含め、参加者の数理生態学や集団遺伝学への通暁の度合いも深まっていった。

一九七六年頃からは、就職活動の意味合いもあり、同じ講座の大谷さんらと誘い合わせて、日本生態学会や日本昆虫学会のいずれかの全国大会にほぼ毎年参加し、研究発表をするようになった。六年来のカラカネトンボの生態研究の成果や、新しく観察を開始したカワトンボ（現在のニホンカワトンボ

Mnais costalis）についての行動研究の成果などを発表し、また他の参加者の発表に耳を傾けた。伊藤さんはもちろん、そのお弟子さんを含む若手院生からの、時に海外研究者の最新の研究を引用しながらの、鋭い質問や的確な指摘が飛び交うセッションの雰囲気から、私も大きな刺激を受けた。また学会での出会いをきっかけに、同じトンボを研究対象とする若い研究者たちとの別刷りや私信のやりとりも活発となり、京都大学（当時）の上田哲行さん（後に石川県立大学教員）らの発案で「北蜻南蛉」という、若手研究者間の研究交流グループも発足した。

そのグループ内の情報交換を通して、上田さんから、Campanella & Wolf によるアメリカハラジロトンボ *Plathemis lydia* の配偶システムについての論文[31]の存在を知ることとなった。その論文では、このトンボの配偶場所ではレックが成立し、優位雄は劣位雄に対して雌の獲得および交尾をする上での有利性があり、また順位システムは最優位雄の生殖効率を高めていると結論するなど、トンボの社会の一形態を個体の生殖上の利益という観点から解釈するスタンスが貫かれていた。Campanella & Wolf のこの論文は、個体淘汰としての進化論に徹して、トンボのなわばり行動を解釈したものであり、これを読んだ私は、これまでの日本の生態学の中で一般的であった、種の生活路線に基づく、牧歌的な行動進化の解釈では袋小路に陥ったままになることに気付き始めた。

学会の全国大会では、これ以外にも、トンボに限らず、いろいろな動物や植物の行動を「〇〇戦略」という表現を用いながら、同種集団の中でそれがいかなる条件のもとで、その代替戦略に対してより多くの利益を得て、結果としてその戦略の拡大再生産に貢献するかを論ずる講演や質問・意見が目立つようになっていった。後に、Dawkins 著（日高敏隆ほか訳）の『生物＝生存機械論―利己主義と利他主義の生物学』[32]で明快に解説・唱導されることになる、遺伝子の利己性をベースにした、社会生物学（＝行動生態学）が日本に上陸し始めた時期であった。

実は、それより少し早い時期に、同じ北大で農学研究科の大学院生の中に、この遺伝子の利己性を前提にした上での利他行動の一つ、血縁選択・包括適応度に日本でいち早く注目し、自らの研究対象であるアブラムシで観察された行動を解き明かそうとしていた人物がいた。当時博士課程二年の青木重幸さん（後に立正大学教員）である。『系統と生態』8号[33]には、通常の記事の他に、「北大、動物分類、生態学関係院生の研究紹介」の特集があり、一人1～5行程度で研究テーマの紹介を行っているが、その中で青木さんは次のように書いている。「ドロオオタマワタムシ（中略）およびボタンヅルメンチュウの1齢幼虫の2型についての問題。とくに後者については、社会性膜翅目のWorkerないしはSoldierに対応するLarvaであるとの当教室（農学部昆虫学教室）内では悪評高い仮説を携えて、いかにそれをテストするかを苦慮中。」と。世界で初めて不妊の兵隊アブラムシの存在を明らかにした青木さんの論文[34]は、一九七七年に発表され、世界的に大きな反響を呼ぶことになった。

日本の学会での、「種の生活の維持・繁栄」路線から「遺伝子の利己性」路線への、社会行動進化についてのこのパラダイム・シフトの胎動を感じ取って、私の研究のプラットフォームもその方向へと大きく変貌していった。

カラカネトンボの行動研究においては、なわばり行動のパトロール範囲の個体群密度によるシフトや、なわばり防衛行動のスイッチの切り替えを、交尾確率を最大化するための交尾戦略としてとらえ直し、数理モデル化する方向で、筆者の（提出を先延ばししていた）博士論文[8]における当該部分の考察を大改訂していった。それだけでなく、ヒガシカワトンボ（現在のニホンカワトンボ）の橙色翅型雄と透明翅型雄が混在している現象を、この二つの型が交尾戦術を異にしていて、それが環境条件によって有利・不利が逆転するがゆえに、一定の頻度で共存しているという、行動生態学的な発想でとらえ直すことができ、予報[35]として公表した。博士論文を提出した一九七九年に北海道教育大学の理科教育担当教員に採用された私は、理科教育の看板を掲げながらも、心の中では生態学の火を燃やし続け、講義や会議の合間を縫って、論文作成や野外調査にいそしんだ。

一九七九年には、J.K. Waageが、アメリカアオハダトンボ*Calopteryx maculata*の雄が交尾行動の前半に雌の交尾嚢・受精嚢の中から、以前この雌と交尾した他の雄の精子を掻き出し、その後自分の精子を注入するという仮説を実証する実験データを提示した論文[36]と、雄のペニスが精子注入と精子掻き出しの両方の機能に特化した形態を持っていることを裏付ける論文[37]を相次いで発表した。この二つの研究は、七〇年代中葉までの日本の動物行動研究者の大半が拠っていた「種の繁栄」路線の太平の眠りを覚ます、黒船並みの衝撃を与えたものの一つであった。

伊藤さんも雑誌『科学』に「Sociobiolgyの波紋」と題した記事[38]を寄せ、Wilson著の“*Sociobiolgy*”[26]を、「個体群生態学・集団遺伝学・比較動物社会学を結合して一つの新しい学問分野―社会生物学―を立てようとしたもので、社会の進化を『どのような社会的性質をもった個体がより多くの子孫を残すことができるか』というDarwin適合度によって評価しようということであり、（中略）グループ淘汰や血縁淘汰、適合度セットなどの概念の説明もよくできている」と評価している。ただし、人間の社会的特性のあるものが遺伝子によって決定されていて、それらはDarwin適合度を最大にする淘汰の産物であるというWilsonの主張に対しては、それが「証拠不十分の強引な議論」を多く含み、「人間の階級差や性差などを（少なくとも当面）合理的なものとしている傾向」があるものとして批判したうえで、「人間が労働にもとづいてその社会をつくり、言語を用いて文化を築きはじめて以来、人間の大部分の特性は社会的に決定されることになった」と述べ、従来からのマルクス主義的な人間観への信奉を表明している。

一九八〇年代前半：「種社会学」から社会生物学へのパラダイム・シフト

一九八〇年には京都市で国際昆虫学会議が開かれ、私は「Territoriality as a density-dependent mating strategy in *Cordulia*」（カラカネトンボ属における密度依存の配偶戦略としてのなわばり制）と題した講演を行った。これは博士論文のうちのなわばり制の部分をブラッシュアップした内容であるが、そのタイトルそのものが、私自身がこの年までに、種の繁栄路線から行動生態学路線に転換していたことを端的に示している。

伊藤さんは一九八二年に、『動物の社会行動』[39]および『社会生態学入門』[9]を立て続けに上梓した。『動物の社会行動』の「おわりに」の中では、不妊のワーカーやヘルパーだけではなく、人間のモラルから見て好ましくない、子殺しや兄弟殺しなども包括適応度を上昇させるところの進化的に安定な戦略（ESS）として進化したことを承認した上で、包括適応度だけでは説明できない行動の事例をあげて、より慎重な量的研究が必要であるとしている。

伊藤さんはまた、『社会生態学入門』の中でも、今西氏の種社会理論やV.C. Wynne-Edwardsの群選択に代わるものとして包括適応度・血縁選択説を詳細に解説するなど、日本の生態学界の社会生物学（＝行動生態学）へのパラダイム・シフトを推進する方向で力を注がれた。『比較生態学』（初版[6]、増補版[3]、第２版[7]）を通して今西社会学の一翼を担ってこられた立場から、ご自身の立場の大転換をとげられたことになるが、『社会生態学入門』の「あとがきにかえて」では、「現代の生態学説の流れ（生方注：Cole-Hamilton-MacArthur-Pianka-Wilson-Trivers）の中に私が感ずるのは、競争と闘争という二つの概念の卓越である。（中略）さかのぼると、エジプト・

ギリシャ以来の西洋の粒子的自然観の強い影響が感じられる。」とし、今西とJoseph Needhamの名をあげて東洋哲学と西洋哲学の統一への期待感をにじませている。

一九八〇年代に入ってからは、生態学関連の学会の企画もこの新しいパラダイムの上でなされることが多くなり、私も個体群生態学会の会報に「トンボのテリトリーと交尾戦略」と題した総説[40]を寄稿した。

一九八三年からの三年間は、冒頭に書いたように、伊藤さんからのお誘いで科学研究費特定研究に参加したが、この特定研究はパラダイム転換を強く推進し、完結させる上で大きな役割を果たしたといえよう。私自身がこの時期に発表した論文[41、42]は勿論、この新しいパラダイムの上で論述したものであった。特定研究の成果本の一つである、東 和敬・生方秀紀・椿 宜高（共著）の『トンボの繁殖システムと社会構造』[43]およびItô, Brown & Kikkawa (eds.) の*"Animal Societies: Theories and Facts"*[10]の中で私が執筆した章[44]も同様である。

伊藤さんの功績

以上、見てきたように、伊藤さんは日本の生態学界にあって、野外における調査研究の現場と生態学の学としての前線との間を緊密に結び付けながら牽引する役割を率先して務められた。とりわけ、種社会の進歩というパラダイムから社会生物学（＝行動生態学）のパラダイムへの転換の動きに際しては、伊藤さんにとっては自己否定に近い変化でありながら、真実を見極めようとする視点を忘れずに事にあたり、私を含む中堅・若手の研究者が伸び伸びと研究する環境づくりにも貢献されたと思う。伊藤さんに導かれ、後押ししていただいた者の一人として、この場を借りて感謝をささげたいと思う。

40 アメシロ研究会とカショーさん

竹田 真木生　神戸大学名誉教授、NPOこどもとムシの会事務局長。メインのアリーナは昆虫生理・生化学、時間生物学だが、表現型の可塑性、スウィッチ機構の環境への適応から、その分化による種の形成までを考えている。

今と違って、昔は昆虫のことについて書いた本があまりなかった。そんな中で、伊藤嘉昭著『比較生態学』という本が岩波から出されていて、これを私は、大学院を受験するときに読んだ。マッカーサーやウィルソンが言い出す以前に、*r*/*K* selection 的な考え方が書かれていて面白かった。もう一つ、そのころ読んだものに中公新書の『アメリカシロヒトリ』がある。この本がユニークなのは、これが単一の著者によって書かれたものではなく、戦後米軍貨物とともに進駐してきたアメリカシロヒトリという害虫の生活を解明するため手弁当で結集してきた若い日本の昆虫学者の私的な研究会によるものであった点である。伊藤嘉昭、正木進三、日高敏隆、梅谷献二、服部伊楚子といった当時の元気な若手研究者が、この研究会にはせ参じた。新天地における侵入害虫の定着と適応の様相が、生活史形質の分析、個体群動態、配偶行動など違った側面から研究された。同じ材料を多方面から研究するというスタイルはヨーロッパの大学ではしばしばみられるものではあるが、これまで日本にはそのような横断的な研究スタイルはなかった。お上のファンドもなく自然発生的にできたというのは、その後もあまり聞かない。このプロジェクトには、実際的な問題解決のほかにもう一つおまけがあって、出足の速い（逃げ足も速い？）伊藤さんが、アメリカの地に日本に入ってきたものとは別のものがあることを認識し、渡米し、その材料を集め、この両者がどうも別種であるらしいという立場で種分化の問題を立てたことにある。[1]

私は弘前大学に行って、修士論文のテーマの一つにアメリカシロヒトリの光周性における薄明閾値の評価という課題を与えられ、毎朝夕農学部の屋上に登って暗箱によって切り取られた薄明に幼虫をさらすため、朱に染まる朝の八甲田山と夕陽の岩木山を堪能させてもらったが、その成果発表[2]のために、アメシロ研究会の会合に参加した（於西ヶ原）。しかし、会はそれが最後で、解散となってしまったので、研究会の最後のメンバーということになった。弘前では正木先生にE・

メイアの本など進化生物学を叩き込まれ、種分化の問題に大いに興味をそそられた。修士が終わってその年の夏、アメリカのど真ん中のミズーリ大学へ進学すると、そこには件のアメシロの頭の赤い同胞種があっちこっちに巣をかけていて、しめしめ、これから三年間当地で赤頭型の生活を観察できるとほくそ笑んだ。おまけに私の先生チッペンデールはスタン・ベックのところで人工飼料でドクターをとり、インセクタLFほどの汎用性のある人工飼料をすでに開発していた。黒頭の同胞種も遥かに少なくはあれ採れた。両方ともその人工飼料で飼える。たちまち2種の発育速度や光周性の違いが明らかになった[3]。アメリカシロヒトリ二種は広いアメリカの様々な場所で様々な生活をしていた。同所的に二種が見られるが、北部を除き（ここでは両方とも一化）、化性が違う。ハイウェイを運転しながら左目で道路をにらみ、右目で道路わきの巣を探し、時には木に登り、時にはおばあさんに銃で脅されながらケムシをとった。ポスドクでデラウェアに行ってから大陸を横断してスタンフォードのピッテンドリック教授の主催する夏期講座に出た帰り、オレゴンからワシントン州にかけて、まだら型と呼ばれる、西海岸でもカスケード山地の西側の湿潤なところにいるものにも遭遇した。楽しいことは、アメシロの研究材料をとるのだといえば、自分に対し、どこへでも行く言い訳ができたことだ。こうしてアラスカ、サウスダコタ以外の大陸の州はすべて踏破した。遊んでいたのか研究していたのかわからない。

結論から言うと、伊藤さんと服部さんが発表したように、両種は別種である、という結論は大体支持できた。短期間の調査からにしてはかなり正鵠を射ていたと感心する。対照的に私は四十年間アメシロにかかわった。紙面の都合があるので、長い話は端折って、いきなり結論。①赤頭はアラスカ以外の北米に分布するが、黒頭型の分布は東部の落葉樹林の分布に重なる。つまり西部にはいない。②同所的な分布をする二種個体群は化性が異なり、赤の世代数が少ない。一化から二化への赤の化性の転換点はジョージア州の南部でフロリダとの州境のちょっと上のところを横切っている。これからさらに南部にかけては黒は4世代以上を繰り返すと考えられる。③黒は弱い巣をかけ、昼も摂食するが、赤は強い巣をかけ夜行性である。赤は摂食時間を犠牲にし、巣を築く絹への投資が多い分発育に時間がかかる。④黒の休眠性は弱く、早いシーズンから現れるが、赤の休眠は深く、黒の幼虫が大きくなってから現れるため、季節的な生殖隔離がみられる。約一ケ月黒が先行する。⑤ミトコンドリアのCO1領域の塩基配列も黒と赤の種分化をサポートする。

これから、考えられる種分化の様式についてデータは、同所的種分化＝異時的種分化を支持するだろう。化性の整数性が両者の交雑を排除するだろう。何処かで、時計が分化した（時間にかかわるPerタンパク質には両種の間でアミノ酸置換があり、実際、羽化時間も違う。Perは光周性にもかかわる。）。その結果できた生態的な二つのポケットのそれぞれの安定性が両種を安定的に共存させただろう。二つのポケットとは初めに出てきたr/Kのbistabilityである。もちろん世代数の多い黒がr戦略家的で、巣に多くの投資をする赤がK戦略家的である。[4] こうして、回文のようにこのプロジェクトはカショーさんとつながるのである。個性的な人で、いろいろな先駆的な仕事をしたが、アメリカシロヒトリ研究会の活動も記憶に留めて置いてよい彼の業績の一つかと私は考える（これなしにはカショー評価）。服部さんも空の向こうにいってしまった。二人の先輩が生きている間にこの話を報告したかったがそのチャンスはとうとうなかった。其方でゆっくり盃を交わしていてください。そのうち、その宴に加わりますから。

咲きそめしそめゐよしのの梢をたかみ
ひかりまばゆく翔ける雲かな

＊

雲低く桜は青き夢の列
汝は酔いしれて泥洲にをどり

［宮澤賢治全集　第一巻（筑摩書房、一九九六）より］

実はこのうしろには、

汝が弟子は酔わずさみしく葦原に
ましろき空をながめたつかも

と続くが、実は私自身は、とうに泥洲の中に酔いつぶれている。

（後記）アメリカシロヒトリのその後については、五味正志らが追っている。[5] そして、中国に入って、北は黒竜江省、西は西安、南は上海に迫っている。二〇〇二年にはイランに定着した。二〇一四年にはニュージーランドで見つかった。黒竜江省とイランのものには日本でみつかるハプロタイプとは異なるものがある。地球温暖化によって、害虫の移動と分布の変化について大きな変化が予想されるが、アメリカシロヒトリは、一つのモデルケースとして今後も重要であり続けるだろう。

41『比較生態学』に学んだ一生態学徒の覚書

藤岡 正博　筑波大学生命環境系准教授。元々の専門は鳥類の行動生態学。特に集団性の進化に関心がある。現在は主に鳥獣類の保護管理学を扱いながら大学演習林の運営管理にあたっている。

最初に、一介の鳥類研究者である私がなぜこの本の執筆者に名を連ねているのか、若干の説明が必要かもしれない。私は伊藤さんといっしょに調査や実験をしたことはないし、共著論文もない。伊藤名物「ホロホロ鳥」も、いっしょに踊ったのはたぶん一回か二回である。しかし、実は、私は伊藤さんの元で研究生をしていたことがある。有給のポスドクが終わってから就職するまでのわずか半年ではあるが、名古屋大学の害虫学教室で受け入れてもらった。理学部生物学科出身の私にはかなり近づきにくい名前の研究室だったが、他のスタッフ、学生ともども、とても濃厚で有意義な日々を送らせてもらった。

私はその後に農水省の研究機関（当時の農業研究センター鳥害研究室）に初めて就職したのだが、その時の室長、中村和雄さんは、伊藤さんとは戦後間もないころに農業技術研究所でいっしょだったという旧知の間柄だった。私は両方からそれぞれの人物評を聞いて、確かにそのとおりだと一人うなずいたりしていた。中村さんは、その後、沖縄大学で伊藤さんのあとをついで教鞭に立ち、そのまま沖縄に定住されている。

また、名大の研究生になる前の院生時代から、投稿論文の原稿を何回も見てもらっていた。よく知られていることだが、伊藤さんは自分の担当学生でなくても原稿はとても真剣に見てくれる人であった。ただ、たくさんの書き込まれた彼の達筆な（？）コメントが読めるまでには、相当な慣れと努力が必要だったが……。

もちろん、伊藤さんの名前を私が知ったのはもっと前、本からである。私は高校生の時から授業中（もちろんくだらん授業）にも教科書の内側に本を入れて読みふけるような読書家だったが、伊藤さんの本を読んだ記憶はない。当時手にしていたのは（たいしてわかりもしない）社会科学系の難しい本か、自分が目指すつもりだった環境問題や植物生態学関係の本だったためであろう。

最初に手にした伊藤さんの本は、『一生態学徒の農学遍歴』（蒼樹書房、一九七五年）だったようだ。本の奥付に一九七六年六月十六日購入とメモがあるので、大学二年生だ。高校生時代から左翼系の友人に囲まれていた私は、大学に入るとバードウォッチングや旅行を楽しみつつ、デモ行進やビラ配り、署名集めなどの政治活動にもかなり関わっていた。しかし一方で、左翼的な科学雑誌に出てくる論説が私にはどうもストンと落ちてこないし、周辺の先輩が政治思想を学問研究に持ち込む姿勢に疑問を抱いていた。『一生態学徒の農学遍歴』は、そんな私に非常にインパクトがあった。いきなり出てくる「メーデー事件で逮捕され、九ヵ月の獄中生活を経験した」という遍歴もさることながら、社会と科学の関係について、伊藤さん自身の経験を、どちらかというと恥さらし的なことも含めて、ここまでオープンに書いた本には初めて出会った。そして、何よりも、左翼的な思想家にありがちな教条主義的な匂いがないことが、まだ会ったこともない伊藤さんに特別な親しみを感じさせたのを覚えている。

『農学遍歴』で伊藤さんが「がっかりした」と紹介している当時のソ連の生物学、つまりルイセンコ生物学あるいはミチューリン生物学については、私が学生の頃にはほぼ終わっていた。しかし、当時、地学分野では、井尻正二氏率いる地学団体研究会という、やはり左翼系の団体が反近代主義などを掲げて学生たちにも強い影響を与えていた。彼らは、私にはとても興味深く思えたプレートテクトニクスという新しい考え方を、（ボスがそういうからだろうが）輸入科学だとか、一仮説に過ぎないと言って、まともに勉強しようとしない姿勢であった。こうした教条的な態度が日本での地球科学の進歩を一時期遅らせることになったと私は思っている［詳しくは、泊次郎著『プレートテクトニクスの拒絶と受容』（東京大学出版会）を参照のこと］。

そんなことから、科学者たるものは、政治的イデオロギーとは適度な距離を保つこと、そして決して個人崇拝に陥らないことが大事だと考えるようになった。伊藤さんは感覚的にそのことを見破っていたのかもしれないが、彼自身が言うように、英語の論文をしっかり読んでいたことが大きかったのであろう。そして、このことは、もう少し先で彼が国内における社会生物学の受容に大きな役割を果たしたことにも関係してくると私は思っている。

そのほか、大学三年生以降には『アメリカシロヒトリ』（中公新書、一九七二年）や『虫を放して虫を滅ぼす』（中公新書、一九八〇年）をはじめとして伊藤さんの昆虫関係の本もかなり読んだが、それはたぶん、バードウォッチングでも研究室でも先輩で、修士まで大阪府立大学で昆虫学を学んでいた上田恵介さん（現立教大学名誉教授）の影響である。もちろん、日本や世界の名だたる生態学者から政治の話まで出てくるユニークな自伝、『楽しき挑戦―型破り生態学50年』（海游舎、二〇〇三年）は、楽しく読んだ。

しかし、数ある伊藤さんの著作で代表作を挙げるとなると、やはり『比較生態学』であろう。今年還暦を迎えた私よりも古い世代の人は、初版（一九五九年）が良かったとよく言われる。第2版では何かが薄まったようなことをときどき耳にした記憶があるし、伊藤さん自身のその後の著作でも第2版にはあまり触れていないようである。しかし、私が学んだのは第2版である。この本にはひとかたならぬ思い入れがある。

『比較生態学』の第2版が出版されたのは、私がサギ類の集団繁殖地で卒業研究に取り組んでいた一九七八年の夏であった。岩波書店から箱入りで出版されたその本は、もちろん今も私の本棚にある。奥付を見ると、購入したのはその年の九月十八日なので、三重県での野生生活、いやフィールドワークを終えて大阪に戻ってすぐに買ったようである。これまた上田さんの勧めだったかもしれない。

本のタイトルどおり、さまざまな動物について豊富な文献資料にもとづいて個体数変動や社会構造を比較し、統一的に理解しようという野心的な内容である。図表やオリジナルのイラストも多くて、読み手にわかってもらおうという姿勢が伝わってくる。三五ページ、ざっとみて七〇〇は下らない引用文献にも圧倒される。生態学関係の優れた教科書は、欧米の有名大学教員が大学院生向けに書いたものが多いが、当時まで（獄中はともかく）農水省や沖縄県の農業試験場にいた伊藤さんがこれだけの本を書いたことに改めて驚かされる。今の私が鳥以外の動物について曲がりなりにもイメージできるようになったのは、もっぱらこの本のおかげである。

比較生態学に惹かれたもう一つの理由は、三年生のときに受けていた恩師山岸哲先生（現兵庫県立コウノトリの郷公園園長）の授業である。当時の山岸さん（と学生時代から呼ばせてもらっていた）は、私のいた大阪市立大学に来て二年目くらいで、とても張り切っていただけでなく、中学校教諭出身だけあって、授業がすこぶる上手だった。専門科目の授業では、鳥の研究者なら知らない人はいないD. Lackの一連の研究や、Crook (1964) やBrown (1974) といった鳥の比較研究を図表などをタップリ使って紹介してくれて、単なるバードウォッチャーでしかなかった私に学問の面白さを教えてくれた。そして、これらの鳥の話は、『比較生態学』にも繰り返し出てきたのである。

ちなみに、『楽しき挑戦』にも出てくるが、ずっと前には伊藤さんが大阪市立大学の教員になるという話もあったようである。誘ったのは、私が同大学を選んだ主たる理由であった憧れの吉良竜夫氏だったというから、ここでもちょっとしたつながりを感じてしまうのである。

さて、今改めて私の所蔵している『比較生態学』を開いてみると、あちこちにアンダーラインや囲み、疑問符、コメントが書き込まれている。フィールドワークが長引いて大学院受験を断念した私は、同じく次年度の大学院入試を目指して鹿児島大学からしばし大阪に戻ってきた幸田正典さん（現大阪市立大学教授）と二人で、受験対策（当時の研究室は合格率が一割前後の難関であった）を兼ねて、この本の勉強会を開いていた。何しろ留年中なので時間はタップリあったし、彼とは高校時代の同級生というよしみもあって、かなり徹底的に読み、議論した。ケチもつけ放題である。学部生の頃の書き込みなので、今見ると理解できないところや失笑もののところもあるが、私のその後の発想のかなりの部分がこの本を批判的に読んだところから来ているようである。

『比較生態学』の真骨頂は、「第1章　繁殖率の進化」と「第2章　生存の戦略」であろう。ここで伊藤さんは、産仔数や死亡パターンが自然淘汰の産物であることを強調しながら、脊椎動物から植物まで、豊富な実例を紹介している。いくら文献情報といえ、今どき、単独の著者がここまで広い材料を紹介するのは不可能であろうが、当時でも相当な博学家かつ努力家でないと難しかったはずである。沖縄でミバエ根絶事業を率いていた人が、メバルが胎生だとか、エンペラーペンギンが卵を1個しか産まないとか、まあ、とにかく幅が広い。そして、幅広いレビューの結果をグラフにプロットして見やすくして、そこから一般的傾向を読み取ろうとするところが私は大好きである。今の若い研究者には、自分のデータすらグラフ化しないで、一般化線形モデルやベイズ推定で結論だけを得ようとする傾向があるが、過ちに気づかないリスクが大きい。ぜひ伊藤さんに見習って、まずはグラフや表にして検討する癖をつけてほしい。

この第1章と第2章で、伊藤さんは「餌の得にくい環境で親による子の保護と少産が進化する」という視点を提示する。これは、Lack の説明に近いが、「子にとっての餌の得やすさ」を加えている点が伊藤さんのオリジナルであろう。その後もこの自説はお気に入りだったようだ。ただ、生態学の教科書に画期的な見方として載ったという話は聞かないので、学説としては残念ながら成功していないのではないかと思う。しかし、伊藤さんが提起した MacArthur & Wilson (1967) の r・K 淘汰説では説明しきれない事例があるという問題は、実はまだ解決していないのではないだろうか（私の勉強不足かもしれないが）。ここで伊藤さんから学べる一番大事なことは、有名な説であっても鵜呑みにするのではなく、ていねいに（あるいは独断と偏見で）検討して真っ向勝負を挑む心意気であろう。

第3章の個体数変動については、私は比較的苦手だったことと、他の教科書にも出てくる話題が多いことから、書き込みは少ない。「第4章　縄ばり制」から「第5章　社会性昆虫」、「第6章　群れ生活」という後半は、社会行動に関するレビューである。当時私がもっとも関心のあった分野だし、ようやく日本にも入ってきた社会生物学とも深く関わる分野だったので、私も大量の書き込みを入れている。第4章のなわばりについては、機能面からの説明、特に個体数コントロール的な視点がまだ残っている点が私は気に入らなかった。が、これは当時の時代的な制約もあっただろう。

最後の社会性昆虫と群れ生活の章は、集団性や社会性の進化という点ではお互いに深く関係しているはずだが、意外にも伊藤さんはほぼ完全に切り離して検討している。また、膜翅目昆虫（ハチやアリ）とシロアリも分けて考察すべきとしている（もちろん、正しい面もあるが）。分類群ごとに紹介するこの本のスタイルの限界かもしれない。それでも、それぞれで紹介されている事例や、当時提唱されていた進化的な説明、それに対する伊藤さんの意見や反論は、非常に興味深かった。これだけ幅広く紹介されている日本語の教科書はその後もないのではないだろうか。英語の著名な教科書も、事例については、良くいえばもっと絞り込んでいる（都合のいいものだけを取り上げているともいえる）。そういう意味では、比較生態学のこの二つの章は、社会生物学を学ぶ学生や若い研究者が読む値打ちが今でもあると思う。

集団性や社会性の進化については、『比較生態学』で学んだ後も、私自身はずっと考えてきたが、淘汰圧となった環境要因についてはまだ答えは見いだせていない。少産か多産か、あるいは子の保護という視点で統一的に説明しようという伊藤さんの試みが成功しているとは思えないが、一方で、集団性や社会性の進化を促した環境要因については、その後も有力で統一的な説明はなされていないような気がする。主に遺伝学的な研究手法の発展によって、特に社会性昆虫については、ワクワクするような発見が相次いでいる。しかし、一世を風靡した鳥類の協同繁殖については、研究事例は膨大になったものの、一九八〇年代の理解を覆したり新しい学説が出たりということはあまりないように思う。

今回、改めて『比較生態学』に目を通してみると、伊藤さんが提起した問題のうち、進化の道筋についてはその後大きく理解が進んだものの、産仔数にしても社会性にしても、淘汰圧、あるいは究極要因については、いまだに万人が納得する統一的な説明がないのではないかと感じた。逆にいうと、まだ大きな話を展開するチャンスがある。ただし、自分の研究対象を持ちつつ（伊藤さんから何回も言われた）、無脊椎動物から脊椎動物まで俯瞰するようなアプローチが必要である。それは今どき流行らないし、一人で成し遂げるのは難しいのかもしれない。しかしながら、事例の積み重ねから自分の仮説を検証しようとする『比較生態学』の帰納的なアプローチは、世界に大きなインパクトを与えたE. O. Wilsonの*"Sociobiology"*や、もっとさかのぼれば、ダーウィンの『種の起源』とも共通するものである。若い研究者が挑戦することを願いたい。

ここで少し話題を変えて、日本における社会生物学の受容に伊藤さんが果たした役割についても触れておきたい。

『比較生態学（第2版）』が出た一九七〇年代後半は、高度成長期のひずみが顕著になり、生態学や自然保護への関心が高まって、日本語の本がたくさん出版された時代であった。共立出版からは生態学講座や生態学研究法講座といったシリーズが出ていて、私もたいていは読んだ。しかし、進化的な観点はあまりなく、正直なところ、生物学としての面白さはあまりなかったかもしれない。

一方で、動物行動学や動物社会学の分野では、やや古典的なエソロジーや、記述的で、ややもすると擬人的になりがちな霊長類学の時代であった。特に動物社会学分野では、少なくとも私がいた関西においては、まだまだ今西錦司氏の影響が強かった。確かに個体識別に基づく霊長類の社会関係は興味深いものがあったが、重箱の隅をつつくような話も多かったし、解釈面では全体論的発想から抜けきれないことが感じられた。そんなわけで、卒業研究から鳥の家族内での厳しい個体間関係を観察していた私は、西洋的な合理主義的発想にどんどん惹かれていった。

同時代には、E.O. Wilsonの*"Sociobiology"*がすでに出版されていた（一九七五年）。それに先んじて、一九六四年にはW. D. Hamiltonが今日の進化生物学の基礎となる有名な論文を発表している。一九七六年にはR. Dawkinsが一般向けの*"Selfish Gene"*を書いている。しかし、当時の生態学の重鎮たちは、こうした社会生物学の流れを実質的に無視していた。これは、先に書いたプレートテクトニクスを無視していた地学者と同じである。

そんな時代にあって、伊藤さんは違っていた。彼は、私にはなぜか理解できなかったが、今西氏を高く評価し、日本独自の視点を重視していた。なので、「競争一辺倒の西洋的見方」という言い方で西洋の生態学を批判することもしばしばあった。しかし、それでも、上述の社会生物学関係の文献を積極的に紹介し、また、若い研究者が社会生物学的な視点で研究することをおおいに推奨した（この点では、山岸さんも同じで、私は大きな恩恵を受けた)。

特に、伊藤さんが獲得に尽力された科研費プロジェクト(特定研究「生物の適応戦略と社会構造」、代表 寺本英、一九八三~一九八五年)を通じて私を含む当時の若手研究生に与えた影響は大きかった。毎年の報告会はとても楽しかったし、確か最終年の翌年には、社会生物学の著名な論客を海外から招き、国内の若手に発表させ、フランクな交流の場も作ってくれたのである(『楽しき挑戦』に詳しい)。

当時の社会生物学(あるいは行動生態学、もう少し広くは進化生物学)におけるパラダイム転換は、今の人にはなかなかイメージできないかもしれないが、教員層はもちろん、私よりほんの少し上の世代である上田恵介さんでさえ抵抗があったようである。もちろん、先に書いたように、伊藤さんも「最後の抵抗」みたいな発言はしていたが、名大の優秀な学生の影響もあったのだろうが、あの世代では受け入れが圧倒的に早かった。また、受け入れられない大物生態学者に対してけっこう正面から批判していた。

こうした伊藤さんの姿勢や行動が、その後、日本の若手研究者が社会生物学分野で国際雑誌に次々と論文を発表することにつながったことは疑いがない。彼の生態学における大きな貢献の一つであり、もっとも彼らしい貢献だったかもしれない。

本稿の執筆時点で『比較生態学(第2版)』が出版されてから三十八年である。これはすなわち私の研究期間と同じだが、私は職の都合で社会生物学分野を離れて長い。上に書いたことにはいろいろ勘違いがあるかもしれないので、その点はご容赦願いたい。

この文を書く機会を与えてくれた辻さんは、私が名大にいた頃から優秀かつ口が達者で、特別に目立つ男だった。伊藤さんにもバンバン意見を言っていた。暑い暑い那覇マラソンをいっしょに走ったこともある(年齢差で負けた!)。彼には研究者として心より敬意を表するとともに、執筆の機会と編集の労に感謝したい。

現在では社会生物学的視点に異論を差し挟む人は本当の専門家にはほとんどいなくなった。しかし、例えば教育や政治の分野では、とても良心的な人たちも含めて、生物学的に間違った視点がまだまだはびこっていると感じることがある。私が現在大学で担当している野生動物保護管理分野は、このところ応用的な需要が大きいだけに、動物生態学的な基礎がむしろ心もとなくなっているところがある。これらはいずれも海外でも事情はそれほど変わらないようである。そんなことを日々考えながら、最後は私が一番好きな伊藤さんの口癖で締めくくりたい。

「もっとも基礎的な研究がもっとも応用的である。」

42　伊藤さんの青空

齊藤 隆　北海道大学北方生物圏フィールド科学センター教授。哺乳類の個体群生態学が専門。日本生態学会会長、個体群生態学会会長を歴任。国際哺乳類学会連盟副会長。日本生態学会賞受賞（二〇一五年）。

私たちの世代にとって、伊藤さんはあこがれの研究者でした。私は、学部時代から、伊藤さんの著作で生態学の勉強をはじめました。そのなかで、一九七〇年代後半にはすでに「古典」になっていた『比較生態学』[1]に強く影響されました。ほんとうに素晴らし内容で、読んでいるときに鳥肌が立った感激を今でも思い返すことができます。初めて読んだ時はどんな大家が著したものだろうと想像していたのですが、後に、伊藤さんが二十九歳の年に出版したもので、その原稿は「メーデー事件」に巻き込まれて休職中に書かれたものであったこと（詳しくは伊藤さんの自伝『楽しき挑戦』[2]を読んでください）を知り、改めて感動しました。伊藤さんはこの本の執筆のために約二千本の論文を読み込んだそうです。この勉強のお陰で、その後十年は論文を書くときに引用文献探しに困らなかった、とおっしゃっていました。

伊藤さんはこの著書のことで大きな失敗をしたと述べています。それは、オーストラリアの友人に『比較生態学』の内容を説明したとき、英語版の出版を勧められたが、実現できなかったことです。「英訳を一度始めたのに、なぜかやめてしまった」、「『多忙＋さぼり』だと思う」と悔いておられます。その後、改訂版をもとに一九八〇年に英語版[3]を出版されましたが、時期を逃した、とおっしゃっていました。この「失敗」がよほど悔しかったのでしょう、「三十代で英語の本を書け」と私たちを何度も叱咤してくださいました。（伊藤さん、ごめんなさい。私はまだ英語の本格的な本を書けないでいます。）

伊藤さんと個人的に親しくさせていただくきっかけは、藤崎憲治さんと三人で、『動物たちの生き残り戦略』[4]を書かせていただいたことでした。伊藤さんは、桐谷圭治さんと共著で『動物の数は何できまるか』[5]を一九七一年に出版されていました。この本で野ねずみの個体数の問題も丁寧に取り上げていただいており、一九八〇年代前半に大学院生活を過ごし、エゾヤチネズミを調べていた私には、視野を広げる格好の参考書でした。しかし、一九八〇年代後半になるとその内容は急速に古び、改訂する必要があるだろうと私は勝手に思っていました。そんなときに伊藤さんから突然電話があり、共著者として大改訂に加わるよう、誘っていただきました（嬉しかった）。共著者三人が定山渓の宿に缶詰となって、原稿の仕上げに取り組んだ合宿が懐かしく思い出されます。

私は当時、林野庁の付属研究機関である森林総合研究所（現在は国立研究開発法人）に勤めており、お役所的な職場の体質に息苦しさを感じていました。当時の研究所では、林野庁の方を向いて、研究とは言えないような林業試験を繰り返すことが普通で、エゾヤチネズミの生活史と個体数変動の関係を中心に研究を進めたかった私には、フラストレーションがたまることがしばしばでした。そんな時、伊藤さんの「もっとも基礎的なものがもっとも役に立つ」という言葉に何度も勇気づけられました。また、定山渓の合宿のときに「時々、職場でヒステリーを起こしてやれ」というような助言を与えて下さいました。

日本生態学会が一九九〇年の八月に横浜で第五回国際生態学会議（Ｖ　ＩＮＴＥＣＯＬ）を開催した時、伊藤さんは、プログラム委員を務められていたと思います（公式の役職は確認できませんが）。伊藤さんは、個体数変動に関するシンポジウムの枠を一つ用意してくださり、「好きなようにやれ」と私にオーガナイズを任せてくれました。私はその時三十四歳でしたが、国際会議のシンポジウムでの発表経験すらなく、オーガナイズの方法について予備知識は全くありませんでした。当時はこのようなことは普通で、若手にシンポのオーガナイズや雑誌の特集を丸投げし、背伸びをさせて育てていました。私はこのシンポジウムをきっかけに研究仲間を増やし、今も続くオスロ大学との共同研究を始めることができました。

ＩＮＴＥＣＯＬと前後して、私は、伊藤さんに、*"Researches on Population Ecology"* の編集委員に誘っていただきました。当時、編集委員会と学会の運営委員会は合同で開かれていて、三十代前半の駆け出しの研究者が、学会誌の編集ばかりでなく、学会の運営にまで自由に発言させていただくことができました。伊藤さんは、ご存じのように、歯に衣着せぬ発言で会議をリードします。その遠慮のない発言が会議の雰囲気を作り、「何でもあり」の賑やかな議論が広がり、そのまま懇親会に流れていくことが定番でした。私は、この「何でもあり」の自由な時間と空間に学会のあり方を学びました。

良い研究を育むには「何でもあり」が大切だと思います。このところ、名古屋大学を活躍の場にしている方が、ノーベル賞を受賞されることが目立ちます。その理由を議論したことがあるのですが、受賞者の方が名古屋大学で過ごされた時期は、大学が規模を拡大させていた時期で、優秀な研究者が集まり、「何でもあり」の雰囲気で切磋琢磨していたことが重要ではなかったのか、という意見にまとまりました。個体群が増加している時は淘汰圧が弱く、多様性が高まるので、優れた形質も現れやすい、ということではないでしょうか。大阪市立大学理学部の草創期に優れた生態学者が活躍したのも似たような理由があったように思います。

しばしば名言を残す粕谷英一さんは「生態学会に参加すると頭の上にすかっと青空が抜けたような自由さがある」と発言されたと言います[6]。伊藤さんはどこにいらしても青空の下を歩いておられたように思います。伊藤さんのそばにいると青空を自由を感じることができました。私はそこに強く惹かれました。

長く不遇のもとにあった伊藤さんがよくそのような人柄保つことができたものと感心します。きっとそれはコンプレックスをエネルギーに換える秘訣を身につけておられたからだと思います。「大学を出ていない」と良くおっしゃっていました。もちろん「有名大学の出身者には負けていない」という自負をもっておられましたが、この言葉をわざわざ口にすることによって、さらなる高みを目指して自分を奮い立たせていたのではないでしょうか。また、おもねることのない自由な精神を愛していらっしゃったから、逆境を恐れなかったのかもしれません。

伊藤さんは、論文を書くことに強烈なこだわりをもっていらっしゃいました。結果の安定性に自信が持てず、調査を重ねてから論文にしようかと迷っているときには、「おもしろい結果ならすぐに論文にしろ。間違っていたら、(前の自著を批判的に取りあげる)もう一本の論文を書けるじゃないか」とおっしゃっていました(あまりお勧めしませんが)。「研究したことはすぐに論文に書くクセをつけていて、調査したのに発表しなかったデータがほとんどない」と自伝で語られています。また、大学院生には、「頭でっかちになる前に論文を書け」と言っていたそうです。

このように書くと伊藤さんは論文の数で研究者を評価していたように思われてしまうかもしれませんが、伊藤さんは特有の「質」を重視していたように思います。駆け出しの研究者を見いだす眼力は「筋の通った好み」だったのではないでしょうか。依怙贔屓ではなく、伊藤さん特有の価値に従って研究者を評価し、所属や立場にこだわらずに若手を常に励まして下さいました。その励ましはチャンスを与えることだったと思います。著作への誘い、シンポのオーガナイズ、雑誌の編集、学会運営など伊藤さんに導いていただいた方は多いことでしょう。
少し前に哺乳類学関係の国際会議をオーガナイズしました。会議は好評で、君たちは日本の哺乳類学のメンターだ、と海外からの参加者に褒めていただきました。その時、メンターの意味がよくわからず、後で調べてみたところ、伊藤さんが私たちにしていただいたことこそメンターの仕事だと思い至りました。伊藤さんからの恩をもはや直接お返しすることはできませんが、伊藤さんが残してくださったものを少しでも次世代に伝えていきたいと思います。

ご冥福を祈ります。

注　この文章は、日本生態学会の「会長からのメッセージ」(生態学会のホームページ掲載)と、個体群生態学会会報の追悼文に加筆したものです。

43 私はウリミバエの研究者ではない──伊藤嘉昭先生の追悼に代えて

石谷 正宇　琉学校法人ひらた学園IWAD環境福祉リハビリ専門学校農園芸学科学科長。博士(農学)。専門分野は、地表性甲虫類などを利用した指標生物学、群集生態学、保全生態学。日本環境動物昆虫学会評議員・編集委員。

私はウリミバエの研究者ではない。まして、ウリミバエの防除に何も携わったことはない。その自分がここに追悼の言葉を書くことにいささかためらわれるが、書きだした手前、書いてみることとする。

生態学を志す者として、伊藤嘉昭という高名は勿論知っていたし、『動物生態学研究法』や『動物生態学』も当然読んでいた。今から四十年も前、私が学生の頃、動物生態学を志す者にとって有効な教科書は少なく、先生のこれらの書籍は『動物生態学実習書』と共に非常に有難い参考書であった。しかし、言い訳になるが元々文系であった私には極めて難解であり、荷が重すぎた。それでも特に野外で扱う群集生態学の研究には大いに活用させていただいた。結局、最後まで伊藤嘉昭先生とは直接面識はなく、ご指導を受けたこともなかったのだが。

その伊藤嘉昭先生から、ある日封書が送られてきた。

今から十五年以上、昔の話である。

それは、自作の封書であった。しかし、外見は誰かが悪戯にポストに投函したような代物であった。出版社から先生宛に送られたのであろうA４の古封書の周囲をハサミでカットし、裏返してガムテープで留めた、いわゆる再生封書であった。中には先生の別刷がぎっしりと詰まっていた。

その頃は、先生が学究の第一線から退かれてしばらく経った時期であり、縁の深かった沖縄の地、ヤンバルの森に開発という波が押し寄せる時期と一致していたのであろう。これは、あくまで推察でしかないが、先生の特質でもあると考えられる純粋な正義感は、豊かな自然が開発という波に飲み込まれようとしているのを、黙認することは出来なかったのであろう。いつしか、一人の個体群生態学徒はヤンバルの森の生物多様性研究へと踏み込んでいったと推察される。

私がいくらかの群集生態をやっていることを聞き及ばれ、文献を当たっておられたことが偲ばれるのだが、その封書の手紙の書きだしには、恐ろしく読みにくい文字で、「私は個体群生態学を少し齧っている者です。」というような遜ったことが書いてあった。私の別刷を所望するという内容であったが、私としては、極めて恐縮したことはお分かりであろう。

その封書は、今もそしてこれからも私の大切な財産の一つになることだろう。それは、伊藤嘉昭という紛れもなく、純粋にして、真摯に科学を突き詰めようとしたある生態学徒の生き様を表すものに違いないのだから。

合掌

44 巨人の足跡の中で ― 伊藤嘉昭さんの思い出

佐倉 統　東京大学大学院情報学環教授。霊長類の社会生態学を経て、現在の専門は科学技術社会論。理化学研究所革新知能統合研究センターPIを兼任。主著に『「便利」は人を不幸にする』、『科学の横道』など。

ぼくらはいつも彼のことを、「いとうかしょうさん」とか、単に「かしょうさん」と呼んでいた。親しみと、大いなる尊敬の念を込めて。だからここでも、「いとうよしあきさん」や、まして「伊藤先生」などではなく、「嘉昭《かしょう》さん」と呼ぶことにする。

ぼくが嘉昭さんを実際にお見かけした最初は、一九八五年ごろの動物行動学会か生態学会だったと思う。京都大学霊長類研究所の大学院に進学して、最初に参加した学会だったはずだ。ちょうどエドワード・ウィルソンの『社会生物学』の日本語版が出版されつつあったころで（出版社は思索社）、その翻訳作業の総指揮をとっていたのが嘉昭さんだった。新しい研究パラダイムの最前線を精力的に紹介し、バリバリと道を切り開いている人として、光り輝いていた。

ニホンザルの動物行動学をテーマに学部の卒業論文を書いたぼくは、その指導をしてくださっていた長谷川寿一さん（当時・東京大学大学院生、現・東京大学教授）からの薦めでリチャード・ドーキンスの『利己的な遺伝子』（邦訳、紀伊國屋書店）にはまり、社会生物学関連の文献をちょこちょこ読んでいた。『社会生物学』はまだ日本語版が出ておらず、所属していた東大心理学科の図書室で *"Sociobiology"* の原著を見つけて借りたは良いが、その分厚さに恐れおののき、少し読み始めたもののとてもじゃないけど読み切れず、社会行動の進化についての理論的な枠組みについて述べた章と人間について論じた最終章以外はほとんど手つかずのまま、卒業する間際になって慌てて返したのだった。結局半年以上借りっぱなしになっていたが、なんのおとがめもなかった。あの頃はのんびりしていたものだ。

最初に実物の嘉昭さんを見かけたときは、日本語版五分冊がまだ全巻は出版されていなかった。嘉昭さんの細長いとがったあごのひげ面を眺めながら、早く出してくださいねと念を送った記憶がある。直接話しかけるなんて、畏れ多くてできなかった。これが動物行動学会だったような気もする。

その次の学会で——ということはこっちは生態学会か——また彼を見かけたときは、そのタフさに驚いた。学会二日目の午後、ぼくはヘトヘトになってもう発表を聞く体力が残っておらず、廊下の長椅子でぐったりしていた。と、その目の前を、嘉昭さんが誰かと大きな声でしゃべりながら、颯爽と早足で通り過ぎていったのだ。あの、頭のてっぺんから出るような、甲高い裏声を発しつつ。

彼はぼくよりちょうど三十歳年上だ。それなのに、なんなのだ、この元気さは。ぼくはもうびっくり仰天して、嘉昭さんはまるで超人か神様のようだと改めて尊敬の念を抱いた。こんな凄い研究者にはとてもじゃないがなれないぞ、この先大丈夫なのか、おれは、と空恐ろしくもあった。

今になって見ると、嘉昭さんが元気だった原因が、少しはわかる。修士課程に入りたてで学会に参加すると、どの発表も初めて聞く話ばかりでそれはそれはおもしろく、朝から晩まで注意力全開でがっつり聞いていて、おまけに懇親会ではそれまで名前しか知らなかったような研究者がたくさんいて、大興奮する。懇親会が終わっても学生仲間たちと夜遅くまで飲み歩いて、生態学や進化学について、あれこれ語り明かしていた(というのは正確ではない。ぼくは酒が飲めないので、「飲み」はない。食べて、しゃべっていただけだ)。こんなだから、二日目になると相当疲れて、しかもその午後ともなれば、もう体力も尽き果ててしまっていたのだ。

だけどある程度経験を積むと、ちょっと表現は悪いけど、学会発表を聞くときの「抜きどころ」が分ってくる。「あ、この人の発表は去年とほとんど同じだからデータの差分だけ聞けばいいや」とか、「この人でこの演題ならだいたいこんな内容だろうな」とか、「さすがにこの話は自分の研究とはほとんど関係ないから聞かなくてもいいや」などなど、良く言えばポイントがつかめているので、集中すべきところとそうしなくてもいいところの配分ができるようになる。そうなれば、二日目だろうが三日目だろうが、元気でぴんぴんしていられるというものだ。

さて、嘉昭さんは今西錦司にも弟子入りしていたことがあるぐらいで、霊長類の研究にも強い関心をもっていた。それだけに、論文を書かない霊長類研究者には大変厳しく、こんな素晴しい研究環境のところにいて成果が出ないとは何事かと、霊長研の研究会などでもよくハッパをかけていた。なかなか厳しいことをおっしゃる方だと思って聞いていたが、何のことはない、後になってわかってみれば、霊長類学者に限らずどの分野の研究者に対しても、彼は同じことを言っているのだった。

そうこうしているうちに、学会や研究会などでお会いするたびにちょこちょこと言葉を交わすようになった。社会生物学的な視点の導入が遅れていた京都の霊長類学グループの中で、ちょっと珍しい親・社会生物学的考えの持ち主ということで何かと目を掛けて下さっていたように思う。彼からいただく年賀状の、長い長い近況報告も、いつしか読むのが楽しみになっていった。

伊藤嘉昭さんが一九八六年に書いた「大学院生・卒研生のための研究法雑稿」(『生物科学』第38巻、一五四〜一五九頁)という記事がある。大学院に入って間もなくのころにこの文章に出会えたことは、ぼくにとってこの上ない幸運だった。学生向けの研究法指南が十箇条ぐらいにまとめられていたものだが、「これはと思った研究者の論文・著書はすべて読むこと」とか、「自分の研究対象種と同じ科か属の生物についても一通りの知識を身につけること」とか、「論文は序論から書くように。序論がうまく書けないのは自分の研究の内容についての整理が足りていないからだ」とか、白上謙一の言葉を引用しつつの「世間で重要と思われているテーマを研究しようと努力するのではなく、自分のテーマが世間で重要と思われるよう努力せよ」など、今でも座右の銘にしている教えも多い(カギカッコは原文からの正確な引用ではなく、大意である)。ぼくの学生たちにもしばしば伝えている。

この中でぼくにとっていちばん大きな意味をもったのは、「学会などで外国に行く機会があったら、その国の著名な研究者に連絡してセミナーで発表させてもらうよう頼むこと。そのためにも、自分の研究についてはいつでも発表できるよう、スライドのセットを常に持ち歩いていること」というものだった(当時はパソコンを使った発表なんてなかった)。これを実行する機会はなかなか訪れなかったが、大学院を終えて職に就いてから、やっと小さな研究助成金がとれたのをきっかけに、面識はなかったが生物学の哲学の分野で活躍していたデイヴィッド・ハルとマイケル・ルースに話をつけて、セミナーをさせてもらうことに成功した(当時もうすでに、ぼくは霊長類学から科学論に専門を移していた)。

まず感激したのは、海のものとも山のものともつかない、日本の若造研究者からのいきなりの連絡を、みな好意的に受け入れてくれたことだ。いくら論文の別刷りを二つ三つ同封したとはいえ、一面識もない、しかも大学院出たてのペーペーである。これには良い意味で、驚いた。そして、将来自分が逆の立場になったら、同じように広い心で若い人たちを受け入れようと強く思った。

単身渡米して、ハルのいたノースウェスタン大学、ルースのいたカナダのグウェルフ大学、それともうひとつ、霊長研時代に知り合いになった人類学者エヴリン・オノ・ヴァインバーグさんのいるカリフォルニア大学サンディエゴ校と周り、グウェルフ以外の二つでは大勢の聴衆を前に日本のダーウィン進化論と社会生物学の受容についての話をする機会を持つことができた。このセミナーは、本当に有意義だった。英語で口頭発表するとはどういうことか、改めて身に沁みて理解することができた。いや、日本語でも同じことなのだが、母語だと誤魔化せてしまうところ外国語だとそうはいかないので、より良い勉強になる。

いちばん骨身に染みたのは、口頭発表では原稿を読み上げてはダメだということだ。原稿を読み上げると、内容が聞き手に伝わらない。メモを使うのは構わないが、原稿なしでもすらすらしゃべれるように事前の練習を積むべきなのだ（原稿を暗記せよということではない）。これも、嘉昭さんの上記「雑稿」にちゃんと書いてあることではあったが、初めての英語での発表で不安だったので、原稿を用意していったのだった。失敗だった。

またこの訪問時に、マイケル・ルースは自宅に泊めてくれたのだが、とにかくその本棚の充実ぶりに驚かされた（他にも、小さい子供が三人もいてちょーうるさいのに平気で客人を泊めるんだとか、料理が下手なのに「趣味は料理」と紳士録に堂々と書くんだとか、驚かされたことはいろいろあった）。そして、あれこれいろいろ話している途中で、「あ、それは誰それが言っていることだよね」などと言って、本棚からひょいっと本を引っ張り出して、「ほらほら、ここ、ここ」と示してくれる。そんなことが、一晩のうちに何回もあった。それが二晩も続くと、ぼくはなんだか、進化論の哲学とか歴史とかを研究するのが嫌になってしまった。少なくとも、ヨーロッパやアメリカの動向について、ぼくが彼らに伍して研究することは、どう逆立ちしたって出来っこない。研究の蓄積も違うし、それを使いこなす語学力もない。勝てっこないところで勝負をするのはやめるべきだ。進化論の哲学や歴史の研究に未練があったぼくは、このルース家での二夜で、すっぱりと断ち切ることができた。ぼくは、ぼくにしか出来ないことをやる。日本をベースにして、日本語が母語で、英語はそんなに堪能でない、ぼくにしか出来ないことをやる。それが何かは、これから探す。寒い寒いカナダのグウェルフで、それしかぼくの道はないと確信した。これも、嘉昭さんの教えに導かれてのことだった。

それからしばらくの間、生物学の歴史や哲学についての国際学会（International Society for the History, Philosophy and Social Studies of Biology）で何回か発表をするようになった。いろいろな分野の人がいて楽しかったが、面食らったのは発表の仕方である。それまで知っていた学会は、生態学会でも動物行動学会でも、発表者はみなスライドを使い、結果を図表で示すだけでなく、研究の目的や考察の文章もスライドに書いて映写して説明していた。それが普通だと思っていた。

だが、生物学の哲学や歴史学の研究者の多くは、スライドを作らず、発表原稿を読み上げるスタイルで、おまけに発表時間が足りなくなるので後半はものすごい早口になったり、原稿を聴衆に配りはするものの部数が足りなくて前の方の人たちだけの分しかなかったり、とにかく、わかりにくいのである。いや、聴衆に自分の発表の内容をわかってもらおうという意欲に欠けている。ずいぶん後になって、書き言葉にして言葉の概念を固定することが大事な分野もあることを知ったのだが、それはそれで尊重するとして、しかし、ならば、やはり箇条書きのメモをスライドにして映すとか、配布物をもっとたくさん用意するとか、聴衆に理解してもらう努力は必要だろう。

そんな話を夜の飲み会で他の国の参加者たちと話していたら、ドイツ人やクロアチア人たちもそうだそうだと賛成してくれた。ぼくから見たらヨーロッパ系の言語ははるかに英語が近いので彼らは苦労していないのだろうと思い込んでいたのだが、そんなことはない、英語が母語だというだけで得している奴もいっぱいいる、とちょっと憮然とした様子だった。

これだけいろいろな人たちが同じことを思っているのだから意見表明する意義はあるだろうと思い、もっとわかりやすい発表をしてくれと、この学会のニューズレターに投稿した。国際学会なのだから、英語が母語でない人も多い。そういう聴衆のこともっと考えてほしい。スライドを使うとか、配布物をレジュメにして部数を増やすとか、工夫をしてほしい。英語が国際語なのではない、ブロークン・イングリッシュが国際語なのだ、と。

そうしたら、韓国の研究者、イ・ビュンフンさん（同名の俳優とはもちろん別人）からメールが来た。自分もこの学会の会員でニューズレターを読んだ、まったくその通りだと思う、と。それから何度かやりとりして、彼が韓国に社会生物学を導入した最初の人物のひとりであることが分かり、それならぼくの研究テーマに近い、韓国には行ったこともないし、是非おじゃましてお話しをうかがいたいと、とんとん拍子に話が進み、初の韓国訪問が実現した。イ教授は当時は全州《チョンジュ》の全北《チョンブク》大学の教授だった。全州はソウルからバスで数時間かかる。ソウル金浦空港からの直行バスでの旅は、途中の大渋滞もあり、なかなかワイルドでスリリングだったが、大学院時代の西アフリカでのフィールドワークでの経験が大いに役に立った。つまり、食べ物、飲み物は手に入るときに手に入れる、トイレは行けるときに行く。

　さて、全北大学ではちょうど韓国の動物学会をやっていて、というか、その時期に合わせて訪韓したのだが、イ教授がいろいろな人に紹介してくれた。その中のひとりが当時ソウル国立大学にいたチェ・ジェチョンさん、ハーヴァードのウィルソンとヘルドブラーのもとで博士号を取得し、ミシガン大学で助手や講師をしていた俊英だ。イ教授が細々と切り拓いた韓国の社会生物学を、一気に広い道に広げる活動を精力的に展開していた。

　チェさんとはその後何度も会い、家族ぐるみの付き合いをするようになった。あるときチェさんから、「伊藤嘉昭《よしあき》先生に会っていろいろ御相談したい、紹介してくれないか」という連絡があった。喜んで嘉昭《かしょう》さんに連絡したところ、彼もチェさんの論文はいくつも読んで注目していたとのことで話がとんとん拍子に進み、嘉昭さんの自宅のあった愛知県で、日韓昆虫生態学二大巨頭の御対面と相成った。

　数日後、チェさんは愛知から東京に戻って次の仕事をこなす予定が組まれていたので、移動時間などもろもろを確認する必要があった。ところが前日になってもウンともスンとも連絡がない。ぼくは嘉昭さんの御自宅に電話した。奥様が出られて、韓国からのお客さんと温泉に行くと言って出かけたとおっしゃる。連絡を取りたいのですが行き先はわかりませんかとお聞きすると、「すみません、わからないんです。いつも何にも言わないで出かけちゃうんですよ。でもあの人のことだから、そう高いところに泊まっているはずはないんでしょうけどね、アハハハハ」とのこと。なんとも微笑ましい、御夫婦仲の良い雰囲気が伝わってきて、こっちまで楽しくなるような会話だった。東京に戻ってきたチェさんに温泉のことを聞いたら、とてもうれしそうにいろいろ話してくれた。

　そのころから、嘉昭さんとの接点はほとんど年賀状でのやりとりだけになってしまった。二〇〇三年に出版された自伝『楽しき挑戦—型破り生態学50年』（海游舎）を『読売新聞』で書評することができたのは、うれしかった。何より、改めて嘉昭さんの前半生について知ることができたのが勉強になった。自分の信念を曲げて媚びへつらってはいけない。身の引き締まる思いがした。今に至るまで、その教えをあまり実行できていないのが情けなくもあるのだけれど。

時は容赦なく移りゆく。嘉昭さんだけでなく、デイヴィッド・ハルもイ・ビュンフン教授も亡くなった。マイケル・ルースはグウェルフを定年退職してフロリダにいる。ぼくの学部卒論を懇切丁寧に指導して下さった、当時オーバードクターだった長谷川寿一さんは東大の研究科長から理事も務め、定年退職間近である。チェさんは梨花女子大学を経て現在は韓国の国立生態院の創設者であり院長だ。

ぼくは、彼らや、とくに嘉昭さんから教えてもらったことを、次の世代にちゃんと伝えられているだろうか。嘉昭さんがいつも示していた矜持や品格の、一〇分の一でも身につけられただろうか。嘉昭さんのような大らかな公正さと厳粛さを、少しでも発揮できているだろうか。

答は、後世の人々と、天国の嘉昭さんだけが知っている。それでいい。

第五部　比較生態学とその周辺

（撮影：新津伊織）

45　一比較形態学・系統分類学徒にとっての伊藤嘉昭博士と『比較生態学』

鈴木 邦雄
富山大学名誉教授。専攻：昆虫の比較形態学・系統分類学。主著に『進化学—新しい総合』、*"Biology of Chrysomelidae"*, *"Novel Aspects of the Biology of Chrysomelidae"*, *"Chrysomelidae Biology 1"*（いずれも共著）など。

一　伊藤嘉昭先生と私

本稿では、伊藤先生との個人的な思い出話に続けて、二〜四で『比較生態学』に啓発を受けた私なりの生物学における「比較」の方法や比較形態学のいくつかの基礎的概念をめぐる私見と、ハムシ科を材料として行った繁殖戦略と関係する卵巣小管数や卵サイズに関する研究の概要について述べる。長年の学恩への感謝の気持をこめて伊藤先生に献じたい。

一九七〇年秋のある日のことだった。都内の某私立女子高校の非常勤講師のアルバイトから研究室に戻ると、「伊藤嘉昭さんから電話があった」とのこと。私は、六八年に東京農大卒業後、都立大理学部生物学教室系統学講座の岡田豊日教授に師事、一年間の研究生生活の後に修士課程に入学し、二年在学中だった。以下、敬称は省略する。

学部四回生の時、『比較生態学』に出会った。『比較生態学』は、Dobzhansky (1951) の『遺伝学と種の起原』や駒井卓（一九六三）の『遺伝学に基づく生物の進化』などと共に、学部学生の頃に私が最も刺激を受けた本だった。私にDobzhanskyと駒井の本を読むことを勧めてくれたのは、当時博士課程在学中で八木誠政に師事し、蚕の行動を研究していた奥井一満（後に北里大教授）。奥井は、農工大の日高敏隆の研究室に出入りし、神奈川県厚木市の自宅で有志学生と私的な勉強会を主宰し、山岡景行（東洋大名誉教授）や私も参加していた。奥井の勉強会での話題は、もちろん偏ってはいたが、マクロな生物現象のかなり広範囲に及んでいた。奥井が日高の周辺から仕入れて来た話題を中心に伊藤の周辺の状況についての情報ももたらされた。

月刊雑誌『生物物理』を発行していた吉岡書店がその特別号として一九六二年に出した『生物物理学の諸問題』は、一九六一年にストックホルムで開催された「第一回生物物理学国際会議」のプロシーディングスの日本語版といって良いが、それに収録されていたW. Reinchardtの「複眼における神経の積分作用」（村上元彦・佐々木優訳）なる論文を皆で読んだことを思い出す。今、同書を引っ張り出してみたら、八頁ほどのノートが挿んであり、そこに「1967.7.1. 奥井さん宅。厚木ゼミ2」と記してある。私立大農学部の昆虫学研究室にいた学生達がこうした論文を勉強会で読んでいたのだ。国際昆虫学会議の常任理事を務めていた八木に師事していた奥井でなければ、そうした気概や姿勢は持ち得なかったのではないかと思う。

奥井は、大変な蔵書家で、自身の専門以外の分野の専門書も数多く、八畳ほどの書斎の四面の壁は床から天井まで書架になっており、嵩張るからという理由で本は箱もカバーも全て外してあった。私が、学部二回生の時から岩波の『科学』や『生物科学』、中央公論社の『自然』、裳華房の『遺伝』などを定期購読し始めたのは奥井の影響である。

私と同期の柴崎篤洋は、奥井の師である八木の文字通りの書生となり、八木の勧めで農技研の伊藤の指導でアワヨトウの相変異の研究を行い、アメリカシロヒトリの個体群動態の共同研究にも参加し（伊藤との英文の共著論文が二編ある）、農技研に入り浸っていたためか、奥井の勉強会にはほとんど参加しなかった。柴崎は、卒業後は京大研究生として巌俊一の指導を受けた後、三重大の山下善平の院生となり、大台ケ原南麓の北山村に「蛾山生物学研究所」を作り、十五年間トウヒツヅリハマキの個体群動態を調べ、その結果を『梢の博物誌』（思索社）にまとめたが、若くして死んだ。北山村にいる頃、「お前はコチコチの分類屋だと思っていたらこんなこともやっているのか」と突然手紙を寄越した。当時、私は、学生諸君とカワトンボ属 *Mnais*（カワトンボ科 Calopterygidae）に関して、野外で記号放逐法による個体識別によるなわばり制に関する研究もやっていたのである。同期だったが、学部時代にもほとんど個人的な付き合いはなかったが、しばらく手紙で意見交換をしたりした。学会で一度会ったが、ロクな話もせず別れた。だいぶ後になってから、彼が死んだことを人づてに聞いた。

私は、三回生の夏には卒論のテーマ（ハムシ科後翅翅脈相の比較形態）を自分の考えだけで決めた。その頃までに読んでいた「系統論」（一九六六）や『生物科学』の諸論考などから、師と仰ぐべきは都立大の岡田豊日以外にいないと一途に思い決めていた。翌年夏に偶然知り合った都立大の新島渓子にその日のうちに岡田の研究室に連れて行かれて引き合わされ、その場で卒業後は研究生として在籍させてもらうことを一方的に宣言し、それまでは卒論に全力投球し、翌春から岡田のもとで大学院を目指す決心をしたのである。

今振り返ると学部以降、自ら求めていたとは言え、ずっと刺激的な環境下で過ごせたように思う。『比較生態学』はもとより、伊藤の公表する本や論文には注意を払い続けた。伊藤が関心を持つ課題の多くは、私にも興味深かった。しかし、学会などでも直接言葉を交わすような機会は一度もなかったから、電話の用件の内容など見当もつかなかった。恐る恐る伊藤に電話をすると、「君、すぐにも松田さんのところに行け。三枝と君ならいつでも引き受けると言っていたゾ」とほとんど命令口調で言われた。「松田さん」とは当時カナダのオタワにある種生物学研究所 Biosystematics Research Institute（BRI）にいた松田隆一、「三枝」とは当時九大教養部助教授だった三枝豊平。松田は、六年間の軍隊生活から復員後、九大農学部で江崎悌三の助手を二年間務めた後、一九五二年に渡米、Stanford, Kansas, Michigan の三大学での research associate を経て、一九六八年にカナダに移った。BRIでは一九八五年まで research scientist として研究を続け、昆虫形態学で世界的な業績を挙げ、一九八七年に亡くなった。松田の研究業績については、鈴木（二〇一二）を見られたい。

伊藤は、一九七〇年の五月に渡米し、カナダに立ち寄ってから帰国した。電話をくれたのは帰国直後だった。伊藤は、電話口の向こうから畳みかけるように「君は、これまでに英語の論文をいくつ書いた？」と訊いた。岡田に師事した私は、学部の卒業研究として行ったハムシ科の後翅翅脈相の比較形態学的研究結果を五編の英文論文にして日本昆虫学会の Kontyû 誌などに公表していたが、それらが伊藤の目に止まっていたようで、「『生物科学』に何か総説を書け」とやはり強い命令口調で言われた。伊藤は、その頃、同誌の編集委員の一人だった。当時の私は『生物科学』のさまざまな総説的論考に刺激を受け、いつか自分もそこに総説を公表できるような研究者になりたいものだと思ってはいたが、ようやく自分の進むべき方向が見えかかっていたような段階であり、まだまったく現実味を帯びてはいなかった。怯んだ私は、思わず「まだ、私には……」と言いかけると、電話口の向こうから「若い者《もん》がそんなことでどうするか！」とほとんど恫喝のような激しい口調で叱咤された。後は上の空で、何を話したか良く憶えていない。

しかし、私は、発奮し、二年後に昆虫の翅の相対変異 allomorphosis についてのかなり長文の総説を書き上げた（鈴木、一九七三a、b）。その原稿は、そのまま掲載されたが、やはり当時『生物科学』の編集委員の一人だった日高敏隆が校閲してくれたことを後に知った。もしもその時、伊藤に叱咤激励されなかったなら、その論考を書くことはなかっただろうし、研究者として身を立てていく覚悟も持てなかったかもしれないと思ったりする。伊藤の叱咤激励は、その後の私の大きな励みとも支えともなった。それから二十年以上経ってから、富山に来た伊藤を囲んで河野昭一と設けた一席でその話をすると、伊藤は「俺も良いことをするよなあ」と笑った。なお、私を富山大に迎えてくれた河野は、本稿執筆中の二〇一六年十月、旅行先で急逝した。

私が松田のいたオタワのBRIに一年間留学したのは、それから一二年後の一九八二年夏からのことだった。伊藤（一九七二）は、オタワの松田を訪問した時のことを書いているが、私もBRI留学中に松田から、「伊藤君からは、スパゲッティの作り方を教えてもらった」と何度も聞かされた。

私は、伊藤の直弟子ではなかったし、直接に教えを受けるような機会もまったくなかったが、学会講演は何度も聴いた。私は中学時代に日本昆虫学会の会員になっており、学部学生のときには日本応用動物昆虫学会などの会員にもなっていた。一九六七年十月、私が学部四回生のときに上野の東京文化会館小ホールで行われた日本昆虫学会創立五十周年記念大会のことは、今も記憶が鮮明である。

伊藤は、「昆虫の周期性」と題するシンポジウム（座長日高敏隆）で「個体数の変動」と題する講演を行った。昆虫の個体数の変動が太陽の黒点数の増減の周期と関連するか否かをめぐって、九大生防研の鳥居酉蔵が「あなたのように、太陽の黒点周期とは関係しないと断定されるのはいかがなものか」と質問ともクレームとも受け取れる発言をしたが、伊藤は、言下に「コレログラム解析の結果からは明白だ」と返答した。鳥居がなおも何か発言したが、伊藤はそれ以上はまったく取り合わない態度だった。私は、ただただその迫力に圧倒されたが、感動し、同時に痛快な思いをした。伊藤は、翌一九六八年に「昆虫個体数の変動は周期的か」なる論考を書いている。

松本忠夫によれば、伊藤は一九六八年十月〜六九年二月に、毎週都立大に講義に来ており、『動物生態学入門』（一九六三年）をテキストにしていたという。私は、その年、岡田の系統学講座の研究生となり、九月の院入試に合格し、六九年四月に修士入学が決っていた。当時の都立大は、自由な雰囲気で、農学部出の私は、可能な限り生物学教室のスタッフの講義を聴講させてもらっていた。週二日は私立女子高で非常勤講師をしていて、伊藤の講義は聴講できなかったが、生物学教室の公開セミナーでの伊藤の講義は感激して聴いた。伊藤は、『比較生態学』を左手に、熱く語った。当時の都立大では、院生の発言力が強く、伊藤を講義やセミナーに招いたのも院生の強い希望によってのことだったという。

伊藤は、若い研究者に厳しかったと思うが、それだけ期待も抱いていたのだと思う。私は、ここまでに書いたこと以外に間接的にはずいぶんいろいろと影響を受けた。学恩を感じている研究者は少なくないが、伊藤はそういう研究者の一人であり、そのことを私は幸運だったと思っている。

『比較生態学』の「まえがき」の後四分の三はほとんど謝辞に費やされているが、メーデー事件の被告という立場で本書を執筆した伊藤の当時の状況が赤裸々に綴られ、強烈な印象と深い感銘を受けた。特に、「わたしは、今日も、広い問題を扱う理論家よりもむしろ、動物の大発生の問題を実験的に研究する専門研究者になりたいと思っている」との真情を吐露した件は、伊藤がそれ以降、実に多くのテキスト類を出版しながらも、常に特定の動物種（特に昆虫類）を材料・対象とした実践的研究を最晩年まで続けたことと重ね合わせて、何度読み返しても胸を衝かれる思いがする。

二〇一五年十一月二十八日に名古屋大学シンポジオンホールで行われた「伊藤嘉昭さんお別れ会」には百名近い研究者が参集し、私も参加した。伊藤は、私の目からは、形態学や分類学に対して、実は、少なくとも気持の上ではあまり距離を置いておらず、むしろ個々の生物群や種に強いこだわりを抱いていたように思われる。私は、伊藤の研究者としての背景を理解する上で、この点はかなり重要ではないかと考えている。その会では個人的な立ち話まで含めて、そのようなことが話題にされることはほとんどなかったように思われる。出席者は、生態学や行動学分野の研究者がほとんどで、形態学や分類学分野の研究者がほとんどいなかったこともあろう。

伊藤は、『楽しき挑戦―型破り生態学50年』（二〇〇三）6章の中で、「補足4」として自身の「研究者としての失敗二つ」について書いている。一つは、『比較生態学』の英語版をすぐに出さなかったこと。これについては、自身、いろいろな機会に書いたり話したりしている（英語版は、橘川次郎の訳で、一九八〇年にCambridge Univ. Pressから出版された）。

もう一つとして、「専門の昆虫を持たなかったこと」を挙げている。伊藤は、「若いときの私は、そのころの多くの年配昆虫学者の、好きな虫だけに興味をもち、当時の生態学や生理学の進歩にはほとんど無関心だった姿勢に反発して、「虫でなく、学問分野を専攻するんだ」といっていた」と書いている。

伊藤は、続けている。「社会生物学の建設者ウィルソンはアリの専門家でもあり、年取ってからは分類もやっている。世界に知られた昆虫行動学者の坂上昭一氏は著名な分類学者でもあり、退職後は記載をやっていた。これらの人たちは他の動物の社会進化も論ずるが、すごくよく知った昆虫のグループがあって、それが学説の中心になっている。休眠生理と生活史進化の研究者正木進三氏も、分類こそやらないがコオロギ類という得意なグループを持っている。私にはこれがない。うんとよく知った分類群をもつことを若い人たちに勧めたい」。伊藤には、時に強い思い込みによる誤解が見られるが、今引用した部分は重要なので訂正しておきたい。E.O. Wilsonも坂上昭一も、若い頃から記載論文をかなり書いている(Hölldobler & Wilson, 1990／坂上、一九七〇)。伊藤の関係した多くのテキストでは、具体例が実によく引用されている。それは、このことが、最晩年まで、伊藤の大きな引け目にもなっていたことの裏返しのように私には思われる。

本稿の四において、私がハムシ科甲虫の卵巣小管数や卵サイズに関して一九七四〜六年に公表した論文の概要を紹介するが、それらは、『比較生態学』(初版第二刷増補版)に刺激を受けて意識的に行った研究であるからであり、特にそこに挙げた論文5では、『動物生態学(上)』(一九七五)、「多産と少産・生態的進化の二つの道―生態学の弁証法1―」と題する論考(伊藤、一九七六)なども引用して、問題の所在や重要性について私見を披瀝した。僭越ながら、一比較形態学・系統分類学徒から伊藤への新たな議論の叩き台を提示したいという強い思いが働いていたからである。

それから四十年経った現在でも、私の関心の一部はその延長線上にある。一九九五年頃から、私はオトシブミ科Attelabidae甲虫の、親による子の保護習性のきわめて高度に発達した揺籃形成戦略cradle formation strategyに関する研究を行い、二〇篇以上の論文を公表してきた(鈴木・上原、一九九七、二〇一二)。別刷も、全て伊藤に送った。また、カワトンボ属に関する分類・動物地理・行動生態に関する研究も行った。一般向けに書いた記事(鈴木、一九八五)は、伊藤・山村・嶋田(一九九二)のテキスト(『動物生態学』)に引用されたが、思えば伊藤に引用してもらった私の論考はそれが唯一である。私は、いずれ、いろいろな機会に批判的な意見をもらえるものと期待していた。

最近、いくつかのハムシについて、繁殖戦略に関係するいくつかの研究を行った(例えば鈴木、二〇一六)が、それらも、『比較生態学』によって私が勝手に「伊藤から提示された宿題」と受け止めていた課題に対する現在の私なりの実践結果である。私は、ハムシ科を主に、オトシブミ科やカワトンボ属などを材料・対象とする研究も行ってきたが、常にどのような課題にどのような立場から取り組もうとしているのかを優先させてきたつもりであり、そうした意識においては伊藤と共通する点があったように思う。自分が実際の材料や対象として選んだ特定の分類群には、徹底的にこだわることが重要であり、そうしなければ見えてこないものがきわめて多いと感じてきた。しかし、意識の上ではそれらは常に可換的なのであって、研究課題の考究にとって相応しい分類群を材料・対象とすべきだという思いは強い。

実際には、自身がこだわる材料や対象には情報の量や質や何よりも自分自身の経験の増大によって、さらにいっそうこだわるようになることが多いし、その方が稔りも大きいと思うが。既述のように、特定の分類群にこだわることとの重要性を伊藤は充分に承知していたから、その伊藤に、多少とも評価してもらえる研究をしたいという願望が、私には院生時代から常に働いていたように思う。そうした応答を充分にする機会の得られないままに伊藤に逝かれてしまって、残念な思いで一杯だが、伊藤との不思議な縁をつくづく幸運だったと改めて噛みしめている。

二『比較生態学』と「比較」の方法

『比較生態学』の初版刊行は、一九五九年十一月。伊藤が二十九歳時の著作である。私が初めて手にしたのは一九六六年七月刊行の第二刷増補版で、一九六七年四月、学部四回生になった直後だった。初版に較べ、本文への補足が一八頁、追加文献が六頁増補されている。

「まえがき」中で「比較」の意味についての K. Lorenz の意見が T. C. Schneirla (1952) からの引用として紹介されている。「Comparative ということばは、Darwin の時代以後、はっきりとした意味づけを帯びるようになった。それは、近縁の諸型の相同的型質にみられる、似た面と異なった面（similarities and dissimilarities）を研究する一定の複雑な手続であり、それによってわれわれは、生活のいろいろな型の系統的関係と、問題となる相同的形質の歴史的起源を推測しようとするものである」。Lorenz のこの短文中には、「比較」の根本的意味が簡潔に説明されている。Lorenz の言う「複雑な手続き」とは、「帰納（法）（帰納的推論）induction / inductive reasoning」を指しているであろう。

『比較生態学』では、帰納をめぐる論理学上あるいは科学方法論上の諸問題（「帰納の問題」と呼ばれる）についてまで踏み込んだ議論は成されていないが、それは「比較生物学 comparative biology」（「進化生物学 evolutionary biology」とほとんど同義。鈴木（二〇一二）の科学認識論・方法論上の最も基礎的な問題でもあり、その具体的方法こそ、私が特に院生時代に試行錯誤を繰り返しながら模索し続けたものである。

「比較」は日常語だが、明確に「複数の対象間の類似（性）similarities と非類似（性）dissimilarities を認識（理解）する過程（あるいは手続き）」という意味で使っているかと言えば、曖昧となる人が多いのではないか？「比較とはどういうことか？」と学生諸君に問うてみると、「（複数の対象間の）違いを較べること」といった応えが返ってくることが多い。「比較」の眼目は、Lorenz が明確に述べているように、「（複数の対象間の）類似（性）と非類似（性）の両面を認識する」という点にあるが、そうした応えが返ってくることは稀だ。

生物現象における「類似（性）」は、この宇宙の物質世界の一元的起源に、一方「非類似（性）」は、あらゆる自然現象が一瞬たりとも完全に同一の状態に留まることがないという、この宇宙が起源以来背負わされてきた不可避な属性に、それぞれ起因する。私は、このことを院生時代に Bunge（1959）の『因果性』を読んだときに、揺るぎないこととして学んだ。

私は、自然現象の理解あるいは解釈（「自然科学」）において、われわれは「この宇宙のあらゆる自然現象を、類似（性）と非類似（性）という、一見相反する両面（性）を併せ持つものとして理解していく」という方策（視点）に取って代わる有効な認識論 epistemology は持っていない、と考えている。ここで認識論とは、「知識の発展の論理」、つまり知識（思惟の対象に関する理解）をより深化・発展させていくための基本的論理を意味する。

「進化」の概念も、「比較」という認識論的な方策を生物現象に適用することで獲得されたものと言える。Bunge は、この宇宙のあらゆる自然現象に適用され得る最も基本（根源）的な原理として、「この宇宙の実在物は、いかなる瞬間においても、別の実在物とまったく同一の場を占めることはあり得ない」ように形成されており、それが個々の素粒子にまで及ぶことの意味を強調した。この宇宙は、変化し続けてきたが、それは誕生（起源）と同時に付与されたこの原理に根本的に支配されているということでもあろう。このことは、現在のビッグバン宇宙進化論の急速な発展によっても揺るがない。

今西（一九四一）は、『生物の世界』の第一章「相似と相違」で、この世界の一元的起源を踏まえ、生物同士が類縁の絆で結ばれ、「類似（性）と非類似（性）を併せ持つ」存在であるとの認識の成立するところに、科学的説明の一探求手段として有効に機能する「類推 analogy」の根拠や可能性があると独特の語り口で主張した。私は、今西の『生物の世界』を再読しながら、「自然においてはすべてが類比的である」（日本語の意味はまったく同じではないが、「類比」は「類推」とほぼ同義に用いられている）という Leibniz の言葉を思い出した

（佐々木、二〇〇二）。Koestler (1978) は、こうした両面性という属性を持つ性質の及ぼす諸影響を、ローマ神話の、前後両面に顔を持ち、全てのことの初めを支配し、過去と未来を予見する戸口の守護神であるヤヌス Janus を引き合いに出して「ヤヌス効果 Janus effect」と呼んだ。いずれも同工異曲の意想であると言える。これらは、いずれも一元論的な宇宙観あるいは自然観に基づいている。「比較生物学」の意義づけ・位置づけは、類似（性）・非類似（性）といった基本語の理解次第で異なるものとなる。

なお、伊藤の引いた Lorenz の短文中には「型」の語が三度出てくるが、文脈から推し量ると原意が全て異なっていることに気づく。Lorenz の原文と付け合わせてはいないが、「諸型」の「型」は form で個々の生物（通常は個体か種）自体を、「相同的型質」の「型」は「形」の誤記と思われるが「形質」character を、「生活のいろいろな型」の「型」は生活型 life type という際の「型」でほとんど「様式 mode」と同義の事柄を、それぞれ意味しているだろう。伊藤は、続けて「すなわち、比較とは、単にある形質のあらわれかたをたくさんの種についてならべてみることではなくて、その発展の過程を進化の観点から明らかにしてゆくことである」と述べる。ここで、「形質」とは、伊藤の意識においては広義に用いられており、むしろ属性 attribute に近いように思う。

学部学生だった私は、生物学のどの分野（内部領域）のテキスト類にも、当該分野の明確な位置づけ・意義づけが提示されていることを強く求めていた。『比較生態学』が刊行された当時、日本の生態学研究者の間ではこうした議論が生物学の他の分野におけるよりも活発になされていたように思う。ある学問の意義づけ・位置づけとは、つまるところ「学問の分類」の問題に他ならない（清水、一九七二）。たとえば二〇世紀後半の生態学の代表的テキストである Odum (1953) の『生態学の基礎』の第1編「生態学の基礎的原理と概念」では、生物学全体を、水平方向の「分類学的分割」による〝片〟と垂直方向の「基礎的分割」による〝層〟よりなる重ね菓子に譬えて、生態学と他の諸科学との関係が示されている（この意想は、一九七六年の第三版でも本質的に踏襲されている）。Odum による「生態学は生物学の基礎分科であり、また分類学的分科のどれか、またはすべてを総合したものでもある」という位置づけは、当時の私には実に明解なものに思われた。Odum のテキストの初版刊行の翌年に出た Clarke (1954) の『生態学原論』も、第1章「現代生態学の観点」で、生態学を「生物と環境との相互関係を研究する」分野と位置づけ、内部諸領域の具体的な課題を要領よく解説している。両テキストは、広く読まれ、その後版を重ねたが、後の版でも互いに引用し合っている。両テキストにおける生態学の位置づけ・意義づけは、表現の仕方は異なっているものの、ほとんど共通していると言って良い。特にClarkeのテキストは、伊藤は特に引用もしていないが、繁殖戦略の違いに着眼して、具体例を挙げつつ生物と環境および生物間の相互作用の重要性を強調している点で、私には伊藤の『比較生態学』の意想と大きく重なって見える。

生態学・行動学研究者は、材料・対象とする生物種や群を、しばしば実験生物学における実験生物のように扱っており、そのために個々の種の独自性 uniqueness が捨象されがちで、結果的に多様性も捨象されることに繋がっている場合もあるように思われる。この点は、後述するように、伊藤の基本的な姿勢とは大いに異なっていると私は思う。明らかな近縁種同士は、当然のことながら、遺伝的背景の共通性の高さから多くの点で共通点や類似点を示すが、常にそうとは限らないこととか、一方で形質の種類とその取り扱い方、特にわれわれの認知精度を高めていけば、どこまでも差異が認識されてくるというような経験を日常的にしている者の目からは、個々の生物の種や個体、さらには群の独自性へのこだわりを捨象した一般化によっては、現象の面白さが見えなくなってしまうのではないかと危惧する。これは、目的意識の差によるとも言えようが、「比較生物学」の面白さは、正にわれわれをして「比較」させずにはおかない対象の多様性と個々の種や個体、さらには群の存在自体の独自性や個性の示す比重の大きさにあるように思う。

繰り返しになるが、伊藤は、「比較とは、単にある形質のあらわれかたをたくさんの種についてならべてみることではなくて、その発展の過程を進化の観点から明らかにしてゆくことである」と述べている。学生時代の私は、この短い文章の表現に、（それがLorenzその他の研究者からの援用であるにしても）、「比較」の簡潔かつ明確な進化生物学的意義づけがなされていると受けとめたのである。「比較」の手法自体は、特に解剖（形態）学的研究において「進化」概念確立の遥か以前、ギリシャ哲学に迄遡り得るものであり、既に一九世紀末までにさまざまに実践され、多くの成果をもたらしていたのであるから（Russell, 1916; Singer, 1931 (3 rd ed., 1959)、西、一九三五、Cole, 1949; Desmond, 1982; Hall, 1989）。

三　比較生態学と比較形態学

私は、『比較生態学』と出会ったことが一つの明確な動機になって、博士課程で取組んだハムシ科 Chrysomelidae 甲虫の内部生殖器官系 internal reproductive system の比較形態学的研究（Suzuki, 1974a）の延長として、富山大学着任直後の一九七四年～七六年、卵巣 ovary やそれを構成する卵巣小管 ovariole の数、さらに卵サイズや産卵数などについても若干の研究を行った（後述）。その結果を、『比較生態学』第2版（一九七八）では取り上げられることを期待して、伊藤に論文の別刷も送っていたが叶えられなかった。初版刊行以降、類似の研究はそれほどなされてはおらず、私の研究は初版に紹介されていた膜翅類のデータを補完するような資料となり得ると思っていただけに落胆は大きかった。第2版刊行直後に学会で逢った折、伊藤の方からいきなり「鈴木、ごめん！」と言われてしまった。伊藤も気にしていたのかもしれない。

私は、先行研究のデータも含め、ハムシ科の約二〇〇〇種（うち日本産は約一五〇種、日本産全種の約四分の一にあたる）の卵巣小管数を明らかにし、卵サイズに関しても約一〇〇種（日本産全種の約六分の一）について調べた結果を、形態学の側面からだけでなく、生活史戦略に関するいろいろな側面から私なりに「比較的に」検討していたのである（本稿の四参照）。日本産を主とした諸群だけでもきわめて多様なケースが認められ、伊藤の議論の展開に有効な資料を提供できるものと確信していた。だが、各種の和名を調べ、私の提示した意見や論議内容を要約するには時間的余裕がまったくなかったことを後から知り、テキストでもある『比較生態学』に引用されやすい形で作表すべきだったと大いに後悔した。

さて、『比較生態学』の初版と第2版には内容にかなり違いがある。初版第1章「繁殖と死亡」（九節、計四一頁）に関連する項目の部分は、第2版では大幅に書き換えられ、二つの章に拡張されている。すなわち、第1章「繁殖率の進化」（一〇節、計四一頁）と第2章「生存の戦略」（七節、計五二頁）で、分量も倍以上になっている。初版第7節「昆虫の死亡率」（計一三頁）で論じられていた部分は、第2版では第7節「昆虫の産卵数（膜翅目を中心に）」（計四頁）に大幅に圧縮され、一部は他の節で触れられてはいるものの、議論の焦点や比重の置き方には顕著な変化が認められる。私は、第2版刊行直後に出た足立（一九七九）の鳥類のクラッチサイズ clutch size に関する総説なども興味深く読み、伊藤が注目した親による子の保護の習性の発達程度と産卵数や卵サイズとの間に、きわめて密接な関係があることを改めて認識したりした。当時、生物の繁殖戦略の進化に関する議論が、特に鳥類や昆虫類の生態学研究者を中心に活発に行われるようになっていた。

私は、学部の卒業研究（一九六八）で、ハムシ科について、有翅昆虫の外部形態中、系統学的形質 phylogenetic character （一般に、形質状態の差異が、低次の分類階級における分類群間では小さいが、高次の分類階級における分類群間ほど大きいような形質）として最重要の器官の一つである翅（甲虫類に関しては特に古くから研究されてきた後翅）の翅脈相に着目して、比較形態学的研究を行った。それは、一九六九～七〇年に五篇に分割した英文論文として公表したが、Snodgrass (1935) に従って翅脈の相同性と命名法 nomenclature（後述）を扱った最初の論文（Suzuki, 1969）は、Richards & Davies (eds., 1977) の Imms の昆虫学のテキストに引用された［私は、約四半世紀後、ハムシ科の後翅翅脈相の比較形態に関して、先行研究の結果と私自身のその後の研究結果も含めた総説を書いた (Suzuki, 1994)］。

院生時代は、学部の卒業研究の結果を踏まえて、内部形態中最も重要な器官である雌雄の内部生殖器官系の比較形態学的研究を行い、その結果を後翅翅脈相の結果と付け合わせながら、亜科レベルの系統分類体系の構築を目指そうと意気込んでいた。高次分類群 higher taxa 間の系統類縁関係を反映していると考えられる複数の系統学的形質（形質群）（ここでは後翅翅脈相と内部生殖器官系）間に認められる相関的変化 (character congruence と言う) は重要である。それは、並行進化 parallel evolution (parallelism) の概念と密接な関係を持つ。形質間の相関的関係という意想や概念は、Aristoteles にまで遡り得るし、一八世紀後半から一九世紀前半には確立していた Cuvier などによる「相関の法則 loi de correlation」に象徴される意想とも本質的に異なるものではなく (Russel, 1916; Gillispie, 1960; 川喜田、一九七七)、また一九六〇年代以降急速に発展した分岐分類学 cladistic taxonomy (= cladistics) における「形質の子孫的状態の共有性 synapomorphy」の概念などとも連綿と繋がっているものである (Hennig, 1966; Eldredge & Cracraft, 1980; Wiley, 1981; 鈴木、一九八九; Harvey & Pagel, 1991)。

私は、内部生殖器官系の複雑かつ多様な構造の持つ系統学的意義、つまりどのような形質が系統関係をより反映しているかを試行錯誤しながら模索・検討していた。比較形態学的研究においては、できるだけ多くの分類群を調べ、多くの形質の中から系統推論上有効となりそうなものを選びだし、それらを比較することによって分類群間の系統関係を推測する（帰納的推論の典型）という方法を執る。その際、種々の分類群について比較を実際に行う形質に関しては、相同性 homology が既に確立されていることが前提である。もしも、着眼した形質の相同性が不明瞭な場合には、まずそれを論理整合的に確立することから始める必要がある。それには、材料として扱う分類群に関する系統分類学的研究がある程度の水準に達していることも前提要件となる。

私の立ち位置からは当然のことながら、ハムシ科は、形態的にも生態的にもきわめて多様な巨大な分類群であり、結果的（つまり後づけ的）にではあるが、そうした研究意図にも適う材料・対象であったと言える。比較生態学においても、材料・対象とする生物群について種間比較を行う際、それらが帰属する高次分類群とその近縁群との系統関係についての情報が有効となることが、特に二〇世紀後半以降に強くかつ広範に認識されるようになったようである（粕谷、一九九五）。

松田（一九六七）は、「形態学とは、第一義的には相同の研究」であり、「形態学は上級分類群の分類と切り離して考えられるべきではない」とも断言している。私は、「形態学」と「比較形態学」の位置づけ・意義づけをめぐって松田と個人的に交わした議論の結果を次のように要約しておいた（鈴木、二〇一二）。

「形態学」の目的は、一義的には「形態形質の相同（性）homology の（認知の）決定（あるいは確立）」にある（カッコ内の補足は、文脈によって「そのようにも表現し得る」ことを示す。次項も同様）。それが、その後の比較形態学的研究の基礎を与えるものとなる。

「比較形態学」の目的は、一義的には「形態形質の進化的変化 evolutionary transformation の方向性 direction の（認知の）確立（端的に「特定の形態形質の変形系列 transformation series of a given morphological character に時間軸における矢印を与えること」とも表現できる）」にある。それは、最終的には対象とする生物群の「系統関係の推定を行う際の有力な情報（論拠）を得る」根拠となる。

さらに、補足的説明として、以上の二点は、いずれも一義的 primary あるいは至近的 approximate 目的と、究極的 ultimate 目的とから成るとした。

さて、私の学部の卒業研究や博士論文における研究は、当時においては、比較形態学のきわめて標準的なスタイルのものであったと思う。しかし、日本では、比較形態学的研究において、取り扱う形態形質の相同性についての検討と議論はきわめてないがしろにされていたきらいがある。日本でも、人体の比較解剖学は、二〇世紀の前半には欧米の水準にかなり追いついていたと思われるが（西、一九三五）、基礎的な諸概念についての理解は主にドイツやフランスにおける研究成果を輸入・踏襲する域をほとんど超えてはいなかったと思われる。いずれにしても、相同性を確立できなければ、当該器官の各部分の名称すら合理的かつ安定的に用いることはできない。つまり、相同性を確立することは、各部の名称の安定した命名法に依拠した比較にとっての前提なのだと言える。

翅脈相は、昆虫の多くの群で、系統学的形質として重視されてきたにもかかわらず、各脈の相同性に関する認識には研究者間で大きな隔たりがあり、いずれの群についても充分有効に機能しているとは思われなかった。私は、後翅翅脈相に関して、まず、ハムシ科だけでなく、同じハムシ上科Chrysomeloidea を構成するマメゾウムシ科 Bruchidae とカミキリムシ科 Cerambycidae についても、それまでに多くの研究者が充分な吟味を行わないまま踏襲してきた Comstock (1918) による方式ではなく、翅基部における翅基片 axillary sclerites との結合関係によって各翅脈の相同性を決定するという Snodgrass (1935) の方式を適用することで、ハムシ上科の後翅翅脈相の相同性を合理的に確定することができた（実は、Comstock も、翅基片との結合関係を相同性決定の根拠として重視する Snodgrass の意想には注目していた）。私は、ハムシ科の後翅翅脈相の相同性の決定をめぐって、概観的ではあるが Snodgrass (1935) に依拠して成された Chûjô (1953-4) の先駆的な研究に多くを負っている。

昆虫類では、生殖器官系の形態も、昆虫自体にとってはもちろん、分類学的にも最重要の形質を多く包含することが期待され、特に外部生殖器官系に関しては、膨大な研究がなされてきていた。Tuxen (ed., 1956; 2 nd rev. ed.: 1970) は、二九の目 order についてエキスパートによる概説を取り纏めたが、約二〇〇頁の概説部分（一目に割かれた頁数は一〜一五頁）に対して種々の群によって用いられてきた各部分の用語集が二段組で約一五〇頁に及んでおり、多くの形態用語に多くのシノニムが挙げられている事実が如実に語っているように、用語法に混乱が見られ、特に巨大な目に関しては、内部の諸群について具体的に研究しようとする際、ほとんど実践的な役には立たないのではないかと思われる。その状況は、半世紀以上を経た今日でも全般的にはほとんど変わっているとも思われない。また、群によって、各器官の特殊化が著しく、それらの相同性に関しては、目によっては未だにかなりの混乱状態にあると言わざるをえない。

内部生殖器官系は、乾燥標本を用いても多くの形態が観察し得る翅脈相や外部生殖器官系とは比較にならないほど複雑かつ多様であり、液浸標本でもある程度は研究可能であるとはいえ、細部に関しても充分な情報を得るには生体を材料とするのが最良である。また、信頼できる文献も少なく、各器官の相同性を明瞭に確立するのはきわめて困難で、外見上の対応関係を見出すことすら容易ではなかった。

ハムシ科に関しては、研究の課程でいくつかの亜科についてはは先行研究が見つかったが（私が院生時代には、現在のような文献検索システムは日本ではほとんど利用できる状態ではなかった）、ハムシ科以外の群についての研究も手当たり次第に参照した。文献も、徹底的な孫引きによって渉猟した。博士論文（一九七四）は、すぐには印刷できず、その後の研究結果も踏まえて概要を公表したのは十四年後だった（Suzuki, 1988）。その段階で検索し得た甲虫類に関する内部生殖器官系の形態に関する文献は、約四〇〇篇あったが、日本国内ではそのうちの約二割は入手できず、一部は外国の研究者を通して直接・間接に入手したが、一九八一～二年にカナダ留学中にようやく参照できたものが少なくなかった。ハムシ科については、一般に受け容れられてきた約二〇の亜科のうち六割については、受精嚢のスクレロチン化 sclerotization した本体部分（後述）や卵巣小管数に関する報告を除く内部生殖器官系の主要な軟体部について調べた研究者は皆無という状況だった。

ハムシ科のいろいろな分類階級レベルで多くの種について調べていくうちに、次第に各部分の対応関係も徐々に把握できるにつれて、相同性の有無を判断できるようになっていった。その作業は、文字通り思考錯誤の繰り返しであった。その際、ハムシ科以外に関する文献や後翅翅脈相における経験が役立った。前者に関しては、いわゆる外群比較 outgroup comparison がきわめて有効であることを体験したし、後者に関しては、どのような器官や部分にも変異性の低い保守的な側面と下位の分類群、さらには同種の個体間ですらしばしば一定の差異を示すような革新的な側面とがあるという見方を適用できたのである。ハムシ科の日本産の一六亜科の三分の二ほどについて調べた段階で、どのような部分のどのような側面が安定であるか、系統類縁関係をより反映しているかがかなりよく把握できるようになったのである。

博士課程在学中の三年間、一種でも、また一個体でも多く解剖することに努力した。その結果行き着いたことを一言で表現するならば「形態形質は正直である」ということであり、その後現在に至るまでその思いは強まりこそすれ弱まることはない。「正直」というのは、つまるところ「系統類縁関係をよく反映している」という、きわめて当然のことである。もちろん、数多くの種や個体を解剖すれば、そうしたことが自動的に明らかになる訳ではない。

各形質について、各群の階級ごとの形質状態の変異幅（つまり反応規格（反応規準）reaction norm）は、前述のような

「比較」の作業を、同種の個体間、同属の種間、同亜科の属間、亜科間で行うことによって、初めて把握することができる。各階級に帰属する構成員、たとえばある属に帰属する種の間の類似性と非類似性の程度を評価することによって、ようやくかつ初めて見えてくるというのが、私が経験的に実感したことである。

比較形態学が通常扱うマクロ（視覚的に認知可能）な形態の提供する情報量は膨大で、われわれの形質選択の際の視点如何ではほとんど無限であると言っても過言ではない。形態学・分類学研究者は、形質評価がしばしば主観的判断に陥り易いと批判されるが、得られた情報の進化生物学的評価・解釈の困難さは、他分野の研究者にとっても本質的に異なるものではないだろう。系統関係の推定に有効な情報、つまり系統学的形質をどのように合理的に発見・抽出・取り扱うかが、「形質評価の問題」の主要な部分を占める。

繰り返しになるが、形態形質の相同（性）homology（とその関連諸）概念を論理整合的に整理・確立し、その成立過程と決定（「相同（性）の決定homologization」と言う）の根拠（規準）を明らかにすることは、形態学の本来のもっとも重要な使命である（Matsuda, 1976; 鈴木、一九八九、二〇一一、倉谷、二〇〇四）。

相同概念をめぐっては、一八世紀後半以降、多くの研究者によってさまざまに議論されてきた。Darwin (1859) の『種の起原』以前は、Eckermann (1836-48) の書き残した『ゲーテとの対話』中のエピソードであまりにも有名な、かのG. CuvierとE. G. Saint-Hilaireのいわゆる「アカデミー論争」(Appel, 1987) も含めて、類型学（標型学）typology的な意想を軸になされていた。しかし、進化概念の確立以降は、分類学taxonomyの立場からはもとより、比較形態学comparative morphologyや比較発生学comparative embryology、進化形態学evolutionary morphologyの研究結果を踏まえた議論が盛んとなり、きわめて多くの関連術語が提示されてきた（De Beer, 1940, 3 rd ed.: 1958; Remane, 1956; Simpson, 1961; Withers, 1964; Mayr, 1969; Gould, 1977; Hanson, 1977; Eldredge & Cracraft, 1980; Mayr & Ashlock, 1991; Panchen, 1992; Nyhart, 1995; Amundson, 1996; Larson & Losos, 1996）。

どのような学問領域であっても、新概念の導入によって、従来の理解・認識のレベルが深化することは少なくない。しかし、生物世界の多様性は、種数の膨大さに加えて、マクロな生物現象からミクロのそれの隅々にまで広範に及んでおり、相同（性）およびその関連術語との対応が充分に付けられているとは言い難い。また、系統的に離れた分類群同士ほど、また細部に至るほど、相同性を決定することの困難さは増す（鈴木、一九八九）。

「相同は、常に推論されるものである」（Mayr, 1997）から、具体的な事例についての解釈如何によって判断はしばしば大きく左右される。形態形質の相同的関係の多様性や「相同（性）の決定」とその諸規準などに関する基本的な問題については、主にRemane (1956) の意想に依拠したHennig (1966), Hanson (1977), 三枝（一九八〇）、Wiley (1981), Hall (1994, 1998), 鈴木（一九八九、二〇一二）などの解説や議論を参照されたい。

相同（性）とその関連概念をめぐる議論は、特に進化概念の確立以降は、およそ進化に関わる問題を扱う際には不可避で、常に中心的な位置を占めてきたと言っても過言ではないだろう。近年に至って発生学と進化生物学の統合による進化発生（生物）学 evolutionary developmental biology（エヴォ-デヴォ evo-devo）(Hall, 1994, 1998) が急速に台頭してきたが、生態学と発生学の統合による生態発生（生物）学 ecological developmental biology（エコ-デヴォ eco-devo）、さらには生態学と発生学の進化生物学への統合による生態進化発生（生物）学 ecological evolutionary developmental biology（エコ-エヴォ-デヴォ eco-evo-devo）(Gilbert & Epel, 2009) へと拡張され、形態形成 morphogenesis の分子基盤までもが解明されてくるにつれて、形質評価をめぐる議論も急速に深化してきていると言えよう。必然的に強固な生物学的基盤の上に議論がなされるようになってきていると言える。しかし、現在でもなお議論されるべき多くの困難な問題がある (Hall, 1994 (ed.), 1999)。

相同（性）とその関連概念の多くは、形態や発生ばかりでなく、生態、行動、生理など、生物現象のほとんどあらゆる側面に適用し得る（例えば、Lorenz, 1965; Martins, 1996 (ed.)）。つまり、それに関わる認識論・方法論上の本質的な問題点も共有している部分が多いと言える。改めて言うまでもなく、形態（構造）と無関係な生物現象などあり得ないから、どのような生物現象を扱う場合であっても、形態学及び比較形態学が蓄積してきた多くの生物群の多種多様な形態形質についての理解を踏まえざるを得ない。相同概念に代表されるような、生物形態の多様性の背後に横たわる進化を軸とした規則性・法則性を反映した諸概念の適用によって、論理整合的な理解が可能となる生物現象はきわめて多いからである (Ryan, 1996; West-Eberhard, 2003)。

実際、特に比較の手法によって進化的な意味を見出そうとする比較生物学のいかなる領域においても、方法論上の本質や問題点にはさほど変わりがないと言っても過言ではないとすら思われる。この辺りの議論は、Harvey & Pagel (1991) のテキストに詳しい。だいぶ以前に指摘したことであるが（鈴木、一九八九）、例えば史的言語学における「比較」の方法の問題点などは、素材（対象）が異なるだけで、比較生物学のそれと本質的な差異はほとんど見出せないほどである (Meillet, 1925)。

また、ついでながら、相同（性）をめぐる諸問題と密接な関係を持つ、比較形態学におけるきわめて重要な概念である構造型 structural type（構造プラン structural plan、ボディ・プラン body plan、バウプラン Bauplan などの術語は、いずれもほとんど同義）にも触れておこう。それは、「実在の生物の示す構造（形態）から帰納的に抽出（抽象化）された一般構造」を意味し、Goethe の原型 Urtypus 概念ともほぼ一致する。構造型は、模式的に描かれた形態のように、実在するものではなく、実在の生物はそうした一般化された構造型から一定程度隔たった構造を具有するものとして捉えることができる。

比較形態学では、構造型を分類群ごとに、かつ形質ごとに抽出し、それらの比較、すなわち類似点と非類似点の相対的な多寡によって、諸分類階級のおのおのに帰属する分類群における各形質の構造型の変化系列を想定し、その各段階に対応する形質状態 character state を持つ分類群間の系統類縁関係をやはり帰納的に導き出そうとすることになる。私の理解する限り、比較形態学の基本的な原理あるいは方法はこの辺りに集約されるとすら言える。

分類群間の系統関係を推測する際に依拠する判断基準は、「より多くの点で類似している分類群同士ほど、より近い系統関係にあると看做せる」と要約できるが、この基準ほどあからさまな循環論法はない。つまり、それは、「系統関係が近いもの同士は、より似ている」ということの単なる裏返しの表現にすぎないからである。

系統学における帰納的推論に大きく依拠した方法論は、「異なる形質について同じような結果が得られたならば、それらの結果同士は相互にその推論結果の妥当性を補強しあう」という、Leibniz の重視するような「類比」に強く依拠した、いわばアド・ホックとも言える意想（相互観照 reciprocal illumination と呼ぶ）によって擁護され、過大に正当化されてきたと私は考えている。

生物系統学の目指す生物の系統分類体系の構築とは、系統発生過程、つまり歴史の再構築ということに他ならないが、歴史は一回限りの事象の連続であって、自然科学における大前提とも言うべき再現可能性 repeatability の基準を充たすことができない。歴史学は、どこまでも個別的（特称的）事象を対象とした「個性記述的 idiographische」学問であって、「法則定立的 nomothetische」自然科学とは本質的に異なる(Rickert, 1898)。生物の系統も一回限りの事象の連続であり、したがって、生物系統学も、一般的な歴史科学と本質的に異なるものではないという位置づけもできる。歴史の科学性、つまり歴史を自然科学におけると同等に扱うことが可能であるか否かをめぐっては、昔から議論が絶えない(E. Meyer (1902) と M. Weber (1905) における有名な論争についての森岡訳(一九六五)を参照されたい)。そして、歴史は、現在における解釈以上のものではあり得ない (Febvre, 1953) というのは歴史学における一つの有力な立場であるが、この点は私も同意する。

私は、院生時代、系統学的研究の歴史科学的性格に派生する諸問題を克服する方策はないものかと悩み続けた。『比較生態学』は、当時の私に、単に多数の分類群について調べるというだけでなく、「比較」の方法を駆使することによって多少なりとも前進できるのではないかという漠然とした期待を抱かせてくれるものだったが、その具体的方策まではなかなか見えてはこなかった。比較形態学の歴史は長い。「動物体の形と、諸器官の形および位置関係が、比較形態学の対象である。比較形態学は、動物の体制を、生理学的あるいは遺伝学的方法とは異なる様式で理解できるようにする」という Portmann (1976) の比較形態学の役割についての言明は明解だ。比較形態学を含む比較生物学の実践的かつ具体的な認識論・方法論に関する論議については、刊行から四半世紀が経つものの、未だに Harvey & Pagel (1991) がテキストとして最良のものの一つであるように私には思われる。

私が、今、念頭に置いているのは、たとえば甲虫類では、特に雄の外部生殖器官の構造が分類学的形質、さらには系統学的形質として多くの分類群で広く用いられてきているが、それが内包する諸形質の分類学的・系統学的形質としての評価に関する全般的かつ総括的な議論はきわめて僅かしかなされていないという事実である。研究者によって異説があるが、甲虫類(目)は、一五〇~二〇〇もの科を擁し、約四〇万の既記載種と少なくともその数倍~数十倍という膨大な未記載種を含むことが推測され、それを一人あるいは少数の研究者で一定の水準で網羅的に扱うことは、現実的に不可能である。

Crowson (1955) は、甲虫全般の科レベルの分類体系の構築を試みたが、その後六十年間、一人の研究者がこうしたスケールの研究を行った例はほとんどない。最近、Bouchard et al. (2011) は、化石分類群も含め、二四上科、二一一科、五四一亜科、一六六三族、七四〇亜族を認めた体系を提示し(十一名の共著)、同年、Lawrence et al. (2011) は、甲虫類全般の科あるいは亜科計三一四に帰属する三五九分類群について、成虫および幼虫の計五一六個の形態形質を調べ、分岐学的解析を行い、科群以上の新系統分類体系を提唱した（六名の共著）。その検証あるいは信頼性の評価を現実的かつ実践的に行うには、特定の分類群（科を単位とするのが全般的には妥当であろうが、分類群の大きさに依る）について、精度の高い内群比較の結果を基礎とせざるを得ないが、今後の重要な課題である。

分子情報に基づく系統関係の構築に際しても、得られた情報の評価にあたっては、通常はマクロな形態情報に基づく系統分類体系についての、一定の信頼し得る既存の仮説の存在が不可欠となろう。でなければ、同義反復的 tautological な議論に陥ってしまいがちである。だが、近年の分子系統解析の結果導出される系統樹は、対象生物群における系統関係を確かに高い客観性で示していると言い得るだろうが、従来の主にマクロな形態情報に基づいて導出されたそれよりも信頼性も高いと言い得るかどうかは別問題であると私は考えている。

分子系統樹の構築によって系統学的探求が完了する訳ではない。分子情報に基づく系統樹の構築は、多様な生物現象の個々における具体的な進化過程との対応とそれらの間の論理整合的説明を与え得て初めて目的も達せられると思われる。

そうした意味での統合も、一部の生物群に関してはよく成されてきていると言えるが、まだきわめて不十分と言わざるを得ない分類群の方が圧倒的に多い（倉谷、二〇〇四、鈴木、二〇〇九）。

四　卵巣小管数・卵サイズ・体サイズ・生活史戦略―ハムシ科甲虫の場合―

内部形態は外部形態に較べて、環境圧の影響を受け難いという意味で保守的 conservative な形質を多く包含している。鞘翅目でも多くの科について、古くから特に内部生殖器官系に関しては、いくつかの重要な比較形態学的研究が行われてきている。Suzuki (1988) は、その時点までの多くの文献を網羅的に挙げた。たとえば、鞘翅目全般の雌の内部生殖器官系に関して成された古典的な Stein (1847) の畢生の大作は、一七〇年近く経った現在でもその価値を失っていない。

雌の内部生殖器官系の構造の中心は言うまでもなく卵巣であるが、そうした軟体部についてはもちろん、その一部あるいは全体がしばしばさまざまな程度にスクレロチン化を起こす器官である受精嚢（受精嚢 spermatheca、受精嚢管 spermathecal duct および受精嚢腺 spermathecal gland の三部分（器官）から構成され、全体を受精嚢 spermatheca あるいは受精嚢器官 spermathecal organ と総称する。つまり、これら三器官は、雌の内部生殖器官系の一部を成すが、一つの器官系とも言い得るようなまとまりを成している）は、その後の多くの研究によって経験的に重要な系統学的形質として有効であると同時に、分類（鑑別）形質（分類群間で形質状態が相互排他的差異を明瞭に示すような形質）としても有効と看做されることが多くなり、最近では分類群によっては特に同属の種レベルの重要な鑑別形質 diagnostic character としてもしばしば重視されるようになった（ただし、一般的に、乾燥標本を用いてもプレパラート標本を作成してごく細部の観察が可能である受精嚢の本体部分の形状に限られた研究が圧倒的に多い。他の二器官の形状も重要であるが、特にこれら三器官相互の相対的なサイズなども、しばしば系統学的形質として重要である）。ハムシ科の雌雄の内部生殖器官系の亜科レベルの比較形態学的研究に関しては、Suzuki (1988) を参照されたい。

『比較生態学』には、岩田（一九五五）による、膜翅目の三亜目に属する二八種のハチの卵巣小管 ovariole（Ｏｖ）の数（卵巣小管数 number of ovarioles、ＮＯ）と卵巣内成熟卵の数が「習性型」と共に挙げられており、それらの形質が系統関係とかなり密接な連関を持つことが強く示唆されていた。以下、伊藤に『比較生態学』の第2版（一九七七）でぜひ取り上げてもらいたかった私のハムシ科の卵巣小管数（ＮＯ）と卵サイズに関する検討結果の概要を紹介する。それらは、主に以下の五篇の論文に発表したものである：Suzuki (1975)（論文１）、Suzuki (1974b)（論文２）、Suzuki & Hara (1975)（論文３）、Suzuki & Yamada (1976)（論文４）、Suzuki & Hara (1976)（論文５）。これらの論文で明らかにした主要な事柄は以下の通りである（現時点での若干の修正や補足的説明を加えた）。

一　フタホシオオトビハムシ *Pseudodera xanthospila* Baly（トビハムシ亜科 Alticinae）の雌三〇個体（伊豆大島産で同一ディーム deme を構成していた）について左右のＯｖの総数（総卵巣小管数 total number of ovarioles、ＴＮＯ）を調べたところ、三〇〜二二〇まで大きく変化し、体サイズ（指標として後翅長を用いた）とほぼ完全な正の相関（$r = 0.9681$）を示した（論文２）。体サイズの変異は、一般的には同種の同性間では、最大個体は最小個体の、体長にして一・三倍程度以内に収まるものがほとんどであり、本種のようにそれが二倍以上あるような著しい変異を示す種はきわめて少ないため、体サイズが影響を与えると推測される形態形質の種内変異を調べる材料として意識的に選んだ。この方法は、後翅翅脈相の種内変異の検討の際にも用いた（Suzuki, 1994）。

二　私と山田清は、次の四種のハムシについて、それぞれ三〇個体についてＴＮＯの変異性を調べた（論文４）。その結果は、次の通り（平均値／最小値～最大値／体サイズとの相関係数を示す）。ヨモギハムシ *Chrysolina aurichalcea* Mannerheim（ハムシ亜科 Chrysomelinae）では五八／四五～七一／〇・三四、ヤナギルリハムシ *Plagiodera versicolor distincta* Baly（ハムシ亜科）では二九／二四～四二／〇・一八、クロウリハムシ *Aulacophora nigripennis nigripennis* Motschulsky（ヒゲナガハムシ亜科 Galerucinae）では四三／三一～五五／〇・六二、アオバネサルハムシ *Basilepta fulvipes* (Motschulsky)（サルハムシ亜科 Eumolpinae）では二二／一六～二五／〇・二八であった。つまり、いずれの種もＴＮＯは個体変異が大きいが、体サイズとある程度の正の相関を示す種（ヨモギ、クロウリ、アオバネサル）もあれば示さない種（ヤナギルリ）もあることが判った。

三　ハムシ科の、文献記録の一〇亜科二八属四九種に私が調べた一六亜科八〇属一三〇種を加えた計一六亜科九五属一七八種（文献記録と同じ種のデータが含まれる）について片側の卵巣当りのＮＯを報告した（論文１）。その後、私と原章が、新たに五亜科に属する七属二六種についてのデータを追加した（論文３）。その結果、ハムシ科の計一六亜科一〇二属二〇四種のＮＯが明らかになった。

ハムシ科は、既記載種がおそらくは五万種を超える大きな分類群である。高次分類体系には、亜科レベルでさえいくつもの異説があり、必ずしも充分にコンセンサスの得られたものはないが、二〇亜科に分類される体系が受容されることが多い（Suzuki, 1996）。それに従うと、日本にはそのうちの一六亜科が生息分布していることになる（最近、従来日本からは知られていなかったコガネハムシ亜科 Sagrinae の一種が侵入定着した）。私が調べたのは、この段階ではまだ日本産の分類群に限られていたが、それでも一六亜科の全てをカバーしていた。

ハムシ科の生活様式はきわめて多様で、属以上、とりわけ亜科レベルの基本的な生活史戦略、特に繁殖戦略の多様性は、卵巣小管数の変異性にも強く反映されていることが明らかであった。ＮＯに見られる変異性は、染色体数のそれと似たような様相を示す。分類群間では、時にかなり大きな変異が認められるが、同じ亜科の同属の別種ではまったく同じか類似の値を示す場合も少なくなく、全体的には分類群ごとに固有の値を示す傾向が強い。つまり、ＮＯは、一義的には系統的（遺伝的）制約 phylogenetic constraint を強く受け系統的（遺伝的）に決定されていると考えられる。染色体数の場合にならって、そうした分類群（種）に固有のＮＯを基本卵巣小管数basic number of ovarioles（ＢＮＯ）と呼ぶことにした。私は、個々の個体のＮＯは、ＢＮＯと、当該個体の個体発生の過程で遭遇する、特に体サイズ（幼虫期の栄養状態に大きく影響を受ける）に影響する諸環境条件による変動分 *α* を合わせたものとなると考えた（図１）。

卵巣のように基本的に同一の構造（卵巣小管）の集合体であるような形質（節形質 meristic character と呼ぶ）の場合は、一般的に、そのＢＮＯが少ないほど見かけ状の変異は小さく安定であり、後者（*α*）も小さく、一本の差の意味は大きい。ＮＯは、ＢＮＯが多くなると見かけ上の変異も大きく、しばしば同一個体の左右の卵巣でも異なっているが、決してランダムに変動するわけではない。図１は、ＮＯを決定づけているると推測される諸要因間の連関を要約的に示したものである。ハムシ科の生活史戦略はきわめて多様で、ＮＯは、図１に示した諸要因の組み合わせの多様性を反映して、かなりの変動を示し、特に親による子の保護習性の発達程度も系統的制約を強く反映しているから、他の系統学的形質との連関も考慮することによって、特に高次分類群における基本的な特徴を抽出することが可能である。

フタホシオオトビハムシのように、ＴＮＯが雌の体サイズと完全な正の相関を示すような特徴的な種内変異を示す種は、これまでのところこの種だけで、むしろ例外的であると言えるが、体サイズの変異が大きい種では、程度の差はあるものの、弱い正の相関を示す種が多い。

四　私と原は、日本産ハムシ科の一四亜科六三属九六種について、卵サイズを調べた（論文５）。卵サイズは、卵の長径（*A*）と短径（*B*）を計測し、卵を回転楕円体に近似させ、卵容積 *V*（立方ミリメートル）を次式によって算出した。

$$V = 1/6 \cdot \pi \cdot A \cdot B^2$$

まず、ヨモギハムシ、ヤナギルリハムシ、イチゴハムシ *Galerucella vittaticollis* (Baly)（ヒゲナガハムシ亜科）、イタドリハムシ *Galerucida bifasciata nigromaculata* (Baly)（ヒゲナガハムシ亜科）、アオバネサルハムシの五種について、八〜一〇個体の雌の全てについて卵巣内の成熟卵のサイズを最少四〜最大三〇個について測定・算出し、平均卵サイズを算出した。その結果は、次の通り（調査個体数／平均卵サイズの最小値〜最大値を示す）：ヨモギ（九／〇・二七〜〇・四七）、ヤナギルリ（八／〇・〇八〜〇・一二）、イチゴ（一〇／〇・〇五〜〇・一一）、イタドリ（一二／〇・三九〜〇・九八）、アオバネサル（一二／〇・〇三〜〇・〇四）。同一個体の産下する成熟卵の平均サイズは、同種の個体間で、アオバネサルハム

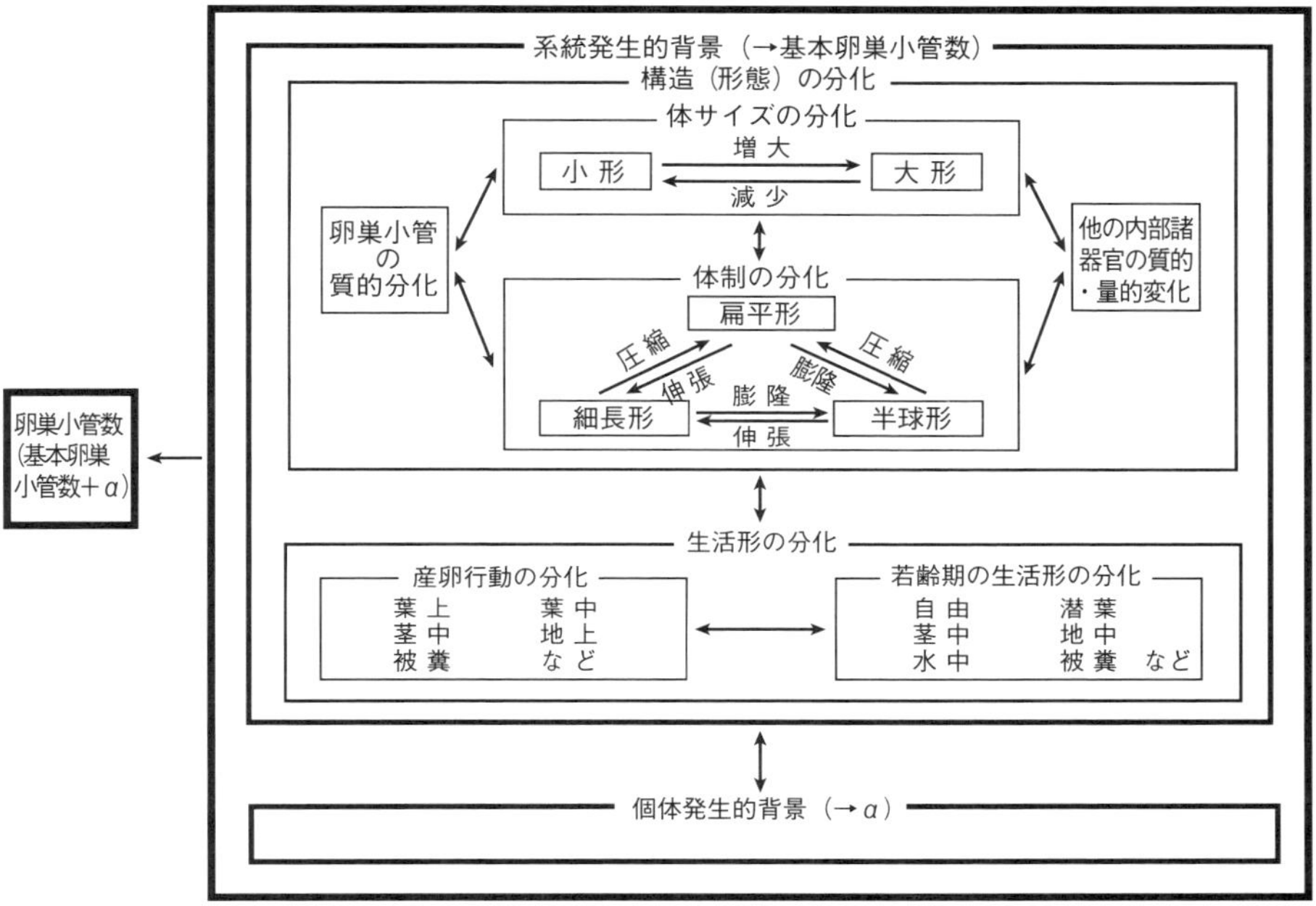

図 1　ハムシ科の卵巣小管数 (NO) の決定要因を示す模式図（Suzuki (1974) を改変）。個体の卵巣小管数 NO (number of ovarioles) は，帰属する種の系統（遺伝）的背景 phylogenetic background (A) によって決定されている基本卵巣小管数 basic number of ovarioles (BNO) と個体発生的背景 ontogenetic background (B)（主に幼虫期に遭遇する栄養環境）によって変動する部分（α）の両者（BNO + α）によって決定されるとする仮説を示す。A は，主に構造（形態）上の分化 differentiation（特に体容積の変化をもたらす体サイズ body size と体制 body organization の分化が重要。体サイズの増減はしばしば NO のそれと正の相関を示し，体制の扁平化・伸張化・膨隆化なども NO の増減に強く関係する）と生活型 life-form の分化（特に産卵行動 egg-laying behavior の分化と若齢期 immature stages の生活型の分化は，親による子の保護の習性 parental care の発達程度と密接な関係を持ち，NO の増減に強く関係する）に分けた。ハムシ科の生活様式，特に繁殖様式はきわめて多様で，進化の過程でどのような生活史戦略 life history strategy を獲得してきたかが，それぞれの種の NO の決定に反映されていると言える。産卵行動様式も多様で，葉上に産むもの，葉肉中に産み込むもの，茎中に産むもの，地上に産むものなどがあり，1 個ずつ産卵するものから卵塊で産むものまである。また，裸で産卵するものや卵を糞やゼリー状の分泌物（存在をカモフラージュしたり天敵に忌避的に作用したりする）で覆うものなどがある。幼虫も葉上で自由生活するもの，潜葉性のもの，茎穿孔性のもの，土中で生活するもの，母親や自身の排泄物を装うものなどがある。葉を摂食するものが多いが，茎を摂食するもの，花弁や花粉を摂食するもの，枯葉食のもの，根を摂食するものなどもある。幼虫と成虫が同じ植物を利用するものが多いが，まったく異なる植物を利用するものもある。食性の幅も変化に富み，単食性のもの，狭食性のもの，広食性のものがある。大部分は陸生であるが，成虫が半水生で幼虫が水生のものもいる。

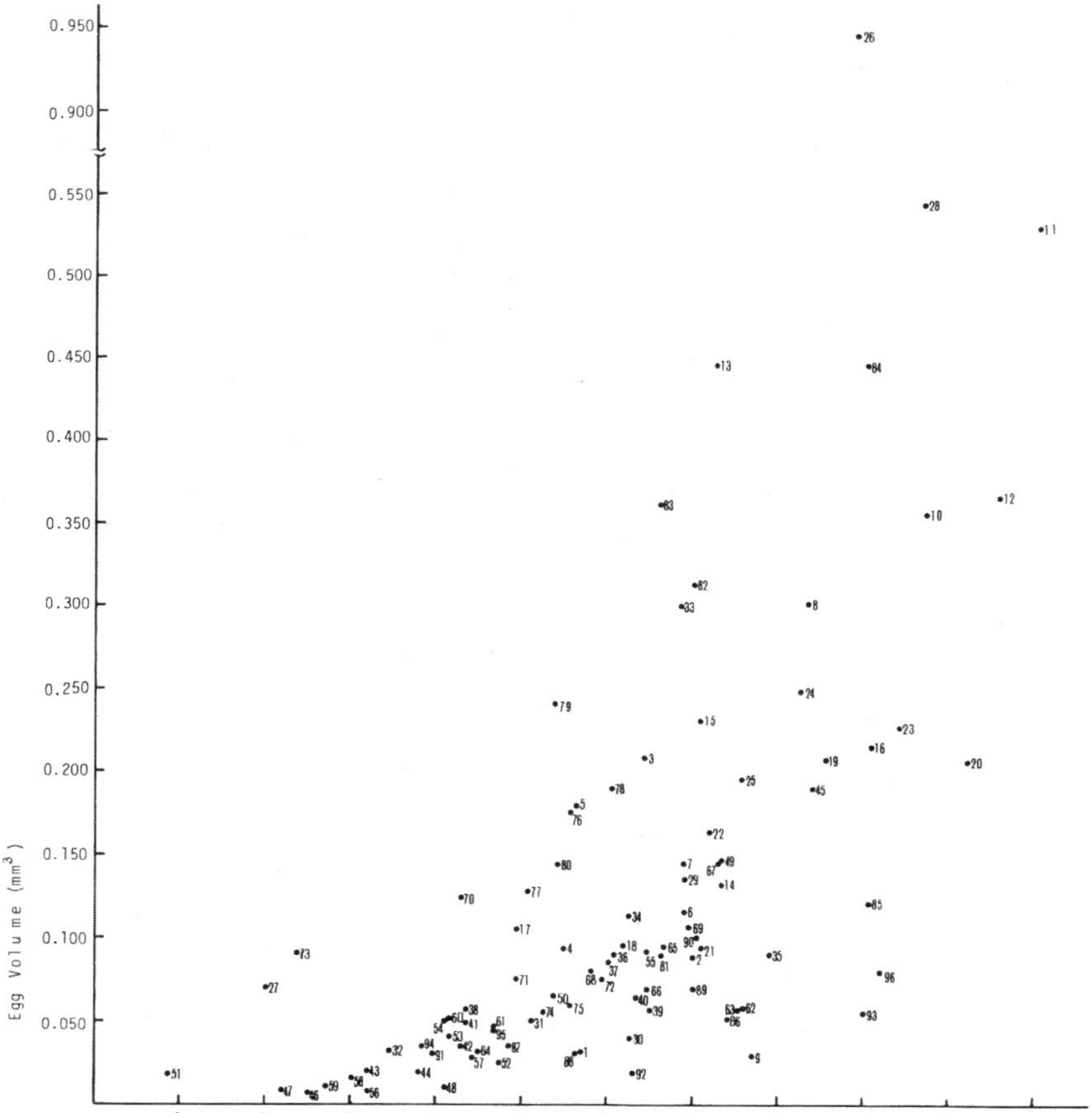

図 2　ハムシ科 96 種の体サイズ（後翅長 mm; 横軸）と卵サイズ（卵容積 mm^3; 縦軸）の関係（Suzuki & Hara, 1976）。全体的に体サイズの大きい種ほど大きな卵を産む。しかし，体サイズが同じ程度であっても，分類群によって卵サイズはしばしば大きく異なる。体サイズの割に小形の卵を産む種から大形の卵を産む種まで変化に富むが，生活様式を強く反映している（大卵少産 ⇔ 小卵多産）。図中のアラビア数字は，種番号。詳細は，Suzuki & Hara (1976) を見られたい。

シの一・二三倍がもっとも小さく安定であり、イタドリハムシの二・五一倍がもっとも大きかった。

次に、調べた九六種について、平均卵サイズの変異を調べた（図2）。調査個体数は、種によって異なり、最少一～最多一二。卵サイズの計測に用いた卵巣内成熟卵数は、個体の生理的状態によって異なり、最少一～最多二九〇。長径と短径の平均値より、既述の式によって平均卵サイズを算出した。平均卵サイズの最小の種はヒサゴトビハムシ属の一種 *Chaetocnema* sp.の〇・〇〇七立方ミリメートル（後翅長二・五ミリメートル）、最大の種はオオアラメハムシ属の一種 *Galeruca* sp.の一種の〇・九四五立方ミリメートル（後翅長八・九ミリメートル）で、前者の一三五倍であった。

ハムシ科でも、進化の過程で基本的にどのような生活様式を獲得してきたかによって、雌の産卵様式や産卵数は変ってくる。NOは、一義的には産卵数に反映されるが、NOが少ない種でもOv一本あたりの生産する卵数が多く、長期間繰り返し産卵する（多数回繁殖 iteoparity）ような種では、産卵数は結果として多くなる。逆に、NOが多くても、短期間に限られた回数しか産卵しない種の場合には、総産卵数は結果的にさほど多くならない。

以上の一連の研究から、多くの事実を明らかにすることができた。ハムシ類では、各種が基本的にどのような生活史戦略を採っているグループに属しているか、親による子の保護習性が発達しているか否か、繁殖様式 reproductive mode（たとえば大卵少産型か小卵多産型か）の違いなどによってさまざまな形質間にトレードオフの関係が成立していることが想定された。ある階級の分類群に関して、その分類群に帰属する下位の階級の分類群について全般にわたってできるだけ網羅的に調べることによって、個々の形質について、全体における位置をある程度予測することも可能となる。比較形態学的探求の醍醐味と言えるだろう。私は、「学問は細部に宿る」（加藤、二〇〇二）ことを繰り返し実感した。伊藤は、このことを充分に承知していたに違いない。

*

伊藤は、多作な研究者だったと思う。原著論文の数がもちろん多いが、多種多様の雑誌に多くの論考を公表している。伊藤の関係したテキスト類や翻訳書その他の単行書類はほとんど所有しているが、伊藤のファイルを取り出してみると、私の所持している伊藤の原著論文はあまり多くない。私は、伊藤が、二十代から最晩年まで、生態学の実践的な研究者として勢力的に研究を続けたと思うが、同時に一貫して自然保護運動や平和運動にもかなりのエネルギーを注いでいたことにも敬意と共に大きな関心を抱いてきた。特にベトナム戦争における米軍の「枯葉作戦」に反対して、学会の場も含め、社会に向かってさまざまな形の抗議行動や啓蒙的活動を主導的に行っていたことや反核のチェイン・レターの活動については、個人的な思いも含めて別稿で述べた（鈴木、二〇一六）。

末筆ながら、本稿執筆を慫慂され原稿に種々の意見をいただいた辻和希博士、原稿を丁寧に読んで種々の意見をいただいた松本忠夫博士、事実確認の問い合わせに応えていただいた山岡景行博士と立川周二博士に感謝する。

第六部　ハチ研究

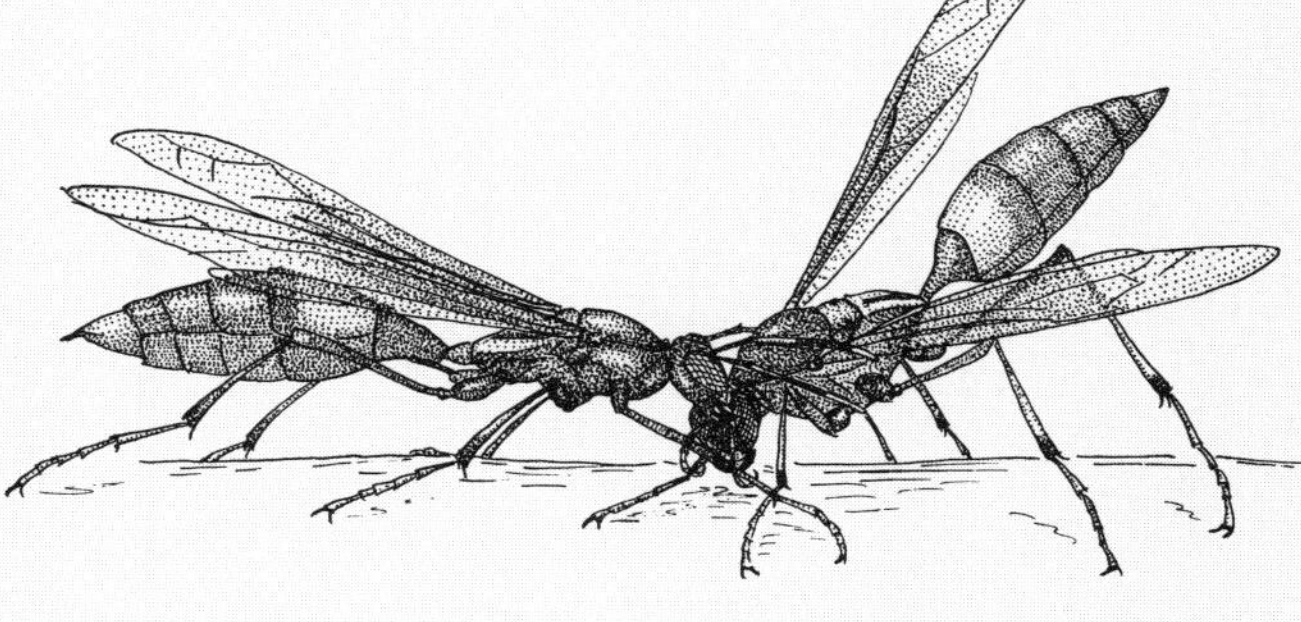

46　伊藤嘉昭さんとカリバチの社会進化

山根　爽一　茨城県生物多様性センター。茨城大学名誉教授。社会性ハチ類、特にアシナガバチやスズメバチ類の社会組織や行動を調べてきた。主著に『昆虫社会の進化―ハチの比較社会学』(編著)、『アシナガバチ1億年のドラマ』。

伊藤さんとの出会い

伊藤嘉昭先生(以下伊藤さん)は若くして名著『比較生態学』を著し、生態学を学ぶ多くの学徒に強い刺激を与えた。駆け出しの私は、魚類や水棲生物における大卵型の進化を、渓流など貧栄養の環境と結び付けて考察した部分に強く引かれたのを覚えている。

伊藤さんは、沖縄県農業試験場の在任中には、放射線やフェロモンによるミバエの駆除に大きな功績を残され、個体群生態学の専門家というイメージが強かった。しかし、昆虫の社会進化にも強い関心をもっておられることを知って親しみをもつことができた。名古屋大学に移ってからは、本格的に社会性昆虫に取り組まれ、一九八三年から八六年にかけて行われた社会生物学に関する文部省の特定研究「生物の適応戦略と社会構造」では、昆虫班の代表として若手を引っ張り、昆虫に限らず広く社会生物学の分野における日本の研究水準向上に貢献された。

北海道大学で坂上昭一先生の指導を受け、アシナガバチの生態を調べていた私もこのプロジェクトに加えていただき、それが伊藤さんとのお付き合いのきっかけとなった。研究費の乏しい地方大学の、さらに研究条件のよくない教育学部という環境にあった私も、特定研究を通じて過分の研究費を配分していただいた上、国内外から集まった社会生物学者の新しい知識や考え方に触れることができた。その後、伊藤さんをはじめ、松本忠夫さん(東京大学)、東正剛さん(北海道大学)が、オーストラリアで行った社会性昆虫の調査にも参加させていただき、研究の対象や知識を大きく広げることができた。

話しは少し逆戻りするが、私が大学院生だった一九六〇年代末から一九七〇年代初めにかけて、動物社会学の分野では今西錦司博士の棲み分け理論やその発展としての種社会の考え方が日本では広く行き渡っていた。博士はダーウィンの自然淘汰に基づく進化理論を否定し、生物のもつ協調的で相利共生的な原理に基づく進化論を提唱したが、その背景には生物の世界が本質的に調和的であるという見方がある。[1] 当時、北大理学部の研究室でも今西理論が流布しており、競争一辺倒を否定するこの考え方には私も強く共感していた。

一九七一年の夏、日本における本格的なアシナガバチ研究の草分けの一人である吉川公雄博士（故人）を大阪に訪ねた。私は、アシナガバチの生活史が寒冷な北海道においていかに変容するかを話題にした。帰り際になって先生は、「山根君、イギリスのハミルトンという研究者が、血縁選択理論というえらい学説を出した。論文は長大かつとても難解で理解するのは容易でないが、蜂の社会進化をうまく説明できるようだ。今後この理論が広まって行くことは間違いないと思う」と興奮気味に言われた。一瞬、何のことか分からなかったが、大きな地殻変動が起きるかも知れないことを予感しつつ辞去した。しかしその後、私は狩りバチの社会を調べるため二年近く台湾に滞在することになり、ハミルトン理論に近づくことはなかった。

札幌に戻って一年経った一九七五年四月、私は水戸の茨城大学教育学部に職を得ることができた。この年、坂上先生が「ハチ類におけるカースト制の進化―子孫をもたない性質をいかに子孫に伝えたか」という論文を書いた。[2] これは、ハミルトン（W.D. Hamilton）の血縁選択理論を日本で初めて紹介、解説したもので、これによって、私も吉川博士が私に伝えんとしたことの意味を理解し、関心をもつに至ったのである。坂上先生は今西理論の支持者の一人と言えるが、いち早くハミルトンの理論に関心をもたれたことが窺える。

その後、ウィルソンをはじめ、ドーキンスやアレグザンダー、クレブス＆ディビスなどが、血縁選択理論の立場から社会生物学（あるいは行動生態学）という新しい体系を構築していった。一九八〇年代に入って、若手研究者による精力的な日本語への翻訳が進むと、国内でも新しい潮流が広がっていった。私も内に葛藤を抱えつつこのパラダイムに傾斜していったが、伊藤さんとの出会いと特定研究への参加はそれを決定的なものにしたのである。

協同的多雌性仮説とその検証

さて、特定研究の成果として、動物の社会行動や行動戦略に関するシリーズ本「動物　その適応戦略と社会」（全17巻）が出版されたが、伊藤さんは一九八六年に、第4巻『狩りバチの社会進化―協同的多雌性仮説の提唱』[3] を著した。狩りバチの社会進化については、その根幹を説明するハミルトンの血縁選択理論とハチ類に関わる四分の三仮説がでて以来、ウエスト-エバーハード（M.J. West-Eberhard）ら欧米の研究者が次々と興味ある仮説を提起して、この分野の研究が盛り上がっていた。伊藤さんはこれらの諸説を短時間でものにし、あっという間に昆虫社会の進化に関する日本の代表的研究者の一人として、この本を書いたのである。

伊藤さんはアリの捕食圧が著しく高い沖縄で、オキナワチビアシナガバチ *Ropalidia fasciata* を観察し、それが「協同的多雌性仮説」という独自の説を立てるきっかけになった。それはとても荒削りであったが、仮説を立てて検証し理論化するという西欧科学の方法を、日本の昆虫社会学研究にも広げようという強い思いとエネルギーを感じた。行動生態学は、行動学や進化学の分野に仮説演繹法を取り入れて「科学」に高めようとした点でも大きな意義があり、伊藤さんもその方法論に強く惹かれたのであろう。

伊藤班に所属した岩橋統さん（琉球大学、当時）と私は一九八九年、伊藤さんに続いて第5巻『チビアシナガバチの社会』(4)を執筆した。以下に述べるように、結果は伊藤仮説に否定的なものとなったが、伊藤さんの構想力とそれを形にする実行力に触れてとてもよい勉強になった。

岩橋さんは第I部で、当時岩橋研究室の学生だった真島さんらと一緒に行った観察から、亜熱帯におけるオキナワチビアシナガバチの生活史や社会組織、社会行動を詳述した。私は第II部で、このプロジェクトに先だって行われたスマトラ自然研究計画（SNS）昆虫班（大串龍一代表）の一員として、赤道直下のスマトラで調べたジャコブソンチビアシナガバチ *Ropalidia jacobsoni* のコロニー・サイクルと社会構造について述べた。

これらの観察事実から第III部では、狩りバチの社会進化について考察した。諸説の中で、とりわけオキナワチビアシナガバチから生まれた伊藤さんの協同的多雌性仮説の検討が中心的な課題となった。この章の執筆は、二人で議論しながら進めるため、東大の松本研究室を使わせていただき、何度も水戸から駒場に足を運んだ。

結果は伊藤仮説に反するものとなり、若輩の私たちは、それを知った伊藤さんがいかなる反応を示すか気を揉んだ。しかし、松本研究室を訪ねてきた伊藤さんは、私たちの議論をそのまま書き進めることを認めたのである。伊藤さんが自由な議論を尊重されたことに感謝したい。

協同的多雌性仮説は後の英訳版(3)では communal aggregation hypothesis と訳されている。これは、相利的協同仮説 mutual-istic co-operation hypothesis と親グループによる子の操作仮説 manipulation of progeny by mother groups からなる。伊藤

さんは、捕食圧の高い環境では、血縁関係にない複数の同世代雌が協同する社会が先行し、その後、異世代個体による真社会が形成されたと考えた。しかし、後述するように、操作仮説の方は異世代真社会の形成よりも多女王制の進化の説明に使われており、肝心の真社会化が霞んでいてかなりの飛躍を感じる。

ところで、協同的多雌性仮説を構成する二つの仮説はどちらもオリジナルなものとは言えない。すでに、Lin & Michener[5]は、ハミルトンの血縁選択理論によらなくとも、複数の非血縁的な創設雌が集まることによって社会が形成され得るとする「相利仮説」を提唱していた。高い捕食圧など、何らかの理由で単独の雌ではコロニーが生存し得ない場合、たとえ血縁関係にない雌でも同居することによって防衛能力は高まり、コロニーの生存率は上がる。但し、その場合、参加する雌たちは程度に差はあれ子を残す可能性があることが条件となる。

伊藤さんは、血縁関係にない雌でもグループを形成し得ることを説明するため、集合モデルを考えた（図1）。これは、グループに加入する雌数（n）と雌あたりの適応度（f）の関係を表したものである。まず、加入雌間に優劣差がない場合、雌数の増加によって雌あたりの適応度（$f_{(n)}$）はある時点までは増加するがそれ以降は減少し、ついには単独雌の適応度（f_s）と等しくなる。その適応度曲線（nが1からn_1まで）は、ほぼ中央（n_0）に最適値をもつドーム状の形になる（a）。右端でf_sのラインと交わる時の雌数がn_1である。個体間に優劣差がある場合、優位個体の曲線f_{dom}は上方に移動するが、劣位個体f_{sub}のそれは下方にずれるので、雌数がn_1よりもはるかに小さな値でもf_s以下になる（b）。そのため、劣位個体はグループからの離脱を望むようになる。

このモデルから伊藤さんは、優位雌が劣位雌に対してあま

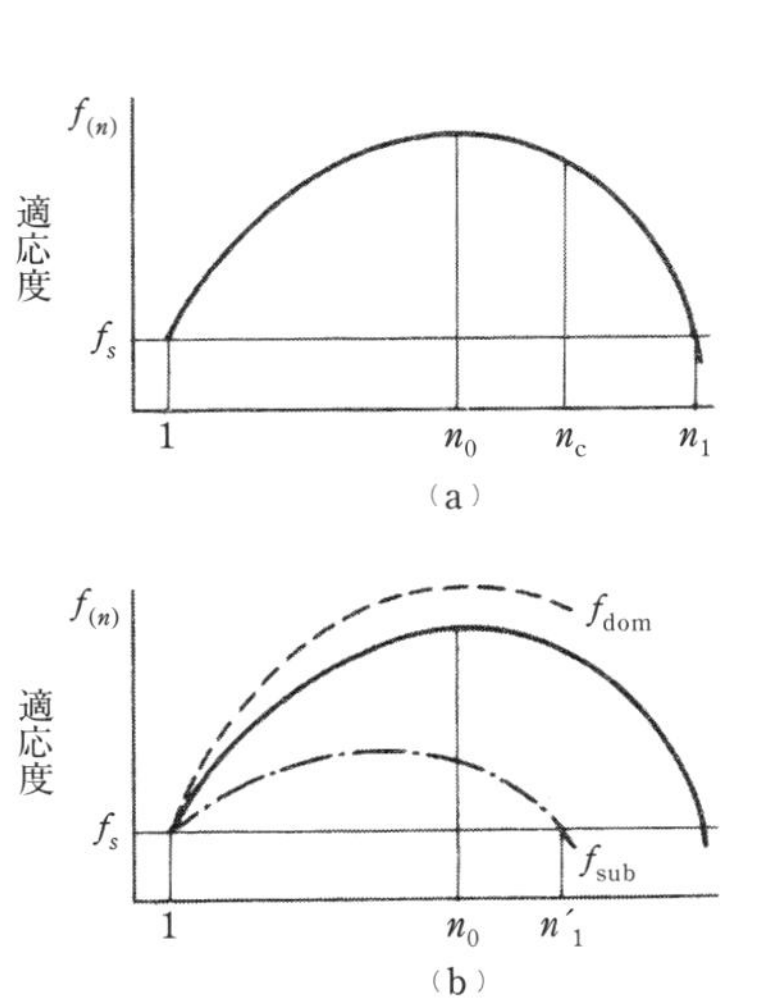

図1　創設雌の集団サイズと適応度の変化を示す伊藤のモデル。(a) は個体間に優劣がないとき、(b) は優劣のある場合。伊藤[3]より転載。詳しくは本文を参照。

り厳しく振る舞うと、グループからの劣位雌の離脱を促し優位雌の適応度が下がるので、マイルドに振る舞うようになると考えた。岩橋さんと私は、社会進化の初期には n は小さくせいぜい数匹であろうから、n は離散量であり、変化は曲線にはならないと考えた。そこで、例えば4雌（$n = 4$）を想定し、外から雌が加入する場合を考えると、創設雌間の関係はむしろ厳しくなることもあるという結果が得られた。

非血縁雌の集合の例として、Lin & Michener[5] はコハナバチ科のいくつかの種における多雌創設を挙げたが、グループに加わった雌たちが実際に非血縁的な個体であったのか、また、全ての雌が子を残せたのかについては検証できなかった。当時の技術では血縁度の測定は困難であったし、地中の巣の中でどの雌が卵を産み、それらが生き残って羽化したかを知ることは不可能だった。

相利仮説の拠り所であったオキナワチビアシナガバチの多雌コロニーは、岩橋さんらによれば、同じ母巣に由来する個体の集合の可能性が高い（当時は遺伝子分析による血縁度の判定は行われていない）。その後、創設雌集団の血縁度が調べられたという話しは聞かないが、同一母巣由来であるという事実が本当なら、一定の血縁関係にあることは容易に想像できる。相利性そのものは集団が非血縁的か血縁的かにかかわらず成り立つが、伊藤さんは非血縁個体の集団をことさら重視したので、オキナワチビアシナガバチをその例にあげたのには違和感を感じる。

West-Eberhard[6] も同世代社会が異世代社会に先行した可能性を考えたが、むしろ血縁関係にある雌の集合を想定して多雌家族仮説 polygynous family hypothesis を導いた。伊藤さんは同世代雌の集合も否定はせず、その場合は包括適応度による利益も加算されるので、それをボーナス効果と呼んだ。しかし、非血縁集団でもそれぞれの個体が相利的な関係を通じて直接の利益を得る、つまり、血縁によらない利益の存在というものをどうしても主張したかったのであろう。

もう一つの仮説「親グループによる子の操作仮説」は、元々アレグザンダー（R.D. Alexander）が、血縁選択理論に立ちつつも、娘の立場から見た四分の三仮説ではなく、親の立場から見て提起した「親による子の操作仮説、parental manipulation hypothesis」を拡張したものである。アレグザンダーの考え方は、母親（基本的に単雌）が、娘に巣にとどまってワーカーとして自分の子（娘にとっては弟妹）を世話するよう操作することができれば、より多くの孫を得ることができるというものである。

伊藤さんは、パナマのヒメアシナガバチ *Mischocyttarus* spp.

の多雌コロニーにおいて、娘羽化前には攻撃行動がほとんど見られなかったのに、娘が羽化すると親（創設雌）たちが娘たちを頻繁に攻撃するようになったのを観察した。この現象からアレグザンダーの仮説を援用して、親グループ、しかも非血縁的な集団による子の操作仮説を考えた。同じ操作という文言を含むが、よって立つ理屈はまったく異なる。ある意味でこれはオリジナルと言えるかもしれない。これを、チビアシナガバチ *Ropalidia* のあるグループや南米の多くのアシナガバチ亜科 Polistinae のエピポナ類 tribe Epiponini で見られる、巣分かれ創設タイプの多女王制進化の説明に使っている。

著書の中で伊藤さんは、多雌社会の形成については一章を設けて独自の仮説（モデル）を提唱しているのに、真社会化の要となる異世代カーストの形成は諸説を紹介するだけで、自分の考えは述べていない。ところが、後半で親グループによる子の操作仮説について、わざわざ一章を設け、唐突に多女王制の進化と結びつけているのは奇異である。

伊藤さんの考え方をまとめてみると、次のようになるのではないか。彼は狩りバチ類における社会進化を血縁選択理論抜きで説明できるとは考えていないが、四分の三仮説だけで説明されるという考え方に強い違和感をもったのである。血縁というものにこだわらず、非血縁的な個体でも相利的（協同的）な関係を通じて、それぞれが利益を享受し得るという主張をしたかった。伊藤さんはあえて「共同」ではなく「協同」という言葉を使っている。協同という言葉には、競争的関係とは反対の助け合いという意味合いがある。この言葉の意味に強いこだわりをもったのであろう。その背景については、粕谷英一さんや辻和希さんが述べているように[7]、彼の思想や政治的立場が関連しているのであろう。私は今西理論とその思想はかなり影響したと思っている。

社会進化の道筋――同世代先行か異世代先行か

蜂における真社会性の進化の道筋については、大別して異世代ルートと同世代ルートの二つの仮説がある。同世代ルートについてはすでに触れたが、この場合でも異世代社会への転換によってはじめて真社会性が成立するのである。

異世代ルートでは、母による子育て行動の進化を前提とし、母が娘の世話を続けて誕生まで巣に留まり、ついに羽化した娘と対面する。娘は母巣を去らず、巣に留まって母親の繁殖を助けることにより、自らも血縁による利益を享受できる。つまり、娘は血縁度が〇・五である自分の子をもつより〇・七五の妹を育てる方が、より大きな遺伝的利益を得ることができるというものである（四分の三仮説）。

独居性のドロバチ類の一部では、母親が子の要求に応じて餌を与える「随時給餌」という方法をとる。ハラボソバチ亜科Stenogastrinaeでは母と娘の間に形態差はないが、羽化した娘はしばらく巣に留まり労働も行う。娘の一部はその後独立して自らの巣をもつようになる。まだ明確な世代間カーストは確立していないが、萌芽的な真社会性の段階にあると言える。[8] アシナガバチ亜科やスズメバチ亜科Vespinaeでは程度の差はあれ、形態的にもはっきりしたカースト差ができあがっている。

この説の元祖はW・M・ホイーラー[9]であるが、時代の制約であろう、彼は娘がなぜ母巣に残って母親を手伝うのか、その仕組みはうまく説明できなかった。しかし、近年のDNA分析による研究は、各グループの系統関係を分子レベルで明らかにしつつあり、それと照らし合わせて真社会性の進化を論じることが可能になってきた。それらによると、異世代社会の先行という考えが優勢になりつつある。

Hughes et al.[10]は、二六七種もの真社会性のハナバチ、狩りバチ、アリの雌（女王）の交尾回数を調べた。多くは一回交尾（モノガミー）であり、かつ独立に真社会性を進化させた八つの系列において、いずれも一回交尾（一夫制）が祖先的状態であることが判った。また、コロニー当たりの女王数についても分析し、真社会性が生じた時点では一夫制であり、かつ単雌性を示す系統がほとんどであったと推測している。

一方、この研究では複数回交尾も見られたが、特に二回を超える交尾が行われるのは、ミツバチやアリなど、ワーカーがすでに女王になる地位（全能性）を失ったグループであった。この多夫制は、ワーカー・カーストが完成し、真社会性が確立してもはや後戻りできないミツバチなど、一部の高度な社会を作るグループに限られるのである。これらのことから著者らは、一回交尾は次世代（娘）個体間の血縁度を高く保つので、真社会性の進化においては決定的な役割を果たしたと結論し、血縁選択（包括適応度）理論を支持した。このことは、必然的に異世代ルートの仮説を導く。

社会進化の初期には、例えばハラボソバチ類に見られるように、コロニーは小さく創設雌の産卵数も少なかったであろう。そうであるなら、必要な精子の量は一回交尾によって得られるので、ヒューズらの結果は道理にかなう。但し、ヒューズらによると、コハナバチ科の中には数は少ないが多数回交尾を行う種がある。ミツバチの多数回交尾は、社会組織の高度化の過程で、長期にわたって膨大な数の卵を産み続けるようになったことと結びついているかもしれない。あるいは、遺伝的変異性が高ければワーカーの多様な個性によってコロニーが活性化されるのかもしれない。

岩橋・山根は、『チビアシナガバチの社会』の終章で、異世代社会が先行した可能性を述べたが、ヒューズらの論文はそれを支持する。真社会性の初期段階にあるハラボソバチは東南アジアの熱帯に生息するが、単雌創設が普通に見られる。彼らはアシナガバチやスズメバチと異なり巣を吊り下げる巣柄を作らない。その代わり、例えばヒメハラボソバチ *Parischnogaster* のある種は、アリが歩きにくい植物の細い根の先に吊り下げる。別の種はランの茎などに直接部屋を並べるが、茎の根元側には粘着性の分泌物を傘のように塗ってアリの侵入を防いでいる。一般的に熱帯地域はアリの捕食圧が極めて高いが、アリの来ない場所を選択したりアリ避けを作ることによって、単雌でも生き残ることができる。ハラボソバチ類は真社会ができつつあった頃の姿を表しているように思う。

伊藤さんは『狩りバチの社会進化』の後にも、いくつか社会進化に関連する論文を出しているが、協同的ということには最後までこだわったように思う。伊藤さんの仮説が主流にならなかったのは誠に残念ではある。しかし、伊藤さんの思いとそれを実現する行動力は、私たち日本の若い研究者に強いインパクトを与えた。今ではごく当たり前になった世界に通用する論文の生産を可能にし、この分野の研究における日本の地位を大いに高めたことは疑いない。私も伊藤さんに叱咤激励され、何編かの論文は国内外の雑誌に掲載された。一人前になれたかどうか自信はないが、感謝の気持ちで一杯である。

伊藤さんとの共同研究

伊藤班に所属して、私は何度も沖縄に出向き、オキナワチビアシナガバチを観察したが、それは短期出張のため断片的であり、琉球大・岩橋グループの長期にわたる詳細かつ緻密な観察には遠く及ばなかった。時に伊藤さんと一緒に観察したが、何を観るのか目的が実に鮮明で、短期間のうちに必要なデータを収集するのが印象的だった。私は坂上門下で、どちらかというと、まずは時間をかけてじっくり観察し、データに語らせるというスタイルだった。そのような目からみると、時には、伊藤さんが短時間の断片的な観察からものを言うのには無理があると感じる場面もあった。親グループによる子の操作仮説のもとになったパナマのヒメアシナガバチの論文も、そのような感じのするものの一つである。

伊藤さんとの次の関わりはオーストラリアの調査であった。ベイトマンスベイ周辺の橋の下に集団で営巣するプレベイア

チビアシナガバチ *Ropalidia plebeiana* を観察した。数百から千を超えるコロニーが橋の天井などに貼り付いている様はとても壮観だった。これも伊藤さんが予備調査の際に発見したもので、その目の付けどころの鋭さに脱帽した。膨大な数のコロニーが集団営巣するこの蜂の社会構造はとても興味深いもので、伊藤さんはすでに本調査の前に東正剛さんと共著で論文を一編まとめていた。

私の最初の訪問は一九八九年で、南半球のオーストラリアでは、丁度、春の営巣シーズンに入った季節である。首都キャンベラから真っ直ぐ東に出た海岸のベイトマンスベイに滞在し、伊藤さんたちが作った巣のマップを基に、沢山の個体をマーキングして巣の行く末や社会構造を調べた。

この蜂は前年の廃巣をそのまま再利用する特異な習性をもつ。おそらく、春になって近隣の越冬地からやってきた創設雌たちが、グループ毎に廃巣を占拠して営巣を開始する。一巣当たりの雌数は数十個体が普通だが、単雌から一〇〇個体を超えるものまである。営巣初期には巣間でしばしば個体の移動が観察されるものの、落ち着くとそれぞれの巣に定着して、何百もの巣はそれぞれ独立したコロニーとなった。

ところが、しばらくすると、蜂が巣を噛み切って二つあるいは三つ以上に分割する現象が頻繁に観察された。巣を噛み切ってコロニーを増やして行くのである。[11] 後に北大の大学院生だった牧野俊一さんが加わって二人で観察し、そのプロセスは明らかになった。大きめの廃巣を占拠した雌グループは、実は複数あったのである。始めはそれぞれの縄張りは小さいが、育児圏が拡大してくると互いが衝突するようになる。その結果、巣を噛み切って分離し軋轢を回避することが判った。[12] そ
またパナマのヒメアシナガバチとは異なり、雌間、特に上位雌間に激しい優劣行動が観察された。優位雌はかなり頻繁に劣位雌を攻撃し、劣位雌の翅を腮で噛み切って巣から落下させるという行動が見られた。これによって、コロニー当たりの雌数は次第に減少していったのである。

最後はブラジルでの調査である。私は一九九四年に、ハリナシバチの研究で知られるR・ズッキ (Ronaldo Zucchi) 教授から招聘されて、サンパウロ大学リベランプレト校（サンパウロ州）に三ヶ月ほど滞在した。それが縁で、一九九九年からズッキ研究室と科学研究費補助金による共同研究を行うことになり、伊藤さんもこの年から二〇〇二年にかけて三回ほど、土田浩治さん（岐阜大学）や宮野伸也さん（千葉中央博物館）らと共に参加された。

出発前から伊藤さんは、六〇万個体ものワーカーからなる巨大コロニーを作り、女王が数千個体もいるエピポナ類

Epiponini の一種、アジェレイア・ヴィシナ *Agelaia vicina* における多女王制社会を解明しようと考えていた。滞在中にいくつかコロニーを見ることはできたが、この種についてはズッキさんの思惑もあって共同研究には至らず、残念ながら今も未解明のままである。

そこで、土田さんを中心に、ポリビア・パウリスタ *Polybia paulista* のコロニーの動態を調べた。また、この時学振研究員として同行した工藤起来君（新潟大学、現在）は、そのまま滞

写真１　サンパウロ大学リベランプレト校のゲストハウスで談笑しながら朝食をとる伊藤嘉昭氏と山根（2002 年 2 月）

写真２　ブラジル、リオ・ブランコの熱帯林で、ゴムの大樹の横に立つ伊藤嘉昭氏（2002 年 2 月）。

在を延長してこの種の巣の構造、巣材、コロニー構成などを調べた。その後も何度か滞在し、ＤＮＡ解析によってコロニー内の血縁度を明らかにした。最終年度の二〇〇二年には、ズッキ研究室の大学院生、ナシメント（Fabio S. Nascimento）さんの案内で、伊藤さん、宮野さんとボリビア国境のアクレ州リオブランコまで行き、南米大陸で著しい分化を遂げた多様なアシナガバチ類を身近に観察することができた。

私はそれまで、伊藤さんについてはかなり厳しく怖いイメージをもっていたが、サンパウロ大学の宿舎では素顔に接することができた。伊藤さんは、若い研究者を育てるために、実にきめ細かい配慮をしてくれる人だった。また、美味しいブラジルのビールを飲みながら、アメリカによる南米の支配の歴史、自分がいかにアメリカ「帝国主義」と闘っているのかなど、蜂以外の広範な話題でも自分の考えを率直に開陳し、時には大いに盛り上がった。

伊藤さんは名古屋大学や沖縄県農業試験場をはじめとする日本の各地の若い学徒を有能な研究者に育てた。私も七〇を迎えたが、その功績は今後もずっと記憶されることだろう。

47 プレベイアーナチビアシナガバチの社会

土田　浩治　岐阜大学応用生物科学部教授。アシナガバチを主な研究材料として集団構造の分析を分子マーカーを使って行っている。

はじめに

伊藤嘉昭さんは、私の大学の学部時代と大学院時代の指導教員であり、それ以来お世話になってきた。私が名古屋大学に入学したのは一九七九年である。当時は大学二年生までを教養部で過ごすことになっており、その当時の私は友人の影響もあって、中尾佐助とか梅棹忠夫等の著作を読みながら、漠然と探検やフィールドワークに対する志向を募らせていた時代であったように思う。また、その時代は、伊藤さんが名古屋大学に赴任して、沖縄農試時代に目星を付けていたオキナワチビアシナガバチを材料にして、精力的に行動観察を始めた時期に重なる。だから、学部の専門課程に入ってからの伊藤さんの授業はとても面白かった記憶がある。もっとも、板書が思いつきのメモのような時があり、ノートを取る気にさせない授業であった点を考えると、現在の大学の授業の基準から照らし合わせると悪い授業であったかもしれない。

さて、当時の名古屋大学農学部害虫学教室は、おおまかに殺虫剤グループと生態学グループに分かれており、殺虫剤グループは齋藤哲夫教授と助手の宮田正さん、生態学グループは伊藤さんと助手の椿宜高さんが指導していた。グループと言っても、この二つは別に敵対しているわけではなく、扱うテーマが違うだけで、ゼミも一緒にやっていたわけだし、研究室としての一体感はとてもあったと思う。おそらく、上手い具合に事務官の三谷三枝子さんが緩衝材になって、色々とガス抜きをしていたせいもあったのであろう。当時の私も、齋藤さんの恐ろしく悪筆の板書にさじを投げたりしながら、我慢強く齋藤さんの応用昆虫学や毒物学の授業を真面目に受講していたし、これらの授業で得た知識も現在の私の中では生かされていると思う。当時、伊藤さんは盛んに沖縄に出張するばかりでなく、海外にも数多く出張し、アシナガバチの観察に没頭していたように思う。また、助手の椿さんも一年間オーストラリアに出張していたので、生態学グループに入っている学生は、いわば、ほったらかしのような状況であったように思い出される。その分、極めて自由ではあったが、ゼミの準備は随分大変だった記憶がある。

伊藤さんが二〇一五年に亡くなり、早一年以上が経過した。この追悼文の編集の話は亡くなった直後からあったわけだが、少し時間が空いてしまった感がある。その間に残された人に去来した思い出を元に、恐らく多くの人が自分と伊藤さんとの関わりを書かれるものと勝手に想像している。そこで、私はあえて大まじめに *Ropalidia plebeiana*（プレベイアーナチビアシナガバチ）の社会について、伊藤さんの仕事をベースに私のデータを示しながら解説をしてみたいと思う。

オーストラリアには様々なチビアシナガバチ属 *Ropalidia* が生息しており、その種名も一風変わっている。例えば、*R. revolutionalis* と *R. socialistica* である。伊藤さんはお酒が入ると「革命チビアシナガバチだ、社会主義チビアシナガバチだ」とご機嫌であった記憶がある。これらの種名は、命名したソシュール (Saussure) が社会主義に傾倒していたことと関係があるようだ。ちなみにこのソシュールの息子が有名な言語学者のソシュールである。*R. plebeiana* は英語の〝plebeian〟と語源を同じにするようで〝平民〟という意味になるようだ。でも、こちらはリチャーズ (Richards) による命名らしい。もっとも、オーストラリアの学生に聞いた所では、plebeian は〝町の酔っ払い〟という隠語もあるようである。

伊藤さんの観察は、主に順位行動（＝攻撃行動）の観察とその個体の解剖によって、順位行動と繁殖順位の関連性を明らかにし、それを基礎として、その頻度の種間比較をしながら社会性進化の道筋を明らかにしようとしたものである。この思考方法は伊藤さんの有名な著書である『比較生態学』からの伝統であると言っても良いであろう。伊藤さんは比較生態学の中で、小卵多産から大卵少産への進化を論じているが、それと同じようなロジックを〝つつきの順位〟にも応用しようとした気がする。

行動観察では、観察者間の測定のばらつきというものは当然存在するので、ある観察者が〝頻度が高い〟と言っても、他の観察者にとっては〝頻度が低い〟と言うことになりかねない。だから、伊藤さんのように、短期間ではあるが、何でも見てやろう的に色々な社会性段階のアシナガバチを多種観察しまくるという手法は〝あり〟と言えば〝あり〟なのである。野心的ではあるが、今から思うと、いかにも伊藤さんらしい行動である。

ここでは伊藤さんのカリバチを材料にした研究を概括し、それを現代の視点で見直してみたいと思う。そこでは伊藤さんとも親交のあったインドのガダカール（R. Gadagkar）さんの仕事も紹介したい。なんと言っても、彼の仕事は代表的なチビアシナガバチ属の研究の一つであり、しかも、お金をかけない巧妙な操作研究による優れたものだからである。実は、伊藤さんの研究もそれほどお金はかかっていない。なぜなら、観察しかしていないからだ。もちろん、数多くの海外出張で飛行機代はかなりかかったであろう。それと、伊藤さんの大好きだった酒代も少なからずかかったであろう。しかし、今日のような、GC-MSだとかマイクロサテライトだとか、NGS（次世代シークエンサー）なんかはまったく登場しない。それでも、一流の研究をガダカールさんはしてきたのである。

ここで主に登場するのは、伊藤さんが大好きであった種の一つ、プレベアーナチビアシナガバチである。私はこの種のおもしろさを、茨城大学の小島純一さんの現地調査に同行して教えてもらった。ここで出て来るデータのほとんどは、未発表のデータであり、査読者のチェックを受けていない点ではまだ未完成な部分は多い。しかし、一つの種の生活史の読み物としてあえてその多くを紹介したいと思う。なお、この文章では、慣例にならって、伊藤さんと呼ぶことにする。単に、そう呼ぶのが名古屋大学の害虫学研究室では通例だったし、今でも、良い習慣であったと思うからである。

つつきの順位と多雌制仮説

まずはつつきの順位を概説しよう。つつきの順位とはイタリア人のパルディ（Pardi）が一九四八年にアシナガバチの一種 *Polistes gallicus* で報告したのが始まりであり[1]、社会性のカリバチの研究者にとっては、最も注目すべき行動の一つであると認識されているといっても良いだろう。優位である個体が劣位である個体をつつくことによって、つつかれた方の卵巣が萎縮していく。対照的に、優位な個体は卵巣が発達し、コロニーの産卵を独占していく。卵巣の発達にはＪＨ（juvenile hormone；幼若ホルモン）とエクジステロイドの影響下にあることが初期の生理学実験で明らかとなっている。つまり、つつかれるとこれらのホルモンの分泌が抑制されて卵巣発育が抑制されるようだ。この現象は主にアシナガバチ亜科とハラホソバチ亜科で見られ、特にアシナガバチ属 *Polistes* の多雌創設コロニーでよく見られる。伊藤さんの興味の中心の一つは、つつきの順位の種間変異とその機能であったと考えても良いであろう。つつきの順位を、アシナガバチ属、ヒメアシナガバチ属、チビアシナガバチ属を対象に自ら観察し、その順位行動を記録し、その行動頻度の種間比較を行っている。それをまとめたものが協同的多雌制仮説の提唱である[2]。

そこでの三つの成果を大まかにまとめると、⑴ワーカー羽化の前後でつつき行動を含む攻撃行動の頻度が変化することである。つまり、ワーカーの羽化前では創設メス間の攻撃行動が比較的少なく、伊藤さんの表現を使うと、その関係はマイルドであるのに対して、羽化後にはその頻度が上昇し、激しくなることを報告した。これは後に、複数の女王によるワーカーへの（力ずくでの）操作という着想につながる。⑵創設メスが複数いる多雌創設と、1匹の単雌創設のコロニーの生存率を比較し、後者の生存率が極めて低く単雌創設は非適応的であることを明らかにした。これは、天敵や台風が多い熱帯や亜熱帯では単雌巣が圧倒的に不利であり、創設メス間の包括適応度の効果が無くても、集合による相利的な効果によって多雌創設が有利となった、という発想につながる。そこではメス間の血縁度が無くても良い状況を思いついたようだ。⑶この様な、単雌と多雌の創設方法が共存するのは、個体群内に遺伝的多型性か戦略の多型性が存在し、単雌創設をするメスは新天地への開拓者である可能性を指摘している。

伊藤仮説とその反証

伊藤さんの観察結果は、その集大成とも言える協同的多雌制仮説につながっていくのだが、伊藤さんの行動観察ついては岩橋・山根[3]が、伊藤さんが主な研究材料としたオキナワチビアシナガバチの詳細な行動観察データを提示しながら反証を行っている。岩橋・山根のデータは、コロニー数に関してはさほど多くは無いが、実によく個体を追跡し観察している。特定の個体が他の巣に移動しても、その後の成り行きまでもが丁寧に記載されている。私は、岩橋・山根[3]の著作は、今でもすばらしい内容を数多く含んでいると思う。特に、オキナワチビアシナガバチで見られた個体の巣間移動の記載、個体レベルでの繁殖成功度の定量は秀逸なデータであり、今読んでいてもその行動が生き生きとして描かれている。また、創設メスが嗅覚ではなく、個体の見た目で優劣を判定できる可能性を指摘した記載もあり、今後の作業仮説として重要な記述がなされている。擬人的な表現が散見されて、首をかしげるようなところもない訳ではないが、一級品の行動観察記録である。

さて、彼らの伊藤仮説に対する第一の反証は、伊藤さんの指摘した、攻撃行動の強さと頻度がワーカー羽化の前後で変化する点である。彼らは慎重に個体の優位性に関して産卵行動や優位行動、さらにその体サイズを吟味し、基本的には、オキナワチビアシナガバチの多雌創設においても順位が1位の個体しか繁殖できないような機能的単雌制になっていることを明らかにしている。また、攻撃行動の頻度がコロニーの成長段階の様々な局面で変化し、その頻度の上昇はメス間の緊張関係の上昇が原因である事を、さらに、その緊張関係の解消手段の一つとして別宅巣（サテライトネスト）の建設が機能していることを明らかにしている。これらの結果に基づいて、伊藤さんによる複数の女王によるワーカーの操作という可能性を否定した。

第二に、多雌創設と単雌創設の生存率の差である。岩橋・山根(3)は、コロニーばかりか個体の生存率も推定・比較し、確かに多雌巣の方が単雌巣よりもコロニーとしての生存率は高いが、伊藤(2)が指摘したほどその差は大きくはなく、個体レベルで見ると、単雌巣上の個体の繁殖成功度は多雌巣に参加した個体の繁殖成功度と同等であることを指摘した。これは多雌巣に参加する個体の利益が、伊藤さんが考えていたよりも高くないことを意味している。つまり、伊藤さんが指摘したような多雌巣の明瞭な有利性が検出されなかったのである。

以上のことから考えると、伊藤さんには旗色の悪い結果となっているし、また、データの質も彼らのものの方が良い。その集大成である協同的多雌制仮説では、複数の女王世代の個体が娘世代の個体を操作してワーカーにしていることを提唱しているが、これは複数の女王間に血縁が無くても、生存率が低い環境条件を乗り切るのには、単雌より多雌という単純に数が多ければ良いであろうという仮定に則った仮説である。これは、伊藤さんも一九八六年の著作の中で述べているように、相利的な関係をより重要視した、一方的な血縁選択説信奉者へのアンチテーゼと考えられる。要は、主流派が嫌いな伊藤さんらしい立場表明であるとも解釈できよう。また、伊藤さんの協同的多雌制仮説(2)はウエスト-エバーハードの多雌制家族仮説(4)と類似しており、伊藤さんの仮説は、さらに創設メス間の血縁関係が無い状況を強調したバージョンととらえることもできる。ただ、もちろん伊藤さんも黙っていたわけではなく、自身の著作を英文として発表する(5)とともに、岩橋・山根(3)の内容を英文にして論文化し、自分の仮説に英語という共通言語を使って反論するべきだ、としばしば主張していたのを覚えている。

以上のことから、伊藤さんのチビアシナガバチ研究はあまり成功したものではないと考えられよう。私もオーストラリア調査やブラジル調査に随行したことがあるが、伊藤さんの観察時間は極めて短く、そのデータから社会性進化の全体像を描き出すには、当時も、不可能であろうと感じていた。恐らく、それは本人も自覚していたであろう。そうであっても、論文を執筆し続けたのは、社会性進化解明に対する熱意が伊藤さんを突き動かしていたのであろうと思うし、まさにそれが伊藤さんの一面を象徴していると思う。自分で行動し、その背中を学生に見せて鼓舞するようなところが伊藤さんにはあったのである。そして、伊藤さんは決して石橋を叩いて渡るようなことはしなかった。

伊藤さんの業績評価を試みる

(1) ガダカールによるナンヨウチビアシナガバチの研究

伊藤さんのアシナガバチの業績の多くは、つつきの順位を基本とした優位行動(＝攻撃行動)の種間比較であることは先に紹介した。一九八〇年代には、少なくとも優位な個体が劣位な個体を攻撃することで劣位個体の卵巣を萎縮させ、産卵を独占するようになると解釈されてきた。しかし、この単純な見方にも例外が少しずつ見つかっている。最も良く研究されているのは、ナンヨウチビアシナガバチ *R. marginata* である。

ナンヨウチビアシナガバチは日本の硫黄島にも侵入定着している種であるが、インドのガダカールは *R. cyathiformis* とナンヨウチビアシナガバチを使って多雌巣の行動研究を一九八〇年代に始めている。*R. cyathiformis* では攻撃的な個体が産卵を独占することを報告しており[6]、これはいわゆる通常型である。これをA (aggressive) 型と便宜上呼ぼう。つまり、A型ははじめにパルディがつつきの順位を発見した、通常型の優位個体の行動を持つタイプである。ところが、ナンヨウチビアシナガバチでは、コロニー内のカーストが巣上で過ごす時間の多いシッター sitter、外役をよくするフォーレイジャー forager、攻撃的なファイター fighter に分かれ、産卵を独占する個体はシッターであることを明らかにした[7]。後に、ガダカールはシッターを〝おとなしい〟個体という意味で“docile”と表現し直しているので、これをD (docile) 型と便宜上呼ぼう。つまり、チビアシナガバチのメス間の関係には、少なくともA型とD型があるようだ。

D型では、女王はほとんど優位行動を示さないおとなしい個体である。そこで、この女王を人為的に除去すると、次の女王らしき個体が現れ、盛んに他の個体に対して優位行動を示し始め、やがて自身が産卵を始める頃にはおとなしい個体に戻るという。普段はおとなしい次の女王も、前の女王がいなくなるとたんに攻撃的になるのは、攻撃行動が卵巣発達を促すブースター的な働きをしているのでは、と彼は指摘している。また、ガダカールのグループは、ナンヨウチビアシナガバチでは女王の体表面上の難揮発性の物質が女王の存在のシグナルとなるフェロモンとして作用しており、他の個体が

その物質によって女王の存在を感知している可能性を示唆している。[8,9]

興味深いのは、巣仲間のメスはどの個体が次の女王になるのかが、あらかじめ分かっているらしいと言うことだ。図1に示したような面白い操作実験をしてそれの可能性を指摘している。[8] 最初に、産卵を観察することで女王個体が識別できたら、翌日にその巣を半分ずつにメッシュで区切るのである。そうすると、女王側と無女王側に分けることが出来る。女王側には女王がいるが、無女王側には女王はいない。この処理を行うとワーカーはメッシュの反対側からは女王の存在を感知できないようである。この状態で二時間観察を行う。その二時間の間に、無女王側のワーカーは女王との近距離での接触が無くなり、その中から次の女王である個体が急激に攻撃頻度を上昇させるのである。その個体を次女王1と呼ぶ。次に、女王と次女王1の位置を交換させるのである。つまり、女王を以前の無女王側に、次女王1を以前の女王側に置いてやるのである。したがって、相変わらず女王と次女王1とは接触は出来ない状態に置かれている。そして二時間観察すると、女王がいない側（つまり以前の女王側）で、次女王1がそのまま攻撃的で女王的に振る舞っている場合と、もう1匹新たに女王的な個体、つまり、攻撃的な個体が現れる場合が出たのである。この新しい個体を次女王2と呼ぶ。この時、次女王2と次女王1は同じ区画に入っているが、次女王1の攻撃頻度は減少してしまい、ワーカー的に振る舞うようになったのである。これは、巣を分割したときに本来の1位の次女王が女王側にいたために、無女王側にいた本来の2位の次女王が攻撃的になっていた、と解釈できる。さらにもう一回、女王と次女王2を入れ替えても、次女王3が現れなかったことは、次女王2があらかじめ次の女王（つまり、1位の次女王）であると認識されていた可能性を示唆している。さて、実験2日目には、女王以外の個体は女王側と無女王側に同数放たれるので、もし、あらかじめ次の女王になる個体が決まっているのであれば、どちらかの区画に1位の次女王が入っていたはずである。したがって、次女王2が現れる確率と現れない確率はほぼ同じになると期待される。実験結果では、5/8のコロニーで次女王2が現れ、3/8のコロニーで次女王2の出現しない結果となった。これは半々と有意な差はない。つまり、次の女王は何らかの正直なシグナルで認識されていると言えよう。

この結果は、次の女王になる個体はコロニーメンバーから当初より〝既に認識されている〟ことを示している。それは、何らかの化学的なシグナルかもしれない。ガダカールのグループは、女王がデュフール腺を巣材にこすりつけるような行動をすることから、その成分が女王のシグナルとなっている点を指摘している。しかし、外部形態によって伝達される正直なシグナルを反映したバッジである可能性も残されている。その可能性をあえて指摘するのは次のような驚くべき発見があったからである。

二〇〇四年の十一月十一日号のネイチャー誌の表紙にはドミヌルスアシナガバチ *P. dominulus* の写真が飾られた。彼女らはドミヌルスアシナガバチの顔面の頭盾（クリペウス）の模様の個体間の違いによって、このアシナガバチが個体識別で

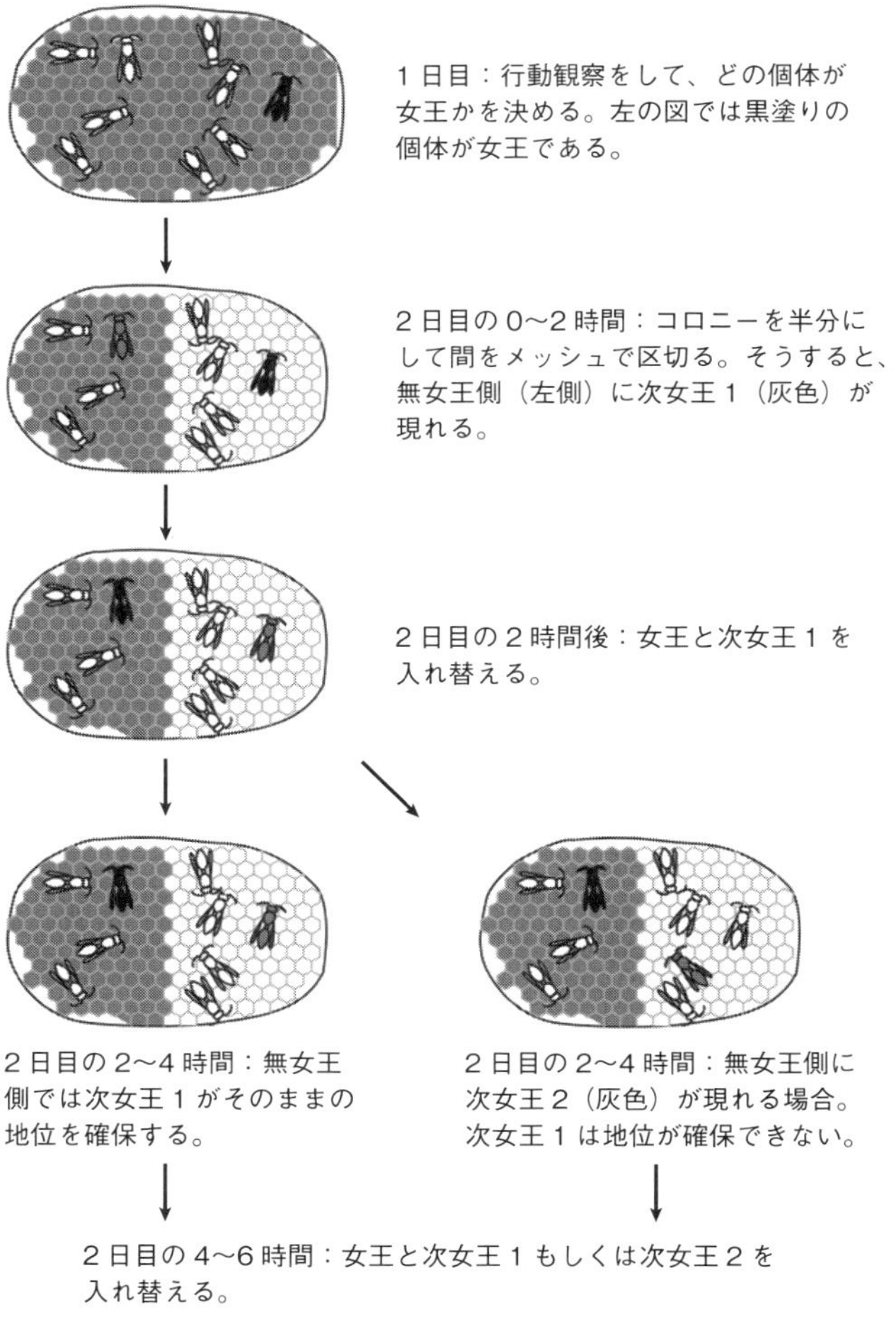

図１　ナンヨウチビアシナガバチの操作実験の流れ。

きることを報告したのである[10]。本種のクリペウスは黄色の下地の上に黒点があるような模様になっている。その模様が大きくてギザギザが強い模様ほど優位な個体であり、実験的に劣位の個体に人為的な〝優位模様〟の処理をすると、その個体は裏切り者として認識されるようで、処理をしていない他の個体からの攻撃行動を受けるようである。ここでは、頭盾の模様は正直なシグナルを示すバッジとして作用しており、それを見て、巣仲間は相手の質を判断できるのである。頭盾の模様と行動が一致しない裏切り者は他の個体から罰を受けたというわけである。この報告は、原始的な真社会性昆虫とされるアシナガバチでも、予想に反して、個体識別能力が高いことを示しており、私も大変関心を持って読んだ記憶がある。だから、我々が想像している以上にアシナガバチは相手の質を正確に判断できる術を持っていると予想して作業仮説を立てた方が良いと私は思う。

以上のことから分かってきたことは、伊藤さんの時代以降、順位制の基本になっていた優位行動の解釈が変更される余地がずいぶんと出てきたことと、そしてアシナガバチは、われわれ人間が予想していた以上に相手を識別する能力が高いことである。しかも、嗅覚・色覚、そしておそらく聴覚も使って情報を集めているのだろう。そういった意味で改めて岩橋・山根[3]の著作を読むと、彼らはオキナワチビアシナガバチの巣仲間が巣の外でも巣上での順位にしたがって行動を示したことをさらりと記載しているが、これは本種にも個体識別能力があることを示しているのではないだろうか、と読めるのである。

(2) 相利的集合モデルとその後の展開

血縁選択説は、今更解説するまでも無いが、ハミルトンが提唱した血縁者を通しての援助行動の進化を予測した学説[11]であり、姉妹間の血縁度が単数・倍数性生物の方が倍数・倍数性生物より高くなることから、直系ではなく、傍系による包括適応度の利益がより多く得られるので、表向きは利他的に見える行動が進化することを予測したものである。包括適応度を直接測定することはもともと困難であり、その検証例は多くはない。したがって、視点は包括適応度の直接測定から、測定のしやすい血縁度測定に移って行ったのは自然の流れとも言える。これがおおよそ一九七〇年代から一九八〇年代の流れであろう。それとは別に、理論的な進展もあり、(1) 3対1の性比理論[12]とそれに続く分断性比モデル[13]、(2) 繁殖の偏り reproductive skew モデル[14]、(3) ワーカーポリシング理論[15]等の進展があった。これらのモデルにはいずれも血縁度がそのパラメータとして組み込まれており、血縁度のコロニー間のばらつきに応じて性比が変動するかどうか、創設メス間の行動が変化するかどうか、食卵などのポリシング行動の頻度が変化するかどうか、と言う点で予測可能なモデルとなっている。したがって、血縁度を通しての動物社会内の行動の変化が予測可能な形となっており、血縁選択がその社会や行動の維持機構に関与しているのかを判定することができる仮説群と考えられる。しかし、注意して欲しいのは、これらの作業仮説は血縁度が社会性進化に重要だったかの判定には関与しない点である。その検証には系統発生学的な視点が必要である[16]。伊藤さんもこの違いを理解していなかった懸念は残っている。

血縁選択説の検証に関して、先の理論的な展開を私は大きく二つに分けることができると思う。一番目は性比理論やワーカーポリシング理論のような女王対ワーカーの対立軸で見たものである。そして二番目は多雌創設のような同世代のメスの間での妥協がどのように解決されるのか(その結果としての見かけ上の協力)を血縁選択説に基づいて解明するというものである。後者の流れはやがて繁殖の偏りモデルに受け継がれていく。性比理論やワーカーポリシング理論はこれまでにもよく解説されてきたので、ここでは後者と伊藤さんの仕事の関係を考えてみたい。

同世代間の協力行動を血縁選択説で検証する試みは古くからある。多雌創設の問題はまさにそれに相当する。つまり、1匹で巣を創設するのが得か、既に創設されている巣に参加するのが得かという問題である。アシナガバチでは比較的古い時代から良い検証例[17]が存在する。彼らはメトリカスアシナガバチ *P. metricus* の多雌創設の優位な1位のメスと2位のメスの包括適応度を測定し、それを単雌創設のメスの包括適応度(この場合は通常の適応度と同義)と比較したのである。単雌創設の相対包括適応度を1とすると、多雌創設の1位のメスの相対包括適応度は1.83であり、さらに2位のメスの相対包括適応度は1.39であった。このことから、既に創設されている単雌巣に参加した方が、自身で巣を創設するよりも大きな包括適応度が得られることを明らかにしたのである。

荒っぽい観察だけに頼ってきた伊藤さんのアシナガバチ研究であるが、彼の集合モデルはかなり良い線をいっていたのではと思わせる節がある。伊藤さんは血縁選択による利益が無い場合の集合をもたらす原動力として相利的な利益を考えており、それが複数のメスによる多雌創設の原動力になっていると考えていたようだ。そこで、彼は包括適応度によるモデルを作って自身の理論を展開している。それによって、最初の創設メスがコロニーの状況に応じて、次の創設メスを受け入れるかどうかの条件を考察している。特に、順位制がある場合には、優位メスにとって劣位メスの存在それ自体が巣の防衛にとって有利な場合は、劣位メスを巣に留まらせるように攻撃行動がマイルドになるであろう、と指摘している。また、攻撃行動が強すぎると劣位メスは独立してしまう状況も考察している。この発想は一連の繁殖の偏りモデル[14]の先駆けである。伊藤さんも一九八六年の著作の中で述べているが、Vehrencamp の相利的集合条件を扱ったモデル[18]によく似ているし、伊藤さんも先に発表されたことを本の中で悔やんでいる。一般に、繁殖の偏りモデル関連の文献のイントロでは、この論文[18]が引用されることが多い。

詳しく述べると、伊藤さんの相利的集合モデルは、繁殖の偏りモデルの中の譲歩モデルと呼ばれる状況に該当するであろう。譲歩モデルは、ある意味、社会学や歴史学で取り扱われる王権の社会契約説に似た状況を考えている。絶対王政の時代、その王と平民との関係の正当性を説明する合理的な枠組みとして、平民は王様に多くの権利を委ねるが、その代わりに平民は王権に対して平民に対する「ほどこし」を要求する、という一種の社会契約である。優位個体は繁殖を独占する一種の王権であり、平民である劣位個体は、王権を許す代わりに、分け前を要求する関係を描いたモデルである。

このモデルでは、個体間の血縁度、統率力、グループとしての生産力、単独で巣を作る場合の環境の制約、等がパラメータとして使われる。統率力は一般的に体の大きさ等で代用され、体の大きな個体ほど力が強くて統率力があると想定される。予想される結果は、優位個体（王様）と劣位個体（平民）の二者間の血縁度が高いほど、劣位個体の分け前は減り、また逆に、血縁度が低いほど、劣位個体の分け前は増えることを予想する。ここでは、血縁度が高ければ、血縁度を通した間接的な適応度（つまり包括適応度）が多いと予想し、優位個体はより攻撃的に独占（搾取）するようになると予想する。さらに、優位個体と劣位個体のグループとしての生産能力が高く、独立して巣を作る可能性が低い状況では、劣位個体の分け前は減り、逆の状況では増える。さらに、シーズンが進むと劣位個体の独立する可能性が低くなるので、優位個体から劣位個体への攻撃性は増加すると予想する。つまり、血縁度が高い状況や劣位個体が単独で巣を作りに出て行けない状況では、優位個体が搾取的に行動しても劣位個体は受容せざるをえず、血縁が低い状況や劣位個体が単独で巣を作りに出て行ける状況では、優位な個体が劣位な個体を丁重に扱わないと劣位個体にうまく働いてもらえない、といった場面を想定している。

伊藤さんのモデルは、適応度、血縁度とグループサイズのみで描かれているので、モデルとしては不十分な側面はあるが、このモデルからは、天敵などによる死亡率が高い環境では、多雌創設が優先し、そうでない場合には、単雌創設が優先される、と言った単純な予測が可能である。また、創設期には天敵が多く、劣位個体を巣に留めておく必要があるので、巣内の行動がマイルドになり、ワーカー羽化後は天敵に対する防御力がワーカーによって高まるので、巣内の攻撃行動が激しくなる、と言う予測も成り立つ。伊藤さん自身の取ったデータをこのモデルに当てはめて議論を展開すれば、優れた論文になったであろうと考えられる。

さて、結論から先に言うと、繁殖の偏りモデルはアシナガバチの創設メス間の関係を上手く説明するのに失敗したといって良いであろう。支持する論文数と支持しない論文数がほぼ同数だからである。一方、一連の研究の中ではアロザイムに替わってマイクロサテライトが使われるようになり、コロニー内の詳細な血縁構造が明らかとなってきた。ちなみに、社会性昆虫でマイクロサテライトが最初に使われたのは濱口京子さんの論文[19]であり、マイクロサテライトが盛んに使われるようになったのは一九九〇年代の後半のことである。なお、この濱口京子さんの論文の共著者の一人が伊藤さんである。伊藤さんが当時京都大学霊長類研究所の教授であった竹中先生をけしかけてマイクロサテライトの設計に成功した成果である。伊藤さんの押しの強さなのか人間的魅力なのか、とにかく、霊長類を研究していた研究者に節足動物であるアリのマイクロサテライトの開発を手伝わせるのは、私から見ると、かなりの荒技である。

さて、二〇〇〇年になると、ドミヌルスアシナガバチの創設メス間の血縁度推定にマイクロサテライトマーカーが適用され、35%もの個体が血縁関係に無いメスで構成される報告がネイチャー誌に発表された[20]。同様の結果はその後の研究で他の個体群を使って再確認され、多雌創設メスの間に全く血縁関係のないメスが含まれていることが明らかになったのである[21]。これらの結果は、多雌創設では血縁の全くない個体が参加しており、血縁選択説だけによってこの存在を説明するには無理があることを示唆している。伊藤さんの仮説に少し追い風が吹いた感じである。より最近の研究では、ドミヌルスアシナガバチの多雌創設メスを九つのマイクロサテライトマーカーを使って分析した結果では、劣位メスは単雌の創設メスよりも直接的な適応度が高い（つまり自身の子供が多い）ことが明らかとなっている[22]。32%の劣位メスの子供は、優位メスが巣上にいる間にこっそりと産み付けられており、残りの68%は、巣を引き継いだあとに生まれた子供であることが明らかとなったのである。つまり、血縁者の子供を計算に加えなくても、十分な利益を多雌巣の劣位メスは確保していることが明らかとなったのである。これは社会的順番待ち social queuing と呼ばれる戦略である。

ここで、社会的順番待ちモデルを少し説明しよう。このモデルでは現在の投資と将来の投資を分けて考えている。そして、それをどう各個体で分配するかということを考えるのである。そこでは、現在の投資を増やせば、将来の投資が減る、現在の投資を減らせば、将来の投資が増えると考えるわけだ。最優位個体は現在の投資に集中するのに対して、劣位個体は将来の投資の機会を期待してじっと我慢する、とも言えよう。その関係を基礎に数理モデルを立てると、次のような代表的な予測が成り立つのである。(1) 劣位個体の中でも、最優位個体に順位が近い個体ほど(将来の繁殖分を保留しておきたいので)、あまり働かずにエネルギーを使わない、(2) 劣位個体は、創設メスの数が多いほどコロニーサイズは大きいと予想され(将来、巣を引き継いだ場合に得られる利益が大きいので)、個体あたりではあまり働かずにエネルギーを使わない、(3) 2位の個体の攻撃性は(将来の1位に挑んだときの価値が3位以下の個体より高いので)、3位以下の低い個体より強くなる、等の予測が成立するのである。社会的順番待ちモデルは、ハラホソバチのグループに良く適合しており[23]、その後、ドミヌルスアシナガバチの多雌巣での血縁のない劣位メスの存在にも、これによる説明が可能であると考えられている。

ここまでをまとめると、血縁選択説は二つの方法でその検証作業が進み、一つは性比とポリシング理論を派生した。もう一つは繁殖の偏りモデルにつながり、伊藤さんの相利的集合モデルはその一つに類別されるであろう。また、アシナガバチの多雌創設メス間は血縁のない状況が明らかとなり、そこでは、新たに、社会的順番待ちといった要因が考えられるようになってきた、とまとめることが出来るのである。伊藤さんのモデルでも血縁のない状況を想定しているので、この状況を伊藤さんは喜んでいるのかもしれない。ただし、伊藤さんのデータではどうにも検証不能である。各個体の一シーズンにわたる追跡によって繁殖成功度を明らかにして、それと同時に、その行動の変異を追跡できるようなデータが取れていれば、新しい展開が可能であったであろう。それは当時の伊藤さんには性格的に出来なかったであろうという私の想像を、せっかちな伊藤さんがあの世で笑っていてくれればと思う。しかし、オキナワチビアシナガバチはもう一度新たに光を当てるべき種であると私は思っている。また、もう一つ思うのは、集合性と血縁度の関連に対する伊藤さんの見方である。ガダカールさんも以前からチビアシナガバチの集合性にはそれほど血縁度の果たす役割は多くはないのではないか、という疑念を表明してきている。何かそのあたりで伊藤さんとガダカールさんは古くから共鳴しあっていたのではないかと思われるのである。

プレベイアーナチビアシナガバチの社会

(1) 女王はどのようにして決まって、どのような個体か?

プレベイアーナチビアシナガバチ（以下、プレベイアーナと略す）はオーストラリア東海岸に生息するチビアシナガバチである。本種は一九七八年のリチャーズの著作[24]に紹介されており、橋の欄干の下などに巨大な集合を作ることが知られていた。図2にはその一例を示しておいた。とにかく、巣の集合の度合いが密なのである。社会性昆虫としても例外的な集団である。このような集団が高速道路下の土管の中とか高速道路沿いの崖に作られているのである。伊藤さんが本種に最初に出会ったのは一九八四年と思われ、最初の論文はブリスベンのコロニーについてであり、そこでは巨大な集合は形成しない。[25]プレベイアーナは巨大な集団を作る場合と作らない場合があるようで、後者はキャンベラ市内の個体群でも知られている。[26]キャンベラ個体群の発見は、Spradbery 氏いわく、小島純一さんの奥さんによるものらしい。

さて、私は二〇〇一年十月〜二〇〇二年八月までと、二〇〇四年十二月〜二〇〇五年二月の二回の期間にわたって、オーストラリアに滞在する機会を得ることができた。これは、日本学術振興会（ＪＳＰＳ）とオーストラリア科学アカデミー

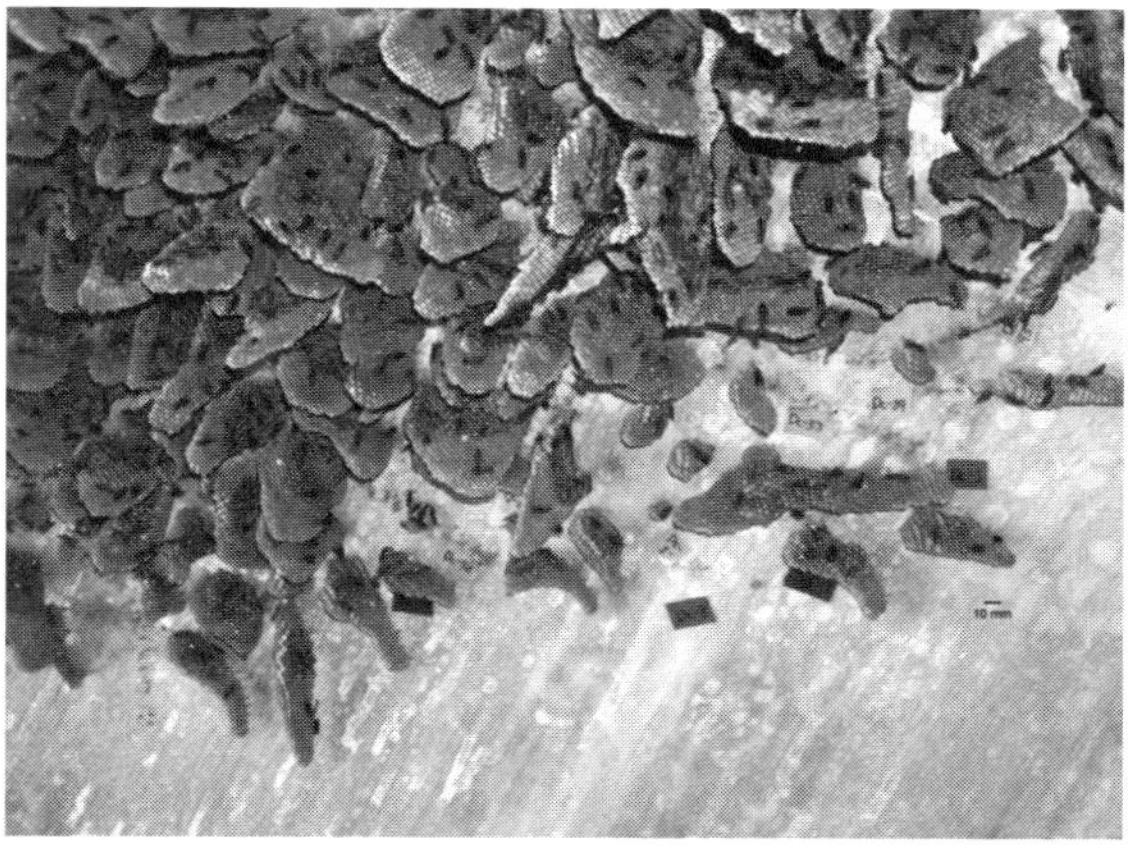

図2　*Ropalidia plebeiana* の巣の集合。場所は Dinner Creek と呼ばれる高速道路下の土管の中である。ここでの調査開始時には、以前の調査で伊藤さんが貼り付けたビニールテープの残骸が残っていた。

(AAS)間の国際交流協定による特定国派遣研究者制度によるものである。これらの援助によって、おおよそ本種の周年の生活史を明らかにすることができた。そこでの研究成果の一部を以下に紹介したい。

本種は、オーストラリアの春に当たる九月中旬に、越冬後の創設メスが前年の巣場所に集まってくる。多くの個体が前のシーズンに使われた巣を再利用するのであるが、一部の巣は新設されることが分かっている。ちなみに、社会性昆虫で巣が再利用されることは、巣を作る手間が省けて良さそうであるが、例外的である。それは古い巣材が病気の感染源になるため、避けられているのであろうと考えられている。

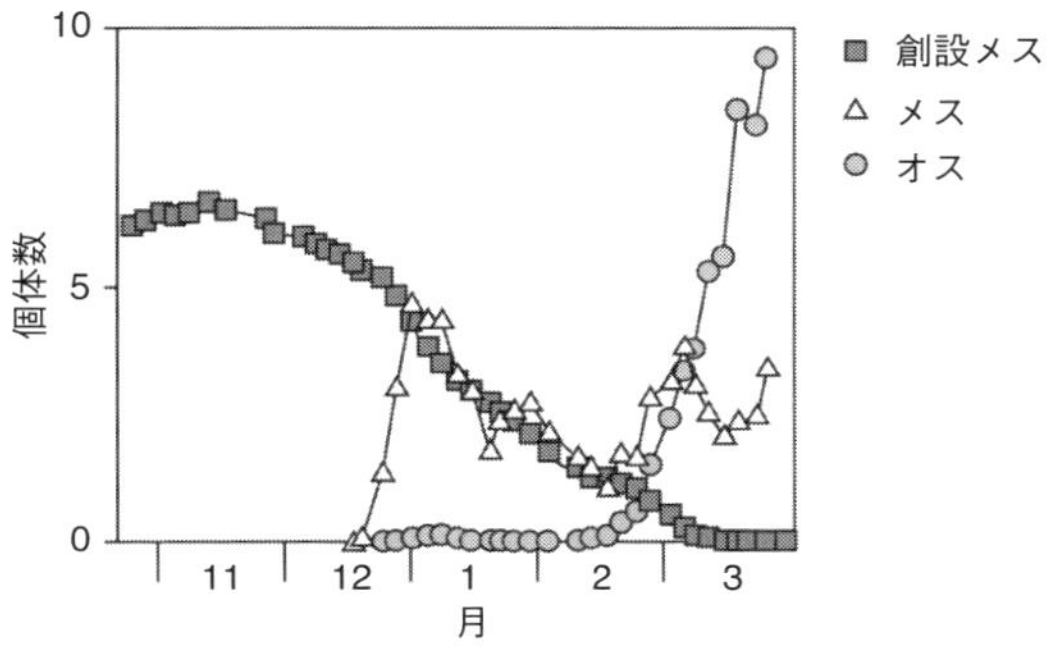

図3　*Ropalidia plebeiana* の巣上の個体数の推移。古巣への定位はおおよそ9月中旬に始まり、その後、12月下旬から娘世代であるワーカーの羽化が始まる。4月下旬から5月上旬にかけてコロニーは一度解散する。

さて、十月からは巣内に卵が見られるようになり、事実上の営巣活動が開始される。その後の巣上の個体数の推移を図3に示した。創設メスは十一月中旬まで緩やかに増加するが、ほぼ一定で、若干増えるのは、他の巣からの移動か、越冬後の個体が新たに参加するからのようだ。それらの創設メスの娘世代にあたるメスの個体は十二月下旬から羽化を開始し、その羽化消長には明瞭な2山が認められる。つまり、十二月下旬から一月上旬にピークを持った山と、三月上旬にピークを持った山である。それぞれ、前者がワーカーに相当し、後者が次世代の創設メスに相当すると思われる。オスは二月下旬から羽化が始まり、その後は羽化数が上昇する傾向にあった。また、一月上旬にも若干のオスの羽化が認められ、これらがワーカーの交尾相手になっている可能性も考えられる。いずれにしろ、次世代のメス数に比較して、オス数が多い傾向にあることが分かると思う。

図4には創設期、つまり、十月上旬から十二月下旬までの創設メス間の攻撃行動を示した。マウントとは相手の背部に

乗り上げ、相手を押さえ込んだ状態で自身の口部をきつく相手の口部に押しつけるような行動であり、ダートとは、相手に対して瞬時に突っかかるような行動である。前者は身体接触があるので激しい攻撃行動、後者は身体接触がないので弱い攻撃行動と解釈できるだろう。図4には4コロニー分のデータが示してあり、上段が観察時間内の攻撃行動の相対頻度、下段が出巣頻度であり、横軸は各創設メスを示している。例えば、一番左はDcr-1コロニーのデータで、そのコロニーには1番から142番の創設メスがいて、Qはワーカー羽化後に女王になった(産卵した)個体である。ただし、ワーカーの羽化前の観察中には、どの個体が女王になるのか私には全く分からなかったのだ。図4を見ると、Dcr-4の女王はダート行動の頻度は高かったが、それ以外の3コロニーの3匹の女王は、マウント行動もダート行動も、その頻度が他の創設メスよりも低かったのである。例えば、Dcr-1では、当初私はNo.1の創設メスが女王になるものと思い込んでいたし、同様に、Dcr-4ではNo.40が、Dcr-5ではNo.41が、Dcr-10では、No.125が女王になると思い込んでいたのである。

なお、ワーカー羽化以前に産卵が観察されたのはほとんどなかった。その原因の一つには、多くの個体を一人でマーキ

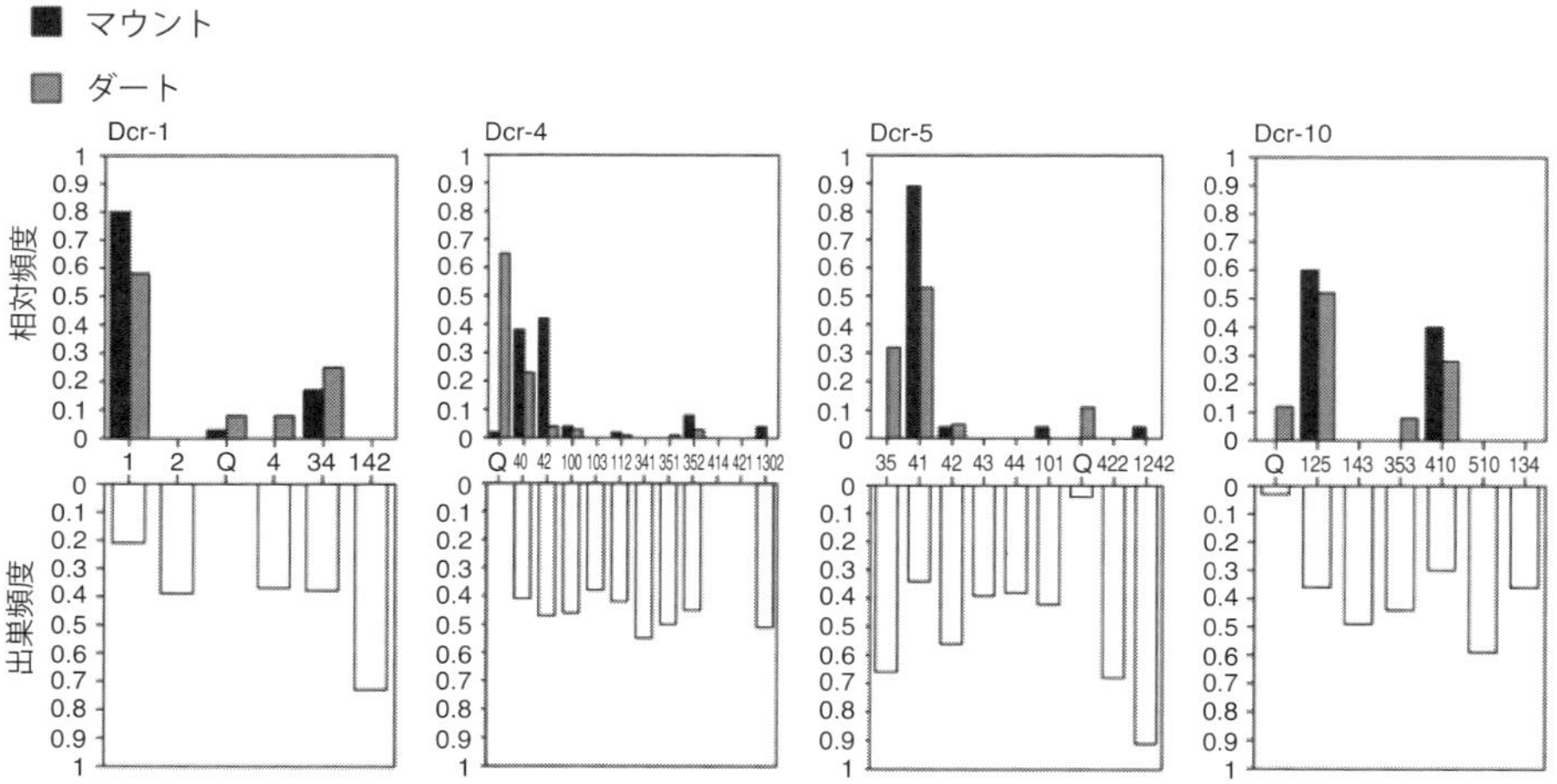

図4　創設期の創設メス間の攻撃行動。マウントとは相手の背部に乗り上げ、相手を押さえ込んだ状態で口部をきつく相手の口部に押さえつけるような行動であり、ダートとは、相手に対して瞬時に突っかかるような行動である。ワーカー羽化後に産卵が確認された個体は女王(Q)と判定した。

ングしなければいけないという制約下にあったので、観察時間が制限されたことも原因の一つであったし、ビデオ撮影が当時はまだ簡単に利用できない上に解像度が悪かったことも原因の一つである。私の調査地点は、高速道路下の土管の中にあり、少し薄暗い条件であった。そのような条件でマーキングの区別が出来るようなビデオ機材が当時はまだなかったのである。伊藤さんも、当時同じ調査地点を使って行動観察をしており、彼が巣場所をマークしたビニールテープが壁面に残されていた。当然、伊藤さんもせっせとメモを取ったり、大きな声で録音するしかなかったのである。

さて、話を元に戻して、十二月下旬になって娘世代のワーカーの羽化が始まると、産卵を始めたのはこれらの4匹の女王だけであった。つまり、真の女王は〝おとなしい〟ということだ。そこで出巣頻度を見ると、なるほど、真の女王はほとんど出巣していないことが分かる。つまり、攻撃行動によって優劣関係が決まり、その結果、真の女王が決まるようなA型ではなく、女王になる個体はあらかじめ周りの創設メスから認識されているD型のようなのである。これには何らかの化学物質が関与している可能性が否定できない。今後の検討課題であろう。ただし、データは示さないが、次世代のワーカーが羽化を始めると、ずいぶんと状況が異なってくる。女王はもっぱらマウント行動をし始めるのだ。ただし、観察していると、マウント行動は帰巣した個体に対して行われる行動であり、他のワーカーも帰巣個体に対して行うのである。つまり、次の出巣を促す行動に見えるのである。このあたりのデータ解析はまだ不十分であるが、近い将来にはっきりとさせたい点である。

さて、私がもし、ワーカーの羽化以前の観察期間内で「そのようなおとなしい個体が女王になること」といった〝法則〟を事前に知っていたのであれば、人為的な除去実験をしていたであろう。しかし、前述したようにその法則に気がついたのは既にワーカーが羽化した後であった。そこで、二回目の滞在のときには女王の除去実験を行った。十二月中旬から一月上旬にかけて、先の判定基準から女王と分かった個体を12コロニーから除去した。それらの女王をアルコールで保存し、帰国後に日本の研究室で解剖すると、すべて卵巣が十分に発達していたので、先の女王基準の正しさは証明されたわけである。そのうちの2コロニーでは創設メスの中から次の女王が現れ産卵し、10コロニーからは娘世代から女王が現れて産卵した。娘世代のワーカー数がまだ少数のコロニーから女王を除去すると、創設メスの中から次の女王が出現し、娘世代のワーカー数が多いコロニーから女王を除去すると、娘世代の中から女王が出現する傾向があるようだ。創設メスの一部は生存していたにもかかわらず、娘世代のワーカーの中から次の女王が出現したのである。つまり、女王になれなかった創設メスは、娘世代のワーカー羽化後には、自身は〝ワーカー〟となって（没落して）働き、その後は二度と女王になるチャンスを失うことを意味するのである。

　では、次の女王になる娘世代のワーカーは元々おとなしい個体なのであろうか？ ナンヨウチビアシナガバチでは、この点が特徴的であった。しかし、今のところ、行動観察をまだ十分に解析しておらず、この点は検討できていない。しかし、ワーカーの日齢を見ると、既に外役に出たような老齢の個体は女王にはならなかったし、羽化後の日数がそれ程経過していないワーカーも女王にはならなかった。つまり、中齢（中間層）とも言える中間的な日齢の個体が次の女王になったのである。しかし、データをよく見ると、自然条件下では女王は必ず創設メスの中から現れており、娘世代のワーカーから女王が現れる事例は観察されなかったので、実際に女王の交代が起きるのは極めて稀な事象であるようだ。以上のことをまとめると、女王は創設メスの中から出現し、基本的に1匹のおとなしい個体であるといえよう。

(2) コロニー内の血縁構造

　プレベイアーナは、巣が噛みきられることで分断される点[27,28]も社会性昆虫では極めて異色である。面白いのは、分断されるラインは巣材に対して水平の場合もあることだ。つまり、巣はコンクリートなどの面に数カ所の巣柄で固定されているわけだが、巣柄がある部分と巣柄が無い部分に分割される場合もある。そうすると、巣柄の無い部分の巣を占有していた個体は、切断された巣と一緒に地面に落ちてしまうといったおかしな（funny）ことが起きる。もう一つのおかしなことは、個体の翅が切断される場合もあることだ。切断される側の個体はおとなしく翅を他の個体に切断されてしまう。つまり、おとなしく、されるがままの状態にあることだ。さらにおかしなことは、切断された個体の中に卵巣を発達させている個体が含まれていることだ。翅を切断された個体がウロウロと地面を歩いている場合も観察されるのである。かといって、巣から攻撃的に追い出されるようなことも観察されないのである。この点は今後注目して観察する必要があると思っている。

　さて、巣の分割前後の血縁度に関しては伊藤さんも興味を持っており、DNA指紋法で血縁度を測るべきだと主張していた。そこで、本種に対して五つのマイクロサテライトマーカーを開発し、巣の分割の前後での創設メス間の平均血縁度を測定した。その結果、分割前の値は0.250であり、分割後の値は0.224であった。この二つの値の間には統計的な有意差が認められず、残念ながら（と言うか驚くべきと言うか）、血縁度に基づいた巣の分割は行われていないことが分かった。つまり、血縁度のより高い創設メスグループにお互いに分かれて巣を分割しているわけではないようだ。血縁認識機構は未発達、もしくは、創設メスにはそれほど重要ではないのかもしれないことを覗わせるのである。創設メス間の1対1の血縁度を計算し、ヒストグラムに示したのが図5である。これを見ると、ずいぶんと血縁度の低い関係が含まれていることが分かると思う。つまり、創設メス集団は、大まかに言うと平均血縁度0.25程度の個体関係の集団で構成されており、それは両親を共有する全姉妹 full-sister から血縁度ゼロの個体関係を含んでいるからだと考えられるのである。これらの値からざっくり血縁度ゼロの以下の関係の比率を計算すると、コロニーの全ての創設メスペアの31.6%（435/1375ペア）を占めていることになる。この値は数字的には先のQuellerらの論文[20]に匹敵する値であるが、図5を概観すると血縁度ゼロの関係がもっと多いことが覗われるのである。

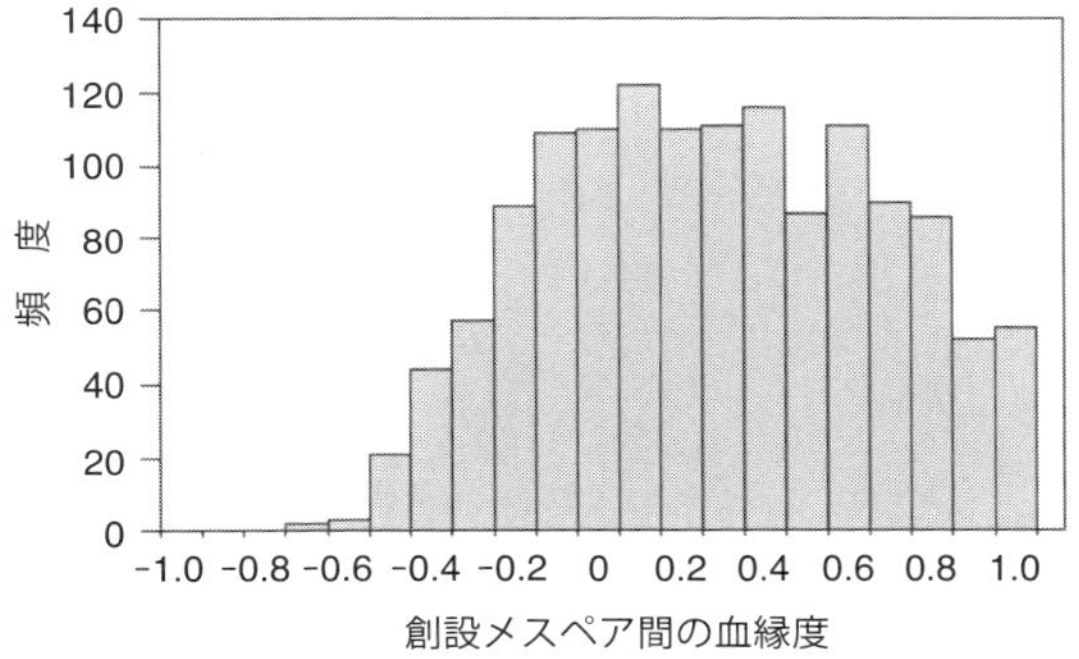

図5　創設メスペア間の血縁度。血縁度はソフトウエアのKinshipで計算した。多くのペア間血縁度が0もしくは0より小さな値を示した。

　シーズンを通してのメス間の血縁関係はどうなっているであろうか？　それを示したのが図6である。創設メス間の血縁度は0.285であり、ワーカー間血縁度は0.238であった。このワーカー間血縁度から、これらのワーカーを生んだ母親数が推定できる。その値は4.07匹となる。この値は、先の羽化消長の図3の実測値と比較すると、若干低い値となっていた。しかし、ワーカー羽化以前の創設メスを解剖すると、全ての

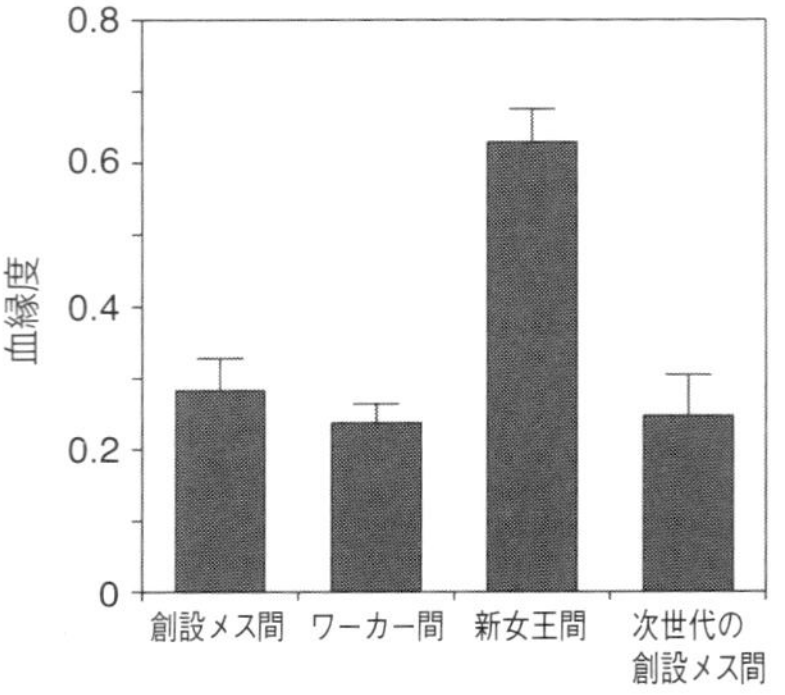

図6　メス間血縁度の推移。創設メス間の血縁度は比較的低いが、娘世代の新女王間では高くなっている。これは、新女王の母親数がシーズンの進行とともに減少したことを示している。

個体が卵巣を発達させていたわけではないので、この値はよい推定値であろう。一方、新女王は二月下旬以降に羽化してくるので、その個体間の血縁度を推定すると0.629となった。先と同様に新女王の母親数を推定すると、1.06匹となった。これは、ワーカーの母親数のほうが新女王の母親数より多いことを示している。同様に、オス間の血縁度も推定できるので、計算すると0.352という値が得られた。これを使ってオスの母親数を推定すると、1.66匹となった。

これらの値は何を示しているのであろうか？「新女王の母親数＜ワーカーの母親数」は、コロニーの初期には複数の産卵メス（女王）がいるが、コロニーの後期、つまり、繁殖虫の生産期には女王が1匹となっていることを示している。つまり、〝おとなしい〟女王は、ワーカーの生産は他の創設メスに許しても、新女王の生産は自身で独占しているようだ。オスの母親数が1.66匹と新女王の母親数の1.06匹より多いのは、ワーカーによる産卵が一部起こっているのを反映しているのかもしれない。ただし、ワーカー産卵は観察されていないし、ワーカーを解剖しても、卵巣を発達させている個体は認められていない。また、オスの方がメスよりも他コロニーに受容される傾向にあるので、オスのコロニー間移動（ドリフト）の頻度が高いことが影響しているのかもしれない。さらに言えば、女王はオスの生産はある程度の範囲で他の個体にも許すようなメカニズムがあるかもしれない。それは繁殖に際して、オス数の方が多くて、オスの方が新女王よりも遺伝子の乗り物としての価値が相対的に低いことを表しているのかもしれない。

(3)　コロニーの繁殖虫性比とメスの生地残留性

血縁構造の解析結果からは、コロニーは機能的単女王制であり、次世代の繁殖虫を生産するのは1匹の女王だけである、と言ってもよさそうだ。では、その性比はどうなっているだろうか。繁殖虫の性比は3対1の性比理論を考えると、是非とも測定しておきたいパラメータである、と私は思っていた。実際、アシナガバチでは測定例がそれほどないのである。二月の下旬以降に羽化したメス成虫を次世代の新女王としてカウントし、繁殖虫（オスと新女王）に占める新女王の割合を図7に示した。ちなみに、この作業は大変な作業であった。二月下旬以降次々と繁殖虫が羽化してくるのである。調査は三日に一回というペースで行っていたが、この時期になるとマーキングだけで観察をする時間が割けなくなってきた。この時期の調査日には、とにかく、朝から昼過ぎまで個体マーキングすることを繰り返したのである。その結果、およそ全部で4,000匹あまりの個体を個体識別して辿り着いた結果が図7である。

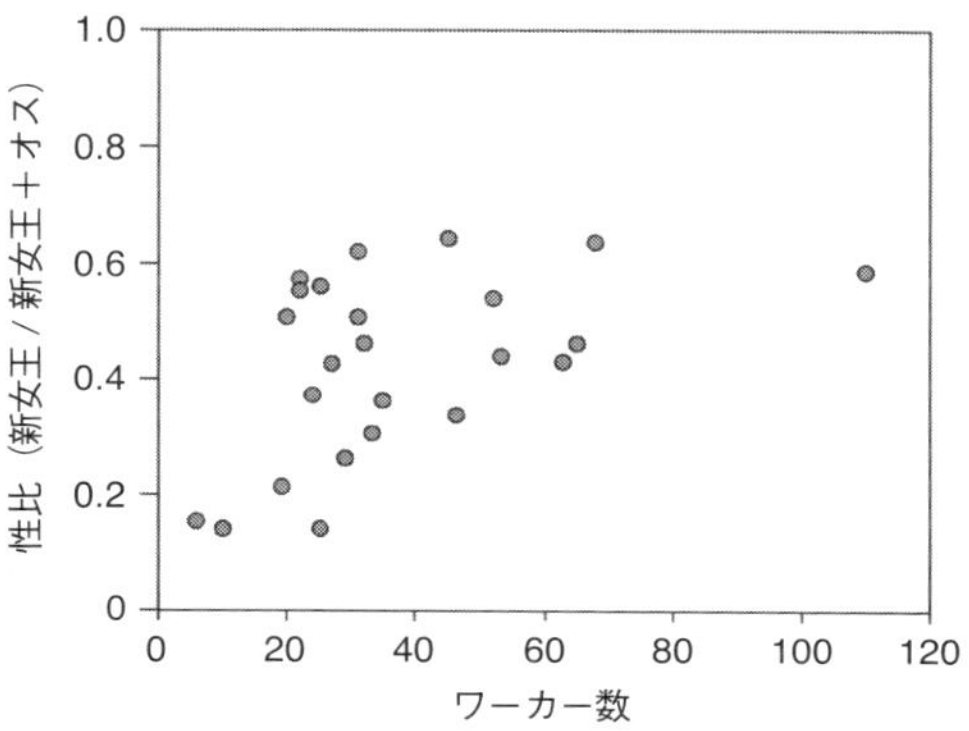

図7　コロニーサイズ（ワーカー数）と繁殖虫性比の関係。小さなコロニーはメスに偏った性比を生産し、大きなコロニーでは少しオスに偏った性比を生産する傾向が読み取れる。

図7を見ると、小さいコロニーは新女王の比率を多く生産し、コロニーサイズが大きくなるとオスへの比率が多くなる傾向が読み取れる。メスに偏る性比は局所的配偶者競争や社会性昆虫でのワーカーによる投資の制御などが働いている場合に期待される。一方、オスに偏る性比は巣場所をめぐって血縁のあるメスが競争をするような局所的資源競争が起きる場合に期待される。つまりこのデータは局所的資源競争、すなわち、前年から持ち越された巣材をめぐって血縁のある創設メス間で競争が生じていることを覗わせるのである。また、その程度は大きなコロニーほど強いとも言えそうだ。

局所的資源競争が起きている場合には、少なくとも、メス側に生地残留性が認められると期待できる。そこで、個体識別した新女王が九月中旬にどの巣材に定位したのかを調査した（図8）。生地残留性とは、生まれた巣に戻る傾向であり、

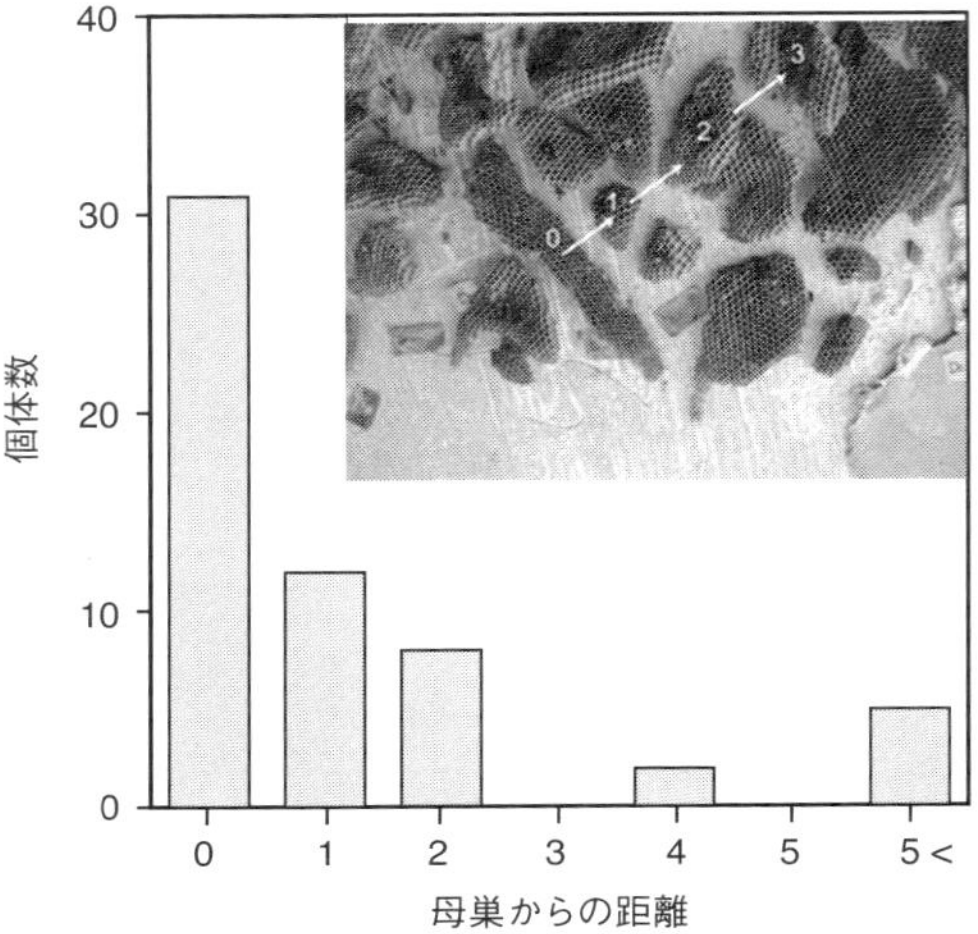

図8　メスの生地残留性。図の中の写真にあるように、0の位置にあるコロニーは母巣を示しており、定位したコロニーから最小ステップで母巣にたどり着ける数を計測した。図の例は3である。

一般に、アシナガバチではメスの生地残留性が認められてきた。プレベイアーナにもその傾向は認められ、新女王は母巣、もしくは母巣の近くで営巣を開始することが分かった。この時点のメス間（娘世代の創設メス間）の血縁度も推定できており、その値は0.248であった。これは、前年の創設メス間の血縁度と同レベルである。つまり、血縁度は前年と同じレベルに戻ったわけである。

まとめ

伊藤さんが研究しきれなかったプレベイアーナについて、私が現在持ち合わせているデータの多くを提示した。私の未発表のデータから、本種の女王はおとなしい傾向にあり、コロニーは基本的に機能的単雌性になっていることが分かった。また、本種の繁殖虫生産には新女王の巣場所をめぐる争い（局所的資源競争）が影響しているらしいことが分かった。局所的資源競争に関連する形質であるメスの生地残留性は、メスによる遺伝子流動がオスによるものより相対的に小さくなることにつながり、メスによって粘性のある個体群 viscous population が形成されるのでは、と想像できる。

そこで、現在私は茨城大学の小島純一さんが採集した本種の13集団について分析している。小島さんと茨城大の斎藤歩希さんは、私の調査地以外の集団からもサンプルを採集していたので、それについてDNA分析した（している）わけである。これも、暇を見つけながらの解析なので、本当に時間がかかってしまっている。サンプルは、集団に対して適当に捕虫網を振ることによって採集したものであったから、血縁個体も含まれているであろうと予想されたので、そのような血縁個体を遺伝子型から統計的に除外した後に、ソフトウエアのSTRUCTUREによる集団遺伝解析を行った。しかし、13集団は遺伝的には一つのメンデル集団に属すると判定するのが最も適当という意外な結果となっている。この原因として、それらの集団間の距離が最長でも百キロとは離れていないので、その程度の距離では遺伝子流動が制限されていないことを意味しているのかもしれない。もう一つ考えられるのは、オスの分散力がメスよりかなり大きく、オスによる遺伝子流動がメスによる粘性のある集団（つまり、遺伝的な生地残留性）の検出を、マイクロサテライトのような核遺伝子座のレベルでは、妨げているのかもしれないということだ。

ところで、メスの生地残留性は多くのアシナガバチで認められる傾向である。また、そこでの生地残留性とは、行動的に生地残留性が認められる、ということがほとんどであって、遺伝的にそうであるという例はそれほど多くはない。その場合には、ミトコンドリア遺伝子座の解析を待つ必要がある。現在、私は本種のミトコンドリア遺伝子の解析を進行中である。近い将来、その結果を公表できると思う。

最後に、私も随分と海外で調査する機会をこれまでに得ることが出来た。オーストラリアに始まり、ブラジル、ニュージーランド、ラオスなど、色んな国での海外調査を行ってきた。そのときに役立っているのが、伊藤さんとの海外調査の経験である。そこでの教訓の一つは、教員と学生二人だけの調査は精神衛生上よろしくないので、学生は二人以上にして、最低でも三人の調査隊を組むべきだと言うことだ。これからも、自分の背中を見せて学生に自分の生き様を見せるような指導を、伊藤さんに倣ってしていきたいと思う。

謝辞

本内容の一部は、二〇〇一年度と二〇〇四年度の日本学術振興会（JSPS）とオーストラリア科学アカデミー（AAS）間の国際交流協定による特定国派遣研究者制度（長期と短期）による成果の一部である。原稿を一読し、コメントを頂いた岡本朋子さんと辻和希さんにお礼を申し上げたい。

また、本文は『生物科学』68巻2号の「特集：伊藤嘉昭さん追悼」号に寄稿した内容に対して大幅に書き加えたものであることをお断りしておく。

48 伊藤さんとのブラジル滞在とアシナガバチ

工藤　起来　新潟大学教育学部准教授。日本学術振興会特別研究員（PD）と日本学術振興会海外特別研究員を経て現職。アシナガバチを中心とした社会性カリバチの進化生態学が専門。

「よし、山根君、宮野君、次に行こう」。伊藤嘉昭さんは山根爽一さん（茨城大学教育学部、当時）と宮野伸也さん（千葉県立中央博物館、当時）にそう言って声をかけ、研究室を飛び出していきました。一九九九年二月で、場所はサンパウロ州立大リベランプレト校。南米では多女王制アシナガバチ類が著しく適応放散を遂げたのですが、その調査が目的で滞在していました。

当時私は、博士の学位を得たばかりの駆け出しでしたし、日本人メンバーの中でも最年少であったことから、サンパウロ州立大リベランプレト校のキャンパス内で採集したアシナガバチの巣を研究室内で記録し、成虫などを保存する役割を主に担っていました。この作業は単調ではあったのですが、私が作業に不慣れであったことに加え、南米のアシナガバチの巣が巨大であるため、そのペースはそう速いものではありませんでした。サンパウロ州は、二月と言えば雨期で、一年で最も暑い時期です。キャンパスは果てしなく広く、脚立を持って研究室を出て、高い場所に作られているアシナガバチの巣を捕って研究室に戻れば、一時間は楽にかかります。私が巣の記録やサンプルの保存をしている間に、伊藤さんは研究室内で休憩していたと思いますが、その休憩時間は三十分もなかったと思います。そして、伊藤さんは冒頭のようなことを言って、次の巣を捕りに出かけようとしたのです。私の作業は十分に進んでおらず、焦りました。

伊藤さんはタフでした。時差ボケや暑さ、年齢（当時六十八歳）なんて関係ありません。私たちが調査していたアシナガバチの巣は、建物や樹木に2～3ｍくらいの高さで作られることが多いのですが、伊藤さんは研究室から運んで行った脚立や近辺に置いてあった椅子をかりて登り、たいした防護をするでもなく、巣を採集しました（写真1）。しかも私たちは、短期間の滞在であったため、このように採集をしては研究室に持ち帰ってサンプルを保存し、次の採集に出かけることを何日も繰り返したのです。私は伊藤さんを学会等でお見かけすることはあったものの、実際に一緒に野外で活動することはこれが初めてだったので、その身軽さと活動量には驚かされました。

　一九九九年のブラジル滞在は、伊藤さんにとっては二度目だったようです。一九九六年に出版された『熱帯のハチ　多女王制のなぞを探る』(海游舎)には、「六章　ブラジルのハチを見る」があり、伊藤さんは一九九五年七、八月にブラジルに初滞在したことをとりあげ(当時、六十五歳)、滞在していたサンパウロ州立大リベランプレト校内の様子やブラジルで

写真 1　1999 年 2 月 15 日。サンパウロ州立大リベランプレト校キャンパス内でサンパウロ・ポリビアの巣を採集する伊藤さん。

会った研究者、観察・採集したアシナガバチのことを克明に、そして正確に述べています。最初にブラジルに滞在していたとき、伊藤さんが相当きちんとしたメモをとっていたことが伺えます。伊藤さんは最初のブラジルでは三週間ほど滞在したようですが、このときの滞在中に観察した内容を一編の論文として報告しています。

Itô, Y., F.B. Noll and R. Zucchi (1997) Initial stage of nest construction in a Neotropical swarm-founding wasp, *Polybia paulista* (Hymenoptera: Vespidae). *Sociobiology* 29: 227-235.

この論文では、サンパウロ州で最も一般的な多女王制アシナガバチの一種において(サンパウロ・ポリビア)、創設されたばかりの巣がどのように発達していったかを報告しています。写真1で伊藤さんが採集している巣もサンパウロ・ポリビアのものです。

　そして、伊藤さんにとって最初の滞在から三年半後の一九九九年二月、冒頭から述べたように、私は伊藤さんと二週間程度ご一緒させていただくことができました(二月九日から一緒にブラジル滞在を開始。私以外の伊藤さんを含む他のメン

バーは二月二十一日にリベランプレト市を離れた）。この滞在では、多くのサンプルを採集したため、その成果については次の三編の論文で報告されています。

Kudô, K., Sô. Yamane, S. Mateus, K. Tsuchida, Y. Itô, S. Miyano, H. Yamamoto and R. Zucchi (200) Nest materials and some chemical characteristics of nests of a New World swarm-founding polistine wasp, *Polybia paulista* (Hymenoptera: Vespidae). *Ethol. Ecol. Evol.* 13: 353-362.

Kudô, K., Sô. Yamane, S. Mateus, K. Tsuchida, Y. Itô, S. Miyano and R. Zucchi (2004) Parasitism affects worker size in the Neotropical swarm-founding social wasp, *Polybia paulista* (Hymenoptera, Vespidae). *Insectes Sociaux* 51: 221-225.

Kudô, K., S. Tsujita, K. Tsuchida, W. Goi, Sô. Yamane, S. Mateus, Y. Itô, S. Miyano and R. Zucchi (2005) Stable relatedness structure of the large-colony swarm-founding wasp *Polybia paulista*. *Behav. Ecol. Sociobiol.* 58: 27-35.

すべてサンパウロ・ポリビアを材料にして研究を行ったものですが、内容については、巣の素材組成や成虫腹部に存在していた寄生者、コロニー内の血縁構造というふうに、バラエティに富んだ内容でした。

伊藤さんにとって二回目の滞在では、サンパウロ・ポリビアを採集することに奔走したこと以外にも、いくつか強い記憶として残っていることがあります。一つは、ブラジル人研究者に運転してもらい、二台の車に分乗して一日がかりで多

写真2　1999年2月12日。リベランプレト市から50 kmほど離れたカジュルー市にて。中央が伊藤さん、左端は山根さん。

様なブラジルのアシナガバチの巣を見てまわったことです（写真2）。伊藤さんは行く先々で「これは○○だね」とか「これは珍しい」と言いながら、生物や風景を写真に収めていました。リベランプレト市から五〇キロ離れたカジュルー市を往復しながらアシナガバチの巣をみてまわったのですが、タフな

図3　1999年2月19日。リベランプレト市内のレストランでブラジル人研究者たちと夕食会。伊藤さんの皿が空になっていることがお分かりになると思う。

伊藤さんでなければなかなかできないことだったと思います。

もう一つは、ブラジル滞在中の食事のことでしょう。ブラジル滞在中、朝昼の食事については大学内だったのですが、晩の食事については毎日大学の外でした。晩にレストランに行くと、複数の料理を注文し、それぞれがたいてい大皿で出てきます。伊藤さんは、野外調査のときと同様に、テーブルに運びこまれたブラジル料理を素早く、しかも（失礼ですが）味わう風もなく食べ始めたのでした。そして、最年少で遠慮がちにいた私に向かい、「早く食べないとなくなっちゃうぞ」と言い、皆を笑わせ、昼間の採集の疲れを癒やしてくれたものでした。また、ブラジル人研究者たちと晩に食事をしたり（写真3）、休日の昼にカウンターパートのズッキさん（現、サンパウロ州立大名誉教授）の自宅に招かれ、バーベキューをしたこともありました（写真4）。伊藤さんはブラジルの気候に合った軽くて、飲み口の良いビールを好み、少々飲む量が増えてくると、「ビールがあれば、食べなくても大丈夫」と話していました。ズッキさんの自宅にはプールがあるのですが、伊藤さんはお酒を飲んでいたにもかかわらず、積極的にプールに入り、「忍者」と言いながら奇妙な泳ぎを「披露」してくれました。

実は、伊藤さんは二回目にブラジルに渡航した翌年（二〇

〇〇年）の十一月にもブラジルに渡航しています（当時、七十歳）。この滞在は、山根さんの科研費により土田浩治さん（現、岐阜大応用生物科学部）を加えた三人がメンバーだったのですが、私は学振の研究員として一年間サンパウロ州立大リベランプレト校で研究することになっていて、三人と一緒に十一月七日に日本を出発しました。十一月八日から一緒にブラジル滞在を始めたのですが、伊藤さんにとって三回目のブラジル滞在では、私以外の伊藤さんを含む他のメンバーは十一月一二日にリベランプレト市を離れたため、わずか五日間ご一緒させていただいただけでした。そのため、一緒に大学内で調査を行ったり、市外に出て行ってアシナガバチの巣を見て回ることもありませんでした。ブラジル到着後、私はブラジルで長期滞在するための準備に追われていたこともあり、伊藤さんにとって三回目の滞在については、残念ながらそれほど印象的なエピソードがありません。

図 4　1999 年 2 月 20 日。ズッキさんの自宅でのバーベキュー。右端で日陰にいるのが伊藤さん。手前中央が山根さん。左端は土田さん。

　最後に伊藤さんがブラジルに渡航したのは二〇〇二年十一月（当時、七十二歳）だったそうです。伊藤さんにとっては四度目のブラジル滞在でした。このとき伊藤さんは、山根さんや宮野さん、ブラジル人研究者とブラジル北西部アクレ州の熱帯雨林に入り、サンパウロ州では見ることができない、さらに多様なアシナガバチ類を見る機会があったと聞いています。

　伊藤さんと一緒に最後にブラジルに行ってから十五年が経ちました。私はその後も度々ブラジルに出かけ、相変わらずサンパウロ州立大リベランプレト校を拠点にしてカリバチの社会行動についての研究を続けています。伊藤さんやその他の人たちと一緒に食事に出かけたレストランの一部はなくなった一方で、今も残って営業を続けているレストランもあります。十六年前に伊藤さんのかけ声で調査を行っていたサンパウロ・ポリビアは、不思議なことにこの十年くらいで数を急激に減らし、今ではその巣を見つけることが難しくなっています。日本語で「郷愁」を意味する言葉として、ポルトガル語では「サウダージ（saudade）」がありますが、私にとってまだ多感であった二十代に、伊藤さんやその他の人たちと調査を行い、暑いブラジルで楽しんだ晩の食事は、十五、六年経っても鮮明なサウダージとして残っています。

伊藤さんはカリバチにおける女王制について強い関心がありました。前出の『熱帯のハチ―多女王制のなぞを探る』はもちろんのこと、二〇〇三年に出版された『楽しき挑戦―型破り生態学50年』（海游舎）でもそのような視点の記述は各所で見受けられます。でも残念ながら、私は伊藤さんとお会いする機会が多かった時期に、カリバチにおける女王制についての知識や調査経験が乏しく、深く議論することができませんでした。伊藤さんは、私がポスドク時代になかなか就職できなかったことをとても気にし、お会いする度に「そうか。難しいか」と言って下さいました。私は引き続き、多女王制という奇妙なアシナガバチ類であふれたブラジルに赴き、十五、六年前に伊藤さんと一緒に滞在したときと同じ様に、汗をかきながら調査を行うことを続けたいと思っています。

伊藤嘉昭さんのブラジル滞在記録

一回目　一九九五年七月二十七日から三週間程度、リベランプレトとリオクラーロに滞在（『熱帯のハチ―多女王制のなぞを探る』より）。

二回目　一九九九年二月九日から二月二十一日までの十三日間、リベランプレトに滞在。

三回目　二〇〇〇年十一月八日から十一月十六日までの九日間、リベランプレトとサンパウロに滞在。

四回目　二〇〇二年十一月十八日から十一月二十八日までの十一日間、リベランプレトとリオブランコに滞在。

二～四回目の滞在については、山根爽一さんから一部情報をいただきました。

49 本当に悲しいお知らせです

ナオミ・ピアス　Naomi Pierce　ハーバード大学教授。種間相互作用の生態と進化が専門で、とくにアリとシジミチョウの間の共生関係に関する進化生態学的研究が著名。日系で母方の祖父は作家の石坂洋次郎氏。

Dear Tsuji-san,

Thank you so much for writing to us, and I'm so sad to hear this news. Ito sensei was a remarkable character whose books and writings made a significant impact on our understanding of the evolution of social behavior at a time when few scientists in Japan were studying behavioral ecology. He was also a good friend and I will miss him. Do you have the address for his wife? I would like to send a letter.

All the best to you, and thank you again for letting us know.
Naomi

50 伊藤嘉昭＝僕らの時代のヒーロー

ラガベンドラ・ガダカール

Raghavendra Gadagkar　インド科学研究所生態・進化学部門教授、インド国立科学アカデミー会長。趣味で始めたハチの行動研究で世界的権威になった。

Dear Kazuki,

I am really saddened to hear about the passing away of Ito-san. I had got to know Prof. Yosiyaki Ito as a personal friend and colleague and had invited him to Bangalore twice. He had also invited me to Japan several times and introduced me to the large and excellent set of researchers in Japan, in the broad area of animal behaviour, ecology and evolution. When Prof. Ito introduced me before my lectures, he always emphasized that I had done all my work in India and published my papers in Western journals. We shared a mutual desire to excel in science in our own respective countries and yet participate in global cutting-edge research. I was much influenced by his work and approach to life. I will miss him - Ito was a true hero of our times. We should find a way of honouring him in IUSSI and other places. I hope some professional biographer will write a detailed account of his life - there is much to learn from Ito's scientific as well as personal life.

Best wishes,
Raghavendra

51 尊敬する研究仲間で友達の伊藤嘉昭さんを偲んで

メリー・ジェーン・ウエスト-エバーハード
Mary Jane West-Eberhard　狩りバチの社会進化研究ではもはや伝説的研究者。『発生的可塑性と進化』(2003) でS・ライト賞を受賞。スミソニアン熱帯研究所職員。米国科学アカデミー会員。

Dear Tsuji-san,

This news is a great shock to me to think that such an outstanding, positive person is gone. I will miss this man very much. We shared our skinny-ness (being thin) and our love of watching wasps in the field. He helped our whole area of biology with his energetic promotion of wasp research and contact with Japanese scientists.

I hope that someone – perhaps you – will write a biographical essay on his life. He loved working in Okinawa, as you so well know. He was a "wasp man" with a conscience about international affairs, including through his unforgettable petition against the long US occupation of territories there which was so successful that he had to bring the overwhelming response to a stop. His hospitality to us as visitors and friends was extraordinary, an experience full of glimpses into Japanese life impossible for tourists and that I will never forget.

Yosiaki Ito was a treasured academic grandfather for us, so it was kind of you to write to us promptly about his passing. I know this is a great loss for you.

With warmest regards,

Mary Jane

第七部　伊藤さんの思想

晩年楽しんでいた版画。山がモチーフの画が多いようだ（撮影：村瀬 香）

52 嘉昭さん応答せよ

岸 由二　慶應義塾大学名誉教授。魚類の繁殖生態、進化生態学の理論構造の研究などを経て、流域思考に基づく都市再生の理論・実践に従事。鶴見川流域水委員会委員。国土交通省河川分科会委員。

一九六〇年代に東京周辺で生態学をはじめた学生たちは、伊藤嘉昭さんのことを、「嘉昭《かしょう》さん」と呼んでいた。伊藤さん周辺にすでにそのような呼び方があったものを、ませた学生たちも引き継いだのだろう。

その嘉昭さんに私が初めて会ったのは、一九六七年十一月二十九日。場所は、横浜市金沢区の横浜市立大学・学生会館。寒い雨模様の日だったが、キリンのように痩せて背の高い精悍な嘉昭さんの姿にまずは驚き、その甲高い早口にさらに仰天したのをよく覚えている。その日、「横浜市立大学生物科学生グループ」という名前の団体が、嘉昭さんの特別講演会を企画し、同科の二年に在籍していた私は、期待に胸膨らませ、多いに緊張もして、おそるおそる参加したのだった。

講演のテーマは、「系統進化と社会進化」。ませた学生のあいだで評判の高かった『比較生態学』（岩波書店：一九五九年十一月 第1刷、一九六七年七月 第3刷）や、『人間の起源』（紀伊國屋書店：一九六六年）の著者であり、メーデー事件の被告として、当時、共産党系の生態学周辺の若手・学生のあいだでは英雄の扱いをうけていた嘉昭さんの話をきけることに、私は興奮し、信じられないほどの量の予習をして臨んだのだ

当時、横浜市立大学は、日本共産党系の青年団体、民主青年同盟の全国拠点の一つ。「生物科学生グループ」は実質その生物科学生組織でもあり、「オルガナイザー」（組織者）というそのものずばりのタイトルの機関紙も発行していた。私をふくめた、非共産党系の自由主義者たちは、「生物部」という別の素朴な学生団体の枠で行動しており、つねにすこしの緊張関係があったとおもう。おまけに私は、学部一年の秋に、J. Maynard Smith の当時の世界的な進化生物学の教科書、"*The Theory of Evolution*" (Penguin Books, 1962) を読んで、適応問題を集団遺伝学のロジックで考える面白さに（いまから思えば極めて幼稚ではあったのだが）目覚め、民青同盟の友人たちからは、「岸は帝国主義のメンデル遺伝学（当時、徳田御稔

さんがそのように主張し、それが生物学周辺の民青系学生の常識だった）のとりこになった」と、ある種の批判運動が広がっていた最中でもあった。そんな状況だったので、日本生態学革命のヒーローと友人たちがもてはやす生態学者「伊藤嘉昭」の到来にそなえて、私は、J. Maynard Smith の関連部分を読み直し、『比較生態学』を熟読し、「人間の起源」に目を通し、心底緊張して、講演会に参加したのだった。

肝心の講演会は残念ながら期待外れだった。ネオダーウィニズム（批判）の話や、ラックのクラッチサイズ理論の話や、「貧栄養環境下で子どもの数の減少と親による保護が発達し、それが社会進化の原動力となる」という伊藤理論の原論的な話はほとんどなく、集団遺伝学的な予習をして論戦も覚悟していた私は、100％肩透かし（?）を食った状況となった。

嘉昭さんの話の焦点は、人類進化だった。エンゲルスの「サルが人間になる際の労働の役割」や今西錦司の社会進化論や、当時世界最新の話題だった猿人化石の話などがえんえんと語られて、「人類の原始の社会は乱婚ではなく一夫一婦制に近い」というような結論になった。人類や猿の話になったのは、当時横浜市大の学生グループのリーダーたちがそろってニホンザルの研究に関心をもっていたためかもしれない。学生から事前に話題の注文があったのだろう。面白かったのは、原始共産主義は乱婚だと、どこかで聞いたような話を日々主張していたリーダーの一人が、嘉昭さんに同調してもらえず、不機嫌になったことだった。

講演会がおわると、期待していた懇親会はなく、講師謝礼をうけとって伊藤さんはさっさと会場をでた。謝礼は五千円。当時特別奨学生だったわたしの給付月額が五千円、ラーメン三十円だったので、いまでいうと十万円近い高額のはず。貧乏学生たちが集めるには本当に大変な金額だったのだが、メーデー事件の被告の嘉昭さんを支援しなければいけないと、私もそう思い、しっかり寄付をしたのである。

嘉昭さんの話は拍子抜けだったものの、予習のための『比較生態学』の熟読をとおして、こどもの数・サイズと保護の関係、さらには社会進化全般や、生活史の進化、種分化の話題への関心が一気に鮮明になったのは確かだった。J. Maynard Smith や P. Medawar などの原書を読む楽しさにめざめてしまい、当時、共産党系の学生の間ではやりにはやっていた、ルイセンコ論再評価、獲得形質遺伝論に基づく人間論など、だめにきまっていると信じていた私は、皮肉なことに伊藤講演会を機会に学生グループとの付き合いもなくなり、適応課題は自力で、ネオダーウィニズムで考えてゆこうと、固くこころにきめてしまったのである。とはいえ、学生グループ系のもっとも優しい先輩だった柿沢亮三さんから、D. Lack の“*The Natural Regulation of Animal Numbers*”を借用して冒頭部分をよみ、これだとおもった日もあったので、ませたMaynard Smith 読みでしかなかった私にその後の進化生態学、社会生物学行脚を開いてくれたのは、あの日、嘉昭さんの講演会を企画してくれた、横浜市大民主青年同盟・生物科学生グループなのだから、歴史は皮肉というほかない。

その後の学部時代、伊藤さんと直に接触することはなかった。時代はいわゆる全共闘の季節となり、自由主義左派を標榜していた私は親友と学内運動もはじめてしまい、生態学の理論より、学内問題、都市問題などへの関与が主体となる暮らしとなった。ただし、三年の夏休みを今西錦司の『生物社会の論理』一冊に没頭し、種分化の問題にしばし関心が集中して素朴な実験なども進め、機会が来たら伊藤の理論、今西さんのすみわけ論を、ネオダーウィニズムの集団遺伝学のロジックで再編したいという気持ちだけは、ますます鮮明になっていった。

直接の接触はなかったが、大学三年の秋(?)、本当に伊藤さんらしい言説と直面して感動したことがあった。タイトルは忘れてしまったが、全国大学生協の機関紙に、嘉昭さんが「DNAこそ遺伝子だ」という趣旨のエッセーを寄せ、学生グループ周辺が騒然となったことだ。いまの学生たちには信じられないことだろうが、一九六〇年代半ばの日本の生態学の領域とその周辺では、DNAについて語るのはタブーのような空気があった。遺伝学には、「帝国主義のメンデル遺伝学」と、「社会主義のルイセンコ派遺伝学」があるのであって、DNAが遺伝子だという粒子論、機械論の主張は、滅びてゆく帝国主義の遺伝学の主張である(すでにソ連ではルイセンコ批判が広がっていたのに!!)。日本の生態学周辺では、これから弁証法のルイセンコ遺伝学の時代が来るという主張が、むしろ良識派生態学、とくに京都大学系生態学の主流ならびにその周辺の空気だったのである。そんな空気の中、革命英雄のはずの伊藤さんが、民主青年同盟の学生たちに、「DNAを学べ」、という趣旨のアピールをだしたのだから、旧式の活動家の学生たちは蜂の巣をつつくような騒ぎになった。「伊藤は近代主義だ、アメリカかぶれだ」。そんな批評が走ったものだ。蛇足だがその伊藤さんのエッセーは、「DNAは二十種類のアミノ酸から構成されている」(もちろん伊藤さんの愛らしい勘違い!)と厳かに主張しており、自由主義系の学生たちは、伊藤さんのその蛮勇に、仰天、また仰天となったものである。

一九六九年秋、まったくの非暴力学園改革活動だったにもかかわらず、なんと教員からの通告で学生運動への関与が知れて、私は就職に失敗し、放浪もできないので、翌一九七〇年四月、運よく拾ってくれた都立大学の生態研究室の修士におさまった。以後、都市計画にかかわる市民運動に没頭して落第修士三年を過ごし、博士課程を退学する七六年まで、七年間を都立大生態研究室に所属した。予想もしなかったが、その時代からしばし、伊藤さんとの深い（?）付き合いがあったのである。

伊藤さんは、形式的には都立大・生態研に所属していた時代があるので、私は伊藤さんの部分的な後輩ということになった。当時都立大生態研の若手番頭をつとめていた昆虫生態の松本忠夫さんが伊藤さんととても親しかったこともあり、松本さんのひきまわしで、私も、学習会、野外調査、公的・私的な飲み会などを通して、おりおりに伊藤さんと楽しく、厳しい時間を過ごすことになったのである。

研究の分野で、まずは労働力としてのお付き合いがあった。当時伊藤さんが凝っていた新しい個体数推定法の野外での適用調査を、農技研の宮下さん、中村さんと、都立の松本さんですすめることになり、労働力として私も徴用され、しばしば小貝川の河原などにでかけひたすらバッタをとった記憶がある。私としては、そんな機会に伊藤さんと面白い話ができるといいなという、強い下心があったのだが、残念ながら伊藤さんは、研究所での打ち合わせ以外、現場作業に参加することもなく目論見ははずれ。仕事は論文にもならず、努力はすべてビールの泡になった。

すこし本格的なやり取りがあったのは、学部時代からの課題だった、伊藤理論、今西理論をネオダーウィニズムにつなげる仕事の最初の成果として、一九七三〜四年に私がまとめていた、卵サイズの適応分化に関する数理モデルに関する応答だった。まだドーキンスも、メナードスミスも、ウイルソンも話題になってない当時の日本の生態学の領域には、適応度を目的関数とする最適化モデルを利用して生活史特性の適応進化や、種分化を論ずる研究者は、わたしをのぞいて、たぶん皆無だったはず。この仕事を学位論文にしたいと都立大に申し出て、一九七五年秋に仮の発表会はさせてもらったものの、指導教官だった北沢右三先生から、「教室にも周辺にも君の仕事を理解し審査できるものがいない。学位申請については無理をするな、数理的な進化生態の研究は補助論文として印刷して、本題は、君の大好きなダボハゼの比較生態学でまとめなさい」というアドバイスがあり、貧乏脱出を目指して就職作戦を進めていた私は、その通りに対応することになった。

当時、私の仕事に批判的にせよ関心をしめしたのは、東京経済大学の太田邦昌さんと、嘉昭さんだけという状況だった。

ただし、太田さんは、「数学はみてやるがワンローカスの機械論的な岸のモデルは失敗するにきまっている」という厳しい姿勢だったし、嘉昭さんは、「面白そうだが岸の論文のどこが俺の主張の批判になっているのかわからん。でも数理アプローチは新しいから応援する」という対応だった。太田さん、伊藤さんの、そんな奇妙奇天烈なご支援もあって、一九七八年三月の生物科学に「卵の大きさはいかに決まるか」、一九七九年三月の個体群生態学英文誌に“A graphical model of disruptive selection on offspring size ……”の、二本の論文が掲載されることになったのである。

実はこの研究の基礎は、「親が子の保護をおこなわない生物の場合、子どもの数は、数そのものではなく、子どもの最適サイズに係る自然淘汰の産物として結果的にきまってくる」という趣旨の **D. Lack** の慧眼そのものを単純な最適化モデルにしたものだった。そのまますぐに発表してしまえばかなり面白いことになったのだが、実は私は、子どもサイズの最適化モデルはあまりに簡単と即断して、そこに踏みとどまらず、卵サイズをめぐる種分化問題への適用に執着して、あれこれグラフモデルを操作しているうちに発表の機会をおくらせてしまったという経緯がある。都立の同僚から、「岸と同じような数理モデルが *American Naturalist* にでている」と指摘されたときには、すでに一般論として投稿するのは間抜けのタイミングになっていたのである。天蓋孤独な仕事の必然の顛末だった。一九八〇年までに、卵サイズの最適化、卵サイズの変異の関与する種分化、それにくわえてハゼ科魚類の繁殖習性の枠組みを整理した私には、これでようやく伊藤さんの比較生態学、今西さんのすみわけ論を、ネオダーウィニズムの枠組みでまとめていける時代を開いたという自負があったのだが、これもまた時すでにおそく、日本の生態学に、ドーキンス、ウイルソン、その他その他の進化生態、社会生物学の嵐のような導入がはじまり、のんびりじっくり、理論と実証を語りながら進もうという私のスタイルは、どうやら学会にも場所がなくなると、わかってしまったのだった。

この時期、伊藤さんとは、進化生態学、社会生物学への評価、その導入をめぐる、科学論的なやりとりが活発になった。一九七六年岩波書店の知り合いの編集者Aから、「面白い本が手に入ったので読んで翻訳を検討してほしい」という依頼がきた。デスモンドモリスのサイケな絵表紙のついた、**R. Dawkins** の“*The Selfish Gene*”初版だった。ドーキンスの名前を聞くのは初めてだったが、ロジックは私の仕事と全く同じとすぐわかり、一日で読み上げて、面白いからぜひ翻訳しましょうと返信したが、「書店の顧問である八杉龍一先生から、この本は機械論的な遺伝学・進化論の本であり、弁証法を重視すべき岩波書店からの翻訳には適さないとの反対があり、翻訳の話は無しにしてほしい」との回答が届いたのだった。それでも気になったらしい編集者Aから、長い書評を書いてくれと要請され、未翻訳の本の異例に長い紹介を雑誌『科学』(自分勝手な遺伝子：一九七七年九月）に掲載することになった。これに伊藤さんが強く反応し、私信で、口頭で、進化生態学・社会生物学をめぐる意見交換がはじまったのである。次から次へ、論文コピーを送れという要請がきた。当時アメリカで社会生物学派と激しい論争を繰り広げていた、Gould や Lewontin らがリーダーシップをとる「人民のための科学」(Science for the People）に関する文献は、とくに注文がおおかったとおもう（ただし、お礼や感想の手紙は一度もなかった。「応答しない伊藤さん」。以後、しっかりそう思って伊藤さんに対応する習性が私にも身についてゆく)。

気を良くした私は、一九七八年、血縁淘汰に関する日本語の大きなレビューを書き、その勢いで日本の生態学を批判し社会生物学・進化生態学のロジックと欧米での動向をまとめた総説を書き、後者を岩波書店の雑誌『科学』に掲載してほしいと編集部のAに相談したところ、「伊藤さんにみてもらう」という話になった。しかし予感の通りその後応答なく、しばらくして編集者から、「岸さんの生態学と、伊藤さんの生態学が別物だということはよくわかったが、『比較生態学』という伊藤さんの主著を出版している当社としては、伊藤理論を批判する（かけだしの…）岸さんの論文を雑誌『科学』に掲載するわけにはゆかないという結論になりました」との返事がきた。結論を出したのが伊藤さんなのか、編集部なのか、確認はしなかった。当時、伊藤さんに嫌がられてしまったら、日本の生態学に私の居場所はないという世俗の判断もあって私は引き下がり、後日、優しく書き直したものを、当時中央公論社が出版していた『自然』という雑誌に、「社会生物学の系譜」(一九八〇年九月号）というタイトルで掲載していただいた。余談だが、血縁淘汰の総説は、日高敏隆さんの編集で東大から出版される論文集に収録されることになっていたが、こちらは太田邦昌さんの激しい反対があり、取り下げるほかなくなった。当時、私の論考のゼロックスコピーが京都大学周辺に広くでまわり、社会生物学理解の便利な「あんちょこ」になったという話を、風のうわさで聞いたことがある。

その後、さまざまな経緯があり、R. Dawkins の *"The Selfish Gene"* は一九八〇年に紀伊國屋書店から『生物＝生存機械論』という不思議なタイトルで翻訳出版され、いまにいたるベストセラーとなっている（一九九〇年からは『利己的な遺伝子』という本来のタイトルに改定された)。一九七八年に出版されてピュリッツアー賞をとったE.O. Wilson の渾身の人間論 *"On Human Nature"* については原書のゲラの段階で思索社からお話があり、突貫工事で翻訳して、一九八〇年『人間の本性について』というタイトルで出版されている。『社会生物学の系譜』の総説と、この二冊で、日本の社会生物学、進化生態学導入は、たぶん過剰な混乱を生むことなく、応用科学社会学的な適正コントロールのもとにすすむはずとの、不思議な安堵が私にあった。

さあ、ルイセンコ主義のしみとおった生態学の伝統や、ローレンツ流の集団淘汰説万能主義から、日本の生態学はどのように転身、開国してゆくのか、京都大学を中心とする旧体制の生態学者たちの大移動、大混乱がはじまった。しかし本当におもしろいことに、その風雲にまきこまれてゆく伊藤さんと私の、新動向をめぐる会話は、急速になくなっていったのである。「応答しない伊藤さん」は、ここでも本領発揮だった。学閥や、学会閥がせめぎあい、これにルイセンコ論からの脱出と新時代イニシアチブ取りを狙う政治系の科学者たちが絡む動乱は、伊藤さんの大好きな仕事場ではあってもこ私のスタイルの仕事場ではなく、私から伊藤さんとの意見交換を絶って行った経緯もあったような気がする。

一九八二年に文部省は、かつてのルイセンコ派の巨塔であった京都大学を軸として、進化生態学・社会生物学を日本国に導入するための特定研究「生物の適応戦略と社会構造」(一九八二~八五年)をスタートさせ、伊藤さんもその推進中枢のお一人となった。当時動物行動学会にも所属していたわたしは、学会長の日高さんから「総括班に入って、東京で報道ならびに文部省との連絡交渉担当になるように」との要請をうけたのだが、「私は研究者であり、包括適応度をめぐる基礎論や、ハゼ類の比較生態学研究に研究費がでないのであれば、参加はおことわり」と返事をして、学会会場で激しく叱責された。

土壇場まで、ルイセンコ、ローレンツ派が学会や報道を牛耳っていた日本の生態学周辺が、社会生物学という黒船の威嚇で一気に開国をせまられている。その開国をめぐる権威・権力・パブリシティー闘争を科学社会学的に分析し、研究健全・社会安全の配慮に沿ってコントロールすることにこそ私の使命はあるのであって、その興奮の中で学会政治の片棒をかつぎ、論文競争をすすめることは、伊藤さんのホームグラウンドではあっても私の仕事ではないと最初からはっきり決めていたからである。一連の動向への総括は、「現代日本の生態学における進化理解の転換史」という論文(慶應義塾・教授昇格論文）として、東京大学出版会の「講座進化2：一九九二年」に収録されている。興味のある方は、ご覧いただきたい。

いよいよ本題。嘉昭さんとの政治の話だ。都立大大学院に所属してから、実は、伊藤さんと、しばし政治の話をする機会があった。あるときは大笑いしながら、あるときは激しい口論になり、そしてあるときは共同の敵に対応する作戦会議として。

横浜市大の学生だったころ、私はすこし変わったベトナム反戦派だった。北ベトナムは南ベトナムに干渉するな。アメリカはゴジンジェム政権を捨て、「ベトコン」（当時の南ベトナム反政府勢力）をみとめて南ベトナムに民主的な自立政府を樹立させよ。そんな空想的な主張だった。北ベトナムの侵攻があれば、ジャングルで苦しい解放闘争をつづけるベトコンの戦士たちは、やがて後方からも追い詰められ殺されてゆくのだろうという悲惨でリアルなビジョンが私にあったからだとおもう。

そんな関心から派生して、枯葉作戦・ダイオキシンのことについても少し関心があった。都立大に移ると、当時、ＰＣＢやダイオキシンをふくめた化学物質汚染に広く関心をもち、社会的な発言をつづけていた磯野直秀さんが発生学の研究室にいた。横浜市大時代、生態学の研究室はなかったので、発生生化学の研究室に所属していた私は、指導教官から「都立へいったら磯野君と仲良くしなさい。話をしておくから」といわれ、暇を見ては磯野さんと、公害問題、大学改革問題を話す時間をとったのである。そんな折、磯野さんから、アルバイトの話があった。当時（一九七四〜七五）、有吉佐和子さんが朝日新聞に連載していた小説「複合汚染」のアドバイザーも担当していた磯野さんの指示をうけ、東大農学部の図書館にこもって、ＰＣＢ、カドミ、ダイオキシンなどに係る主として農業・林業関連の雑誌をあたり、関連の論文のコピーをとってくる仕事である。

そんな日々をとおして、スウェーデンの戦争研究をすすめる機関の Westing という研究者がベトナムの枯れ葉作戦のレポートを各所に発表していることを知り、いくつか読む機会があった。そっけない事実記載だけの論文なのだが、インドシナの政治情勢の混乱するその時期としては、むしろそんなレポートこそいいのかもしれないなあと、不思議な親近感をもった。ひょんなことから、その論文の一つを翻訳しないかという声がかかったのである。経緯の詳細はわすれたが、依頼者は伊藤さん。『生物科学』に掲載するということで特急仕事となった。それからまもなくして、今度は岩波書店そのものから、Westingの本を翻訳しないかという依頼が、生態学研究室にとどいた。「岸君を紹介したいがどうか」と主任教授の宝月欣二先生からお話があったのである。当時、インドシナでは、ベトナムと中国が戦争を展開し、カンボジアでは危惧されたとおり共産主義政権による大虐殺が進行し、日本の観念的なマルクス主義系左派の識者たちは、沈黙をつづけるしかない状況があった。その空隙で、自由主義左派という面白いことをいう岸が、注目されたのかもしれない。

担当の編集者Bさんと会い、翻訳を決める折、ぜひ、伊藤さんと共訳にしてほしいと要請すると、「本件は、伊藤さんは通さずに依頼している。岸さんの単独訳でおねがいする」との厳しいお話。それでも粘って、「翻訳はすべて岸がすすめるが、解説を伊藤さんということにして、共訳としてください」という内容で話がまとまった。翻訳は、一九七九年『ベトナム戦争と生態系破壊』（岩波書店：岸由二・伊藤嘉昭 共訳）として出版されている。一言後日談をいうと、皮肉にもこの出版のおかげで、私はベトナムの自然破壊の問題に、以後、表だってかかわることができない状況となった。政治団体の活動家たちからさまざまな嫌がらせが執拗に続き、「もう二度とベトナム問題に関与しません」とほのめかすほかない状況に追い込まれたからである。なにがあったかわからないし、調べるつもりもまったくない。Bさんがあくまで岸さん一人で、とこだわったことと何か関係があったかもしれないが……。

編集者のBさんは、後日、『岩波生物学辞典（第三版）』（一九九三年三月発行）の担当者となり、社会生物学・進化生態学分野の基本概念をはじめて岩波生物学辞典に掲載するとのことで執筆の依頼があり、「社会生物学」、「血縁度」、「血縁選択」、「包括適応度」、「ESS・進化的に安定な戦略」、「利他行動」、「群淘汰」、などの基本項目を提案して、執筆させていただいた。執筆にあたっては、京都大学のこの分野が「専門」と自認するC、D両教授から岩波書店宛に、「岸に書かせるな」という趣旨の連名の手紙がとどいたのだが、編集者のBさんはその手紙の現物を私にみせて、「岸さんにしか書けません」と笑いとばしてくださった。これもまた、当時の私の置かれた複雑な位置を記念する（？）エピソードではあった。ちなみに、岩波生物学辞典からルイセンコの項目が抹殺されたのは、この第三版からである（第五版では復活している）。

そんなこんなで、一九七〇年代後半、伊藤さんとは、あえば生態学の話、学閥の話（論文を書かない某大学閥の悪口がほとんどだった）、政治の話、生い立ちのはなし、なんでもござれの時間があった。いずれの場合もその後東大教授になられたEさんが同席した。というか、伊藤さんから文献請求等の手紙はきても、飲み会の通知などはいつもEさん経由だったとおもう。そんなおしゃべりのおりの伊藤さんは日本共産党員・伊藤嘉昭を隠すこともなく、公然と共産党を擁護し、自分が党の中でいかに先進的な科学者党員として頑張っているか、私に力説されたものである。ある日、自由が丘で会いたいという機会があり、「いま、党本部で、不破と上田に、科学政策の展開について話をしてきた」と熱烈な演説になったことがある。内容は全く覚えていないが、共産主義者として、日本の党に新しい次世代を育てるのだという熱烈なお話しだったとおもう。そんな話を伊藤さんが、なぜなんども自由主義・岸に聞かせたかったのか。いまでもなぞというしかない(Eさんが理由を知っているのだろう……)。しかしそんな時間を何度も用意するのに、自由主義左派と主張する私のことは、酔いが回ればきまって、「君はトロツキストだ」となじり倒した。「わたしはそもそもマルクス主義自体を評価していない自由主義者だから、トロツキーなんか読んだこともないし、関心もない、マルクスかぶれの過激トロツキストであるはずがない」といくらいっても聞き入れない。私が依拠していたK. Popperの反マルクス主義・批判的合理主義の話をしても、P. Medawarを引き合いに出しても、伊藤さんからまともな応答はまったくなく、「自由主義左派＝リバタリアンは現代のトロツキストなんだ」と、むちゃくちゃなロジックを振りかざすだけ。うろ覚えではあるが当時、全共闘系のノンセクト＝自由主義左派＝全部トロツキスト、というような乱暴な図式が、日本共産党自体にあったはず。自由主義について伊藤さんは、自力で岸に「応答」する気はさらさらなく、それだけ共産党への思い深いものがあったのだろうと推察する。

別に殴りあいになるようなことはなかったが、居酒屋の個室が振動するぐらいの激論は何度もあった。しかし一番険悪になったのは、実は政治ではなく、貧乏比べだった。伊藤さんも私も、いってしまえば、貧民階級出身の強度のマザコン根性主義者のようなところがあり(そこに共感があったのかもしれない)、自分に学問をさせるために、貧乏な暮らしの中、母親がどんなに苦労をしたか、なんどもなんども、聞かされた。それがあるとき極まって、「岸は、慶應だから、親がかりで学校にいけたはず、そういう人物がトロツキストになるんだ」という話になり、さすがに温厚な私も貧乏証明の反撃にでた。脇にいたEさんが、「伊藤さん、貧乏競争で岸には勝てないからやめたほうがいい」としきりに制止したのだが、とまらず、これはどうだ、こっちはどうだと、貧乏体験、悲惨体験の陳列戦となり、伊藤さんには本当にもうしわけなかったのだが、もちろん私が楽勝して、静寂となった。「貧しい環境における親による子の保護が社会進化の原動力である」という頑固な伊藤理論の根は、実は、今西でも、もちろんLackでもなく、自分史の中にあるのかもしれないと、正直いまでも私は考えてしまうのである。今思い返せば、そんな貧乏競争論議に興奮する伊藤さんが、私は一番好きだったのかもしれない。

嘉昭さんとの、学問がらみ、政治絡みの最後のやりとりは、一九九〇年代初頭、岩波書店発行の科学雑誌、『生物科学』をめぐって展開された。一九六七年、最初の出会いから、ベトナム問題、貧乏論争にいたる歴史を振り返ると、本当に不思議な展開というしかないのだが、ここでは伊藤と岸が生物科学編集部を「敵」として、被害者として連携し、岸（一九八七）につづいて、伊藤も生物科学編集部を辞任（一九九三）し、伊藤さんはこの経緯の中で日本共産党を離党する流れになったはず。なんと私に一言の挨拶もなく、自由主義者に転向したのだから、水臭いというほかないのである。

一九八〇年代初頭、奇妙な斡旋があって、私は、共産党系の科学者組織である民主主義科学者協会（民科）生物部会が編集を担当し、岩波書店が発行する雑誌『生物科学』の編集委員に抜擢された。どんな経緯があったのか残念ながら覚えていないのだが、社会生物学上陸の大混乱期でもあり、左派良識雑誌とも思われていた『生物科学』の編集委員として、旧体制、あるいは新流行からの軽薄な論文をチェックする仕事ができるなら願ってもないこと、政治的な軋轢や苦労も明るくしのいでゆけるだろうと考え、私は即座に要請を受けたものだ。

仕事は大変に楽しいもので、進化生態学、社会生物学の健全な展開に寄与するような論文はもちろん、特定研究の動向をめぐり科学者社会と一般報道等を批判的につなぐための自筆の評論をふくめ、どんどん斡旋・掲載し、ときには若手の論文にこまかく手を入れて学会デビューのお手伝いもした。珍妙な主張でも穏やかならなるべくダメは出さず掲載し、論争を促す工夫もした。ただし、獲得形質は遺伝すると実験証明されたとか、今西進化論と子殺しの深い関係とか、科学の枠をおおきく踏み外すようなおぞましい暴論は、丁寧に査読し、ときにリジェクトの判断もしたことがある。あの時代の日本科学者会議周辺の生物学理解の暗黒ルイセンコ・今西進化論時代からの脱出と現代化に、『生物科学』編集委員として、私はかなりの貢献をしたとおもっている。

しかし予期した通りというべきか、やがて激しい批判がはじまった。弁証法論者でもなく、自由主義を公然と標榜する機械論・要素論主義の岸をいつまで編集部においておくのかという声が、非公然、公然にきこえるようになった。初めての面談の日、「岸君のような自由主義者にいずれは編集長をまかせてもいいとおもっている」と明言した編集長佐藤七郎さんも私をかばえる状況ではなくなった。一九八七年、事務担当のFという人物から、編集長をはじめとする中心委員からの岸批判をもはや抑えられないので、辞任してほしいとの強い要請があり、一九八七年六月二十八日付けで、当時の編集委員長Gさんあてに辞表を提出することとなった。

とんまな私は、辞任によってその後の攻撃はないと朗らかに信じていたのだが、「水に落ちた犬は打て」の『生物科学』の対応はそうではなかった。集団遺伝学と生態学の関係について根本的な意見の相違はあったものの、昔は親しく意見交換もした仲だったはずの編集委員の太田邦昌さん、そして編集長のGさんが口をきわめて岸批判をしているといううわさが頻繁に聞こえるようになってきた。その噂は、太田さんによる、岸、伊藤、その他社会生物学を推進する一部の論者に対する誹謗中傷文書となって、『生物科学』誌の紙面を飾りだしたのである。当時広く知られていたのは、「生物〝学者〟の基礎力の問題」というタイトルで、太田氏が一九九三年の『生物科学』に二回にわたって掲載した、岸、伊藤らの科学者能力への批判文だった。英語の、more than, less than という表現を、「以上」、「以下」と誤訳する傾向が、岸をはじめとする軽薄な社会生物学関係〝学者〟に特別に目立つという主張にはじまり、学力、思想、金銭感覚、暮らしぶりにいたる個人事情に、荒唐無稽な罵詈雑言をぶつける誹謗中傷文書というのが実態の〝論文〟だった。その〝論文〟の掲載については、事前に岸、伊藤らにも情報があり、岩波書店の雑誌が扱うべき品位の文章ではないので掲載しないよう、強くなんども要請したが、無視掲載されたという経緯があったのだった。

この掲載にともなって、民青同盟の影響の強いいくつかの大学では、太田さん本人による、岸、伊藤らをあざける漫談イベントが開催される展開ともなった。都立大の後輩から「太田さんはとうとうイカレてしまったのかも知れない」とメモのついていた録音テープが送られてきた。太田さんの熱狂的な支持者から、「同封のテープを聞け」と脅迫文のついた小包が送りつけられる恐怖の日もあった。私は岩波書店に対して反論掲載を要求し、同誌の一九九三年45巻3号に、「太田氏の主張と生物科学編集部」というタイトルの反論を掲載した。論議の詳細をここで紹介する必要もないが、岸の反論の妥当性が気になる向きは、原文にあたってほしい。

このやり取りの中で、岸と並べて誹謗中傷された伊藤さんから、共闘の連絡が入るようになった。そこには、民科・『生物科学』はもうだめだという意見にとどまらず、性善説をたてまえとしながら身内の性悪を全くコントロールできない共産党科学者たちの人間理解ももうだめだとしきりにぼやく伊藤さんの姿があった。これをもって『生物科学』の編集委員を辞任すると宣言した伊藤さん(当時は那覇の沖縄大学におられた)から、一九九三年七月二十八日付けの辞任届のコピーが自宅におくられてきたのは、同年七月三十日のことだった。「来週から、1か月、バロ・コロラドへ行きます」という手紙付き。おそらくは共産党離脱に至る大決断をしたのかもしれない伊藤さんには、海外での長期養生が必要だったのだろう。ただしここでも伊藤さんは、私との親身な会話、応答は一切なし。あまりに高いプライドだったのだろうとおもう。

太田事件をきっかけに、私の暮らしも激変した。脅迫まがいの手紙は続いたが、支援、共感の手紙は、当時東大にいた哺乳類学のHさんからのただ一通のみ。盆暮れの付き合いを重ね、家族交流もあり、長く研究や出版でおつきあいのあった日本科学者会議系とおもわれる友人たちは、一人残らずこの機に沈黙し、年賀状のやりとりもなくなった。朝日新聞など左派の影響の強い新聞、雑誌、書店等から一切打診がなくなったのは言うまでもない。太田さんという党派司祭のような人物の常軌を逸した言動が、天下の岩波書店の雑誌に掲載されたというそのことが、あたかも政治司令部からの命令のように全国に一瞬にして広がってしまった恐怖を、わたしはいまどう伝えられるか、自信がない。「友情も人権もあったものではない。共産主義権力が成立すれば異論者はこうなるのだな」。心底そう理解する実体験となったのである。

この事件には後日談がある。機械論者、反弁証法論者、軽薄社会生物学者たちをののしりとばす聖者ともおもわれていたはずの太田氏が、実は、岩波書店の権威ある「批判記事」を材料に、進化生態学、社会生物学関連の出版をすすめていた大小の出版社に脅迫文などをおくり金品を請求していたことがあちこちで暴露されはじめたからである。大あわての岩波書店にもはや選択肢はなく、編集部のIから、「生物科学を岩波からはずします」と連絡が入ったのは、翌年のことだったかもしれない。以後、『生物科学』誌は、共産党と親和性の強いはずの「農文協」という出版社の雑誌ということになったのである。

さらに余談をいえば、この一連の騒動の発端となった私の生物科学編集委員時代、東京のとある国立大学の一室で開かれる編集会議を傍聴する大学院生がいた。後日、保全生態学の巨匠となったJさんである。親しい友人から、「あの騒動

(『生物科学』の岩波書店からの切り捨て)があってからJさんは、岸を日本の学者社会から社会的に抹殺するといきまいている、岸さんがなにをしても生態学会周辺ではJさんとその関係者の組織的な妨害をうけるから、岸さんはもう生態学会をやめたほうがいい」と真剣に忠告されたのは、生態学会が保全生態学なる運動に併呑されてゆく一九九〇年代半ば、Jさんのドタキャンで破たんしたあるシンポジウムの席上だったと思う。職場の日常もすでに党派関係の研究者に包囲され、日々電話も自由に使えない危機を感じていた私は、友人の忠告どおり生態学会関係の活動を全面的に停止することとなった。すでに学術世界での政治騒ぎをさけて、町の下宿に研究室を移動し、流域主義の自然保護、都市再生活動にミッションを切り替えてもいたので、さしたる不便もなかったのである。(その市民運動の領域にもJさんの派閥の里山派の追手がいまなおくりかえし襲いかかる日常があるのだが、ここで触れる話でもない)。ちなみに、あまりの理不尽さに腹もたったので、退会は会費未納退会とした。いまだにそれをあげつらって人格攻撃をする大物学者たちがいると聞こえてくるのは、もう悲しいというしかないのである。

生物科学騒動がとおりすぎてしまうと、私と伊藤さんは、直にあうことも、手紙をやりとりすることもなくなった。伊藤さんは本当に伊藤さんらしく、その後、個別研究の領域で社会生物学の業績をつみ、なんとあの『生物科学』に論文を掲載したりしているのだが、私は、政治コントロールの徹底してしまう日本国・生態学アカデミズムに本当に愛想がつきてしまった。保全の役にたつ小さな和文の論文は市民とともにせっせと書くが、業績競争のアカデミズムは用がなく、「流域思考」という環境哲学・実践指針の洗練、その応用に没頭し、自然保護・都市再生の市民活動の現場に、骨を埋めてゆく暮らしである。

ということで、伊藤さんとの濃密なやりとりは、九〇年代半ばに突然おわり、以後、ご逝去まで、一度もお目にかかる機会はないままだった。二〇〇三年、伊藤さんの人生の総決算のようなタイトルの著書、『楽しき挑戦―型破り生態学50年』(海游舎)が出版されると聞き、なにかまた伊藤さんとのやり取りがあるかと、すこし期待はしたのだが、人生とりまとめの伊藤さんの本の中の私は、枯葉剤作戦にかかわる翻訳者としてだけ紹介されていた。社会生物学導入期の熱い交流の全て、共産主義への絶望をふかめ、離脱、そして恐らくは自由主義(?)への転向を決意してゆく一九八〇年代後半から一九九〇年代前半にいたる岸との交流は、すべて省略されてしまったのである。この時代を、どのように自伝に記録するのかしないのか、プライド高き伊藤さんの「応答しない」人生に、苦悶の時間もあったのだろうと、推測するばかりである。

最後に、もう一度、比較生態学の、「貧栄養で、こどもの数は減り、保護が増し、社会進化が進む」という伊藤テーゼにもどりたい。論述の他の部分の洗練とはまるで異質なかたちで、実はこの主張は、さまざまな変奏・変容をしめしつつ、進化生態学的な洗練をうけることのないまま、晩年の『生態学と社会』(東海大学出版会：一九九四年)にいたるまで、ずっと伊藤さんの論述の中に残るのである。親が子を保護する生物の子どもの数については、Lackが明快な解明の基本を提示していた。親が子の保護をしない生物における子の数や保護の問題については、日本でもしばしば引用される一九七四年のSmith & Fretwell (American Naturalist)の論文より、一九七八年の岸の「卵の大きさはいかに決まるか」(生物科学)が、Lackをまっすぐ継承する明快な研究プログラムを提示していたはずなのだ。その論文の、雑誌への掲載を強く支援してくださった伊藤さんが、栄養の多少とは全く関係なく保護によって子どもが小さくなってしまったり、連続的な環境変異のもとで子どもサイズの適応分岐がおこってしまう原理を説明する岸のモデルについてずっと沈黙のままだったというのは、本当に寂しい限り。岸の論考にそって正面から「応答」すれば、伊藤さんの『比較生態学』は、その書き出しの部分において、D. Lackを正統に引き継ぎ、文字どおりの現代進化個体群生態学として、首尾一貫されたはずなのに。

以下の付録は、一九七八年、『比較生態学(第2版)』への岸の書評である。発行にあたり、伊藤さんからも特に希望ありとのことで、応用動物昆虫学会事務局をとおして、新刊贈呈とともに依頼されたもの。応動昆、一九七九年二月、二十三(一)に掲載された文書を、ここに打ち直して、転載させていただきたい。しかしなぜかこの書評に、岸の挑戦には「応答」しない主義の伊藤さんは一度もふれず、逝かれてしまった。ここにもられた私の意見は、当時も、今も変わらない。届くものなら、伊藤さんのもとにとどけて、あらためて議論もしたいところだが、私もまた唯物論者なので、そんなことがかなうわけもない。

嘉昭さんは、理論・応用への幅広い関心、科学の社会的責任、後続研究者育成への熱情、どの分野をとっても日本の生態学が生んだ戦後最大の秀才である。思想、イデオロギー、人脈がらみの伊藤さんの葛藤を、率直、明快に腑分けすることのできる多芸多能の新しい生物学史家が、その最初の著書から、とりわけその「応答しない」沈黙の領域に注目しつつたどって、冷戦の日本生態学を駆け抜けた象徴的な科学者として伊藤嘉昭を研究対象とすれば、冷戦時代の日本科学史のモデル的な研究、いや素晴らしい日本研究になるはずと、私は深く確信している。将来、そんな研究者が現れないとも限らないと期待して、ここにその書評を、添付しておくものである。

可能なものなら、いままた居酒屋での貧乏自慢・マザコン競争からはじめて、マルクス主義か自由主義か、比較生態学、進化生態学、社会生物学論争におよんで、なん日もなん日も喧嘩をしたらどんなに面白かろうと空想しつつ、メーデー事件がなければ本当は岸と同じ「自由主義者」であったのかもしれない、応答しない英雄・伊藤嘉昭を、この小文でおくります。嘉昭さんおつかれさま。そしてさようなら。

●新刊紹介　応動昆：1979, 23 (1)

比較生態学（改訂2版）伊藤嘉昭著 (1978), 421ページ。

岩波書店、東京、3,000円

第2版が完全改稿の形で上梓された。英米の進化生態学の成果に対する著者の関心も一段と増しており、文献案内としてはもちろんのこと、進化生態学の独自の理論書としての利用価値もいっそう高くなっている。

著者にとって、比較（＝進化）生態学の理論的な出発点は繁殖戦略の適応分岐の問題である。繁殖の戦略を多産・無保護と少産・保護の2方向への分岐という視点で整理しようとする著者は、〝子にとって相対的に餌の得やすい環境では多産戦略が、一方それとは反対の環境では少産・保護戦略が進化し、しかもいずれの戦略を持つかに対応して、生存曲線から社会行動にいたる諸諸領域に、対比的な特徴が表れるはずだと主張している。これに比較しうる見解は、近年、r/K淘汰の観点からも論じられているが、著者はかなりのページをさいてr/K的見地を批判しており、独自理論に対する著者の自信は旧版にもまして強まっている様子である。しかし、著者の理論をめぐって、評者にはいくつか気になる点もある。以下、2点に触れることにする。

まず第1の点は、上掲の理論を支持する証拠として著者のしめす事実に一部無理がみられることである。一例をあげると、たとえば著者は、大卵少産型でかつ卵を守るカワヨシノボリ（ハゼ科）に注目し、貧栄養環境下で少産・保護戦略が進化することの一つの例証としているが、これはやや早計ではあるまいか。なぜなら、卵保護自体は、子にとっての食物条件の難易や卵サイズにかかわりなくハゼ類の一般則とすらいえるものであるし、また大卵・少産タイプのハゼは富栄養条件下にもかなり出現するからである。私の見るところ、ハゼ類は著者の仮説にとってむしろ不都合な存在である。

第2の気がかりは著者の〝哲学〟に関連するかもしれない。r/K淘汰やLackの理論に詳しく言及するにもかかわらず、自然淘汰論に対する著者の見解がいまひとつ不鮮明なのである。たとえば、繁殖戦略の分岐を決定する要因が、〝すべて〟の生物において〝子にとっての餌の得やすさ〟だと断じる著者の見解は、多元的な視野を特徴とする現代的な自然淘汰論とうまく整合するのだろうか。さらに、変態によるr/K戦略の転換という主張や、個体数変動パターンまで適応戦略とする見解、あるいはHamiltonの記念碑的論文の主旨を誤解している点などにも著者の自然淘汰観の若干の混乱が反映しているような気がする。

現代進化学には、適応戦略と環境の多元的把握を基礎とした自然淘汰論の演繹的理論枠がある程度確立している。このような理論枠自体の解説に一章を充てる余裕を著者が持っていれば、著者の表現はさらに統一され、その理論的構想力も多元的でもっと自由なものとなったはずだというのが、私の率直な感想である。

（慶応大　岸　由二）

53　伊藤嘉昭さんの人間観

山根　正気　鹿児島大学名誉教授。社会性ハチ類やアリ類の分類と生物地理を研究。アジアにおけるアリ類の研究者ネットワーク「ANeT」の設立と発展に尽力。現在鹿児島大学総合研究博物館研究協力者。

はじめに

日本を代表する生態学者の伊藤嘉昭さんが亡くなって、私たちが国内外の生態学や進化学の最新動向を入手できる重要な情報源を失ってしまった。ウェッブ環境が充実した現在、確かにほとんどあらゆる情報にアクセス可能ではあるが、私などは氾濫する情報の大海原で右往左往するのが関の山である。伊藤さんは「英語で論文を書け」、「英語で発信しろ」と言い続けたが、一方ですぐれた教科書や総説・エッセーを通じて重要な理論や先端的研究を日本語で精力的に紹介した。守備範囲は、専門の個体群生態学や応用昆虫学から、比較生態学、生物社会学、進化学、自然人類学、科学史、人物論と多岐にわたった。それらを読み返してみると、彼のもつなみはずれた好奇心、問題意識、勉強量に圧倒され、また批判の対象となる人物や理論がもつポジティブな面とネガティブな面が丁寧に分析されているのに驚かされる。ことに印象深いのは今西錦司氏の評価で、氏が晩年生物学から乖離してしまったことを指摘しながら、一方で日本の生態学にはたした役割や多くの有能な弟子を育てたことを高く評価している（『生物科学』、42巻4号、一九九〇年）。今西氏の業績を全否定するものに対しては、声を荒げて反論していたのを思い出す。重要な理論をだした人や先達にたいしてつねに敬意を払う人であった（ただし、奥野良之助氏にたいしてだけは、容赦ない批判以外目にしたことがない）。六十歳を過ぎても、若者以上に好奇心をもち続け、健筆をふるわれたことに深い感動を覚える。

伊藤さんからの贈り物

私は分類学者であり、生態学とは縁遠い存在であったが、大学院生のころから伊藤さんの著作のファンであり、そこから多大な影響を受けていた。そして、一九六〇年代中頃から七〇年代にかけて勃興した社会生物学（行動生態学）に揺すぶられる中で、一九八三年に始まった「生物の適応戦略と社会構造」という文部省特定研究を通じて直接お会いし、ともにフィールド調査をするチャンスに恵まれた。このプロジェクトでは画期的な成果をあげるという期待には応えられなかったが、私個人は伊藤さんの主導する昆虫班に参加できたことによって以下のようなはかりしれない恩恵を享受した。

まず、当時鹿児島大学に赴任して四年目の私にとって、講座予算の使い方の会議さえもてない異常な状態の中で、三年間にわたって潤沢な研究費が保証された。一九八四〜八五年の二年間、四〜六月に合計五回、伊藤さんや岩橋統さんらと沖縄県の那覇近郊で、オキナワチビアシナガバチの社会行動の濃密な調査を行った。この時のデータのかなりの部分がまだ公表されておらず、そろそろフィールドノートの解読も困難になってきた。しかし、日本のアシナガバチでは初めて産卵メスの交替、オスの早期羽化、サテライト巣の存在を含む複雑な社会構造が確認された。この研究の成果は岩橋統・山根爽一『チビアシナガバチの社会』(東海大学出版会、一九八九年)にまとめられている。

しかし、もっと大きかったのは、当時社会生物学の分野で活躍していた国内外の著名な研究者に直接接することができたことである。一九八六年七月に京都で開催された国際シンポジウムとそれに続く各種交流会で、W・D・ハミルトン、M・J・ウエスト-エバーハード、R・ガダカール、N・ピアス、J・クレブスといった人たちの顔を見ることができただけでも幸運だったが、幾人かのかたとはその後もながくお付き合いをいただいた。このような機会を日本の多数の若手研究者がもてたことが、その後の日本における進化生物学研究の発展に大きく寄与したことは間違いない。伊藤さんは明らかにそうした効果を期待していた。

さらに私にとって幸運だったのは、松浦誠氏と私が一九八四年に北海道大学図書刊行会からだした『スズメバチ類の比較行動学』の英語版出版が、伊藤さんのご尽力で実現にこぎつけたことである(*"Biology of the Vespine Wasps"*, シュプリンガー、一九九〇年)(日本語版の出版は当時北海道大学図書刊行会におられた田宮治男氏のご尽力による。松浦氏はこれを契機に同刊行会から次々に社会性昆虫関連の本を世に出した)。伊藤さんは、メーデー事件の裁判闘争中に岩波書店から出版した『比較生態学』(一九五九年)が先駆的内容をもっていたにも関わらず、英訳をおこたったことへの後悔を、色々なところで書いておられる。E・O・ウィルソンの大著『社会生物学』の翻訳監修をしたときに味わった、その悔しさはいかばかりであったろうか。そういうこともあったので、日本語で書かれた業績の英語版出版に意欲をもっておられたのであ

写真 1　特定研究「生物の社会構造」の国際シンポジウム（京都松ヶ崎会館、1986 年 7 月 8 – 12 日）で。右から伊藤さん、若き日のガダカールさん、筆者。

ろう。そして『スズメバチ類の比較行動学』の中核をなす、松浦さんの命をかけた膨大なデータを海外にしらしめたかったのだろうと思う。伊藤さんは決してナショナリストではなかったが、日本の研究者の業績をなんとしても外に出すことに異常に見えるほど熱意をもっていた。おかげで私の著作物の中では、この本は引用頻度がもっとも高く、岩田久二雄氏の "*Evolution of Instinct–Comparative Ethology of Hymenoptera*" (Amerind Publishing, 1976) とならんでよく引用されている。

以上のように私は伊藤さんからは一方的に恩恵を受けたが、残念ながらきちんとしたお返しができずに終わってしまった。

エンゲルスに惚れ込む

さて、伊藤さんは先にも述べたようにメーデー事件で逮捕され拘置されるほどの左翼の闘士であった。先述の特定研究の会合では、学生運動でつかまった井上民二さんと、どっちが長くブタ箱に入れられていたかで、自慢し合っていた。まわりにいた我々は面食らったものである。この二人は敵対するグループに所属していたことがあったが、実に仲が良く、相互に尊敬し合っていた。これも伊藤さんの人柄を語る上で重要なポイントである。

伊藤さんは、そうした左翼の闘士であった頃に、『原典解説・サルが人間になるにあたっての労働の役割』（青木書店、一九六七年）という労働者向けの解説書を書いている。マルクス＝レーニン主義入門叢書の一冊なので、共産党公認の本といってよい。だから、エンゲルスの名著『サルが人間になるにあたっての労働の役割』を評価する重要な視点として、伊藤さんが「人間も進化の産物であること」と「労働が人間を作ったこと」をあげているのに不思議はない。そして「労働が人間を作ったこと」を強調したことが単なる政治的リップサービスであったとも思われない。エンゲルスのこの著作は今読んでも実に生き生きとしているばかりでなく、その洞察力の深さは印象的である。そして伊藤さんの解説も、最新の研究成果をふんだんに使ったすぐれたものであった。何よりも、同書に収録されているエンゲルスのこの著作の翻訳は伊藤さん自身がドイツ語から訳出したものであることに驚かされる。エンゲルスは『空想から空想へ』とすべき本のタイトルを『空想から科学へ』としてしまったことで、その後の悲惨な歴史に責任の一端を負うべきだが、この共産主義の開祖の勉強量は驚嘆に値し、伊藤さんが魅了されたのも無理はないと思う（『空想から科学へ』は『反デューリング論』という大著の三章分を抜粋したもので、国によって多少異なったタイトルで出版されたが、おおむね「空想」と「科学」という二語が使われている）。

労働の意味

さて、それでは当時の伊藤さんの人間観はいかなるものであったのか。人間も進化の産物であるということは、すでに多くの日本人が共有していた観点であろう。二足歩行と手の解放の関係も、どちらが先かという不毛な議論を無視すれば、だれもが納得するであろう。

おそらく問題は次の二点であろう。一つは労働が本当に人間を作ったのかということ、そしてもっと重要なのは階級の廃止が本当に平等な社会の実現につながるのかということ。伊藤さんの解説本では、いずれもイエスである。その点で彼はマルクス＝レーニン主義の本道を歩んでいたといってよい。私もこれに染まった時期があるので、その心理はよく理解できる。しかし、私はかなり早い時期からこのいずれにも違和感を感じ始めた。

第一の点から考えてみよう。マルクスを引用しながら、彼は労働をつぎのように要約的に定義する。「労働とは、人間が自然に働きかけ、自然を変化させる過程」だと。ついで、マルクスの「労働過程の簡単な諸契機は、合目的的な活動または労働そのもの、それの対象、およびそれの手段である。」を引用する。このような説明で、多くの人は納得するであろうか。例えば、経営者（いまなら資本家）のアイディアで何か画期的な装置が開発された時、これは労働に入らないのか。もし入るのなら、先に定義された「労働」が不可欠だとはいえ（将来的にはロボットがこの役割を担うかもしれない）、両者はどういう関係にあるのか。今多くの人が熱中しているスマホは、先に定義された「労働」のみで誕生しえたのか。つまり、発明、設計、計画といったことが少し軽視されてはいまいかということである。少なくとも、「労働者階級だけが一切の価値を生産するということ、……」というマルクスの言葉に現実味はない。当時の伊藤さんはこうした問題について、残念ながらかれ独特の批判精神を発揮していない。

平等と支配

次にさらに深刻な問題を検討してみよう。階級が廃止されたら、人間の完全な平等性が確立されるという神話である。伊藤さんはここでもマルクスやエンゲルスに忠実である。そもそもことの発端は、モルガンの『古代社会』（角川文庫版、一九七一年）で展開された人類社会の進化シナリオであろう。エンゲルスはそこで示された成果を援用して、人間社会の類型を、原始的乱婚社会から出発して、「原始共産社会」をへて今日の社会に直線的に進んだと考えたのである。そこでは、原始共産制のあとに、生産力の向上が私的所有を生み、奴隷制、封建制をへて資本主義社会にいたるまでが一直線で描かれ、その後に社会主義が到来することは必然（科学）だと説かれている。

ここでの根本的な疑問は、生産力が向上して余剰生産物が生じたときに、なぜ人間はそれを皆で分配しないで、一部の者が独占したのかである。これを必然的とするならば、原始共産社会にすでに人間の本性として搾取と支配があったが、生産力が低かったのでそれができなかったと説明するしかない。そしてその本性がずっと維持されたならば、奴隷制、封建制、資本主義のいずれも納得がいく。そうすると、生産力が高く（この期待ははずれたが）、財産私有の余裕がある（許されないが）社会主義のもとで、この本性の発現を防ぐにはどうしたらよいか。答えは一つだろう。強制的管理である。そして、この制度が多くの社会主義国で別の醜悪な特権階級を生み出したことは周知の事実である。もし、人間の本性がはじめから、そうでなかった、つまり余剰物は皆で分け合い、平等を好んだのだとすれば、原始共産制から財産の私的所有や他人の支配へといとも簡単に移行した必然性が説明できない。

つまり、エンゲルスの理論ははじめから矛盾をはらんでいたのであり、伊藤さんはそこを見抜けなかった。実は伊藤さんのその弱さは、後述するように社会生物学の登場により基本的に包括的適応度理論を受け入れたあとになっても完全に払拭されていない。

私は、原始共産制自体が特定の人間が頭に描いた空想に過ぎないと思っている。伊藤さんは別の著書（『人間の起源』紀伊國屋書店、一九六六年）で先住民の社会研究の例をいくつも引用して、土地の共有がいたるところで見られるなど、原始共産制がかつて広範にいきわたっていたことを示そうとしたが、そこでは重要な点が見落とされている。私的所有を土地などの目に見える物質でしか考えていないのである。今日のネオダーウィニズムが重視するのは、最終的には繁殖成功度である。これが、生産力が低かった時代から余剰生産物が溢れる時代までを通して測れる一般的基準である（もっとも、現代社会では「快の競合」によってこれは随分歪められているが、それは民主主義の成果でもある）。したがって、仮に、現存する先住民社会の研究が、原始共産制がかつて存在したことを支持あるいは反駁することができるとしても、そこで用いられるべき基準は繁殖成功度にバラツキがあったかどうかである。この著書『人間の起源』にはこの視点が欠落している。さらに、現存する社会の分析から歴史を再構築可能かという別の問題も残っている。これについては最後にもう一度論じたいと思う。しかし、断っておくが、この本では人類進化についての当時の重要な研究が紹介されており、自然人類学者でこれだけのものを書ける人が当時いたのかどうか疑問である。私は、この本を愛読した。

社会生物学との出会い

このような著作を世に問うた著者が、人間の進化も利己的遺伝子で説明しようとする社会生物学と出会ったときにどう対処したか。一九七〇年代の後半から次々と持論を展開している。『「社会生物学」にどう対処するか』（『赤旗』、一九八一・三・一一）では、『「社会生物学」という妖怪が英語圏と北欧の科学界をはいまわっている』と、共産党宣言をもじって、社会生物学の台頭とそれがもつ含意を紹介している。ここでは、社会生物学の理論が、マルクシズムの従来の考え方と衝突する可能性を指摘するとともに、「正しい学説であってさえ悪用する方法がいくらでもある現代では、学者自身が自分の学問の悪用を決然と拒否することと同時に、悪用を理由に研究そのものが阻害されないような学問の自由の確立が不可欠であると信じている」と結んでいる。

伊藤さんはまず、ハミルトンやウィルソンらが、すべての生物の進化を単一の理論で説明しようとする態度に好意的に興味を示した。それはその前段として、マッカーサーやピアンカなど進化生物学者の著作に親しんでいたからであろう。もちろん、持ち前の批判精神は健在で、素直に認める気配はない。しかし、その後の経緯をみれば、この路線にかなり加担したとみていいだろう。

伊藤さんの真意をさぐるにあたって、ここで一つ引用しておく。「また、ウィルソンの人間への論及は、それが正しいとすれば、ファッシズム、テロリズムから離婚家庭の増加、同性愛の流行に至る現代人間社会の諸問題を解決する一助として速やかに発展させねばならないし、もし間違っているなら、その影響の大きさ（全体主義への導火線）の故に、これまた速やかに批判せねばならぬ性質のものである」（『科学朝日』、41巻11月号、一九八二年）。

見かけ上の競争

伊藤さんは社会生物学的生物観・人間観について以下の二つの問題点ないし不安を見いだしていた。一つは、ネオダーウィニズム一般についても言えることだが、生物とくに動物の行動に競争ばかりを発見し、協同がもつ意義の過小評価があるのではないか。もう一つは、社会生物学的ものの見方が人間に適用されたとき、倫理観に悪影響を与えるのではないか、ということである。

まず、最初の点についてアシナガバチ研究を例にとって考えてみよう。初期の研究がおこなわれた温帯域では、一個体の創設女王とその娘である働きバチからなる単純な母娘家族が一般的であった。ところが、亜熱帯・熱帯の種に調査がおよぶと、様々なタイプの社会の存在が明らかとなった。その中で、複数の女王（雌）が協同で巣を創設する多雌創設が頻繁に観察されただけでなく、多雌性の状態が長く続くケースも見つかった。多雌創設は寄生者や捕食者が多く、一個体での創設では巣を守りきれないときに生じがちである。ハミルトン的解釈では、これらの雌は血縁個体であり、一部の個体が産卵を独占したとしても、非産卵個体も血縁者であることによって産卵個体を通じて自分の遺伝子を残せるというものである（血縁選択理論）。また、創設に加わった雌が非血縁個体であったり、相互の血縁係数が非常に小さい場合は、互いに攻撃し合い、ついには実力で特定の個体が産卵を独占すると想定される。

一九八〇年代にこうした予想は多くの観察により確かめられつつあったが、伊藤さんは、これは欧米的競争社会に影響された研究者があらゆるところに競争や攻撃を見つけたがることによって生じた、観察のバイアスであると考えた。そして、オーストラリアや中南米で色々な種のアシナガバチを観察して、創設雌間の平穏な関係を見いだし、そうした観察をもとに社会性進化を説明する「協同的多雌性仮説」を提案するに至る。まず驚くべきことは、研究歴のかなり遅くなってからハチの社会性研究に参入し、すでに六十歳にならんとしていた伊藤さんが、海外調査を含めたかなり過酷な調査を矢継ぎ早に行ったということである。その情熱とエネルギーは尋常ではなく、あっという間に海外にも多数の友人を作り、古参の日本のハチ研究者は、伊藤さんを通じて情報や便宜を受けるというとんでもないことになってしまった。

横道にそれるが、エピソードを一つ。オーストラリアでのフィールド調査に先だって、リチャーズの分類モノグラフを使ってハチを同定したいが、分類や形態用語が分からないので簡単な辞書を作ってくれ、という命令が下った。私は恩返しのチャンスとばかりに数日の突貫工事で小冊子をつくり送付した。ところが届いたという返事もなければ、その後会ったときも何の言及もない。しかし、彼の論文や本を読むと、彼が観察したオーストラリアのアシナガバチがちゃんと同定されていて、ご丁寧に和名までついている。和名のなかには語学的センスに欠けるものもあったが。多分私の小冊子は届いていたのだろう。このような「応答なし」は他の友人にたいしてもあまり珍しくなかったらしい。

協同的多雌性仮説は、英語・日本語で単行書として出版され、欧米の研究者からは共産主義の伊藤さんらしいと好意をもって迎えられた面もある。その後、熱帯の種がかなり詳しく研究されるに至って、この仮説は不利となり、伊藤さん本人もそれを認めた。まず、観察時間が短く、データが粗雑であった。またこの仮説がもつ論理的矛盾や観察事実との齟齬が前出の岩橋統・山根爽一『チビアシナガバチの社会』によって徹底的に批判された。

この顛末が示唆するのは、人間には生き物の生き様に「平穏」や「協力」を期待する心的メカニズムが存在するのではないかということだ。事実としては、伊藤さんの協同的多雌性仮説もネオダーウィニズムを前提としており、雌間の平和的共存が種の中に確立するプロセスで、集団内の異なった対立遺伝子間の抗争があったと考えるほかない。表面的に攻撃的か平和的かということはそれほど意味を持たないのではないか。ただ、人間の心理として表面的な平穏を望むメカニズムがあり、それがある状況（思想）の下であらわになるのかもしれない。

ついでに言っておけば、自然選択理論はトートロジーであるとするK・ポパーの主張同様、血縁選択理論も部分的にはトートロジーであると思われる。その意味では、社会性進化から血縁選択を完全に排除するのはおそらく不可能である。ただ、完全なトートロジーではないのは、自然界ではつねに偶然が介入し、適者が子孫を残せないこともあれば、間違って非血縁者を一方的に助けてしまうこともあるし、アナクロニズムはあちこちに見られるからである。そこに、血縁選択理論や自然選択理論が経験科学として存立する可能性が残されているということか。

ここで思い出したいのは、愛を説き競争を否定したがる一神教やそれに類似した思想が、現実になしてきた愚行の数々である。たとえば革命後のロシア(ソ連)の政府公認生物学であるルイセンコ主義は、種内における競争をほぼ完全に否定するところまで突き進んだ。ダーウィン理論からは進化の事実と獲得形質の遺伝(ダーウィンはこれを否定しきれなかった)を引き継いだが、ダーウィン理論の核心ともいえる個体ベースの競争は否定した。個体間の競争は来るべき理想郷としての共産主義下では不都合であるからであろう。スターリン体制下で起こった醜悪な種内粛正は、平等や協力への信仰をもった個人や集団が、まさにそれと正反対のことをしかねないという教訓を残した。伊藤さんは共産主義との決別にあたって「社会主義国の失敗のもともとの原因は、マルクスらの革命理論家における人間の善意への過度の信頼にあったかもしれない」と述べている(『生態学と社会—経済・社会系学生のための生態学入門』東海大学出版会、一九九四年)。しかし、これは革命理論家にたいするあまりにも善意に満ちあふれた助言である。エンゲルスは書いている。「生産手段が社会によって掌握されるとともに、商品生産は廃止され、したがってまた生産者にたいする生産物の支配も廃止される。……。個体生存競争はなくなる。こうして、はじめて人間は、ある意味では、動物界から最終的に分離し、動物的な生存条件から真に人間的な生存条件にはいりこむ」(『空想から科学へ』大月書店・国民文庫版、一九六九年)。この空想的な叙述からも分かるように、ここには生き物としての人間は存在しない。道徳感情としての善意も悪意も存在しない。人間社会の進化の必然、つまり歴史法則、に従うのが善であり、それに逆らうことが悪である。そもそもその先の道徳理論があったのかどうかも判然としない。あれだけの殺人的粛正が道徳理論の言葉で論議されることはほとんどなかった。その点で唯一神を信じ神への服従のみが善であるとするコーランの教えと共通するところがある。やはり道徳理論が極端に貧弱なのである。エンゲルスはカントやヘーゲルによるドイツ観念論哲学の成果を高く評価するが、カントが病的にまでこだわった「利己性」の問題には見向きもしない。カントの人間観察の確かさと、エンゲルスの空想癖を比較するとき、どちらがより唯物論的であったかはおのずと明らかであろう。共産主義が唯物論であるという巷に流布する誤解にそろそろ終止符を打たねばならない。伊藤さんの共産主義卒業はある意味で中途半端であった。

伊藤さんの不安

次の問題に移ろう。社会生物学の成果が人間理解に用いられた場合に生じる「悪用」の危険である。彼にとってこの点が重要なのは、長年社会問題と取り組んできた活動家としての立場が影響しているが、本質的には「生物学的正義」なる観念からぬけでていなかったからだと思われる。つまり、たとえば男女差が生物学的に証明されれば、それが「生物学的正義」とみなされて、反動思想を利することになる、といった見方である。確かに男女差は生物学的に解明される可能性がある（一部は解明されていると考えてよい）。しかしそれだけでは、納得しない人が多いであろう。なぜなら、色々なケースでその差が事実上克服されてしまうからである。しかし、もし体格や脳における性差が、色々な動物を比較検討した結果、ある進化的な意味をもち、そこには過去に選択圧によって埋め込まれた性質が存在すると結論されたならば、事情が異なってくる。伊藤さんはおそらくそのようなものを「生物学的正義」と呼んだのだろう。生物学的に回避できない人間の性質とも言い換えられよう。だが結論的に言えば、それは「正義」ではなく、一連の進化シナリオを「認めた」さきに生じる思想に他ならないと、私は考えている。

さて、ここには進化シナリオとは一体何なのかという難問が横たわっている。ある形質がどのような選択圧のもとで、どのようなプロセスをへて進化してきたかは、あまたの仮定をおいた上でのシナリオとしてしか存在しない。今日、このようなシナリオは、いとも安易に仮説と呼ばれている。しかし、この分野における仮説は、物理化学や生理学における仮説とはいささか性質を異にする。

もし、オキナワチビアシナガバチ、チンパンジー、ヒトの三種の間の系統関係を問われれば、おそらく誰もが、まずオキナワチビアシナガバチの祖先が分岐して、それからずっとおくれてチンパンジーとヒトの祖先が分かれたと答えるであろう。また、イヌの前足と人間の手の相同性を疑う生物学者は皆無といってよいだろう。こうしたことに確信がもてなければ、生物学者は思考を停止するほかない（もちろん、十五億人をはるかに超えるであろう、進化そのものを認めないイスラム教徒とキリスト教原理主義者の中にもたくさんの生物学者がいることを忘れてはいけないが)。だからといって、同じ科のなかの多数の属や同じ属の中の多数の種の系統関係を正確に知ることができるとは限らない。実際問題として、ある進化シナリオを実証(あるいは反証)する基準が提示されたのを見たことがない。先にあげた例のように非常に確信がもてる(少なくとも進化を信じる者であれば反論のしようがない)ケースもないわけではないが、多くの場合、証明が困難なのである。進化シナリオを扱う分野は、厳密には自然科学というよりは歴史科学に属するからである。台風の進路予報や地震予知は主観的確率にもとづいてなされる、ある意味での歴史学的シナリオ予知である。そこそこあたる場合もあれば、完全にはずれることもある(地震予知は当面あたる可能性がない)。進化シナリオは、こうした未来予知を逆立ちさせた性格を持つことが分かるであろう。ここにある種の主観的確率がかかわっていることだけは間違いない。

そう考えると、「生物学的正義」なるものも、それほど絶大な力をもつと思えない。むしろ、生物学者が進化的シナリオを科学的な「仮説」であると信じていることにこそ問題があるのではないか。それはシナリオに過ぎず、そこから導出されるのは思想である。思想はそもそも、それ自体真理でもなければ正義でもない。むしろ悪用されるのは日常的なことである。そのように考えれば伊藤さんのように悪用をそれほど気にしなくてもいいのではないか。繰り返すが、進化シナリオを科学的仮説であるとか、真実であるとか発言することを控えることがむしろ重要であろう。

私は社会生物学によってもたらされたシナリオのいくつかを支持しており、そこから自分の思想を紡いでいる。人間の性差についても自分の考えをもっており、そのような考えをもつことで世の中をもう少しうまくやっていける可能性があるかもしれないとも思っている。利己性、競争(自分が他人より勝っていると示すあらゆる努力もふくめて)、いじめ、わがまま、暴力、窃盗(他人の着想をちゃっかり拝借することもふくめて)など、通常倫理的にみてネガティブだと考えられているものであっても、人間の脳に埋め込まれた重要な性質であり、これを根絶するのは困難だと考えている。しかし、そのような認識を持つことで、自分をいくらかコントロールする可能性も生じうる。伊藤さんもこの線で考えていたと思う。この思想は「根絶」という標語を嫌う。根絶するためにはすべての人間を殺さねばならないからである(ノアの箱船の失敗は、ノア一族を一人残らず殺さなかったことである。神の眼鏡にかなった善良なノアの一家を残したゆえに、その子孫からありとあらゆる不届きものを再生産してしまった)。こうした「好ましくない」性質の顕現が当該社会の到達した倫理規範を逸脱したときには罰するということを、永遠に続けるということである。その方が、根絶をかかげるプログラムよりはるかに被害が少ないと考えるのである。

愉快なひと、伊藤さん

最後に、伊藤さんと接しての印象を記しておきたい。お付き合いさせていただいた期間は短い。一九八三年ころから九〇年代のはじめにかけての十年たらずである。私は九〇年代に入り、DIVERSITAS（フランスに本部をおく生物多様性研究・保全の国際組織。アジア・西太平洋支部 DIWPA は京都大学生態学研究センターに事務局がある）の活動の一環として、アジアにアリ研究ネットワークを立ち上げる仕事に忙殺されて、ハチの社会性研究からは遠ざかってしまった。そして、わずかのお付き合いの期間は、もっぱら沖縄でのチビアシナガバチ観察についやされた。ハチの行動があまりにも面白かったので、フィールドではもとより、仕事が終わったあと泡盛を飲みながら交わした会話も主にハチの行動についてだった。本稿で話題にした思想的問題を議論する機会を失ってしまった。

すでに書いたように、伊藤さんは大変な勉強家であった。そして学問の成果を発信するのに熱心であった。自分が知った新しい事実、考え方を独り占めすることができなかった。ただ、ちょっと頑固で思い込みが激しく、そのことで困ったこともあった。私がハミルトニアンであるというようなことをどこかで書いたら、それが生意気だというのである。お前はハミルトンと同格だと思うのか、とすごい剣幕である。英語における「アン」とか「イアン」という接尾辞は「強い支持者や信奉者」を意味するんです、キリストと同格であるなどと思っているクリスチャンはいないでしょう、といくら説明しても、聞く耳をもたない。この頑固さに辟易した人も少なくないと思う。そしてとても率直な人だった。ナルシストであることも隠そうとしなかった。枕元に自著を積み上げて「オレはどうしてこんないい本を書けるのだろう」という恍惚状態にしばしばなったことを、本人の口から直接聞いた人も少なくないはずだ。自伝『楽しき挑戦—型破り生態学50年』（二〇〇三年、海游舎）を読むと、こんなことはとても書けない（色々な意味で）と誰もが思うことに満ちあふれている。大学院在学中から、やれポスター賞だ、インパクトファクターだなどと浮かれている今の世代には決して書けない本である。ネイチャーにもサイエンスにもあまり縁のなかった研究者が、なぜこれほど世界的に有名になり、多方面に影響をおよぼすことができたか、いま一度振り返ってみる必要があるだろう。

54　50年前の個体群生態学会と伊藤嘉昭さん

中村 浩二　金沢大学名誉教授。専門は生態学。「日本の里山・里海評価」や世界農業遺産に関与。金沢大学「里山里海プロジェクト」代表。日本と世界の里山里海の保全、人材育成、総合的活用、地域再生をめざす。

伊藤さんとの出会い

私がはじめて、伊藤さんを知ったのは、一年先輩の片山一道さん（その後、考古学を専攻、京都大学名誉教授）から、一九六七年の秋頃「実習に行くなら農技研（東京）の伊藤さんのところだ」と聞いたときだ。これは農林生物学科（京都大学農学部）三年生対象の応用昆虫学実習という科目だった。私も伊藤さんの所にしようと思って、内田俊郎教授（昆虫講座主任）に相談したが、伊藤さんはあいにく都合がわるく、桐谷圭治さん（高知県農林技術研究所）に、一九六八年の夏休みの一か月間受け入れてもらうことになった。

連日、所内の調査水田に入り、イネをかき分けてツマグロヨコバイ（イネの害虫）の個体数を数え、ときには農薬散布もした。室内では双眼顕微鏡を使って幼虫、成虫の頭幅を一匹ずつ測定したり、イネ茎を裂いて内部に産みつけられている卵数を調べた。猛暑のなか大汗かきながらの単純作業に明け暮れ、毎日が楽しく充実していた。桐谷リーダーと研究員（川原幸夫、笹波隆文、中筋房夫）、技官（山中久明）がすすめていた害虫の総合防除への先駆的とりくみとチームワークに感銘を受け、自分も思い切り汗をかける個体群生態学を専攻することにきめた。

片山さんの推奨もあり、三年生に進級すると伊藤さんの『比較生態学』、『動物生態学入門』を購入し読んでみた。手元の古びた2冊を確認したところ、それぞれ六八年五月、七月と見返しに自筆の書込みがあった。どちらも類書がない名著だが、前者は引用が膨大すぎてちょっと冗長、後者は小冊子にいろいろ盛り込みすぎ不統一な印象をうけた。

桐谷研では、「個体群生態学の若手三羽ガラス」ということを何度も聞いた。それは日本の個体群研究を世界の一流レベルに押し上げるためにがんばっている桐谷、伊藤、巌俊一（昆虫研助手、まだ面識がなかった）のことで、三人とも三十八、九歳の若手だった。三人は研究の同志であるだけではなく、長年の親友だと知った。

農学部学生ストと伊藤さん

実習からもどって十月開講の後期授業に熱を入れはじめた頃、いわゆる「全共闘運動」で全国の大学が騒がしくなり、京大農学部も一九六八年秋くらいから断続的スト、六九年六月には無期限ストにはいり、十一月末にスト解除するまで一年あまりずっとストだった。農学部ではスト突入も解除も学生大会をひらき決議する手続きが守られていた。

私はストに積極的に関わっていた。六九年夏までに全国の学生ストがつぎつぎ解除されるなかで、京大農学部のストは生き残り、いつのまにか文部省の「長期紛争校」（京大の文・医・農と東京教育大（筑波大の前身）の文の合計4学部）のひとつに指定されていた。私たちはベトナム反戦、パリ五月革命などに影響を受けていたが、農学部ストはむしろ学部内の旧体制（教授会・講座体制の打破、学生自治の保証など）や学会体制の改革を重視していた。

長期間のストが膠着するなかで、学会で重要な位置を占め、革新派の伊藤さんや桐谷さんを訪問した。ストの目的、特に教授会や講座制の問題を説明し、現状打開に向けた助言をもらえないかと思った。伊藤さんを、藤崎憲治君（京都大名誉教授、学部も大学院も同級生）といっしょに農技研に訪問した。六九年初秋だったと思う。私たちは前年からのスト続きで四年生なのに卒論に取り組んでおらず社会経験もなかった。伊藤さんは耳を貸し、「君たちは極左の政治活動だけの学生運動ではないようだが、運動をやっていても、研究は絶対にやめるな」という趣旨を話された。

同じころ私は実習でお世話になった桐谷さんをひとりで訪ねた。桐谷さんは私をチームの皆さんといっしょに食事に誘ってくださり、「遠いところをよく来たな。熱心に活動しているようだが、世の中は簡単には変わらんぞ」、といった感じだった。若手スタッフの中筋房夫さん（岡山大名誉教授）からは、厳しい批判をもらい、議論の応酬になった。桐谷さんは、長期化するストの中で、渦中の昆虫研のスタッフや私たち学生をふくめ、無期限ストの行く末を心配されていたのだとおもう。

第5回個体群シンポに参加

はじめて参加したシンポは、七〇年四月十一～十二日に大分県九重山筋湯温泉での第5回だった。私は四月に修士に入りたての二十二歳、最年少参加者だったので乾杯役に任命された。小野勇一さん（九州大助教授）が世話役で、主題は「個体群生態学における個体性または個体差の問題」だった。重要な論点だったが、当時は個体識別による長期観察や分子データが不足していた。伊藤さんは、ディスカッションでも、懇親会でもダントツに活発だった。とくに、自分が連れてきた（？）有望新人の松本忠夫さん（東京大院生、東大名誉教授）や岩橋統さん（小笠原支庁、元琉球大助教授）を持ち上げたり・けなしたり、酒の肴にしたり、伊藤式ハッパをかけていた。ご自身もホロホロ踊りを披露して宴会を盛り上げた。座布団に正座した小野さんの朗々たる黒田節の迫力をいまでもよくおぼえている。シンポは隔年開かれ、家族的な雰囲気の合宿勉強と研究者間の交流、新人にはデビューの機会だった。

個体群生態学会の運営

一九七〇年頃には京大昆虫研に個体群生態学会の事務局があった。一九五二〜五六年に和文誌『個体群生態学の研究Ⅰ〜Ⅲ』を刊行した後、英文国際誌 *"Researches on Population Ecology, RPE"* をすでに十五年くらい刊行しており、会員の三割が外国人というユニークな学会だった。それを一流国際レベルにあげようと奮闘していた中心が巌さん、桐谷さん、伊藤さんらであった。

RPE の事務は、庶務も編集も巌さんと若手助手の久野英二さん（のちに昆虫研教授）がとっていた。私が昆虫研事務室を兼ねたふたりの部屋にゆくといつも *RPE* の仕事をされていた。近年、学会事務の外部委託と英文ジャーナルの編集に欧米出版社が絡むことは当たり前になっているが、当時は小規模な家族経営でこつこつやっていた。その部屋は、学会本部でもあり、しょっちゅう伊藤さんら来客があり、お茶には院生室の私たちにもよく声がかかった。巌さんは飲酒されなかったので、伊藤さんらとの飲み会にはいつも私たちが同行し、いろいろな話を聞くことができた。

伊藤さんからの忠告

伊藤さんは、農技研につとめ、生態学や害虫防除の最前線で全国をリードしながら、同時に社会問題にも活発に発言し、論陣はベトナム戦争の枯れ葉剤散布問題にも及んでいた。桐谷さんは、高知県の試験場で害虫防除の総合調査をすすめながら、現場のデータから有機農薬ＢＨＣの残留毒性問題にさかんに発言されていた。このお二人には、「研究を最重視し、そこから発言する」プリンシプルが貫徹していた。「研究が忙しいから余計なことをするな」ではなく、「自分の研究を通して考えよ」であり、実現は簡単ではないが、共鳴できる生き方だと思った。

私は、六九年十一月末に農学部校舎のバリケード（学生や教職員など、教授以外は自由に校舎を出入りしていた）を撤去にきた機動隊との小競り合いで逮捕され起訴された。そのときに伊藤さんから「君はこれから勉強し、職を探す身だ。たいへんだろうが、どんなことがあっても研究をやめるな」と激励された。また「オレはおまえの友達としていうが」と前置きして、「学会の懇親会では、京大昆虫の同窓生やその仲間とは呑むな。他大学や他人と呑んで、外に友達を作れ」といわれたこともあった。この二つは、いまも忘れていない。

私は、オーバー・ドクターの二年を含めて七年間昆虫研にお世話になったあと、七七年四月に大串龍一教授の生態学研究室（金沢大学理学部）の助手に採用された。伊藤さんはじめ、たくさんの方々に心配をかけたが幸運だった。伊藤さんは、年に数回、金沢近郊での調査のついでに大串先生を訪問され、いつも三人で呑みにいった。大串先生も三羽ガラスと同年齢で、伊藤さんとは五〇年代からの旧友だった。伊藤さんは息抜きをかねて、金沢へ調査に来られていたのだろう。

五〇年前をいま振り返ると、みんなそんなに若かったのかと、不思議な気がする。二十歳だった私は、まもなく古希を迎える。いつも身近に感じ、意識していた伊藤さんの存在だが、定期的にお目にかかれていたのは、実は短期間であったことに、この文章を書きながら気づいた。伊藤さんは、七〇年代中頃にオーソドックスな個体群動態から、社会生物学や行動学へと転進され、私は、八〇年以降インドネシアで昆虫の個体数変動の調査に集中しはじめた。気がつけば三十年近く親しくお話をうかがっていなかった。それでも七〇年代の十年ほどにいただいたインパクトは、いまもますます鮮烈である。ご冥福を祈ります。

55 父との思い出

伊藤 道夫 金融専門紙記者。一九六一年生まれ、伊藤嘉昭の長男。嘉昭の転勤で小6のときに沖縄、高2で愛知に。その後高知大学卒業。東芝の子会社に就職後、一九九五年に現在の会社に転職する。

マンガ・コミック

父・伊藤嘉昭との思い出で最も古いものは私が小学校に入学する寸前の一九六八（昭和四十三）年三月のことである。

入学前のある日の朝、起きて出勤の支度をしていた父の寝床に入りゴロゴロしていたとき一冊のマンガ・コミックを見つけた。石森章太郎（その後石ノ森章太郎）の『サイボーグ009』第1巻であった。父に黙って読み始め虜になった。すぐ父に「2巻が欲しい」とねだった覚えがある。

これ以降、父が亡くなるまで私との話題の一つはマンガとなった。なお、マンガが新書版のコミックになった国内第1号こそ、この『サイボーグ009』である。

その後、父は『サイボーグ009』の続きだけでなく、手塚治虫の『鉄腕アトム』や『ジャングル大帝』などを私に買ってくれた。とともに、本人は手塚治虫の『火の鳥』や『ブラックジャック』、白戸三平の『カムイ伝』などを購入しては楽しそうに読んでいた。

父のマンガの傾向が少し変化したのは名古屋大学に移ってからだ。

『パタリロ！』（魔夜峰央著）。何が父を魅了したのだろう。不思議である。いつだったか父に、「パタリロの何が好きか」と尋ねたことがある。「バンコラン少佐がいいんだ」と答えていた。

後日、『パタリロ！』を調べたところ、『花とゆめ』に連載を始めたのが一九七八（昭和五十三）年だった。父が名大に移った年である。その父が愛してやまなかった『パタリロ！』は父を追うように、二〇一六（平成二十八）年三月に雑誌連載を終了した（ウェブに移行）。何かの因縁だろうか。

一九八九（平成元）年に同世代の手塚治虫が亡くなってからは、「手塚の後継者」と呼ばれる浦沢直樹の『マスターキートン』や『MONSTER』、細野不二彦の『ギャラリーフェイク』、そして『シティーハンター』（北条司著）が愛読書になった。

『美味しんぼ』（雁屋哲・花咲アキラ）や城アラキ原作の『ソムリエ』（甲斐谷忍作画）、『ソムリエール』（松井勝法作画）など美食マンガも好んで読み、その土地の料理に思いを馳せていた姿を思いだす。

建築・絵画

そんな父だが、建築家・伊藤昇三（私の祖父）の息子だけあって建築物や絵画にも興味が深かった。特に昇三が建築した三井銀行名古屋支店（現三井住友銀行名古屋支店）は名古屋の伏見駅の近くであったため、時々見に訪れ感慨を深めていた。十年ほど前であっただろうか。そのとき地元新聞に載った都市景観重要建築物である「三井銀行名古屋支店」のコラム記事を切り抜いて私に見せてくれた。イオニア式の円柱を支えにした立派な建物であった。

「設計した曾禰中條建築事務所に昇三がいたんだ」と説明し、「建築した建物がこれ。私が五歳のときに建ったのだが、今でもそのままの姿で残っている」と笑顔で話していた。

スペイン・バルセロナにそびえ立つアントニオ・ガウディ建築の大聖堂「サグラダ・ファミリア」は、父の建築物観賞の集大成だった。名大に移ってからいつも、「一度は見に行きたい。それが叶えば死んでも悔いはない」とまで言い切っていた。

その願いは名大を退官した翌年の一九九四（平成六）年夏に叶った。フランス・パリであった国際社会性昆虫学会終了後、父は母を伴いスペインに向かったのだ。二年前（一九九二年）にオリンピックが終了したばかりのバルセロナはまだその余韻で物価は高かったそうだが、着いた足で「サグラダ・ファミリア」に昇り、スペイン料理を堪能し、フラメンコを踊り、美術館を巡った。

スペインの旅はことのほか楽しかったようで、折に触れ私

写真1　旧三井銀行名古屋支店。嘉昭の父・昇三が設計に絡んだ旧三井銀行名古屋支店の外観（2016年10月9日、道夫撮影）。

写真 3　スペイン旅行（ガウディ 2）。バルセロナのサグラダ・ファミリアの『生誕の門』を背景にポーズをとる父（1994 年 8 月 28 日撮影）。

写真 2　スペイン旅行（ガウディ 1）。バルセロナでサグラダ・ファミリアを撮影する父（1994 年 8 月 28 日撮影）。

写真 5　スペイン旅行（フラメンコ）。バルセロナのフラメンコ酒場で笑顔で踊る父（1994 年 8 月 28 日）。

写真 4　スペイン旅行（サグラダ・ファミリア）。憧れていたサグラダ・ファミリア（1994 年 8 月 28 日、父が撮影）。

写真6　伊藤嘉昭正月風景。「美しく青きドナウ」を聴きながら元旦にお酒を飲む父（2008年1月1日）。

にそのときの思い出を語った。退官記念に貰ったビデオカメラで映した「サグラダ・ファミリア」を見せながら「願いは叶った。生きていてよかった」と頷いていた。

そのスペインでは、父の好きなパブロ・ピカソも観てきたそうだ。

母曰く「天の邪鬼」の父は、西洋画では多くの日本人が好きな印象派ではなく近代美術を好んだ。ピカソ、アンリ・マティスなどである。そのピカソの最高傑作といわれる「ゲルニカ」を父は、「米国・ニューヨークのニューヨーク近代美術館（MoMA）で観た」そうだ。現在は、マドリードのソフィア王妃芸術センターに収蔵されているが、父が観た一九七〇（昭和四十五）年はまだMoMAに飾られていた。農林省（現農林水産省）時代に、カナダへ長期滞在したときニューヨークに寄り観たそうだ。「思ったよりずっと大きい。迫力に圧倒されたな」。在りし日を思い出しながら語ってくれた。ちなみにスペイン旅行のときは、ソフィア王妃芸術センターが休館だったため、「ゲルニカ」は再見できなかった。

日本絵画でも、ガウディやピカソのようにけれん味たっぷりで色彩豊かな伊藤若冲や奄美大島の画家・田中一村が好きで、買い集めた画集を眺めていた。

音楽・映画

音楽の好みはクラシックであった。なかでもルードヴィッヒ・ヴァン・ベートーベンは大好きだった。我が家の大晦日にはいつも、ベートーベンの「交響曲第9番『合唱』」がNHKから流れていた。最後の大合唱を聴きながら一年を振り返ったものだ。

そして年が明けると、ヨハン・シュトラウスの「美しく青きドナウ」を聴くのだった。

映画は一九四〇～一九五〇年代の洋画が多かったように思う。「ローマの休日」や「カサブランカ」などだ。特に「カサブランカ」は、訪れた国では最も好きだったメキシコ滞在中に「何度観たことか」というほど観賞したそうだ。映画のクライマックスでフランス国歌「ラ・マルセイエーズ」の大合唱が始まると、父はよく口すさんでいたのが印象的だ。

二度目の沖縄赴任から名古屋に帰って来てからは韓国映画をよく観ていた。韓国映画の躍動感を気に入ったのだろう。

最後に、もう十年ほど前であろうか。私が帰省し実家の居間で映画のビデオを見ていたときだ。映画が終わり一緒に見ていた父を振り返ると、一筋の涙が父の目から流れていた。感動の涙であったと思う。しかし今、何度も思いだそうとしながらその映画のタイトルが思いだせない。

いつか、父が感動の涙を流した映画を思いだすことができるだろうか。私にとって今も忘れることのない日である。

56 楽しき挑戦

長谷川 眞理子　総合研究大学院大学理事。自然人類学、行動生態学が専門。アフリカのチンパンジー、英国のダマジカなどの行動生態の研究を経て、現在はヒトの行動と心理の進化的基盤を探る。

日本生態学会の風雲児、伊藤嘉昭先生の破天荒な人生を綴った痛快な自伝。何からなにまで型破り。読み始めたらやめられない面白さである。安全志向の今の人たちには想像もつかないような、綱渡り人生なのに、本人は少しもくよくよしていない。

メーデー事件に巻き込まれ、拘置所で過ごしたり、休職が長く続いてヒモ暮らしをしたりなのだが、お育ちのよさと性格からくるのか、洒落た雰囲気の明るさが常に消えないところが面白い。それにしても、こんな先生を支えた奥様はすごい！　ぜひ、奥様からの回想記も知りたいところだ。

伊藤先生の力の源泉は、不正に対する怒りと軽べつ、権威に対する反抗である。「東大に対する悪口を言い続けることが、今の私の存在意義だ」とおっしゃるほどなのだから、堂に入っている。陰湿な怒りではなく、溌剌とした「明るい」怒りは、人を動かしていく大切な原動力なのだ。

もう一つ、本書からにじみ出てくるのは、伊藤先生の学問に対する熱意と真摯さである。共産党運動がなんであれ、先生は根っからの科学者だ。科学に対する、この正直で謙虚な態度が、先生を科学者として発展させてきたのに違いない。

若い人たちに是非読んでもらいたい、近ごろは化石のように珍しくなってしまった、一昔前の日本の男の人生である。

（早稲田大学教授　長谷川眞理子）

注　『楽しき挑戦』の推薦文を再録。肩書は二〇〇三年当時のものです。

57　伊藤綾子夫人による回想録

（聞き手）
辻　和希　琉球大学農学部教授。
村瀬　香　名古屋市立大学システム自然科学研究科准教授。

これは二〇一五年十二月十四日、日進市の故伊藤嘉昭さん宅で、遺品の一部を琉球大学博物館に引き取る際に行ったインタビューの抜粋です。

一年半後くらいに出版予定の本に掲載するインタビューをさせてください。皆さん聞きたがっていると思います。

伊藤綾子夫人（以下、綾子夫人）　聞くほどのことはあるかしら。私はもう忘れちゃってますよ（笑）。大体、何年一緒に居たと思います？

六十年くらい。もっとですか。

あの机の上のノートの山がすごいですよね。この勉強ノートはすごく重要な資料です（写真1）。

綾子夫人　あ、ノートね。おかしくなる前まで割ときちっとやってました。それよりこの絵がすごいでしょ（写真2）。本人より似ている。こんなスーツなんかはほとんど着た事ないけど。

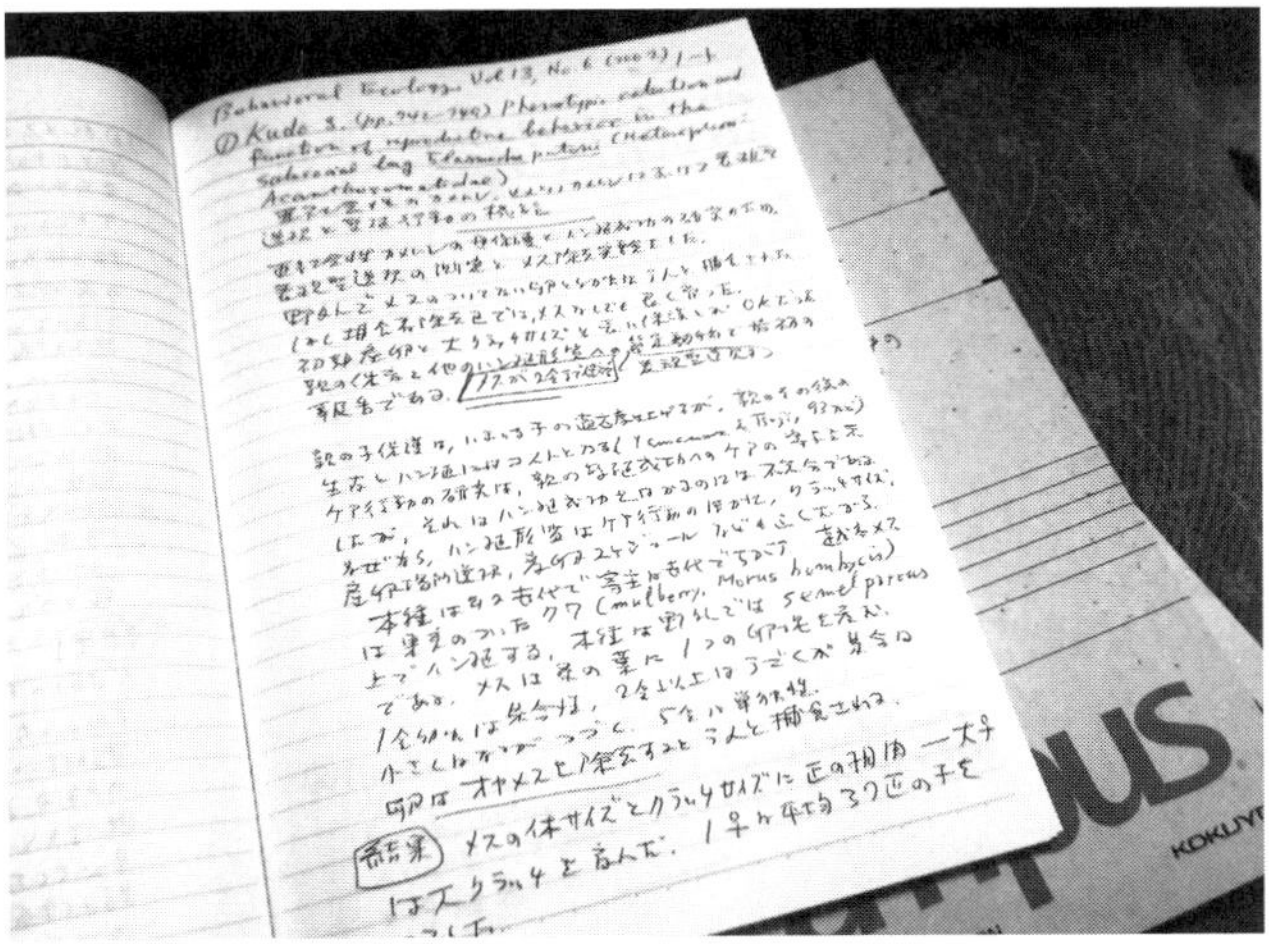

写真1　勉強ノート。英語論文の内容メモである。これらは晩年に読んだ論文のメモと思われるが、こんなノートの山が三つもあった。確かに長いが、抄訳で全文直訳ではないようだ。

写真2　おしゃれなスーツで装った伊藤先生の肖像絵（濱口京子作）。伊藤綾子氏（右）と辻（左）。故伊藤嘉昭氏のご自宅の仕事部屋で（撮影：村瀬）。

位牌。これが戒名ですか。

綾子夫人　戒名なんて坊主が適当につけるの。

曹洞宗。禅宗なんですね。

綾子夫人　たまたま鎌倉の実家が檀家だったのね。別に信仰はしてないけど、ご先祖の墓は今も鶴見にあり、息子がみてますよ。伊藤の家は親戚が少なくてね、つきあいのある人はいまほとんど居ないの。嘉昭が養子になった叔父さんも子供がいなかったし。

伊藤先生、養子になったんですか。初耳だ。

綾子夫人　色々複雑で、まあ他人にいうような話ではないです。あの人メーデー事件でひっかかったでしょう。本人同士はともかく、私の実家の両親が結婚に猛反対しました。そこで、私は家を出て農研の寮に入りました。そんな私を伊藤家のお父さんは養女として引き受けてくれたのです。そして嘉昭は叔父さんの養子になれ、という形で夫婦になりました。お父さんには感謝していますが、これは嘉昭本人が知らない間に進みました。なにせ本人は「塀の中」にいたんですから（笑）。

その後、奥さんのご実家との関係はどうなったんですか。

綾子夫人　まあ子供ができればそれなりにね、それに実家は本郷で西ヶ原とはバスで三駅くらいと近かったし。爺様は子煩悩で保育園に迎えにいってくれたりとか。

拘置所からはいつ出られたのですか。

綾子夫人　そうですね。捕まっていたのは半年か一年足らずで、室長だった深谷先生など職場の皆さんの運動もあり、割と早く出られました。石井悌さんはもう亡くなっていたと思います。そのあとの休職は長かったけれど。沖縄にいく少し前まで続いたでしょ。

十七年と聞いています。五〇、六〇年代はほとんど「休職給与」だったんですね。

綾子夫人　その間は昇格なしでした。ベースアップはしますが。

その間は奥さんも農研で働いておられたんですね。

綾子夫人　そうです。職場結婚です。

登山関係で知り合ったとか。

綾子夫人　そういうことではないです。普通の職場結婚です。でもその時分はいろいろな活動があったじゃない。メーデー事件があった時代ですから。私の方が高卒だから先に職場に入ってましたよ。いっしょに活動していて知りあいになったの。

日共系の組合ですか。

綾子夫人　そういう系統かどうかは別にして、活動内容はだいたいどこも似たりよったりで、一緒に活動していて知り合いました。というか、課は違うけど職場も建物も同じでしたし。研究所といっても三百五十、六十人くらいなので顔見知りにもなりますよ。

一九五〇年代は左翼運動が複雑化する前ですね。色々対立グループがあるのではなく。

綾子夫人　ええ。激突したり誰かさんが亡くなったり、そうなったのは十年後くらいになってからです。私たちの時代それよりは前でした。でもやはり（警察には）睨まれていたんじゃない。

ここでお聞きしたい事があります。以前にも伺いましたが。「伊藤先生が逮捕されたのは一人逃げ後れたからだ」、「殴られて頭から血を流していたからだ」というのは都市伝説ですか。

綾子夫人　いえ。それもあったでしょう。でもその前から睨まれていたんだと思いますよ。だって（農研の）隣の隣は滝野川警察だったもの。「あそこにこういう奴がいる」という情報は警察で共有されていたと思います。目立ってたかもしれないし。

まさかあの大きいなデモで一人だけ選んで殴るということはないと思いますが。

綾子夫人　それは運が悪かった。逃げ足が遅かったんだと思います（笑）。私だってあの日、そのデモに居ましたから。

先生の本によれば、警察とぶつかったデモ隊の先頭が逃げてきた先に伊藤先生達がいたと。

綾子夫人　組合で参加したデモなので、いつも一緒にいたわけではないのでそれは知りません。ただ自動車が焼かれるところは見ました。（嘉昭）本人はやってないと思いますよ（笑）。機敏じゃないので殴られたのは確かです。友達四、五人と一緒にタクシーで帰ってきて、滝野川の古川邸があるところで検問され捕まったの。同じ課の人も二、三人一緒に捕まったけど、度合いが違ったのね。その人たちはすぐに出てきたけど。

伊藤先生だけは何か月に。

どんな運動が警察に睨まれたのですか。

綾子夫人　それは安保反対でしょう。

五〇年安保。

具体的にはどんな活動をして。安保反対というだけでですか。

綾子夫人　いろいろありますよ。探したけど見つからなかったけど、ポスター張ったりとかそれは色々でしたよ。いまでは考えられないけど、そういうことが割に自由に出来た面もあったのね農業試験場は。公務員というより試験場の特性だったんでしょうね。

それはわかりますね。あの時代に職員の多くが社会思想を持ち運動していたのは。職員はそれなりにインテリですから。

綾子夫人　そう、よっぽどの右翼でない限り、それなりに皆関わっていました。だからうんと突出してたということはないと思うけれど、単に運が悪かったのか。

声が大きかったり、率先して目立っていたのでは。

綾子夫人　一番先に喋ってました。たとえば組合の大会があると、必ず先に立って喋るの。それにだみ声がすごく大きいじゃない。いつも目立ってた、というか目立ちたがり屋だからね（笑）。

五〇、六〇年代はそちらの方でも色々書かれていますよね。私が直接みたものは少ないですが。

綾子夫人　多少そちらの方の人とも付き合いはありましたけどね。でも、なんとなくやっぱし合わなかったのかな。自然に離れていきましたね。

最後の方はそうだったと自伝にも書かれていますね。

綾子夫人　最後、こっち（名古屋）に来てからはほとんど何もないでしょ。

学問に集中したいというのは、我々学生にとっても幸いでした。

綾子夫人　そうそう。名古屋に来るだいぶまえからそういう感じでした。でも、仲のいい人でしたが「沖縄に行くな」なんてことをいう、「そっち関係」の人も居ましたよ。私もいわれましたよ。

どういう意味で行くなと。

綾子夫人　それは私にはわかりません。何で私にまでそんなことをいうのかと思いましたが。でもその時分は（嘉昭は、運動から）離れて「仕事をしたい」と思っていましたから。

運動とは距離をおき学問に集中するというのは、名古屋以降の僕らが知っている伊藤先生ですが、それ以前はどうでしたか。運動家との付き合いはありましたか。

綾子夫人　沖縄時代はありましたよ。たとえば亡くなった弁護士の新里恵二さんはそうでしたね。

伊藤先生はどこへ行ってもたち所に広いコネクションを作られたのは、運動してからだと思っています。私（辻）ももう十年以上沖縄に居ますが、六年しか居なかった伊藤先生のコネクションの方が遥かに広い。

綾子夫人　そういう面はあったと思います。

北米にミバエ関連で初期に伊藤先生が留学されたときにも、左翼関連のコネで向うの研究者にいろいろ助けてもらったと、自伝には書かれています。

綾子夫人　ありましたか。良く知りません。カナダかフランスか、休職が終った頃に、薦められて試験をうけて、一番で合格していきましたね。もちろん単身赴任でね。私が初めて海外に行ったのは息子の夏休に行ったカナダ行きです。

それが大変だったと。

綾子夫人　そう。むこうに玉木さんという同じ科の方がいらして、カナダの東端のフレデリクトンに家がありました。私は行きは十歳くらいのときの息子と二人で行きました。十日くらい滞在して、そのときに初めて蝋山先生にも会いました。

楽しかったそうですね。年取ってからの留学がかなりの転機になったと自伝には書かれていますが。

綾子夫人　そうだと思います。長かったのはカナダとオーストラリアかな。

オーストラリアもご一緒されたのですか。

綾子夫人　行きだけね。

まさか帰りはまた放っておかれたと（笑）。

綾子夫人　何十年たってもいまだに忘れません。私言葉がわかんないのに良く帰って来れたなと。あのときは飛行場まで送ってくれるはずの留学生の方が事故で遅れ、空港についたらほとんど誰も居ない。近くにいた若い黒人のカップルに国際便はどこかと尋ねたら「バスに乗れ」といった気がしたので、そのバスに乗りました。着いたら飛行機は飛び立つ寸前で、飛び乗りました。予約はしてあったから飛行機が待ってくれたのね。でもそのお陰で、ファーストクラスに乗れました。もうそこしか空いてなかったのね（笑）。このときだけです。あとはね、あの人けちだから（笑）。カナダだって同じですよ。ゲートに入った後、国内線に乗るためのゲートがさらにあり、なんかいわれたがさっぱりわからない。息子にカウンターに戻って日本人職員に聞いて来させたがもう職員はいなかった。結局、大した事ではなく、子供の年を聞いていたのね。先に乗せてくれるそれだったらしい。

事前改札か。

綾子夫人　でも、言葉もわからない家族を外国で放っぽらかすってどうなのかなと思いましたよ。自分が何とかなるから大丈夫と思ったのか。

そのへんが不思議なんですが、外国旅行に同行したときの伊藤先生はいつもかなり神経質で「びびり」でしたよ。

奥さんの方が勘が働くと思ってたんじゃないかしら。

綾子夫人　それはわからないです。自分はそのあと橘川さんのところに長く行き、私は一週間で追い返されたのね（笑）。日本じゃなく外国でそれ（自力で帰れ）をやられるのはと。パリのときはあの人が学会に行ってるあいだ、私は一人で美術館とか行きましたけどね。

国際社会性昆虫学会のときですね。あの時は伊藤先生はパスポートを盗まれたかと。

綾子夫人　いえ二人分の航空チケットです。地下鉄で子供が寄ってきて気がついたら盗られてたのね。警察では通じる英語だかどうだか、とにかくあの剣幕でさんざん交渉して。最後は岐阜の土田（浩治）さんの奥さん（当時旅行代理店に勤めていて、そこでチケットを購入してた）にお世話になり、何とかなりました。

チケットは本来なら再発行しないことになっていたそうですよ。押しが効いたんですかね（笑）。伊藤先生が最後に外国に行かれたのはいつですか。

綾子夫人　学会で韓国の大邱《テグ》です。十年くらい前。ちょうどSARSが流行った頃ね。ソウルにも行きましたが、マスクをかぶってる人が沢山いました（笑）。

それが最後ですか。その点、齋藤哲夫先生がすごいのは二、三年前にやはり大邱で開かれた国際会議に出席されていた事です。

綾子夫人　この前（のお別れの会）も、元気においでになっていましたものね。

でもあのときは、「壇上に登るのになぜ誰も手を貸さないんだ」と私はハラハラしていましたが。お元気だからですよ。耳もそう遠くないし。今年の新年会でも研究発表されてましたよ。九十一、二歳だったか。数え年かもしれませんが。伊藤先生より五つ六つ年上ですよね。あのあとでＯＢと話したんですが、齋藤先生と伊藤先生の時代の名古屋が一番いい時代だったと。

綾子夫人　名古屋最強時代。やはり人格者が上にいると。

綾子夫人　人格者じゃないから良かったんじゃない（笑）。いえ、齋藤先生のことではないですよ。

陰湿ないじめをやらないですから。

綾子夫人　そう。陰湿なそういうことはやらない。どちらかといえば、ばーっと表に出ちゃうから。

そう表立って「いじめられた」という人は沢山います。

綾子夫人　だから「（伊藤を）嫌いだ」という人もいるし。好き嫌いは割に多いですね。

好き嫌いといえば、京大東大出身者のなかでも日高さんはどちらかといえば好きな方でしたよね。

綾子夫人　「嫌いではないけど、まあ好きでもない」だったのかな。みっちりお付き合いはしてはいましたけどね。ただ日高さんのお別れの会に行ったときは、すごく怒って帰ってきました。「つまらない会だった」と。そういう意味では出版社だとかそんなのばかりで研究者が少ない」と。そういう意味ではこの前の会（伊藤さんお別れの会）は、皆さんそんな気持ちをわかってくれていた良い会で有り難かったです。

同年代の動物生態学者で、東大には動物生態学がありませんでしたから、京大とかの人で、伊藤先生と最後まで仲の良かった人はあまり居ませんね。

綾子夫人　最初はそうじゃなかったですよ。博士を頂いたのも京都ですし。内田先生とも良かったですよ。今でも奥さんはお手紙くださるし。

京大でも伊谷さんとかは。

綾子夫人　犬山の方の方たちとは悪くなかったわよ。仲良くつきあっていました。あちらの方が気をかけてくれたお陰で息子は沖縄から名古屋の高校に転校できたんですから。「本当の京都」の方とは、ちょっとこうね。うまくいかない。まああの調子だからね。土田さんにいわれましたよ。「研究室を決めるときに、僕は考えちゃいましたよ。この先生で大丈夫だろうかと」って。

Ａさんとはどうですか。

綾子夫人　ええ。あの方とは最初から学問云々とは関係ない。単なる友だち。飲み友達。家にも来たし。

性格も明るくて伊藤先生に近い。

綾子夫人　どうかな。違うと思う。ルーズだし。お家にもいきましたよ。私はあの方のお母さんにかわいがられたの（笑）。だって「あなたお風呂に入っていきなさい」なんていわれて、昼間なのに（一同爆笑）。しょうがないから入っていきましたけどね。

Ａさんは農研時代からの知りあいなのですね。

綾子夫人　だってＡさんは学校が同じだもの。あの人は途中から（農林高校が大学になったとき）北大に移りましたしね。

なぜ伊藤さんも北大に移らなかったのですか。

綾子夫人　本人は北大に移りたかったみたいですよ。

行かなかったのは家庭の事情ですか。学力でとは思えない。

綾子夫人　それは知りませんが、公務員試験（の成績）も悪い方ではなかったそうなので、たぶんすぐ（そっちを選んだのかと）。

沖縄に行く時の話を聞かせて下さい。沖縄の知りあいに、伊藤さんは沖縄に最初は行きたくなかったが、来てから開き直って頑張ったような噂も聞いていますが、どうですか。

綾子夫人　沖縄行きは本省（農林省）の人の強い後押しがあったんじゃないかな。だれかよく面倒をみてくれる方があったんだろうと。

沖縄に行くことになり、ご家族はてんやわんやでしたか。

綾子夫人　いや別に。「私はすぐには行かないわよ」とは言いましたけど。だから半年かそこら単身赴任だった。私は勤めてからもうすぐ二十五年くらいで、年金のこともあったし。でも（嘉昭も）すごく行きたくて行ったわけでもないし、かといって絶対嫌だったわけでない。嫌なら断るから。だからわからない。でも結果として事業ができたので。

もしあったとしても、ご家族から見てもわからないほどの悩みだったと。

綾子夫人　まあね。

でも結果として沖縄県や沖縄の昆虫学には多大なメリットが生まれました。

綾子夫人　ある意味でね。今までできなかった事ができた。基礎的なことでしょうけど。

ただ、今は過渡期です。ミバエ防除自体は華々しい成功で「終わった事業」という財務省をはじめとした行政的な認識がある。ところが、国際物流の増加と気候変動の影響で再侵入のリスクが日増しに上がっています。今年（二〇一五年）はミカンコミバエが鹿児島県の島で広く再侵入・発生しました。沖縄の現場では、人も予算も削られるなか、伊藤先生の弟子の弟子くらいの人たちが頑張っています。三十年間根絶状態を維持し続けてきたのにこのままでは危ういです。日本政府はＴＰＰで農作物を積極輸出していこうかという展望でいるのに、輸出できなくなるかもしれない。

伊藤先生は茨城で交通事故に遭われましたね。

綾子夫人　十五年くらい前ね。横断歩道がすぐ近くにあるのに道を横断し、車と接触したのね。

あと五センチで完全にはねられてたと聞きました。

綾子夫人　大丈夫だと思ったのね。しかも飲んでたんじゃないの。

確か蜷山さんが来られていたとき、二次会に行くところだったとか。「あっちに店があるぞ」でぶつかったと聞いています。

綾子夫人　そういうところは自分勝手でね。まともな判断が出来ないのよ（笑）

研究室旅行で海に行ったとき溺れかけた事ありましたからね。梅雨のまだ寒くてひどく荒れた海を一人で沖まで泳いでいかれて。

綾子夫人　溺れたの。泳ぎだけが自慢なのに。

誰も行かない海を、ときどき波の間から姿がみえて。沖から手を振っておられましたので、僕らも手を振りました。でも、あとで聞いたらあれは助けを求めていたらしいです（笑）。なんとか自力で帰ってこられましたが、「いい気になって行ったが、危なかった」とつぶやいておられました。上陸時に脚がもつれていました（笑）。

綾子夫人　いやだばかみたい。

でもそういう子供じみたところが好きですね。中学生高校生みたいに無謀じゃないですか。いや小学生くらいかな（笑）。

綾子夫人　そうね。

子供の気持ちを忘れないというか、実は、子煩悩でいらしたとか。

綾子夫人　そう思います。私より子煩悩だと。よその子に対しても一緒にいる機会があると話しかけたりしてるの。ぶきっちょな恰好でしたが。へーって思いました。

息子さんを山に連れてったと本に書かれていますが。

綾子夫人　そう。八ヶ岳だったか。私は行かなかったけど。小学校五、六年のとき。沖縄に行くまえだからもっと前か。

沖縄では家族で良く海に行かれたのですか。

綾子夫人　いやそうでもない。私は海に入らない人だから。

沖縄の海は水中眼鏡でみると奇麗ですよ。

綾子夫人　たまに息子とはそういうのはやってたみたいね。話を聞いたことはある。

沖縄時代の話で、研究とお酒を飲んだこと以外あまり聞いたことがなかったので、お聞きしました。やはり沖縄では忙しかったのでしょうか。

綾子夫人　忙しかったのはそうかもしれない。それなりにね。遊びに行ってる時間はなかったのかも。

やはりそうですか。

綾子夫人　水族館とかなんとか村とかに行ったのは、こっち（名古屋）に来た後で沖縄旅行した時ですよ。沖縄にいるころは私は首里周辺にずっといてあまり遊ぶ事はなかったですね。

沖縄時代は試験場敷地内の宿舎に住んでおられたんですよね。伊藤先生が著書で県に作らせたと書いている。

綾子夫人　そう。物置だったところを改装したの。私、嫌だったのよ。ヤモリがすぐ出るし（笑）。

鳴くやつですか。

沖縄の住宅では鳴くヤモリは今でも普通に出ます。指定試験制度があるときには、その宿舎は守屋さんに至るまで代々続けて使ったそうですよ。

犬を飼ってたのも沖縄ですか。

綾子夫人　そう。私は伊藤と違ってそんなに動物好きでないのね。あれはひとつは物騒だったから。試験場の敷地は勤務時間以外は人がいなくなっちゃうから。

防犯か。

綾子夫人　雑種なんだけど、食堂からもらってきた犬で、贅沢だったんで（笑）。牛ひき肉を犬のためわざわざ買ってきて料理してご飯に混ぜたりしてました。だって食べないんだもの（笑）。

沖縄では当時から肉が安かったからかな。

綾子夫人　（伊藤嘉昭さんは）自分でもらってくるくせに世話しないんだもの。忙しかったからかどうか判りませんが。

こっち（名古屋）に来てからは。

綾子夫人　飼ってませんね。

確かに、名古屋では出張もすごく多かったから、もし飼ってたら奥さんが大変でしたね。名古屋では沖縄に行かれている事が多かったですよね。

綾子夫人　ほら、（名古屋大を）退職してからも七年くらい沖縄大学に行ってたでしょ。私は嫌だって行かなかったの（笑）。だけど月に一度くらいは帰ってきてましたよ。自炊して、いくら女学生を集めてパーティしても、疲れたからって（笑）。

最後は一人暮らしがしんどいからやめたと、おっしゃってましたね。

綾子夫人　それで帰ってきて。あまりする事がなくなったんじゃないの。蝶々を追っかけたりしてましたけどね。ご近所の人によく「お宅のご主人に会いましたよ」といわれました。市役所の方までとかあちこち行ってるのよ。私がバスに乗ってたら梅森坂の方から網を持って歩いてくるのが見えたの（笑）。

徘徊老人だ（笑）。十年くらい前ですね。

綾子夫人　だから（二度目に沖縄から名古屋に移ってからは）初めのうちは一生懸命やってましたよ。ここでも花をいろいろ植えてました。割に植物も好きでしたしね。でも困ったわよ、変な虫を飼うためだって、庭にクスノキとか植えてね。あれは大きくなるでしょう。最後に切ってもらったわよ。ほかにも色々植えてね。マツを植えたこともあったかしらね。

すみません。私も同じ事をやっています。

綾子夫人　お金、結構かかるのよ（笑）。

ウィルソン（E.O. Wilson）が最後に来たときは伊藤先生は東京に会いに行かれたんですよね。

綾子夫人　一度そうかもしれませんね。ここにも来て、パーティやったときもみえたのかな。何人か外国人の方が来られてね。

それはハミルトンじゃないかな。

綾子夫人　そうかもしれない。ご夫婦で泊まっていったのもそうかな。その奥さんと離婚したって聞いたけど。

それならハミルトン（W.D. Hamilton）です。

綾子夫人　汚い家に泊めるから（笑）。こっちはろくに言葉も喋れないし。

ハミルトンももし生きてたらノーベル賞級の人だから。それはすごいことです。伊藤先生のどちらも知りあいで、イギリス人のハミルトンとアメリカ人のウィルソンという大学者がいるんですが、ハミルトンが亡くなったあとの今、ウィルソンがハミルトンの学説の批判を展開してるんですね。

綾子夫人　いろいろあるんでしょうね。でもあの人（伊藤先生）は人の気持ちを無視するところもあるわよね。だって私なんかお話もできないのにさ、勝手に外国人連れてきて泊めるなんて（笑）。それどう思う。

僕は今それできないですね。でも仕事上はやっといたほうがいいですよね。というのは外国で招待されたときにはパートナー帯同ってのは、とくに偉い教授のホームパーティとかではあたりまえなんです。招待する側もされる側も、連れあいを連れてこないと、歓迎していないんじゃないか、変な人と思われているのでは、と勘ぐるかもしれません。

綾子夫人　それでホームパーティやったのね。こんな狭い庭で（笑）。

でも、それはすごくよかったです。

綾子夫人　あのときはまあね。私は何もできないけど、助手のあの方がきて。

椿さんですね。

綾子夫人　そう。ちゃんとすべてお接待してくれたから。私は陰でやれば良かったから（笑）。

あれは本当に良かったです。あのとき呼んだ若手外国人研究者が今では退職間際で重鎮ですが、若手をハーバードに送り込んだりとか、いいコネクションになっています。これを後の世代に繋げていきたいです。伊藤先生の訃報にすぐ追悼文を書いてくれた外国人研究者もこの方たちでした。

綾子夫人　私は返事は書けないけどね。（嘉昭は）そういうことは人にも意見も聞かずに自分の意思でやっていく方だったから（笑）。

見ての通り自分の意思で動きたかったんですね。最初は運動も学問も大事だったけれど、だんだん学問の方に集中されたというのも意思。名古屋の学生だった我々はそれで一番得をしました。伊藤先生に来て頂いて。それがとても良かったです。

綾子夫人　どうか知りませんけどね（笑）。土田さんみたいに悩んだ人もいたかも（笑）。あの先生に師事して大丈夫かなって、僕ずいぶん悩みましたっていってましたもん（笑）。

私は何も悩みませんでした。たぶん何も考えてなかったから。ただ、当時の名古屋でも言う人は居ましたよ。「伊藤嘉昭の弟子なんかになったら就職できないから」って。

綾子夫人　それはね、以前の経歴から言ってるんでしょ。そういうことはあるかもしれない。（嘉昭を）好きな人は極端に好きだし、嫌いな人は極端に嫌いって、そういうタイプなのよね（笑）。

伊藤先生に関する好き嫌いに関連し、名古屋大学時代の最後あたり、農学部の研究室周辺では厄介な事になってました。

綾子夫人　最後のほうはぶつぶつ文句を言ってましたよ（笑）。教室の中の。まあ、憎まれてたことは確かみたいね。あまりいろんな事を言い過ぎたんじゃないかしらね。

でも正しいことを言ってたんですよ。

ドイツみたいにやんなきゃだめだって。学生が就職するとき、教員が昇進するときは今いる大学を移らないとだめな制度にすべきだって。

綾子夫人　考えが違うのは、生え抜きじゃない人だったからじゃないの。

結果、退職後の研究室で生態学が無くなったのは、本人も気にされてたのではないですか。

綾子夫人　それはそうだと思いますよ。違う風になっちゃったのは、悔しくもあり、悲しくもあり、自分の責任でもあり（笑）。そうでない部分もあり、複雑なんじゃない。

ボタンの掛け違いは後で修正できませんから。

綾子夫人　まあいいお弟子さんがいっぱいいるのはうれしい事だけれど、ただこのひとたちの誰かが名古屋に残っていれば良かったのにという気持ちはあったと思いますよ。複雑なんですよ（笑）。

伝説のホロホロドリ踊りができた経緯を聞かせて下さい。

綾子夫人　なんで愛染かつらが好きなんですか。

綾子夫人　知りません。私は。

当時流行ってたやつですよね。

綾子夫人　当時ではなく、ずっと昔よ。

戦前ですか。

綾子夫人　田中絹代と上原謙の映画はありましたよね。大ヒットした。あの時分はテレビもないし映画が娯楽でしたからよく見ましたよね。でもあの人そんなの見たかな。たぶん自分の生き方とどっか似てると思ったんじゃない。愛染かつらの話じゃなくて、歌詞が。

やっぱりそうですか。花も嵐も踏み越えて。

あの振り付けはご自分で作られたんですか。

綾子夫人　自分の踊り以外で、あんなみっともない踊り（笑）、だれか教えたりしますか（笑）。見てて恥ずかしいものあれ。なんかうちでもやって（練習して）たもの。あなた方も忘年会で来たときにやったでしょ（笑）。

ホロホロのこの風をうけるこの動きは。

綾子夫人　自分で振り付けたのよ（笑）。でもあの歌は愛染かつらじゃなくて、船頭小唄とかいうんじゃないの（注：正しくは「旅の夜風」）。彼氏（伊藤嘉昭さん）はそれは知らないと思うのよね。

あれは名古屋大学に来る前からあったんですよね。

綾子夫人　そうそう。そうだと思いますよ。

個体群生態学会でもあれを踊られて、ちょうど名古屋の前任者の巌さんが亡くなられたすぐ後だったので、ひんしゅくだったという話を耳にしたことがあります。京大筋から。個体群生態学会を創ったお二人ですから。

綾子夫人　そりゃ普通そう思うでしょうね（笑）。でも京大（昆虫）とくらべて恐ろしく違うのは、学会にOBの重鎮が参加しても名古屋の弟子達はほとんどベタベタしないことです。（安田）弘法さんが、最近名古屋大の元先生に限らず、応動昆の重鎮たちを呼ぶ集会をするようになるまでは、学会大会ではとくに伊藤先生の世話はしなかった。京大の人に「伊藤さんぽつんとしてるけどいいんですか」って言われた事があります。私は言いました。「皆、好きでやってるんだから」と。京大はやりますよ。先輩の重鎮の方が来ると、交代でつきっきりで誰かが世話してますよ。

綾子夫人　（伊藤嘉昭は）人と付き合うのは嫌いじゃなかったけど、たぶんそういう風にされるのはね、あんまり。これはとくに京大の話ではないですが。弟子がべたべたやってる習慣の人たちは、あげくどっちが正当な弟子かみたいに、もめてたりもしてます（笑）。

綾子夫人　（嘉昭が）派閥を作ったかどうかは知りませんがね（笑）。でも皆さんよそからはどう思われているか（笑）。「伊藤さん好き」はよそにも絶対居ます。学問の色的にも。東大京大でも理学部や農学部の生態にいなかった人の中には、人類学だとか、霊長類学だとか心理の人、あるいは数学とかに友達が多いですね。このまえのお別れの会でもそうだったでしょう。

綾子夫人　ああそうですか。ですから、自分たちがどう思っているかは別に、外から見てると派閥があるように思えるかもしれない。

綾子夫人　それはきっと皆さんそれぞれ（見方が）あるでしょうね。派閥かどうかは別に。

でも一番なのは明るいことですよ。

名古屋ではみんな、バラバラサバサバでしたよね、学会では同じ学校の人とは違う人と話そうって。

僕（辻）が大学院に入った頃は、伊藤先生が名古屋時代で一番元気がいいときだったから、さすがに。たとえば山形大の（安田）弘法さんが、学期末にある研究報告会で伊藤さんに責められた後、懇親会では一次会が終わったら教員を捲いて学生だけで飲もうっていうこともよくありました（笑）。でも途中から（伊藤先生は）お爺ちゃんになられたんで、学生が気を遣うようになったって聞いています（笑）。

そう若いときには厳しい先生だったとお聞きしています

が、私（村瀬）がいた頃は人間が出来上がって丸くなっていました。

綾子夫人　おかしくなってたんじゃないの（笑）。いえ若い頃の苦労で学習されたんだと思います。人を怒ってるとこなんて見た事もないです。授業とかで退職後の伊藤先生をお呼びしましたけど。保全の話ならしますということでしていただきました。

綾子夫人　そりゃあ若いときとは多少異なるでしょうけどね。でも人の好き嫌いが激しい人だから、いい人には良かっただけじゃない。

確かに、伊藤先生ご自身が「絶対呼ぶなって」いう人も何人かいました。

綾子夫人　横向いて一緒に写真を撮るってことさえしないのね。

農工大で国見先生に聞いたんですが、農水時代は伊藤先生はむちゃくちゃに厳しかったそうです。「えー」みたいな。学問に対する厳しさはありましたが、怒ったオーラは感じたことがないので、驚きました。私が直接お会いしたのは名大を退官された後で、ちょくちょく名大にこられてましたから。

農研時代、伊藤先生そんなにキリキリされてましたか。

綾子夫人　若いからまあね。たとえば組合の大会では最初に発言する人でしたからね。昆虫科ってのは、割とまとまりがあってね、だから休職していても十八年居られたのは昆虫科だからだって思います。

上司のサポートがあったと。

綾子夫人　それは良くは知りませんが、ただ昆虫科闘争っての、当時流行ってた民主化闘争がこの科にはあってね。課にも色々人が居るから、古い方たちはそういう感じでもないでしょ。あのときの所長は昆虫科から出た人だけどもあまりだった。やはりそのあとの深谷（昌次）先生などの科長さんあたりが割に良く面倒を見てくれました。一緒に拘置所や裁判所まで抗議にいって下さったり。そんな中で自由に仕事ができたんじゃないかという気がする。もし、他の科だったらどうだったかな。たぶんそうはならなかったと思います。

あの頃は農研とはあまり関係がなさそうなアメリカシロヒトリの研究もされてましたよね。

綾子夫人　要するに休職で、他の人と一緒にできるわけじゃないから、部屋には一緒に居ても自分勝手な事ができたんじゃないかな。屋上で何かやってたのを憶えてるもん（笑）。あんなものでなんか書けるんだなと思ってみてました（笑）。

そのメンバーの正木進三さん、竹田真木生さん、日高敏隆さんなどとは、亡くなられるまえまでいい友好な関係だと見ましたが。

綾子夫人　そうね。好き嫌いはそれぞれあったと思うけど。割合に悪くはなかったと思います。

政治じゃなくて、学問の関係なんですよ。

綾子夫人　そう政治じゃない。

（伊藤先生の自宅でプライベートな）アルバムを見ていたら、日高さんを茶化した吹き出しが写真に張られていて大笑いしました。

綾子夫人　え。そんなのあった。まったくもう。あれは見せちゃいけない（笑）。

綾子夫人　日高先生ってモテたんでしょ。単にひがみじゃないの（笑）。

（ここで携帯電話がかかる）

聞き逃した事はなかったか。

なれそめを聞かせて下さい。

綾子夫人　別になれそめというほどのものもないもの。

プロポーズはされたのですか。

綾子夫人　それは何か一応もらいましたよ。手紙かなにかで。でも棄てちゃいました（笑）。こっちに来る前に（一同爆笑）。

手紙とは伊藤先生らしいね。

綾子夫人　口では気恥ずかしいじゃない。だから手紙をよこしましたよ。

結婚の。

綾子夫人　いえそれより前です。一番始めは手紙ですよ。なんか原稿用紙みたいなのに書いてあったの（笑）。

恋愛結婚は当時でも普通だったですか。

綾子夫人　戦後ですからね。あの人が所に入ったのが二十歳で（昭和）二十五年でしょ。結婚したのはだいぶあとで二十四歳のときかな。私も同い年ですものね。

奥さんはお元気ですよね。

綾子夫人　脚にはきてますが、まだ頭の方はおかしくなってません（笑）。

耳もきこえてらっしゃいます。

伊藤先生は耳にきていましたものね。

伊藤先生が気を遣って長患いしなかったから、元気でいられるのですかね。

綾子夫人　患ったのは半年くらいですからね、十月くらいから具合が悪くなって、入退院を繰り返しました。施設には入れずに在宅で看病しましたから、家に戻ってきたあとはかなり大変でしたけど。何となく予感があるもので……。

今日はありがとうございました。

31: 26-31.
8. Bhadra, A. and R. Gadagkar (2008) We know that the wasps 'know': cryptic successors to the queen in *Ropalidia marginata*. *Biol. Lett.* 4: 634-637.
9. Gadagkar, R. (2009) Interrogating an insect society. *Proc. Natl. Acad. Sci. USA* 106: 10407-10414.
10. Tibbetts, E.A. and J. Dale (2004) A socially enforced signal of quality in a paper wasp. *Nature* 432, 218-222.
11. Hamilton, W.D. (1964) The genetical evolution of social behavior I. *J.Theor. Biol.* 7: 1-16.
12. Trivers, R.L. and H. Hare (1976) Haplodiploidy and the evolution of the social insects. *Science* 191: 249-263.
13. Boomsma, J.J. and A. Grafen (1990) Interspecific variation in ant sex ratios and the Trivers-Hare hypothesis. *Evolution* 44: 1026-1034.
14. Reeve, H.K. and L. Keller (2001) Tests of reproductive-skew models in social insects. *Ann. Rev. Entomol.* 46: 347-385.
15. Ratnieks, F.L.W. (1988) Reproductive harmony via mutual policing by workers in eusocial Hymenoptera. *Am. Nat.* 132: 217-236.
16. Hughes, W.O.H., B.P. Oldroyd, M. Beekman and F.L.W. Ratnieks (2008) Ancestral monogamy shows kin selection is key to the evolution of eusociality. *Science* 320: 1213-1216.
17. Metcalf, R.A. and G.S. Whitt (1977) Relative inclusive fitness in the social wasp *Polistes metricus*. *Behav. Ecol. Sociobiol.* 2: 353-360.
18. Vehrencamp, S.L. (1983) A model for the evolution of despotic versus egalitarian societies. *Anim. Behav.* 31: 667-682.
19. Hamaguchi, K., Y. Itô and O. Takenaka (1993) GT dinucleotide repeat polymorphisms in a polygynous ant, *Leptothorax spinosior* and their use for measurment of relatedness. *Naturwissenschaften* 80: 179-181.
20. Queller, D.C., F. Zacchi, R. Cervo et al. (2000) Unrelated helpers in a social insect. *Nature* 405: 784-787.
21. Zanette, L.R.S. and J. Field (2008) Genetic relatedness in early associations of *Polistes dominulus*: from related to unrelated helpers. *Molecular Ecology* 17: 2590-2597.
22. Leadbeater, E., J.M. Carruthers, J.P. Green, N.S. Rosser and J. Field (2011) Nest inheritance is the missing source of direct fitness in a primitively eusocial insect. *Science* 333: 874-876.
23. Field, J., A. Cronin and C. Bridge (2006) Future fitness and helping in social queues. *Nature* 441: 214-217.
24. Richards, O.W. (1978) The Australian social wasps (Hymenoptera: Vespidae). *Aust. J. Zool. Supplementary Series* 26: 1-132.
25. Itô, Y. (1985) Social behaviour of an Australian paper wasp, *Ropalidia plebeiana*, with special reference to the process of acceptance of an alien female. *J. Ethol.* 3: 21-25.
26. Kojima, J. and J.P. Spradbery (1994) *Ropalidia plebeiana* Richards (Hymenoptera: Vespidae) in Canberra. *Australian Entomologist* 21: 113-117.
27. Yamane, S., Y. Itô, and J.P. Spradbery (1991) Comb cutting in *Ropalidia plebeiana*: a new process of colony fission in social wasps (Hymenoptera: Vespidae). *Insectes Soc.* 38:105-110.
28. Makino, S., S. Yamane, Y. Itô and J.P. Spradbery (1994) Process of comb division of reused nests in the Australian paper wasp *Ropalidia plebeinana* (Hymenoptera, Vespidae). *Insectes Soc.* 41: 411-

Press, Inc., New York.
93. Wiley, E.O. (1981) *Phylogenetics – The Theory and Practice of Phylogenetic Systematics.* xv + 439 pp., A Wiley-Interscience Publication, John Wiley & Sons, Inc., New York/Chichester/Brisbane/Toronto/Singapore.［宮正樹・西田周平・沖山宗雄訳 (1991)『系統分類学－分岐分類の理論と実際』, xxii + 528 頁, 文一総合出版］
94. Withers, R.F.J. (1964) Morphological correspondence and the concept of homology. In: Gregg, J.R. and F.T.C. Harris (eds.), *Form and Strategy in Science – Studies presented to Joseph Henry Woodger on the Occasion of his seventieth Birthday* (VII + 476 pp.): 378-394. D. Reidel Publishing Co., Dordrecht-Holland.

46 山根爽一

1. ホールステッド, B. (中山照子訳) (1988)『「今西進化論」批判の旅』(Halstead, B. *Kinji Imanishi: The view from the mountain top*) 築地書館.
2. 坂上昭一 (1975) ハチ類におけるカースト制の進化－子孫を残さない性質をいかに子孫に伝えるのか. 科学 45: 138-144.
3. 伊藤嘉昭 (1986)『動物 その適応戦略と社会 4 狩りバチの社会進化－協同的多雌性仮説の提唱』東海大学出版会.［英訳：Itô, Y. (1993) *Behaviour and Social Evolution of Wasps – The communal aggregation hypothesis*. Oxford Series in Ecology and Evolution］
4. 岩橋統・山根爽一 (1989)『動物 その適応戦略と社会 5 チビアシナガバチの社会』東海大学出版会.
5. Lin, N. and C.D. Michener (1972) Evolution of sociality in insects. *Quart. Rev. Biol.* 47: 131-159.
6. West-Eberhard, M.J. (1978) Polygyny and the evolution of social behavior in wasps. *J. Kansas Entomol. Soc.* 51: 832-856.
7. 粕谷英一 (2015) 伊藤嘉昭さんと 2 つの考え方. 個体群生態学会会報 72: 16-17. /.辻和希 (2016) 狩りバチ研究と社会生物学. 生物科学 68: 81-85.
8. Yamane, Sô., S.F. Sakagami and R. Ohgushi (1983) Multiple behavioral options in a primitively social wasp, *Parischnogaster mellyi*. *Insectes Soc.* 30: 412-415.
9. Wheeler, W.M. (1923) *Social Life Among Insects*. Harcourt.［渋谷寿夫訳 (1986)『昆虫の社会生活』創元社; 渋谷寿夫訳の復刻版 (1986) 紀伊國屋書店］
10. Hughes, W.O.H., B.P. Oldroyd, M. Beekman and F.L.W. Ratnieks (2008) Ancestral monogamy shows kin selection is key to the evolution of eusociality. *Science* 320: 1213-1216.
11. Yamane, Sô., Y. Itô and J.P. Spradbery (1991) Comb cutting: A new process of colony fission in eusocial wasps. *Insectes Soc.* 38: 105-110.
12. Makino, S., Sô. Yamane, Y. Itô and J.P. Spradbery (1994) Process of comb division of reused nests in the Australian paper wasp *Ropalidia plebeiana* (Hymenoptera, Vespidae). *Insectes Soc.* 41: 411-422.

47 土田浩治

1. Pardi, L. (1948) Dominance order in *Polistes* wasps. *Physiol. Zool.* 21: 1-13.
2. 伊藤嘉昭 (1986)『動物 その適応戦略と社会 4 狩りバチの社会進化－協同的多雌性仮説の提唱』東海大学出版会.［英訳：Itô, Y. (1993) *Behaviour and Social Evolution of Wasps – The communal aggregation hypothesis*. Oxford Series in Ecology and Evolution］
3. 岩橋統・山根爽一 (1989)『動物 その適応戦略と社会 5 チビアシナガバチの社会』東海大学出版会.
4. West-Eberhard, M.J. (1978) Polygyny and the evolution of social behavior in wasps. *J. Kansas Entomol. Soc.* 51: 832-856.
5. Itô, Y. (1993) *Behaviour and Social Evolution of Wasps. The communal aggregation hypothesis.* Oxford University Press.
6. Gadagkar, R. and N.V. Joshi (1982) Behaviour of the Indian social wasp *Ropalidia cyathiformis* on a nest of separate combs (Hymenoptera: Vespidae). *Journal of Zoology* 198: 27-37.
7. Gadagkar, R. and N.V. Joshi (1983) Quantitative ogy of social wasps: time-activity budgets and caste differentiation in *Ropalidia marginata* (Lep.) (Hymenoptera: Vespidae). *Anim. Behav.*

tion to the Study of Living Things –.［西村顯治訳 (1999)『生物学の歴史』xii + 513 頁，時空出版］
70. Snodgrass, R.E. (1935) *Principles of Insect Morphology*. ix + 667 pp. McGraw-Hill Book Co., Inc., New York/London.
71. Stein, F. (1847) *Vergleichende Anatomie und Physiologie der Insecten in Monographien Bearbeitet. Erste Monographie. Die weiblichen Geschlechtsorgane der Käfer*. 139 pp., 9 Tab. Verlag von Dunker und Humblot, Berlin.
72. Suzuki, K. (1969) Comparative morphology and evolution of the hind wings of the family Chrysomelidae (Coleoptera). I. Homology and nomenclature of the hind wing venation in relation to the allied families. *Kontyû* 37: 32-40.
73. 鈴木邦雄 (1973a, b) 昆虫の翅のアロモルフォーシス (I), (II). 生物科学 24: 178-188, 25: 39-52.
74. Suzuki, K. (1974a) Phylogeny of the family Chrysomelidae based on the comparative morphology of the internal reproductive system (Insecta: Coleoptera). Ph. D. Thesis, Tokyo Metropolitan University, 186 pp., 61 Pls. (453 figs.)
75. Suzuki, K. (1974b) Ovariole number in the Family Chrysomelidae (Insecta: Coleoptera). *J. Coll. Lib. Arts, Toyama Univ. (Nat. Sci.)*, (7): 53-70.
76. Suzuki, K. (1975) Variation of ovariole number in *Pseudodera xanthospila* Baly (Coleoptera, Chrysomelidae, Alticinae). *Kontyû* 43: 36-39.
77. 鈴木邦雄 (1985) 渓流に暮らすトンボ－カワトンボの進化をめぐって. インセクタリゥム 22: 130-147, 164-172, 196-207.
78. Suzuki, K. (1988) Comparative morphology of the internal reproductive system of the Chrysomelidae (Coleoptera). In: Jolivet, P., E. Petitipierre and T.H. Hsiao (eds.) *Biology of Chrysomelidae*. (XXIV + 615 pp.): 317-355, Kluwer Academic Publishers, The Netherlands.
79. 鈴木邦雄 (1989) 動物系統学の諸問題－生物系統学基礎論の試み. 日高敏隆編『進化学－新しい総合』(xii + 504 頁)：403-470 頁，学会出版センター.
80. Suzuki, K. (1994) Comparative morphology of the hindwing venation of the Chrysomelidae (Coleoptera). In: Jolivet, P.H., M.L. Cox and E. Petitpierre (eds.) *Novel Aspects of the Biology of Chrysomelidae*. (xxiii + 582 pp.): 337-354. Kluwer Academic Publisher, Dordrecht/Boston/London, Netherlands.
81. Suzuki, K. (1996) Higher classification of the family Chrysomelidae (Coleoptera). In: Jolivet, P.H. A. and M.L. Cox (eds.), *Chrysomelidae Biology, Vol. 1: The Classification, Pylogeny and Genetics*. (443 pp.): 3-54. SPB Academic Publishing, Amsterdam.
82. 鈴木邦雄 (2009) 生物学における分子情報とマクロ情報の統合. 生物科学 60: 65.
83. 鈴木邦雄 (2012) 進化発生生物学の興隆と松田隆一博士 (1920-1986) の‘汎環境主義’. 昆蟲 (ニューシリーズ) 15: 133-150.
84. 鈴木邦雄 (2016a) アザミオオアラメハムシ (ハムシ科，ヒゲナガハムシ亜科) の繁殖行動に関する観察－付：♀の翅鞘に高頻度で認められる破損原因－. さやばね ニューシリーズ 22: 27-37.
85. 鈴木邦雄 (2016b) 伊藤嘉昭博士と自然保護・平和運動. 生物科学 68: 115-125.
86. Suzuki, K. and A. Hara (1975) Supplementary report on the ovariole number in the Family Chrysomelidae (Insecta: Coleoptera). *J. Coll. Lib. Arts, Toyama Univ. (Nat. Sci.)*, (8): 87-93.
87. Suzuki, K. and A. Hara (1976) Comparative study of the egg size in relation to the egg number in the Family Chrysomelidae (Insecta: Coleoptera). *J. Coll. Lib. Arts, Toyama Univ. (Nat. Sci.)*, (9): 39-81.
88. 鈴木邦雄・上原千春 (1997) 日本産オトシブミ類の揺籃構造とその形成過程 (鞘翅目，オトシブミ科). ホシザキグリーン財団研究報告 (1): 99-204.
89. 鈴木邦雄・上原千春 (2012) オトシブミ類の揺籃形成戦略の多様性－揺籃構造と寄主植物選好性の可塑性を中心に. 生物科学 64: 21-34.
90. Suzuki, K. and K. Yamada (1976) Intraspecific variation of ovariole number in some chrysomelid species (Coleoptera, Chrysomelidae). *Kontyû* 44: 77-84.
91. Weber, M. (1905) *Kritische Studien auf dem Gebiet der kulturwissenschaftlichen Logik*.［森岡弘道訳 (1965)「文化科学の論理学の領域における批判的研究」『歴史は科学か』(3 + 261 頁)：99-244 頁，みすず書房］
92. West-Eberhard, M. J. (2003) *Developmental Plasticity and Evolution*. xx + 794 pp., Oxford Univ.

44. Lawrence, J.F. et al. (2011) Phylogeny of the Coleoptera based on morphological characters of adults and larvae. *Annales Zoologici (Warszawa)* 61: 1-217.
45. Lorenz, K. (1965) *Über tierisches und menschliches Verhalten aus dem Werdegang der Verhaltenslehre*.［丘直通・日高敏隆訳 (1977-1980, 新装版 : 1989. 思索社/再装版 : 2005. 新思索社)『動物行動学』(再装版：I: 516 頁, II: 453 + xxii 頁)］
46. Martins, E.P. (1996, ed.) *Phylogenies and the Comparative Method in Animal Behavior*. xii + 415 pp. Oxford Univ. Press, Inc., New York.
47. 松田隆一 (1967) 昆虫形態学における諸問題. 昆蟲 35: 186-195.
48. Matsuda, R. (1976) *Morphology and Evolution of the Insect Abdomen*. viii + 534 pp., Pergamon Press, Oxford/New York/Toronto/Sydney/Paris/Frankfurt.
49. Mayr, E. (1969) *Principles of Systematic Zoology*. xi + 428 pp. McGraw-Hill Book Co., New York/St. Louis/San Francisco/Toronto/London/Sydney.
50. Mayr, E. (1997) *This is Biology –The Science of the Living World –*. xv + 327 pp. The Belknap Press of Harvard Univ. Press, Cambridge/London.［安来貞雄・松田学訳 (1999)『これが生物学だ－マイアから 21 世紀の生物学者へ』xvi + 324 頁, シュプリンガー・フェアラーク東京］
51. Mayr, E. and P.D. Ashlock (1991) *Principles of Systematic Zoology* (2 nd rev. ed.). XX + 475 pp. McGraw-Hill, Inc., New York & Many Cities in the World.
52. Meyer, E. (1902) *Zur Theorie und Methodik der Geschichte*.［森岡弘道訳 (1965)「歴史の理論と方法」『歴史は科学か』(3 + 261 頁)：1-98 頁, みすず書房］
53. Meillet, A. (1925) *La Methode Comparative en Linguistique Historique*.［泉井久之助訳 (1977『史的言語学における比較の方法』) 225 頁, みすず書房］
54. 西成甫 (1935)『比較解剖学』9 + 158 + 41 頁, 岩波全書, 岩波書店.
55. Nyhart, L.K. (1995) *Biology Takes Form –Animal Morphology and the German Universities, 1800–1900 –*. xiii + 414 pp., The Univ. of Chicago Press, Chicago.
56. Odum, E.P. (1953) *Fundamentals of Ecology*.［京都大学生態学研究グループ訳 (1956)『生態学の基礎』vi + 432 頁, 朝倉書店／原著第三版は, 三島次郎訳, 上 : vii + 390 + 21 頁, 下 : v + 391-749 頁, 培風館］
57. 岡田豊日 (1966) 系統論, 岩波講座 現代の生物学 9『生態と進化』(v + 252 頁)：153-184 頁.
58. Portmann, A. (1976) *Einfürung in die vergleichende Morphologie der Wirbeltiere*.［島崎三郎訳 (1979)『脊椎動物比較形態学』xiv + 344 頁, 岩波書店］
59. Remane, A. (1956) *Die Grundlagen des natürlichen Systems, der vergleichenden Anatomie und der Phylogenetik –Theoretische Morphologie und Systematik –*I. vi + 364 pp. Akademische Verlagsgesellschaft, Geest & Portig, Leipzig.［Rep. ed., 1971. Otto Koeltz Reprint, Koenigstein-Taunus］
60. Richards, O.W. and R.G. Davies (1977) *Imms' General Textbook of Entomology*. (2 Vols.) x + 1354 pp., Chapman & Hall Ltd., London/Glasgow/Weinheim/New York/Tokyo/Melbourne/Madras.
61. Rickert, H. (1898) *Kulturwissenschaft und Naturwissenschaft*.［佐竹哲雄・豊川昇訳 (1939)『文化科学と自然科学』248 頁, 岩波文庫, 岩波書店］
62. Russell, E.S. (1916) *Form and Function, a Contribution to the History of Animal Morphology*.［坂井建雄訳 (1993)『動物の形態学と進化』xiii + 437 頁, 三省堂］
63. Ryan, M.J. (1996) Phylogenetics in behavior: some cautions and expectations. In: Martins, E.P. (ed.) *Phylogenies and the Comparative Method in Animal Behavior*. (xii + 415 pp.): 1-21. Oxford Univ. Press, Inc., New York.
64. 三枝豊平 (1980) 比較形態学に基づく系統解析法, 西村光雄編『生物学の研究法』(7 + 218 頁): 165～209 + 214 頁, 共立出版
65. 坂上昭一 (1970, 第二版 : 1975)『ミツバチのたどったみち－進化の比較社会学－』328 + xiii 頁, 思索社.
66. 佐々木能章 (2002)『ライプニッツ術－モナドは世界を編集する』324 頁, 工作舎.
67. 清水幾太郎 (1972)『倫理学ノート』xi + 327 + 13 頁, 岩波書店.［2000, 講談社学術文庫, 475 頁, 講談社］
68. Simpson, G.G. (1961) *Principles of Animal Taxonomy*. xii + 247 pp., Columbias Univ. Press, New York/London.［白上謙一訳 (1974)『動物分類学の基礎』ix + 272 頁, 岩波書店］
69. Singer, C. (1959, 3 rd rev. ed.). *A History of Biology to about the Year 1900 –A General Introduc-*

17. Febvre, L. (1953) *Combats pour l'Histoire*.［長谷川輝夫訳 (1977)『歴史のための闘い』1＋174＋6 頁，創文社］
18. Gilbert, S.F. and D. Epel (2009) *Ecological Developmental Biology –Integrating Epigenetics, Medicine, and Evolution –*. xv＋480 pp. Sinauer Associates, Inc., Sunderland, Massachusetts.［正木進三・竹田真木生・田中誠二訳 (2012)『生態進化発生学－エコ-エボ-デボの夜明け』xi＋436 頁，東海大学出版会］
19. Gillispie, C.C. (1960) *The Edge of Objectivity –An Essay in the History of Scientific Ideas –*. ix＋562 pp., Princeton Univ. Press, New Jersey.［島尾永康訳 (1965)『科学思想の歴史－ガリレオからアインシュタインまで』viii＋342＋40 頁，みすず書房］
20. Gould, S. J. (1977) *Ontogeny and Phylogeny*. xvi＋501 pp., The Belknap Press of Harvard Univ. Press, Cambridge/London.［仁木帝都・渡辺政隆訳 (1987)『個体発生と系統発生－進化の観念史と発生学の最前線』649 頁，工作舎］
21. Hall, B.K. (1999; 2 nd rev. ed.). *Evolutionary Developmental Biology*. xviii＋491 pp. Kluwer Academic Publishers, Dordrecht/Boston/London.［倉谷滋訳 (2001)『進化発生学－ボディプランと動物の起源』836 頁，工作舎］
22. Hall, B.K. (1994; ed.) *Homology –The Hierarchical Basis of Comparative Biology –*. xvi＋483 pp., Academic Press, Inc., San Diego.
23. Hanson, E.D. (1977) *The Origin and Early Evolution of Animals*. x＋670 pp., Wesleyan Univ. Press, Middletown, Connecticut/Pitman Publishing Ltd., London.
24. Harvey, P.H. and M.D. Pagel (1991) *The Comparative Method in Evolutionary Biology*. viii＋239 pp. Oxford Univ. Press, Oxford/New York/Tokyo.［粕谷英一訳 (1996)『進化生物学における比較法』v＋283 頁，北海道大学出版会］
25. Hennig, W. (1950) *Grundzüge einer Theorie der phylogenetischen Systematik*.［Engl. transl.: Davies, D.D. and R. Zangerl (1966) *Phylogenetic Systematics*. 263 pp., Univ. Illinois Press, Urbana/Chicago/London］
26. Hölldobler, B. and E.O. Wilson (1990) *The Ants*. xii＋732 pp. Berknap Press of Harvard Univ. Press, Cambridge.
27. 今西錦司 (1941)『生物の世界』v＋195 頁，弘文堂.［種々の形で復刻されているが，1972，講談社文庫版は上山春平の解説付，194＋3 頁，講談社］
28. 伊藤嘉昭 (1959)『比較生態学』x＋366 頁［増補第二刷：(1966) x＋390 頁/第 2 版：(1978) xvii＋421 頁］，岩波書店.
29. 伊藤嘉昭 (1963)『動物生態学入門』394 頁，古今書院.
30. 伊藤嘉昭 (1968) 昆虫個体数の変動は周期的か，科学 38: 39-45.
31. 伊藤嘉昭 (1972)『アメリカシロヒトリ』v＋185 頁，中公新書，中央公論社.
32. 伊藤嘉昭 (1975a)『一生態学徒の農学遍歴』228 頁，蒼樹書房.
33. 伊藤嘉昭 (1975b)『動物生態学』上：226 頁，古今書院.
34. 伊藤嘉昭 (1976) 多産と少産・生態的進化の二つの道－生態学の弁証法 1. 科学と思想 21: 188-201.
35. 伊藤嘉昭 (2003)『楽しき挑戦－型破り生態学 50 年』xvii＋378 頁，海游舎.
36. 伊藤嘉昭・山村則男・嶋田正和 (1992)『動物生態学』507 頁，蒼樹書房.
37. 粕谷英一 (1995) 最近の比較生態学の方法の発展－種間比較には系統関係が必要である，日本生態学会誌 45: 277-288.
38. 加藤周一 (2002)『日本仏教曼荼羅』読後，朝日新聞，2002 年 7 月 23 日［加藤 (2016)『夕陽妄語 3』446 頁，ちくま文庫，筑摩書房．に収録］
39. 川喜田愛郎 (1977)『近代医学の史的基盤』上：xx＋575＋106 頁，下：xi＋577-1226＋160 頁，岩波書店.
40. Koestler, A. (1978) *Janus*.［田中三彦・吉岡佳子訳 (1983)『ホロン革命』493 頁，工作舎.
41. 駒井卓 (1963)『遺伝学に基づく生物の進化』xii＋526 頁，培風館.
42. 倉谷滋 (2004)『動物進化形態学』xiv＋611 頁，東京大学出版会.
43. Larson, A. and J.B. Losos (1996) Phylogenetic Systematics of Adaptation. In: Rose, M.R. and G.V. Lauder (eds.) *Adaptation* (xiii＋511 pp.): 187-220. Academic Press, San Diego/New York/Boston/London/Sydney/Tokyo/Toronto.

42 齊藤隆

1. 伊藤嘉昭 (1959)『比較生態学 (初版)』岩波書店.
2. 伊藤嘉昭 (2003)『楽しき挑戦－型破り生態学 50 年』海游舎.
3. Itô, Y (1980) *Comparative Ecology*. Edited and translated by Jiro Kikkawa. Cambridge University Press.
4. 伊藤嘉昭・齊藤隆・藤崎憲治 (1990)『動物たちの生き残り戦略』NHK ブックス，日本放送出版協会.
5. 伊藤嘉昭・桐谷圭治 (1971)『動物の数は何できまるか』NHK ブックス，日本放送出版協会.
6. 菊沢喜八郎 (2006) 明るい学会と地道な研究－会長就任に当たって．日本生態学会誌 56: 6-9.

45 鈴木邦雄

1. 足立礎 (1979) 鳥のクラッチサイズは何できまるか．生物科学 31: 66-78.
2. Amundson, R. (1996) Historical Development of the Concept of Adaptation. In: Rose, M.R. and G.V. Lauder (1996, eds.) *Adaptation* (xiii + 511 pp.): 11-53. Academic Press, San Diego/New York/ Boston/London/Sydney/Tokyo/Toronto.
3. Appel, T.A. (1987) *The Cuvier-Geoffroy Debate*.［西村顯治訳 (1990)『アカデミー論争－革命前後のパリを揺がせたナチュラリストたち』vii + 478 頁，時空出版］
4. Beer, G. de (1940; 3 rd ed.: 1958) *Embryos and Ancestors*. x + 108 pp. (3 rd rev. ed.: xii + 197 pp.), Oxford Univ. Press, Londn.
5. Bouchard, P. et al. (2011) Family-group names in Coleoptera (Insecta). *Zookeys* 88: 1-972.
6. Bunge, M. (1959) *Causality – The Place of the Causal Principle in Modern Science –*［黒崎宏訳 (1972)『因果性－因果原理の近代科学における位置』401 頁，岩波書店) (3 rd rev. ed.: 1979, *Causality and Modern Science*. xxx + 394 pp., Dover Publications, Inc., New York］
7. Chûjô, M. (1953-1954) A taxonomic study on the Chrysomelidae with special reference to the fauna of Formosa. *Techn. Bull., Kagawa Agr. Coll.* 5: 19-36, 121-136 (1953), 6: 285-295, 39-51 (1954).
8. Clarke, G.L. (1954) *Elements of Ecology*.［市村俊英他訳 (1965)『生態学原論』6 + 426 頁，岩崎書店］
9. Cole, F.J. (1949; Dover ed.: 1975) *A History of Comparative Anatomy from Aristotle to the Eighteenth Century*. viii + 524 pp. Dover Publications, Inc., New York.
10. Comstock, J.H. (1918) *The Wings of Insects*. xviii + 430 pp. The Comstock Publishing Co., Ithaca, New York.
11. Crowson, R.A. (1955) *The Natural Classification of the Families of Coleoptera*. 214 pp. Nathaniel Lloyed, London.
12. Darwin, C. (1859) *The Origin of Species by Means of Natural Selection on the Preservation of Favored Races in the Struggle for Life*.［初版は London の John Merray 社から出た。以来，今日迄多種多様の復刻版が出ている。大半が広く流布している第六版だが，初版の復刻版版もある。大きな違いは，初版刊行以降寄せられた批判に対する意見を述べた章が第三版で第六章と第七章の間に追加挿入されたこと。邦訳も 20 種近く刊行されてきているが，ここには初版を底本に第六版までの各版の異同を記した八杉訳を挙げておく：八杉龍一訳 (1963-1971)『種の起原』，岩波文庫全三冊，岩波書店．1990 年に二分冊刊行］
13. Desmond, A. (1982) *Archetypes and Ancestors – Palaeontology in Victorian London 1850 – 1875 –*. 287 pp., The Univ. Chicago Press, Chicago.
14. Dobzhansky, Th. (1937; 3 rd rev. ed.:1951) *Genetics and the Origin of Species*. 364 pp. (3 rd ed.), Columbia Univ. Press, New York/London.［駒井卓・高橋隆平訳 (1953)『遺伝学と種の起原』x + 348 頁，培風館］
15. Eckermann, J.P. (1848) *Gespräche mit Goethe in der letzten Jahren seines Lebens*, III.［山下肇訳 1969)『ゲーテとの対話』(下) 401 + 38 頁，岩波文庫，岩波書店］
16. Eldredge, N. and J. Cracraft (1980) *Phylogenetic Patterns and the Evolutionary Process – Method and Theory in Comparative Biology –*. viii + 349 pp. Columbia Univ. Press, New York.［篠原明彦・駒井古実・吉安裕・橋本里志・金沢至訳 (1989)『系統発生パターンと進化プロセス－比較生物学の方法と理論』377 頁，蒼樹書房］

25. 坂上昭一 (1970)『ミツバチのたどった道－進化の比較社会学』思索社.
26. Wilson, E.O. (1975) *Sociobiology: The New Synthesis*. Harvard University Press.
27. 坂上昭一 (1975)『私のブラジルとそのハチたち』思索社.
28. Hamilton, W.D. (1964) The genetical evolution of social behaviour. I. *J. Theor. Biol.* 7 (1): 1-16.
29. MacArthur, R.H. and E.O. Wilson (1967) *The Theory of Island Biogeography*. Princeton University Press.
30. Mayr, E. (1970) *Populations, Species, and Evolution*. Belknap Press of Harvard University Press.
31. Campanella, P.J. and L.L. Wolf (1974) Temporal leks as a mating system in a temperate zone dragonfly (Odonata: Anisoptera). I : *Plathemis lydia* (Drury). *Behaviour* 51: 49-87.
32. Dawkins, R. (1976) *The Selfish Gene*. Oxford University Press. ［日高敏隆・岸由二・羽田節子訳 (1980)『生物＝生存機械論–利己主義と利他主義の生物学』紀伊國屋書店.
33. 北大理学部動物系統分類学講座院生編 (1976) 系統と生態 第 8 号.
34. Aoki, S. (1977) *Colophina clematis* (Homoptera: Pemphigidae), an aphid species with "soldiers". *Kontyû* 45 (2): 276-282.
35. 生方秀紀 (1979) ヒガシカワトンボの交尾戦略 (予報). 昆虫と自然 14: 41-44.
36. Waage, J.K. (1979) Adaptive significance of postcopulatory guarding of mates and nonmates by male *Calopteryx maculata* (Odonata). *Behav. Ecol. Sociobiol.* 6: 147-154.
37. Waage, J.K. (1979) Dual function of the damselfly penis: sperm removal and transfer. *Science* 203: 916-918.
38. 伊藤嘉昭 (1979) Sociobiolgy の波紋. 科学 49: 144-147.
39. 伊藤嘉昭 (1982)『動物の社会行動』東海科学選書, 東海大学出版会.
40. 生方秀紀 (1983) トンボのテリトリーと交尾戦略. 個体群生態学会会報 37: 9-20.
41. Ubukata, H. (1984) Oviposition site selection and avoidance of additional mating by females of the dragonfly, *Cordulia aenea amurensis* Selys (Corduliidae). *Res. Popul. Ecol.* 26: 285-301.
42. Ubukata, H. (1986) A model of mate searching and territorial behaviour for "Flier" type dragonflies. *J.* . 4 (2): 105-112.
43. 東和敬・生方秀紀・椿宜高 (1987)『動物 その適応戦略と社会 6 トンボの繁殖システムと社会構造』東海大学出版会.
44. Ubukata, H. (1987) Mating system of the dragonfly *Cordulia aenea amurensis* Selys and a model of mate searching and territorial behaviour in Odonata. In: *Animal Societies: Theories and Facts*. (Itô, Y., J.L. Brown and J. Kikkawa, eds.) *Japan Sci. Soc. Press.* pp. 213-228.

40 竹田真木生

1. 伊藤嘉昭 (1972)『アメリカシロヒトリ』中公新書, 中央公論社. / Hidaka, T. (ed.) *Adaptation and Spaciation in the Fall Webworm*. Kodansha.
2. Takeda, M. and S. Masaki (1979) Asymmetric perception of twilight affecting diapause induction by the fall webworm, *Hyphantria cunea*. *Entomol. Exp. Appl.* 25: 317-327.
3. Takeda, M. (2005) Differentiation in life cycle of sympatric populations of two forms of Hyphantria moths in central Missouri. *Entomol. Sci.* 8: 211-218.
4. Yang, F., E. Kawabata, M. Tufail, J.J. Brown and M. Takeda (2017?) *r/K*-like trade-off and voltinism discretenss; the implication to allochronic speciation in the fall webworm, *Hyphantria cunea* (Arctiidae). *Ecol. Evol.* (Under revision).
5. Gomi, T. and M. Takeda (1990) The transition to a trivoltine life cycle and mechanisms that enforce the voltinism change in *Hyphantra cunea* Drury (Lepidoptera; Arctiidae) in Kobe. *Appl. Entomol. Zool.* 25: 483-489. / Gomi, T. and M. Takeda (1991) Geographic variation in photoperiodic responses in an introduced insect, *Hyphantria cunea* Drury (Lepidoptera: Arctiidae) in Japan. *Appl. Entomol. Zool.* 26: 357-363. / Gomi, T. and M. Takeda (1996) Geographic adaptation in the fall webworm, *Hyphantria cunea*. *Function. Ecol.* 10: 384-389. / Gomi, T., M. Muraji and M. Takeda (2004) Mitochondrial DNA analysis of the introduced fall-webworm, showing its shift in the life cycle in Japan. *Entomol. Sci.* 7: 183-188. / Gomi, T., K. Adachi, A. Shimizu, K. Tanimoto, E. Kawabata and M. Takeda (2009) Shift of northern limit in the trivoltine area of *Hyphantria cunea* (Lepidoptera: Arctiidae) in districts along the Sea of Japan. *Appl. Entomol. Zool.* 44: 357-362.

30. 岩橋統・山根爽一 (1989)『動物 その適応戦略と社会 5　チビアシナガバチの社会』東海大学出版会.
31. 岩田久二雄 (1969) 台湾のセグロチビアシナガバチの造巣. 昆蟲 37: 367-372.
32. Gadagkar, R. (1980) Dominate hierarchy and division of labor in the social wasp *Ropalidia marginata* (Lep.) (Hymenoptera: Vespidae) *Curr. Sci.* 49: 772-775.
33. Carpenter, J.M. (1989) Testing scenarios: wasp social behavior. *Cladistics* 5: 131-144.
34. West-Eberhard, M.J. (1978) Polygyny and the evolution of social behavior in wasps. *J. Kansas Entomol. Soc.* 51: 832-856.
35. West-Eberhard, M.J. (1978) Temporary queens in Metapolibia wasps: nonreproductive helpers without altruism? *Science* 200: 441-443.
36. Hughes, W.O.H., B.P. Oldroyd, M. Beekman and F.L.W. Ratnieks (2008) Ancestral monogamy shows kin selection is key to the evolution of eusociality. *Science* 320: 1213-1216.
37. 辻和希 (2016) 狩りバチ研究と社会生物学. 生物科学 68: 81-85.

39 生方秀紀

1. Elton, C.S. (1947) *Animal Ecology*. Sidgwick & Jackson.［渋谷寿夫訳 (1955)『動物の生態学』科学新興社］
2. Odum, E.P. (1959) *Fundamentals of Ecology*. 2nd ed. Saunders.［水野寿彦訳 (1967)『生態学』築地書館］
3. 伊藤嘉昭 (1966)『比較生態学 (増補版)』岩波書店.
4. 伊藤嘉昭 (1963)『動物生態学入門－個体群生態学編』古今書院.
5. 伊藤嘉昭 (1975, 1976)『動物生態学 (上, 下)』古今書院.
6. 伊藤嘉昭 (1959)『比較生態学 (初版)』岩波書店.
7. 伊藤嘉昭 (1978)『比較生態学 (第 2 版)』岩波書店.
8. Ubukata, H. (1979) Studies on population dynamics, behavior and territoriality of *Cordulia aenea amurensis* Selys (Odonata: Corduliidae). 北海道大学大学院理学研究科博士論文.
9. 伊藤嘉昭 (1982)『社会生態学入門－動物の繁殖戦略と社会行動』東京大学出版会.
10. Itô, Y., J.L. Brown and J. Kikkawa (eds.) (1987) *Animal Societies: Theories and Facts*. Japan Sci. Soc. Press.
11. 沼田眞 (1953)『生態学方法論』古今書院.
12. 森主一・宮地伝三郎 (1953)『動物の生態』岩波全書, 岩波書店.
13. 宮地伝三郎・加藤陸奥雄・森主一・森下正明・渋谷寿夫・北沢右三 (1961)『動物生態学』朝倉書店.
14. 八木誠政 (1966)『新編生態学汎論』養賢堂.
15. Andrewartha, H.G. and L.C. Birch (1954) *The Distribution and Abundance of Animals*. University of Chicago Press.
16. 北大理学部動物系統学講座院生編 (1971) 系統と生態 第 1 号.
17. 今西錦司 (1951)『人間以前の社会』岩波新書, 岩波書店.
18. 北大理学部動物系統学講座院生編 (1971) 系統と生態 第 3 号.
19. Ubukata, H. (1973) Life history and behavior of a Corduliid dragonfly, *Cordulia aenea amurensis* Selys. I. Emergence and pre-reproductive periods. *J. Fac. Sci., Hokkaido Univ., Ser. VI, Zool.* 19 (1): 251-269.
20. Ubukata, H. (1975) Life history and behavior of a Corduliid dragonfly, *Cordulia aenea amurensis* Selys. II. Reproductive period with special reference to territoriality. *J. Fac. Sci., Hokkaido Univ., Ser. VI, Zool.* 19 (4): 812-833.
21. Sakagami, S. F., H. Ubukata, M. Iga and M.J. Toda (1974) Observations on the behavior of some Odonata in the Bonin Islands, with considerations on the evolution of reproductive behavior in Libellulidae. *J. Fac. Sci., Hokkaido Univ., Ser. VI, Zool.* 19 (3): 722-757.
22. Southwood, T.R.E. (1966) *Ecological Methods with Particular Reference to the Study of Insect Populations*. Methuen.
23. 伊藤嘉昭・桐谷圭治 (1971)『動物の数は何できまるか』NHK ブックス, 日本放送出版協会.
24. 生方秀紀 (1975) カラカネトンボの縄張り行動. インセクタリゥム 12 (9): 196-199.

6. 桑村哲生 (2001) 会長あいさつ．日本動物行動学会 NEWSLETTER 39: 2（http://www.ethology.jp/NL/NL39_web.pdf）

38 嶋田正和

1. 伊藤嘉昭 (1959)『比較生態学 (初版)』岩波書店.
2. 伊藤嘉昭 (1978)『比較生態学 (第 2 版)』岩波書店.
3. 伊藤嘉昭 (1982)『社会生態学入門－動物の繁殖戦略と社会行動』東京大学出版会.
4. 伊藤嘉昭 (1993)　第 2 章　アシナガバチ類における多女王制の起源．松本忠夫・東正剛共編『社会性昆虫の進化生態学』海游舎．pp. 15-50.
5. 辻和希 (2006) 血縁淘汰・包括適応度と社会性の進化．長谷川眞理子編『進化学シリーズ 6 行動・生態の進化』岩波書店．pp. 55-120.
6. Wilson, E.O. (1975) *Sociobiology: The New Synthesis.* Harvard/Belknap Press.
7. Lack, D. (1954) The evolution of reproductive rates. In: *Evolution as a Process* (Huxley, J., A.C. Hardy and E.B. Ford, eds.) Allen and Unwin. pp.143-156.
8. MacArthur, R.H. and E.O. Wilson (1967) *Theory of Island Biogeography*. Princeton Univ. Press.
9. Nicholson, A.J. (1933) The balance of animal populations. *J. Anim. Ecol. Suppl*. 2: 1332-1378.
10. Nicholson, A.J. (1954) Compensatory reactions of populations to stresses, and their evolutionary significance. *Aust. J. Zool*. 2: 1-8.
11. Andrewartha, H.G. and L.C. Birch (1954) *The Distribution and Abundance of Animals*. Chicago Univ. Press.
12. Hamilton, W.D. (1964) The genetical evolution of social behavior (I & II). *J. Theor. Biol*. 7: 1-52.
13. Grime, J.P. (1977) Evidence for the existence of three primary strategies in plants and its relevance to ecological and evolutionary theory. *Amer. Natur.* 111: 1169-1194.
14. Cole, L.C. (1954) The population consequences of life history phenomena. *Quart. Rev. Biol*. 29: 103-137.
15. Pianka, E.R. (1978) *Evolutionary Ecology* (2nd ed.). Harper & Row.
16. Levins, R. (1968) *Evolution in Changing Environments: Some Theoretical Explorations.* Princeton Univ. Press.
17. West-Eberhard, M.J. (1975) Evolution of social behavior by kin selection. *Quart. Rev. Bio*. 50: 19-24.
18. Breden, F. and M.J. Wade (1989) Selection within and between kin groups of the imported willow leaf beetle. *Am. Nat*. 134: 35-50.
19. Alexander, R.D. (1974) The evolution of social behavior. *Ann. Rev. Ecol. Syst*. 4: 325-383.
20. Trivers, R.L. and H. Hare (1976) Haplodiploidy and the evolution of social insects. *Science* 191: 249-263.
21. 辻和希 (1993) 第 5 章 社会性膜翅目の性比の理論．松本忠夫・東正剛共編『社会性昆虫の進化生態学』海游舎．pp. 146-205.
22. Alexander, R.D. and P.W. Sharman (1977) Local mate competition and parental investment in social insects. *Science* 196: 494-500.
23. Boomsma, J.J. (1989) Sex investment ratio in ants: has female bias been systematically overestimated? *Am. Nat*. 133: 517-532.
24. 土田浩治 (1993) 第 9 章 生物集団の個体間血縁度の推定法－とくにアイソザイムデータに関連して．松本忠夫・東正剛共編『社会性昆虫の進化生態学』海游舎．pp. 330-359.
25. Aoki, S. (1977) Colophina clematis, an aphid species with "soldiers". *Kontyû* 45: 276-282.
26. Kasuya, E. (1982) Factors governing the evolution of eusociality through kin-selection. *Res. Popul. Ecol*. 24: 174-192.
27. Yamamura, N. and M. Higashi (1992) An evolutionary theory of conflict resolution between relatives: altruism, manipulation, compromise. *Evolution* 46: 1236-1239.
28. Seger, J. (1991) Cooperation and conflict in social insects. In: *Behavioural Ecology: An Evolutionary Approach*. 3rd ed. (Krebs, J.R. and N.B. Davies, eds.) Blackwell. pp. 338-373.
29. 伊藤嘉昭 (1986)『動物　その適応戦略と社会 4　狩りバチの社会進化－協同的多雌性仮説の提唱』東海大学出版会.

谷篤弘・長野敬・養老孟司編)』東京大学出版会. pp. 153-198.
6. 伊藤嘉昭 (1987)『動物の社会－社会生物学・行動生態学入門』東海大学出版会.
7. 伊藤嘉昭 (1979) Sociobilogy の波紋. 科学 49 (3): 144-147.
8. 伊藤嘉昭 (1980) 日本の生態学－問題点二つ. 日本の科学者 15 (5): 32-38.
9. 伊藤嘉昭 (1981)「社会生物学」にどう対処するか. 赤旗 1981 年 3 月 11 日.
10. 伊藤嘉昭 (1982)『社会生態学入門－動物の繁殖戦略と社会行動』東京大学出版会.
11. 伊藤嘉昭 (1982)『動物の社会行動』東海科学選書, 東海大学出版会.
12. 伊藤嘉昭 (1975)『一生態学徒の農学遍歴』蒼樹書房.
13. 伊藤嘉昭 (1977) 生活史の起源. 生物科学 29: 57-61, 148-155.
14. Alexander, R.D. (1975) The search for a general theory of behavior. *Behavioral Sciences* 20: 77-100.
15. Maynard Smith, J. (1982) *Evolution and the Theory of Games.* Cambridge University Press. [寺本英・梯正之訳 (1985)『進化とゲーム理論－闘争の論理』産業図書]
16. Austad, S.N. and R.D. Howard (1984) Introduction to the symposium: Alternative reproductive tactics. *Am. Zool.* 24: 307-308.
17. Dominey, W.J. (1984) Alternative mating tactics and evolutionarily stable strategies. *Am. Zool.* 24: 385-396.
18. Ueda, T. (1979) Plasticity of the reproductive behaviour in a dragonfly, *Sympetrum parvulum* Barteneff, with reference to the social relationship of males and the densities of territories. *Res. Popul. Ecol.* 21: 135-152.
19. 長谷川眞理子 (2002)『生き物をめぐる 4 つの「なぜ」』集英社新書, 集英社.
20. Strassmann, J. E. (2014) Tribute to Tinbergen: The place of animal behavior in biology. *Ethology* 120, 123-126.
21. 伊藤嘉昭 (1990) 日本の生態学－とくに今西錦司の評価と関連して. 生物科学 42: 176-191.
22. 粕谷英一 (1993) 戦中期の中国における日本人知識人たちのクロスロード－中国での今西錦司をめぐって. 現代思想 21 (1): 226-231.
23. 川村湊 (1996)『「大東亜民俗学」の虚実』講談社.
24. 河田雅圭 (1991) 日本の生態学に負の影響を及ぼした日本独自性論－伊藤論文を読んで (含伊藤氏の感想). 生物科学 43: 41-44.
25. 粕谷英一 (1991) 伊藤嘉昭「日本の生態学」へのコメント. 生物科学 43: 71-74.

29 濱口京子

1. 竹中修企画・村山美穂・渡邊邦夫・竹中晃子編 (2006)『遺伝子の窓から見た動物たち－フィールドと実験室をつないで』京都大学学術出版会.
2. Hamaguchi, K., Y. Itô and O. Takenaka (1993) GT dinucleotide repeat polymorphisms in a polygynous ant, *Leptothorax spinosior* and their use for measurement of relatedness. *Naturwissenschaften* 80: 179-181.

33 長谷川寿一・長谷川眞理子

1. Yamamura N., T. Hasegawa and Y. Itô (1990) Why mothers do not resist infanticide: Cost-Benefit genetic model. *Evolution* 44(5): 1346-1357.
2. 伊藤嘉昭編 (1992)『動物社会における共同と攻撃』東海大学出版会.
3. 伊藤嘉昭 (2003)『楽しき挑戦－型破り生態学 50 年』海游舎.

35 桑村哲生

1. 伊藤嘉昭 (1959)『比較生態学 (初版)』岩波書店.
2. 伊藤嘉昭 (2003)『楽しき挑戦－型破り生態学 50 年』海游舎.
3. 伊藤嘉昭監訳 (1983～1985)『社会生物学 1～5』思索社.
4. 中園明信・桑村哲生編 (1987)『動物 その適応戦略と社会 9　魚類の性転換』東海大学出版会.
5. 伊藤嘉昭 (1982)『動物の社会行動』東海科学選書, 東海大学出版会. / 伊藤嘉昭 (1982)『社会生態学入門－動物の繁殖戦略と社会行動』東京大学出版会. / 伊藤嘉昭 (1987)『動物の社会－社会生物学・行動生態学入門』東海大学出版会.

8. Tanaka, K., S. Endo and H. Kazano (2000) Toxicity of insecticides to predators of rice planthoppers: spiders, the mirid bug and the dryinid wasp. *Appl. Entomol. Zool.* 35: 177-187.
9. 農林水産省農林水産技術会議事務局・(独) 農業環境技術研究所・(独) 農業生物資源研究所 (2012) 農業に有用な生物多様性の指標生物調査・評価マニュアル. I 調査法・評価法, II 資料. [http://www.niaes.affrc.go.jp/techdoc/shihyo] / Tanaka, K. (2016) Functional biodiversity indicators and their evaluation methods in Japanese farmlands. In: *The Challenges of Agro-Environmental Research in Monsoon Asia* (Yagi, K. and C.G. Kuo, eds.), NIAES Series No.6, National Institute for Agro-Environmental Sciences. pp. 159-169.
10. Baba, Y.G. and K. Tanaka (2016a) Environmentally friendly farming and multi-scale environmental factors influence generalist predator community in rice paddy ecosystems of Japan. In: *The Challenges of Agro-Environmental Research in Monsoon Asia* (Yagi, K. and C.G. Kuo, eds.), NIAES Series No.6, National Institute for Agro-Environmental Sciences. pp. 169-177. / Baba, Y.G. and K. Tanaka (2016b) Factors affecting abundance and species composition of generalist predators (*Tetragnatha* spiders) in agricultural ditches adjacent to rice paddy fields. *Biol. Control* 103: 147-153. / Tsutsui, M.H., K. Tanaka, Y.G. Baba and T. Miyashita (2016) Spatio-temporal dynamics of generalist predators (*Tetragnatha* spider) in environmentally friendly paddy fields. *Appl. Entomol. Zool.* 51: 631-640.
11. Tanaka, K. (1992a) Size-dependent survivorship in the web-building spider *Agelena limbata*. *Oecologia* 90: 597-602. / Tanaka, K. (1992b) Life history of the funnel-web spider *Agelena limbata*: web site, growth, and reproduction. *Acta Arachnol.* 41: 91-101.
12. Tanaka, K. (1995) Variation in offspring size within a population of the web-building spider *Agelena limbata*. *Res. Popul. Ecol.* 37: 197-202.
13. Marshall, S.D. and J.L. Gittleman (1994) Clutch size in spiders: is more better? *Funct. Ecol.* 8: 118-124.
14. Enders, F. (1976) Clutch size related to hunting manner of spider species. *Ann. Entomol. Soc. Am.* 69: 991-998.
15. Tanaka, K. (1989) Energetic cost of web construction and its effect on web relocation in the web-building spider *Agelena limbata*. *Oecologia* 81: 459-464.
16. Tanaka, K. (1991) Food consumption and diet composition of the web-building spider *Agelena limbata* in two habitats. *Oecologia* 86: 8-15.
17. Tanaka, K., K. Murata and A. Matsuura (2015) Rapid evolution of an introduced insect *Ophraella communa* LeSage in new environments: temporal changes and geographical differences in photoperiodic response. *Entomol. Sci.* 18: 104-112. / Tanaka, K. and K. Murata (2016) Rapid evolution of photoperiodic response in a recently introduced insect *Ophraella communa* along geographic gradients. *Entomol. Sci.* 19: 207-214. / Tanaka, K. and K. Murata (2017) Genetic basis underlying rapid evolution of an introduced insect *Ophraella communa* (Coleoptera: Chrysomelidae): heritability of photoperiodic response. *Environ. Entomol.* 46 (印刷中).

25 藤田和幸

1. 伊藤嘉昭監修, 粕谷英一・藤田和幸著 (1984)『動物行動学のための統計学』東海大学出版会.
2. 伊藤嘉昭 (1959)『比較生態学 (初版)』岩波書店.
3. 伊藤嘉昭 (1980)『虫を放して虫を滅ぼす－沖縄・ウリミバエ根絶作戦私記』中央公論社.

27 粕谷英一

1. 伊藤嘉昭 (1982) アシナガバチとサル－社会生物学における一見異常な行動の意義 I. 生物科学 34: 85-91.
2. 伊藤嘉昭 (1982) アシナガバチとサル－社会生物学における一見異常な行動の意義 II. 生物科学 34: 145-149.
3. 粕谷英一 (1982) 社会性昆虫における行動の変異と進化－伊藤嘉昭“アシナガバチとサル－社会生物学における一見異常な行動の意義”によせて. 生物科学 34: 169-174.
4. 岸由二 (1986) 戦後日本の生態学における進化理解の転換. 生物科学 38: 104-110.
5. 岸由二 (1991) 現代日本の生態学における進化理解の転換史.『講座進化 2 進化思想と社会 (柴

19. 奥野良之助 (1978)『生態学入門－その歴史と現状批判』創元社.
20. 太田浩 (2014 年 7 月号) 日本人学生の内向き志向に関する一考察. ウェブマガジン「留学交流」40: 1-19.
21. Schoener, T.W. (2011) The newest synthesis: understanding the interplay of evolutionary and ecological dynamics. *Science* 330: 426-429.
22. 辻和希 (2016) 進化と生態の階層間相互作用ダイナミクス：生態学のリストラ 2. 生態学研究センターニュース 131: 8.
23. Tsuji, K. (2013) Kin selection, species richness and community. *Biol. Lett.* 9 (6): 20130491.
24. 伊藤嘉昭 (1975, 1976)『動物生態学 (上, 下)』古今書院. / 嶋田正和・山村則男・粕谷英一・伊藤嘉昭 (2005)『動物生態学 (新版)』海游舎.
25. 伊藤嘉昭 (2006) 今西錦司：人文・社会系の彼をほめる人たちは彼の良かったところでなく，わるかったところをほめている. 生物科学 57: 166-170.

17 大崎直太

1. 伊藤嘉昭・桐谷圭治 (1971)『動物の数は何できまるか』NHK ブックス，日本放送出版協会.
2. 伊藤嘉昭 (2009)『琉球の蝶』東海大学出版会.

20 椿宜高

1. Itô, Y., Y. Tsubaki and M. Osada (1982) Why do *Luehdorfia* butterflies lay eggs in clusters? *Res. Popul. Ecol*. 24: 375-387.
2. 椿宜高 (1978) Optimal foraging theory の紹介. 個体群生態学会会報 30: 1-14.
3. 伊藤嘉昭 (2003)『楽しき挑戦－型破り生態学 50 年』海游舎.
4. 科学 (1982) 現代の進化論-1- ダーウィン没後 100 年<特集> 52 (4, 5). 岩波書店.
5. Lack, D. (1946) The significance of clutch-size - Part I and II. *Ibis* 89: 302-352. / The significance of clutch-size - Part III. *Ibis* 90: 25-45.
6. Tsubaki, Y. (1995) Clutch size adjustment by *Luehdorfia japonica*. In: *The Ecology and Evolutionary Biology of Swallowtail Butterflies* (Scriber, J.M., Y. Tsubaki and R. Lederhouse, eds.) Scientific Publishers. pp. 63-70.
7. Matsumoto, K., F. Ito and Y. Tsubaki (1994) Egg cluster size variation in relation to the larval food abundance in *Luehdorfia puziloi* (Lepidoptera: Papilionidae). *Res. Popul. Ecol.* 35: 325-333.
8. Dawkins, R. (1976) *The Selfish Gene.* Oxford University Press.［日高敏隆・岸由二・羽田節子訳 (1980)『生物=生存機械論－利己主義と利他主義の生物学』紀伊國屋書店］
9. 伊藤嘉昭 (1959)『比較生態学 (初版)』岩波書店.
10. 伊藤嘉昭 (1978)『比較生態学 (第 2 版)』岩波書店.
11. MacArthur, R.H. and E.O. Wilson (1967) *The Theory of Island Biogeography.* Princeton University Press.
12. Simberloff, D.S. (1978) Using island biogeographic distributions to determine if colonization is stochastic. *Am. Nat.* 12: 713-726.

22 田中幸一

1. 伊藤嘉昭 (1978)『比較生態学 (第 2 版)』岩波書店.
2. 伊藤嘉昭編 (1972)『アメリカシロヒトリ－種の歴史の断面』中公新書，中央公論社.
3. 伊藤嘉昭・桐谷圭治 (1971)『動物の数は何できまるか』NHK ブックス，日本放送出版協会.
4. 伊藤嘉昭 (1975, 1976)『動物生態学 (上, 下)』古今書院. / 伊藤嘉昭・村井実 (1977)『動物生態学研究法 (上, 下)』古今書院.
5. Lack, D. (1954) The evolution of reproductive rates. In: *Evolution as a Process* (Huxley, J., A.C. Hardy and E.B. Ford, eds.). Allen & Unwin.
6. Itô, Y. (1964) Preliminary studies on the respiratory energy loss of a spider, *Lycosa pseudoannulata*. *Res. Popul. Ecol*. 6: 13-21.
7. Kiritani, K., S. Kawahara, T. Sasaba and F. Nakasuji (1972) Quantitative evaluation of predation by spiders on the green rice leafhopper, *Nephotettix cincticeps* Uhler, by a sight-count method. *Res. Popul. Ecol*. 8: 187-200.

wind-borne re-invasion of *Bactrocera doralis* complex (Diptera: Tephritidae) into islands of Okinawa Prefecture, southwestern. *Appl. Entomol. Zool.* 51: 21-35.
28. Nakahara, S. and M. Muraji (2010) PCR-RFLP analysis of *Bactrocera dorsalis* (Tephritidae: Diptera) complex species collected in and around the Ryukyu Islands of Japan using the mitochondrial A-T rich control region. *Res. Bull. Pl. Prot. Japan* 46: 17-23.
29. 岩橋統・篠崎梓・岩泉連ら (2001) 中国大陸より沖縄に飛来するミカンコミバエ. 日本応用動物昆虫学会大会講演要旨 (45): 67.
30. Wan, X., F. Nardi, B. Zhang et al. (2011) The Oriental fruit fly, *Bactrocera dorsalis*, in China: origin and gradual inland range expansion associated with population growth. *PLos ONE* 6 (10): e25238.
31. Shi, W., C. Kerdelhué and H. Ye (2012) Genetic structure and inferences on potential source areas for *Bactrocera dorsalis* (Hendel) based on mitochondrial and Microsatellite markeers. *PLos ONE* 7 (5): e37083.
32. 小泉清明・柴田喜久雄 (1964) ウリミバエとミカンコミバエの日本及び近接温帯地生息の可否について 第2報. 両ミバエの発育生殖積算温度. 応動昆 8: 91-100.
33. 藤崎憲治 (2016) ミカンコミバエ種群の再侵入と今後の侵入害虫対策の方向性. 学術の動向 21 (8): 40-47.

16 辻和希・粕谷英一

1. 伊藤嘉昭 (2003)『楽しき挑戦－型破り生態学 50 年』海游舎.
2. 伊藤嘉昭 (1959)『比較生態学 (初版)』岩波書店.
3. Charnov, E.L. (1977) An elementary treatment of the genetical theory of kin-selection. *J. Theor. Biol.* 66: 541-550.
4. 伊藤嘉昭 (1982)『社会生態学入門－動物の繁殖戦略と社会行動』東京大学出版会. / 伊藤嘉昭 (1982)『動物の社会行動』東海科学選書, 東海大学出版会.
5. 伊藤嘉昭 (1986)『動物 その適応戦略と社会 4 狩りバチの社会進化－協同的多雌性仮説の提唱』東海大学出版会. / Itô, Y. (1993) *Behaviour and Social Evolution of Wasps: the Communal Aggregation Hypothesis.* Oxford University Press. / 伊藤嘉昭 (1996)『熱帯のハチ－多女王制のなぞを探る』海游舎.
6. Tsuji, K., T. Miyatake, M. Yamagishi et al. (2016) Yosiaki Itô 1930-2015. *Popul. Ecol.* 57: 545-550. / 辻和希 (2015) 理論は滅びても事実は残る. 個体群生態学会会報 72: 17-19. / 辻和希 (2016) 狩りバチ研究と社会生物学. 生物科学 68: 81-85.
7. Hibino, Y. and O. Iwahashi (1991) Mating receptivity of wild type females for wild type males and mass-reared males in the melon fly, *Dacus cucurbitae* Coquillett (Diptera: Tephritidae). *Appl. Entomol. Zool.* 24:152-154.
8. 伊藤嘉昭 (1975)『一生態学徒の農学遍歴』蒼樹書房.
9. 伊藤嘉昭 (1994)『生態学と社会－経済/社会系学生のための生態学入門』東海大学出版会.
10. 鷲谷いづみ・矢原徹一 (1996)『保全生態学入門－遺伝子から景観まで』文一総合出版.
11. Azuma, S., T. Sasaki and Y. Itô (1997) Effects of undergrowth removal on the species diversity of insects in natural forests of Okinawa Hontô. *Pacific Conservation Biology* 3: 156-160. / Itô, Y. and J. Aoki (1999) Species diversity of soil-inhabiting oribatid mites in Yanbaru, the northern part of Okinawa Hontô, and the effects of undergrowth removal on it. *Pediologica* 43: 110-119.
12. 伊藤嘉昭・佐藤一憲 (2002) 種多様性比較のための指数の問題点. 生物科学 53: 204-220.
13. 岸由二 (1991) 現代日本の生態学における進化理解の転換史.『講座進化 2 進化思想と社会 (柴谷篤弘・長野敬・養老孟司編)』東京大学出版会. pp. 153-198.
14. 高須賀圭三 (2015)『クモを利用する策士, クモヒメバチ－身近で起こる本当のエイリアンとプレデターの戦い』東海大学出版部.
15. 伊藤嘉昭 (1973) 生態学の危機 (1)～(6). 自然 (4～9 月号).
16. 大串龍一 (1992)『日本の生態学－今西錦司とその周辺』東海大学出版会.
17. 伊藤嘉昭 (1996) 生態学会の進路. 日本生態学会誌 32: 427-431.
18. 伊藤嘉昭 (1997) 専門評価委員会からの報告.「21 世紀の生態学を展望して－現状とこれから」. 平成 8 年度京都大学生態学研究センター自己評価報告書 16-22.

11 藤崎憲治

1. 伊藤嘉昭 (2003)『楽しき挑戦－型破り生態学 50 年』海游舎.
2. 藤崎憲治 (2016)「伊藤さんと沖縄」に関する一考察．生物科学 68 (2): 101-107.
3. 伊藤嘉昭 (1980)『虫を放して虫を滅ぼす－沖縄・ウリミバエ根絶作戦私記』中央公論社.
4. 伊藤嘉昭・垣花廣幸 (1998)『農薬なしで害虫とたたかう』岩波ジュニア新書，岩波書店.
5. 小山重郎 (1994)『530 億匹の闘い－ウリミバエ根絶の歴史』築地書館.
6. 西田律夫 (2009) 昆虫と植物の共存－花の香りを介した相互の適応戦略.『昆虫科学が拓く未来. 第 2 章 (藤崎憲治・西田律夫・佐久間正幸編)』京都大学学術出版会．pp. 191-223.
7. 鹿児島県大島支庁農林水産部農政普及課特殊病害虫係 (2016) アリモドキゾウムシ根絶事業実績書.
8. 沖縄県農林水産部 (2015) 久米島におけるアリモドキゾウムシ根絶の記録．沖縄県病害虫防除技術センター.
9. 桐谷圭治 (2004)『ただの虫を無視しない農業－生物多様性管理』築地書館.
10. Orankanok, W., S. Chinvinijkul, P. Thanaphum et al. (2005) Using area-wide sterile insect technique (SIT) to control two fruit fly species of economic importance in Thailand. Intertnational Symposium "New Frontier of Irradiated food and Non-food Products" 22-23 September 2005, KMUTT, Bangkok, Thailand.
11. Clarke, A.R., S. Balagawi, B. Clifford et al. (2002) Evidence of orchid visitation by *Bactrocera* species (Diptera: Tephritidae) in Papua New Guinea. *J. Tropical Ecol.* 18: 441-448.
12. 藤崎憲治 (2009) はじめに－昆虫から学ぶ科学.『昆虫科学が拓く未来 (藤崎憲治・西田律夫・佐久間正幸編)』京都大学学術出版会．pp. i-ix.
13. 藤崎憲治 (2010)『昆虫未来学－「四億年の知恵」に学ぶ』新潮選書，新潮社.
14. 藤崎憲治 (2001)『生態学ライブラリー 12. カメムシはなぜ群れる？ －離合集散の生態学』京都大学学術出版会.
15. 宮竹貴久 (2008) ウリミバエの体内時計を管理せよ！－大量増殖昆虫の遺伝的虫質管理.『不妊虫放飼法－侵入害虫根絶の技術 (伊藤嘉昭編)』海游舎．pp. 177-214.
16. 伊藤嘉昭 (2008) 精子競争と雌による隠れた選択－ウリミバエ根絶の背後で進んだ性行動研究と今後の課題.『不妊虫放飼法－侵入害虫根絶の技術 (伊藤嘉昭編)』海游舎．pp. 149-176.
17. Hibino, Y. and O. Iwahashi (1991) Appearance of wild females unreceptive to sterilized males on Okinawa Island in the eradication programme of the melon fly, *Dacus cucurbitae* Coquillett (Diptera: Tephritidae). *Appl. Entomol. Zool.* 26: 265-270.
18. 東京都 (1973) 小笠原諸島におけるミカンコミバエの生態研究報告.
19. 岩橋統 (1998) ミバエ類のオスを誘引するメチルユージノールの生物学的意味．平成 8 年度～平成 9 年度科学研究費補助金 (基盤研究 (C) (2)) 研究報告書.
20. Kobayashi, R.M., K. Ohinata, D.L. Chambers et al. (1978) Sex pheromones of the oriental fruit fly and the melon fly: mating behavior, bioassay method. & attraction of females by live males and by suspected pheromone glands of males. *Environ. Entomol.* 7: 107-112.
21. 久場洋之 (1986) ミバエ類の配偶行動．植物防疫 40 (1): 25-30.
22. Shelly, T.E. and K.Y. Kaneshiro (1991) Lek behavior of the oriental fruit fly, *Dacus dorsalis*, in Hawaii (dipteera: Tephritidae). *J. Insect Behav.* 4 (2): 235-241.
23. Turner, M.G., R.H. Gardner and R.V. O'Neill (2001) *Landscape Ecology in Theory and Practice: Pattern and Process*. Springer. ［中越信和・原慶太郎監訳 (2004)『景観生態学－生態学からの新しい景観理論』文一総合出版］
24. 沖縄県農林水産部ミバエ対策事業所 (2001) ウリミバエ根絶防除事業概要．沖縄県農林水産部ミバエ対策事業所.
25. 榊原充隆 (2011) 地球温暖化とミバエ類の再侵入リスク.『地球温暖化と南方性害虫 (積木久明編)』環境 Eco 選書，北隆館．pp. 61-71.
26. Stephens, A.E.A., D.J. Kriticos and A. Leriche (2007) The corrent and future potential geographical distribution of the oriental fruit fly, *Bactrocera dorsalis* (Diptera: Tephritidae). *Bull. Entomol. Res.* 97: 369-378.
27. Otuka, A., K. Nagayoshi, S. Sanada-Morimura et al. (2016) Estimation of possible sources for

引用文献

1 中村和雄

1. 伊藤嘉昭 (1959)『比較生態学』岩波書店.
2. 伊藤嘉昭 (1963)『動物生態学入門』古今書院.
3. 伊藤嘉昭 (2003)『楽しき挑戦－型破り生態学 50 年』海游舎.

3 塩見正衛

1. Watt, K.E.F. (1968) *Ecology and Resource Management*. McGraw-Hill.
2. Watt, K.E.F. 著, 伊藤嘉昭監訳 (1972)『生態学と資源管理 (上, 下)』築地書館.
3. Shiyomi, M. and K. Nakamura (1964) Experimental studies on distribution of the aphid counts. *Res. Popul. Ecol.* 6: 79-87.
4. Itô, Y. (1967) Population dynamics of the chestnut gall-wasp, *Dryocosmus kuriphilus* Yasumatsu (Hymenoptera: Cynipidae). IV. Further analysis of the distribution of eggs and young larvae in buds using the truncated negative binomial series. *Res. Popul. Ecol.* 9: 177-191.
5. Itô, Y., S. Yamane and M. Shiyomi (2004) A preliminary analysis of the distribution of foundress group size in two Brazilian eusocial wasps, *Mischocyttarus cassununga* and *M. cerberus styx* (Hymenoptera, Vespidae), using zero-truncated distribution models. *Bulletin of the Faculty of Education, Ibaraki University* (*Natural Science*) 53: 63-69.
6. 伊藤嘉昭 (1963)『動物生態学入門』古今書院.

6 小山重郎

1. 伊藤嘉昭 (1956) 不妊雄を放飼して害虫防除. 植物防疫 10: 17-18. / 伊藤嘉昭 (1968) 配偶行動を利用した害虫根絶の技術 (1, 2, 3). 農業技術 23: 311-315, 351-357, 401-406.
2. Itô, Y., M. Murai, R. Teruya, R. Hamada and A. Sugimoto (1974) An estimation of population density of *Dacus cucurbitae* with mark-recapture methods. *Res. Popul. Ecol.* 15: 213-222.
3. 岩橋統・照屋林宏・照屋匡・伊藤嘉昭 (1975) 久米島におけるウリミバエの個体数変動と抑圧防除. 応動昆 19: 232-236.
4. 仲盛広明・垣花廣幸・添盛浩 (1975) ウリミバエの大量飼育法確立試験 I. 幼虫及び成虫の飼育密度. 沖縄農業 13: 27-32. / 垣花廣幸・添盛浩・仲盛広明 (1975) ウリミバエの大量飼育法確立試験 II. 沖縄農業 13: 33-36.
5. Teruya, T., H. Zukeyama and Y. Itô (1975) Sterilization of the melon fly, *Dacus cucurubitae* Coquillett, with gamma radiation: Effect on rate of mergence, longevity and fertility. *Appl. Entomol. Zool.* 10: 298-301. / Teruya, T. and H. Zukeyama (1979) Sterilization of the melon fly, *Dacus cucurubitae* Coquillett, with gamma radiation: Effect of dose on competitiveness of irradiated males. *Appl. Entomol. Zool.* 14: 241-244.
6. Iwahashi, O. (1976) Suppression of the melon fly, *Dacus cucurbitae* Coquillett (Diptera: Tephritidae) on Kudaka Is. with sterile insect releases. *Appl. Entomol. Zool.* 11: 100-110.
7. Itô, Y. (1977) A model of sterile insect release for eradication of the melon fly, *Dacus cucurbitae* Coquillett. *Appl. Entomol. Zool.* 12: 303-312.
8. Iwahashi, O. (1977) Eradication of the melon fly, *Dacus cucurbitae*, from Kume Is., Okinawa with the sterile insect release method. *Res. Popul. Ecol.* 19: 87-98.
9. 伊藤嘉昭 (1980)『虫を放して虫を滅ぼす－沖縄・ウリミバエ根絶作戦私記』中央公論社.
10. 小山重郎 (1994) 日本におけるウリミバエの根絶. 応動昆 38: 219-229.

ま　行

や・ら・わ　行

た 行

さ 行

事項索引

や　行

ら　行

わ　行

な 行

は 行

ま 行

さ　行

た　行

人名索引

生態学者・伊藤嘉昭伝
もっとも基礎的なことがもっとも役に立つ

2017 年 3 月 25 日　初 版 発 行

編　者　辻　和希

発行者　本間喜一郎

発行所　株式会社 海游舎
〒151-0061 東京都渋谷区初台 1-23-6-110
電話 03 (3375) 8567　FAX 03 (3375) 0922
http:// kaiyusha.wordpress.com/

印刷・製本　凸版印刷 (株)

© 辻 和希 2017

本書の内容の一部あるいは全部を無断で複写複製することは，著作権および出版権の侵害となることがありますのでご注意ください．

ISBN978-4-905930-10-5　PRINTED IN JAPAN